高等学校电子信息类专业系列教材

# 现代电源技术

主 编 王建辉
副主编 李 荣

西安电子科技大学出版社

## 内 容 简 介

本书系统地阐述了传统电源设备的基本原理和相关技术，并在此基础上，对新型电源设备(太阳能供电系统、风力发电系统、电动汽车充电电源)作了相关介绍。

全书共分为 7 章，内容包括概论、高频开关电源、UPS 电源及逆变器、免维护蓄电池、太阳能供电系统、风力发电系统、电动汽车充电电源。

本书可作为高等院校通信类专业相关课程的教材，也可作为通信工程领域技术人员的培训教材和参考书。

**图书在版编目(CIP)数据**

现代电源技术/王建辉主编. —西安：西安电子科技大学出版社，2014.9(2023.8 重印)
ISBN 978 - 7 - 5606 - 3436 - 4

Ⅰ. ① 现… Ⅱ. ① 王… Ⅲ. ① 电源—技术—高等学校—教材
Ⅳ. ① TM91

中国版本图书馆 CIP 数据核字(2014)第 211635 号

责任编辑　许青青　高　樱
出版发行　西安电子科技大学出版社(西安市太白南路 2 号)
电　　话　(029)88202421　88201467　　邮　编　710071
网　　址　www.xduph.com　　　电子邮箱　xdupfxb001@163.com
经　　销　新华书店
印刷单位　陕西天意印务有限责任公司
版　　次　2014 年 9 月第 1 版　2023 年 8 月第 3 次印刷
开　　本　787 毫米×1092 毫米　1/16　印张　19.5
字　　数　461 千字
印　　数　5001～7000 册
定　　价　49.00 元

ISBN 978 - 7 - 5606 - 3436 - 4/TM
XDUP　3728001 - 3

**\*\*\* 如有印装问题可调换 \*\*\***

# 前　言

随着计算机科学的迅猛发展,通信技术的发展也日新月异,通信器件不断换代,通信模式不断创新,通信技术正在迅速地向社会各个领域渗透。

通信电源是通信系统的重要组成部分,作为通信设备的原动力,其性能的优劣直接影响通信设备的高效、稳定、可靠运行。因此,熟悉通信电源系统的组成及对通信设备供电的要求,掌握现代通信电源的基本工作原理,领会通信电源系统的设计原则,并了解通信电源的方展方向,是通信及相关专业学生的重要任务之一。

目前,国内关于传统通信电源设备的介绍已有很多书籍,而涉及新型电源的著作很少。本书首先系统、全面地阐述传统电源设备的基本原理和相关技术,并在此基础上,对新型电源设备(太阳能供电系统、风力发电系统、电动汽车充电电源)作了相关介绍。全书内容共分为 7 章:第一章对通信电源系统进行概述;第二章介绍高频开关电源的组成;第三章阐述 UPS 电源及逆变器的原理及使用;第四章介绍免维护蓄电池;第五章是太阳能供电系统;第六章简要介绍了风力发电系统;第七章对新型电动汽车充电电源作了相关介绍。

各院校、各专业通信电源课的教学课时不完全一致,教师在讲课时对本书的内容可根据实际情况进行取舍。

本书由西安科技大学王建辉、李荣共同编写,其中,第二、三、五、六、七章由王建辉编写;第一、四章由李荣编写。全书由王建辉统稿。

本书在编写过程中参考了众多文献,在此对相关作者深表谢意。

由于作者水平有限,书中不当之处在所难免,殷切希望广大读者指正。

作　者  
2014 年 6 月

# 目　录

**第一章　概论** ……………………………………………………………………（1）
　1.1　通信电源的基本分类 ……………………………………………………（1）
　　1.1.1　基础电源(一次电源) ………………………………………………（1）
　　1.1.2　机架电源(二次电源) ………………………………………………（1）
　1.2　通信电源系统的组成 ……………………………………………………（1）
　　1.2.1　集中供电方式电源系统的组成 ……………………………………（2）
　　1.2.2　分散供电方式电源系统的组成 ……………………………………（4）
　　1.2.3　混合供电方式电源系统的组成 ……………………………………（4）
　　1.2.4　一体化供电方式电源系统的组成 …………………………………（5）
　本章小结 …………………………………………………………………………（5）
　习题 ………………………………………………………………………………（6）
**第二章　高频开关电源** …………………………………………………………（7）
　2.1　基本拓扑 …………………………………………………………………（7）
　　2.1.1　单端拓扑 ……………………………………………………………（7）
　　2.1.2　推挽拓扑 ……………………………………………………………（11）
　　2.1.3　半桥拓扑 ……………………………………………………………（17）
　　2.1.4　全桥拓扑 ……………………………………………………………（23）
　2.2　反激式变换器 ……………………………………………………………（29）
　　2.2.1　反激式变换器的基本工作原理 ……………………………………（29）
　　2.2.2　反激式变换器的工作模式 …………………………………………（32）
　2.3　控制电路 …………………………………………………………………（40）
　　2.3.1　控制电路的分类 ……………………………………………………（40）
　　2.3.2　电压模式控制 PWM …………………………………………………（43）
　　2.3.3　电流模式控制 PWM …………………………………………………（45）
　　2.3.4　电压模式与电流模式控制电路的比较 ……………………………（51）
　2.4　变压器及磁性元件设计 …………………………………………………（54）
　　2.4.1　变压器磁芯材料与几何结构、峰值磁通密度的选择 ……………（54）
　　2.4.2　磁芯最大输出功率的选择 …………………………………………（63）
　2.5　MOSFET 和 IGBT …………………………………………………………（68）
　　2.5.1　MOSFET 管的基本工作原理 ………………………………………（68）
　　2.5.2　绝缘栅双极型晶体管(IGBT)概述 …………………………………（74）

本章小结 …………………………………………………………………（78）
　习题 ………………………………………………………………………（78）
第三章　UPS电源及逆变器 ……………………………………………（80）
　3.1　概述 ………………………………………………………………（80）
　3.2　UPS基础知识 ……………………………………………………（82）
　　3.2.1　UPS分类 ……………………………………………………（82）
　　3.2.2　UPS冗余备份 ………………………………………………（88）
　　3.2.3　UPS中的蓄电池 ……………………………………………（95）
　　3.2.4　UPS的电池管理 ……………………………………………（97）
　　3.2.5　UPS的监控 …………………………………………………（101）
　3.3　逆变器基础知识 …………………………………………………（105）
　　3.3.1　逆变器基本原理 ……………………………………………（105）
　　3.3.2　冗余式逆变器原理 …………………………………………（108）
　　3.3.3　逆变器串联热备份 …………………………………………（110）
　　3.3.4　使用逆变器的注意事项 ……………………………………（111）
　3.4　UPS/逆变器选型指导 ……………………………………………（112）
　　3.4.1　选型的基本原则 ……………………………………………（112）
　　3.4.2　UPS/逆变器的选型要求 …………………………………（113）
　　3.4.3　UPS/逆变器的选型说明 …………………………………（115）
　　3.4.4　UPS/逆变器的使用环境 …………………………………（116）
　3.5　UPS/逆变器常见问题解答 ………………………………………（116）
　本章小结 …………………………………………………………………（119）
　习题 ………………………………………………………………………（119）
第四章　免维护蓄电池 …………………………………………………（120）
　4.1　电池的规格及主要参数 …………………………………………（120）
　4.2　电池结构及工作原理 ……………………………………………（124）
　　4.2.1　电池结构 ……………………………………………………（124）
　　4.2.2　工作原理 ……………………………………………………（129）
　4.3　电池技术特性 ……………………………………………………（134）
　　4.3.1　放电特性 ……………………………………………………（134）
　　4.3.2　充电特性 ……………………………………………………（138）
　　4.3.3　蓄电池的容量特性 …………………………………………（146）
　　4.3.4　蓄电池的寿命特性 …………………………………………（152）
　　4.3.5　蓄电池的使用 ………………………………………………（154）
　　4.3.6　蓄电池（GFM系列）的维护 ………………………………（159）
　　4.3.7　蓄电池的更换 ………………………………………………（162）
　4.4　蓄电池的正确使用 ………………………………………………（164）

4.4.1 蓄电池容量的选择 …… (164)
4.4.2 蓄电池组的组成计算 …… (166)
4.4.3 蓄电池(GFM系列)使用寿命的延长 …… (168)
本章小结 …… (171)
习题 …… (171)

## 第五章 太阳能供电系统 …… (173)

5.1 太阳能光伏发电系统概述 …… (173)
5.1.1 太阳能光伏发电 …… (173)
5.1.2 太阳能光伏发电系统的构成、工作原理及分类 …… (180)
5.1.3 独立光伏发电系统 …… (183)
5.1.4 并网光伏发电系统 …… (185)
5.2 太阳能光伏发电系统的控制器和逆变器 …… (188)
5.2.1 控制器 …… (188)
5.2.2 逆变器 …… (197)
5.2.3 逆变器的技术参数与配置选型 …… (207)
5.3 太阳能光伏发电系统的容量设计 …… (209)
5.3.1 设计原则、步骤和内容 …… (209)
5.3.2 与设计相关的因素和技术条件 …… (210)
5.3.3 容量设计及其相关计算 …… (212)
本章小结 …… (219)
习题 …… (220)

## 第六章 风力发电系统 …… (221)

6.1 风力发电概述 …… (221)
6.1.1 风与风能 …… (221)
6.1.2 风力发电现状 …… (223)
6.1.3 风力发电的基本原理及系统组成 …… (226)
6.1.4 风力发电系统的分类 …… (228)
6.1.5 风力发电系统的并网运行 …… (229)
6.2 风力发电技术 …… (231)
6.2.1 功率调节 …… (231)
6.2.2 发电机变速恒频技术 …… (235)
6.2.3 发电机控制技术 …… (238)
6.2.4 变流技术 …… (239)
6.2.5 低电压穿越技术 …… (243)
6.3 海上风力发电 …… (246)
6.3.1 海上风力发电资源与现状 …… (247)
6.3.2 海上风力发电技术 …… (248)

  6.3.3 我国海上风力发电的制约因素 ……………………………………（250）
 6.4 风能与其他能源的互补发电 ……………………………………………（251）
  6.4.1 风光互补供电系统 …………………………………………………（251）
  6.4.2 其他风能的互补发电系统 …………………………………………（255）
 本章小结 …………………………………………………………………………（256）
 习题 ………………………………………………………………………………（257）

## 第七章 电动汽车充电电源 …………………………………………………（258）

 7.1 电动汽车与电动汽车充电电源概述 ……………………………………（258）
  7.1.1 电动汽车简介 ………………………………………………………（258）
  7.1.2 充电电源概述 ………………………………………………………（262）
  7.1.3 电动汽车充电机 ……………………………………………………（265）
 7.2 电动汽车直流快速充电机 ………………………………………………（270）
  7.2.1 车载动力电池 ………………………………………………………（270）
  7.2.2 车载充电机的关键技术 ……………………………………………（275）
  7.2.3 数字充电机 …………………………………………………………（279）
 7.3 电动汽车充电基础设施 …………………………………………………（280）
  7.3.1 概述 …………………………………………………………………（280）
  7.3.2 电动汽车充电站 ……………………………………………………（287）
  7.3.3 交流充电桩 …………………………………………………………（291）
  7.3.4 充电设施监控系统 …………………………………………………（297）
 本章小结 …………………………………………………………………………（301）
 习题 ………………………………………………………………………………（302）

## 参考文献 ……………………………………………………………………………（303）

# 第一章 概　　论

通信电源是向通信设备提供直流电或交流电的电源装置,是任何通信系统赖以正常运行的重要组成部分。通信质量的高低,不仅取决于通信系统中各种通信设备的性能和质量,而且与通信电源系统供电的质量密切相关。一旦通信电源系统发生故障而中断供电,就会使通信中断,造成严重的损失。因此,通信电源是通信系统的"心脏",具有其他装置不可比拟的重要地位。

## 1.1　通信电源的基本分类

### 1.1.1　基础电源(一次电源)

通信局(站)的基础电源分为交流基础电源和直流基础电源两大类。

**1. 交流基础电源**

市电、备用油机发电机组(含移动电站)、通信逆变器(或交流不间断电源)提供的低压交流电源,称为通信局(站)的交流基础电源。

**2. 直流基础电源**

为各类通信设备、通信逆变器和直流变换器提供直流电压的电源,称为直流基础电源。

通信局(站)直流基础电源的额定电压为 $-48$ V。该直流基础电源的电池组通常由 24 只铅蓄电池组成,充电过程中,电池组电压将在 $-51.6\sim-55$ V 之间变化,放电过程中,电池组电压将低于 $-48$ V 额定电压。考虑到通信局(站)内部直流馈电线的压降,通信机房每个机架的直流输入电压的允许变化范围为 $-40\sim-57$ V。

### 1.1.2　机架电源(二次电源)

机架电源也叫二次电源,是指在通信设备机架上使用的电源,通常是 DC-DC 电源,它把 48 V 直流变换为 5 V、12 V 等直流低压供给机架里的各种单板使用。

由于微电子技术的发展,各种专用集成电路在通信设备中大量应用。这些集成电路通常需要由 $+3.3$ V、$+5$ V、$+12$ V 等低压电源供电。如果这些电压都由整流器和蓄电池组供给,那么就需要多种规格的蓄电池组和整流器。这样不仅增加了电源设备的费用,而且也大大增加了维护工作量。

## 1.2　通信电源系统的组成

通信电源系统是对通信局(站)内各种通信设备及建筑负荷等提供用电的设备和系统的总称。该系统由交流供电系统、直流供电系统和接地系统组成。

## 1.2.1 集中供电方式电源系统的组成

集中供电是指局(站)内只设一个通信供电中心,所有通信设备都由该供电中心的电源供电。采用集中供电方式时,电源系统的组成如图1-1所示。

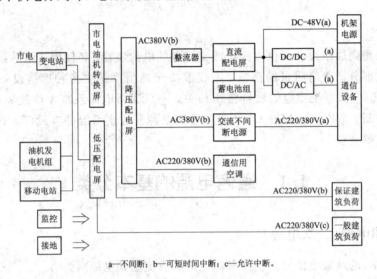

a—不间断; b—可短时间中断; c—允许中断。

图 1-1 集中供电方式电源系统组成示意图

### 1. 交流供电系统

通信电源的交流供电系统包括变电站、油机发电机组和交流不间断电源(UPS)。电信局一般都由高压电网供电。为了提高供电可靠性,重要通信枢纽应从两个变电站引入两路高压电源,一路主用,另一路备用。

电信局内通常都设有降压变电室。室内装有高、低压配电屏和降压变压器。通过这些设备,把高压电源(一般为 10 kV)变为低压电源(三相 380 V),供给整流设备和照明设备。

在高层通信大楼中,为了缩短低压供电线路,降压变电站可设在主楼内。此时,电力变压器应选用干式变压器,配电设备中的高压开关应选室内高压真空断路器。

为了不间断供电,电信局内一般都配有油机发电机组。当市电中断后,油机发电机组自动启动。由于市电比油机发电机组更经济,所以,通信设备一般都应由市电供电。

市电和油机发电机组的转换由市电油机转换屏完成。低压配电屏可将低压交流电分别送到整流器、照明设备和通信用空调等装置。

为了确保通信电源不中断、无瞬变,近年来在某些通信系统中已采用交流不间断电源。这种电源由蓄电池组、整流器、逆变器和静态开关等部分组成。

### 2. 直流供电系统

直流供电系统由整流器、蓄电池、直流变换器(DC/DC)和直流配电屏等部分组成。直流供电系统向各种通信设备、直流-直流变换器和逆变器等提供直流不间断电源。

蓄电池组的运行有充放电循环和浮充两种工作方式。通信局(站)目前都采用全浮充工作方式。并联浮充供电方式的原理结构如图1-2所示,整流器与蓄电池组并联后对通信设备供电。交流电源正常时,整流器输出稳定的"浮充电压",供给全部负载电流,并对蓄电池组进行补充充电,使蓄电池组保持电量充足,此时蓄电池组仅起平滑滤波作用;当交流电源中断、整流器停止工作时,蓄电池组放电供给负载电流;当交流电源恢复、整流器投入工作时,又由整流器供给全部负载电流,同时它以稳压限流方式对蓄电池组进行恒压限流充电,返回正常浮充状态。为了保证直流电源不间断,蓄电池组是必不可少的。

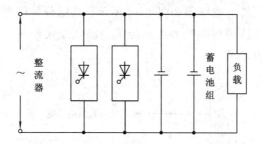

图 1-2 并联浮充供电方式的原理结构

**3. 接地系统**

为了提高通信质量,确保通信设备与人身的安全,通信电源的交流和直流供电系统都必须有良好的接地装置。

1) 交流接地

电信局一般都由三相交流电源供电。为了避免因三相负载不平衡而使各相电压差别过大,三相电源的中性点(如三相变压器和三相交流发电机的中性点)都应当直接接地。

2) 直流接地

在直流供电系统中,由于通信设备的需要,蓄电池组的正极必须接地,这种接地通常称为直流工作接地。此外,在直流供电系统中,还常常埋设一组供测量用的测量接地装置。

3) 保护接地和防雷接地

为了避免电源设备的金属外壳因绝缘损坏而带电,与带电部分绝缘的金属外壳必须直接接地,这种接地称为保护接地。保护接地的接地电阻应不大于 10 Ω。

防雷接地作为防雷措施的一部分,其作用是把雷电流引入大地。建筑物和电气设备的防雷主要是用避雷器(包括避雷针、避雷带、避雷网和消雷装置等)的一端与被保护设备相接,另一端连接地装置,当发生直击雷时,避雷器将雷电引向自身,雷电流经过其引下线和接地装置进入大地。此外,由于雷电会引起静电感应副效应,为了防止造成间接损害,如房屋起火或触电等,通常也要将建筑物内的金属设备、金属管道和钢筋结构等接地。

4) 联合接地

各类通信设备的交流接地、直流接地、保护接地及防雷接地共用一组接地体的接地方式,称为联合接地方式。这种接地方式具有良好的防雷和抗干扰作用。采用联合接地方式时电源系统由接地体、接地引入线、接地汇集线和接地线四部分组成,如图 1-3 所示。

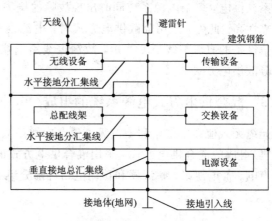

图 1-3 联合接地方式

## 1.2.2 分散供电方式电源系统的组成

分散供电是指在通信局(站)内分设多个通信电源供电点，每个供电点对邻近的通信设备提供独立的供电电源。其组成框图如图 1-4 所示。采用分散供电方式时，交流供电系统仍采用集中供电方式，交流供电系统的组成与集中供电方式相同；直流供电系统可分楼层设置，也可按各通信系统设置。

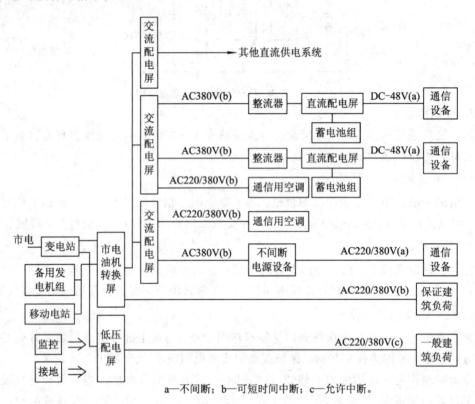

图 1-4 分散供电方式电源系统的组成示意图

采用分散供电方式时，把通信大楼中的通信设备分为几部分，每一部分由容量适当的电源系统供电，多个电源系统同时出现故障的概率小，即全局通信瘫痪的概率小，因而供电可靠性高。此外，采用分散供电方式时，电源设备应靠近通信设备布置，从直流配电屏到通信设备的直流馈线长度缩短，故馈电线路电能损耗小、节能。所以，通信大楼现在都采用分散供电方式。

## 1.2.3 混合供电方式电源系统的组成

光缆无人值守中继站和微波无人值守中继站通常采用交流市电与太阳能电源(或风力发电机)组成的混合供电方式。采用混合供电方式的电源系统由太阳能电源、风力发电机、低压市电、蓄电池组、整流器和移动电站等部分组成，如图 1-5 所示。

第一章 概 论

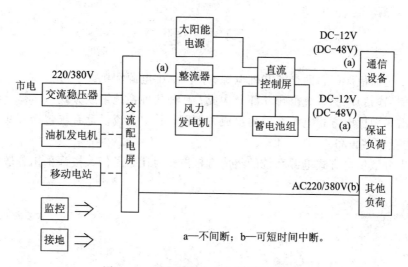

a—不间断；b—可短时间中断。

图 1-5 混合供电方式电源系统的组成

### 1.2.4 一体化供电方式电源系统的组成

通信设备和电源设备(包括一次和二次电源设备)装在同一机架内，由外部交流电源供电的方式，称为一体化供电方式。采用这种供电方式时，通常通信设备位于机架的上部，开关整流模块和阀控铅蓄电池组装在机架的下部。目前光接入网单元(ONU)和移动通信机站都采用这种供电方式。户外型 ONU 一体化供电系统如图 1-6 所示。

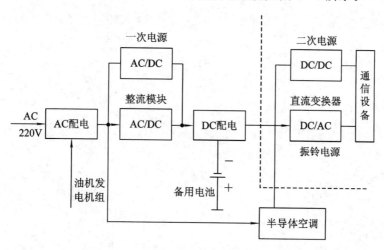

图 1-6 户外型 ONU 一体化供电系统

## 本 章 小 结

本章主要介绍了通信电源的基本概念以及分类，并简要阐述了四种供电方式下通信电源系统的组成。

## 习 题

1. 什么是通信局(站)的交流基础电源、直流基础电源和机架电源？
2. 通信局(站)电源系统由哪几部分构成？有哪几种系统组成方式？
3. 画出集中供电方式电源系统的组成方框图，其中交流供电系统包括哪些设备？直流供电系统包括哪些设备？
4. 画出分散供电方式电源系统的组成方框图。为什么通信大楼都采用分散供电方式？

# 第二章 高频开关电源

## 2.1 基本拓扑

### 2.1.1 单端拓扑

单端式开关稳压电源电路中仅使用一个开关管,这种电路的特点是价格低,结构简单,但输出功率不高,其电路形式如图2-1(a)、(b)所示。

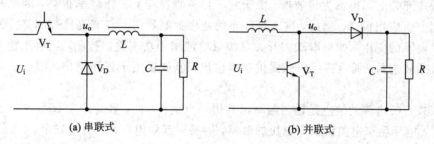

(a) 串联式　　　　　　　　　(b) 并联式

图2-1 单端拓扑电路图

**1. 串联式开关电源(降压拓扑结构)**

1) 串联式开关电源的工作原理

图2-2是串联式开关电源的最简单的工作原理图。图2-2(a)中,$U_i$是开关电源的工作电压,即直流输入电压;S是控制开关;R是负载。当控制开关S接通时,开关电源就向负载R输出一个脉冲宽度为$T_{on}$、幅度为$U_i$的脉冲电压$U_p$;当控制开关S关断时,又相当于开关电源向负载R输出一个脉冲宽度为$T_{off}$、幅度为0的脉冲电压。这样,控制开关S不停地"接通"和"关断",在负载两端就可以得到一个脉冲调制的输出电压$u_o$。

图2-2(b)是串联式开关电源输出电压的波形。由图可看出,输出电压$u_o$是一个脉冲调制方波,脉冲幅度$U_p$等于输入电压$U_i$,脉冲宽度等于控制开关S的接通时间$T_{on}$,由此可求得串联式开关电源输出电压$u_o$的平均值为

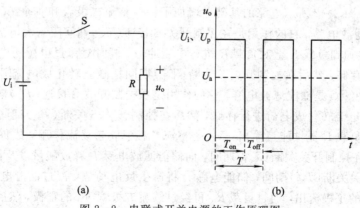

图2-2 串联式开关电源的工作原理图

$$U_a = U_i \cdot \frac{T_{on}}{T} = U_i \cdot D \qquad (2-1)$$

式中，$T_{on}$ 为控制开关 S 接通的时间，$T$ 为控制开关 S 的工作周期。改变控制开关 S 的接通时间 $T_{on}$ 与关断时间 $T_{off}$ 的比例，就可以改变输出电压 $u_o$ 的平均值 $U_a$。一般称 $D$ 为占空比，即

$$D = \frac{T_{on}}{T} = \frac{T_{on}}{T_{on} + T_{off}} \qquad (2-2)$$

串联式开关电源输出电压 $u_o$ 的幅值 $U_p$ 等于输入电压 $U_i$，其输出电压 $u_o$ 的平均值 $U_a$ 总是小于输入电压 $U_i$，因此，串联式开关电源一般都是以平均值 $U_a$ 为变量输出电压的。所以，串联式开关电源属于降压型开关电源。

串联式开关电源也称为斩波器。由于它工作原理简单，工作效率很高，因此其在输出功率控制方面应用很广。例如，电动摩托车的速度控制器以及灯光亮度控制器等都属于串联式开关电源的应用。如果串联式开关电源只单纯用于功率输出控制，则电压输出可以不用接整流滤波电路，而直接给负载提供功率输出；但如果用于稳压输出，则必须要经过整流滤波。

串联式开关电源的缺点是输入与输出共用一个地，因此，容易产生 EMI 干扰和底板带电，当输入电压为市电整流输出电压的时候，容易引起触电，对人身不安全。

2) 串联式开关电源输出电压滤波电路

大多数开关电源输出的都是直流电压，因此，一般开关电源的输出电路都带有整流滤波电路。图 2-3 是带有整流滤波功能的串联式开关电源的工作原理图。

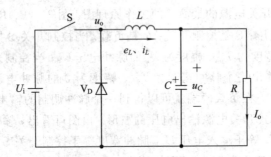

图 2-3 带有整流滤波功能的串联式开关电源的工作原理图

图 2-3 在图 2-2 所示电路的基础上增加了一个整流二极管和一个 LC 滤波电路。其中，$L$ 是储能滤波电感，它的作用是在控制开关 S 接通（$T_{on}$）期间限制大电流通过，防止输入电压 $U_i$ 直接加到负载 $R$ 上对负载 $R$ 进行电压冲击，同时对流过电感的电流 $i_L$ 转化成的磁能进行能量存储，然后在控制开关 S 关断（$T_{off}$）期间把磁能转化成电流 $i_L$ 并继续向负载 $R$ 提供能量输出；$C$ 是储能滤波电容，它的作用是在控制开关 S 接通（$T_{on}$）期间把流过储能电感 $L$ 的部分电流转化成电荷进行存储，然后在控制开关 S 关断（$T_{off}$）期间把电荷转化成电流并继续向负载 $R$ 提供能量输出；$V_D$ 是整流二极管，起续流作用，故称它为续流二极管，其作用是在控制开关关断（$T_{off}$）期间，向储能滤波电感 $L$ 释放能量以及提供电流通路。

在控制开关关断（$T_{off}$）期间，储能电感 $L$ 将产生反电动势，流过储能电感 $L$ 的电流 $i_L$ 由反电动势 $e_L$ 的正极流出，通过负载 $R$，再经过续流二极管 $V_D$ 的正极，然后从续流二极管 $V_D$ 的负极流出，最后回到反电动势 $e_L$ 的负极。

图 2-4 是控制开关 S 的占空比 $D$ 等于 0.5 时图 2-3 所示电路中几个关键点的电压波形。图 2-4(a)为控制开关 S 输出电压 $u_o$ 的波形;2-4(b)为储能滤波电容两端电压 $u_C$ 的波形。

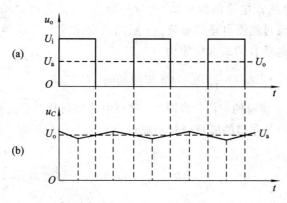

图 2-4 输出电压波形

**2. 并联式开关电源(升压拓扑结构)**

并联式开关电源的工作原理比较简单,工作效率很高,因此应用很广泛,特别是在一些小电子产品中,并联式开关电源作为 DC/DC 升压电源的应用最广。

1) 并联式开关电源的原理

图 2-5 是并联式开关电源的最简单的工作原理图。图 2-5(a)中,$U_i$ 是开关电源的工作电压,$L$ 是储能电感,S 是控制开关,$R$ 是负载。图 2-5(b)中,$U_i$ 是开关电源的输入电压,$u_o$ 是开关电源的输出电压,$U_p$ 是开关电源输出的峰值电压,$U_a$ 是开关电源输出的平均电压。

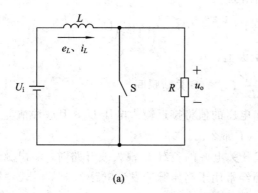
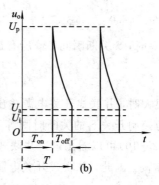

图 2-5 并联式开关电源的工作原理图

当控制开关 S 接通时,输入电源 $U_i$ 开始对储能电感 $L$ 加电,流过储能电感 $L$ 的电流开始增加,同时电流在储能电感中也要产生磁场;当控制开关 S 由接通转为关断的时候,储能电感会产生反电动势,反电动势产生电流的方向与原来电流的方向相同,因此,在负载上会产生很高的电压。

在 $T_{on}$ 期间,控制开关 S 接通,储能滤波电感 $L$ 两端的电压 $e_L$ 正好与输入电压 $U_i$ 相等,即

$$e_L = L\frac{di}{dt} = U_i \quad \text{(S 接通期间)} \tag{2-3}$$

对式(2-3)进行积分,可求得流过储能电感 $L$ 的电流为

$$i_L = \int_0^t \frac{U_i}{L} dt = \frac{U_i}{L}t + i_0 \qquad (2-4)$$

式中,$i_L$ 为流过储能电感 $L$ 电流的瞬时值,$t$ 为时间变量,$i_0$ 为流过储能电感的初始电流,即开关 S 接通前瞬间流过储能电感的电流。一般当占空比 $D$ 小于或等于 0.5 时,$i_0=0$,由此可以求得流过储能电感 $L$ 的最大电流为

$$i_{Lm} = \frac{U_i}{L} T_{on} \qquad (\text{S 接通期间}, D \leqslant 0.5) \qquad (2-5)$$

式中,$T_{on}$ 为控制开关 S 接通的时间。当图 2-5(a)中的控制开关 S 由接通状态突然转为关断时,储能电感 $L$ 会把其存储的能量(磁能)通过反电动势进行释放,储能电感 $L$ 产生的反电动势为

$$e_L = -L \frac{di}{dt} = R \times i_L - U_i \qquad (\text{S 关断瞬间}) \qquad (2-6)$$

式中,负号表示反电动势 $e_L$ 的极性与式(2-3)中的符号相反,即 S 接通与关断时电感的反电动势的极性正好相反。对式(2-6)求解得

$$i_L = \frac{U_i}{R} - C e^{-\frac{R}{L}t} \qquad (\text{S 关断瞬间}) \qquad (2-7)$$

式中,$C$ 为常数,把初始条件代入式(2-7),很容易求出 $C$。由于控制开关 S 由接通状态突然转为关断时,流过储能电感 $L$ 中的电流 $i_L$ 不能突变,因此,$i(T_{on})$ 正好等于流过储能电感 $L$ 的最大电流 $i_{Lm}$,所以式(2-7)可以写为

$$i_L = \frac{U_i}{R} - \left(\frac{U_i}{R} - \frac{U_i}{L} T_{on}\right) e^{-\frac{R}{L}t} \qquad (\text{S 关断瞬间}) \qquad (2-8)$$

图 2-5(a)中,并联式开关电源输出为

$$u_o = i_L R = \left[\frac{U_i}{R} - \left(\frac{U_i}{R} - \frac{U_i}{L} T_{on}\right) e^{-\frac{R}{L}t}\right] \cdot R = U_i - \left(U_i - \frac{U_i R}{L} T_{on}\right) e^{-\frac{R}{L}t} \qquad (2-9)$$

当 $t=0$ 时,S 关断瞬间,输出有最大值:

$$U_P = \frac{U_i R}{L} T_{on} \qquad (\text{S 关断瞬间}) \qquad (2-10)$$

当 $t$ 很大时,并联式开关电源输出电压的值将接近输入电压 $U_i$,但这种情况一般不会发生,因为控制开关 S 的关断时间等不了那么长。

由式(2-10)可以看出,当并联式开关电源的负载 $R$ 很大或开路时,输出脉冲电压的幅度将非常高。因此,并联式开关电源经常用于高压脉冲发生电路。

2) 并联式开关电源输出电压滤波电路

图 2-6 是带有整流滤波功能的并联式开关电源的工作原理图。图中,$U_i$ 是开关电源的工作电压,$L$ 是储能电感,$e_L$ 为电流 $i_L$ 在储能电感两端产生的反电动势,S 是控制开关,$R$ 是负载。

图 2-7 是并联式开关电源的控制开关 S 工作于占空比为 0.5 时电路中各点的电压波形。图中,$u_o$ 是控制开关 S 两端的输出电压,$u_C$ 是滤波电容两端的输出电压,$U_p$ 是开关电源输出的峰值电压,$U_o$ 是开关电源的输出电压(平均值),$U_a$ 是开关电源输出的平均电压。

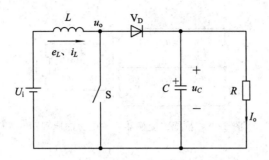

图 2-6 带有整流滤波功能的并联式开关电源的工作原理图

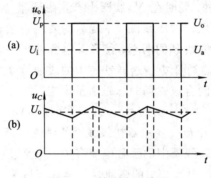

图 2-7 输出电压波形

## 2.1.2 推挽拓扑

双激式变换器开关电源就是指在一个工作周期之内变压器的初级线圈分别被直流电压正、反激励两次。与单激式变换器开关电源不同,双激式变换器开关电源一般在整个工作周期之内都向负载提供功率输出。双激式变换器开关电源的输出功率一般都很大。后面将介绍的推挽式、半桥式、全桥式等变换器开关电源都属于双激式变换器开关电源。

**1. 推挽式变换器开关电源的工作原理**

在双激式变换器开关电源中,推挽式变换器开关电源是最常用的开关电源。由于推挽式变换器开关电源中的两个控制开关 $S_1$ 和 $S_2$ 轮流交替工作,其输出电压波形非常对称,并且开关电源在整个工作周期之内都向负载提供功率输出,因此其输出电流瞬间响应速度很高,电压输出特性也很好。

推挽式变换器开关电源是所有开关电源中电压利用率最高的开关电源,它在输入电压很低的情况下,仍能维持很大的功率输出,所以推挽式变换器开关电源被广泛应用于 DC/AC 逆变器或 DC/DC 变换器电路中。

图 2-8 是交流输出纯电阻负载推挽式变换器开关电源的简单原理图。图中,$S_1$、$S_2$ 是两个控制开关,它们工作的时候,一个接通,另一个关断,两个开关轮流接通和关断,互相交替工作;T 为开关变压器;$N_1$、$N_2$ 为变压器的初级线圈,$N_3$ 为变压器的次级线圈;$U_i$ 为直流输入电压;R 为负载电阻;$u_o$ 为输出电压;$i_o$ 为流过负载的电流。

下面我们进一步详细分析推挽式变换器开关电源的工作原理。对推挽式变换器开关电源的分析可分三个时间段来解释,分别为 $S_1$ 接通、$S_2$ 接通、$S_2$ 接通且 $S_1$ 断开三个时间段。下面对这三个时间段逐一进行分析。

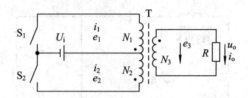

图 2-8 推挽式变换器开关电源的原理图

1) $S_1$ 接通

当控制开关 $S_1$ 接通时，电源电压 $U_i$ 通过控制开关 $S_1$ 被加到变压器初级线圈 $N_1$ 绕组的两端，$N_1$ 上有电流 $i_1$ 流过，同时在 $N_1$ 线圈上产生磁通量 $\Phi_1$，进而产生自感电动势 $e_1$。通过电磁感应的作用，在变压器次级线圈 $N_3$ 绕组的两端也会输出一个与 $N_1$ 绕组输入电压成正比的电压 $e_3$，并加到负载 $R$ 的两端，使开关电源输出一个正半周电压，在负载上产生电流 $i_3$，产生相反方向的磁通量 $\Phi_3$。这样铁芯中的磁通量 $\Phi$ 由流过变压器初、次级线圈的电流在变压器铁芯中产生的合成磁场的总磁通量决定，即

$$\Phi = \Phi_1 - \Phi_3 \quad （S_1 \text{接通期间}） \tag{2-11}$$

此时铁芯中的磁通量 $\Phi$ 由流过变压器初级线圈的励磁电流决定，即变压器铁芯中产生的磁通量只与流过变压器初级线圈中的励磁电流有关，与流过变压器次级线圈中的电流无关；流过变压器次级线圈中的电流产生的磁通量完全被流过变压器初级线圈中的另一部分电流产生的磁通量抵消。

根据电磁感应定律，可以对变压器初级线圈 $N_1$ 绕组回路列出方程：

$$e_1 = N_1 \frac{d\Phi}{dt} = L_1 \frac{di_1}{dt} = U_i \tag{2-12}$$

同样，可以对变压器次级线圈 $N_3$ 绕组回路列出方程：

$$e_3 = N_3 \frac{d\Phi}{dt} = U_p \tag{2-13}$$

式中，$U_p$ 为开关变压器次级线圈 $N_3$ 绕组正激输出电压的幅值。

根据式(2-12)和式(2-13)可以求得：

$$U_p = \frac{N_3}{N_1} U_i = nU_i \quad （S_1 \text{接通期间}） \tag{2-14}$$

$$i_1 = i_{10} + \frac{U_i}{L_1} t \quad （S_1 \text{接通期间}） \tag{2-15}$$

$$\Phi_1 = \Phi_0 + \frac{U_i}{N_1} t \quad （S_1 \text{接通期间}） \tag{2-16}$$

式中，$U_p$ 为开关变压器次级线圈 $N_3$ 绕组正激输出电压的幅值，由于流过开关变压器初级线圈 $N_1$ 绕组的励磁电流是线性变化的，所以我们可认为开关变压器次级线圈 $N_3$ 绕组正激输出电压是一个方波，方波的幅值 $U_p$ 与有效值 $U_o$ 两者完全相等；$U_i$ 为开关电源变压器初级线圈 $N_1$ 绕组的输入电压；$n$ 为变压比，即开关变压器次级线圈输出电压与初级线圈输入电压之比，$n$ 也可以看成是开关变压器次级线圈 $N_3$ 绕组与初级线圈 $N_1$ 绕组的匝数比，即 $n=N_3/N_1$，简称匝比；$i_{10}$ 为变压器初级线圈中的电流初始值；$i_1$ 为流过 $N_1$ 线圈的电流；$\Phi_1$ 为穿过 $N_1$ 线圈的磁通量。$i_1$ 和 $\Phi_1$ 都随时间线性变化。

由式(2-14)可知，在控制开关 $S_1$ 接通期间，推挽式变换器开关电源变压器次级正激

输出电压的幅值只与输入电压和变压器的次初级变压比有关。

2) $S_2$ 接通

同理我们也可以求得,当控制开关 $S_2$ 接通时,开关变压器 $N_3$ 线圈绕组正激输出电压的幅值为

$$U_{p-} = -\frac{N_3}{N_1}U_i = -nU_i \quad (S_2 \text{ 接通期间}) \tag{2-17}$$

$$i_2 = i_{20} + \frac{U_i}{L_2}t \quad (S_2 \text{ 接通期间}) \tag{2-18}$$

$$\Phi_2 = \Phi_0 + \frac{U_i}{N_2}t \quad (S_2 \text{ 接通期间}) \tag{2-19}$$

式中,负号表示 $e_3$ 的符号与 $S_1$ 接通时的符号相反;$U_{p-}$ 表示与 $U_p$ 的极性相反;$i_{20}$ 为变压器次级线圈中的电流初始值;$i_2$ 为流过 $N_2$ 线圈的电流;$\Phi_2$ 为穿过 $N_2$ 线圈的磁通量。$i_2$ 和 $\Phi_2$ 都随时间线性变化。

当控制开关 $S_1$ 由接通转为关断时,控制开关 $S_2$ 则由关断转为接通,此时电源电压 $U_i$ 被加到变压器初级线圈 $N_2$ 绕组的两端,通过互感在变压器次级线圈 $N_3$ 绕组的两端也输出一个与 $N_2$ 绕组输入电压成正比的电压 $u_o$,并加到负载 $R$ 的两端,使开关电源输出一个负半周电压。

3) $S_1$ 断开、$S_2$ 接通瞬间

在控制开关 $S_1$ 或 $S_2$ 关断瞬间,励磁电流存储的能量也会通过变压器的次级线圈 $N_3$ 绕组产生反电动势(反激式输出),即推挽式变换器开关电源同时存在正、反激输出电压。反激输出电压产生的原因是 $S_1$ 或 $S_2$ 接通瞬间变压器初级或次级线圈中的电流初始值不等于零,或磁通的初始值不等于零,即推挽式变换器开关电源中反激输出电压是由变压器励磁电流存储的能量产生的。

因此,可认为由于 $N_1$ 线圈的励磁电流 $i_{励} = \frac{U_i}{L_1}T_{on}$ 在 $N_3$ 引起的磁通量 $\Phi$ 不能突变,从而引起反电动势:

$$u_{反} = \left(\frac{nU_i}{R} - \frac{U_i}{L_1}T_{on}\right)e^{-\frac{R}{L_3}t} \cdot R = \left(nU_i - \frac{U_iR}{nL_1}T_{on}\right)e^{-\frac{R}{L_3}t} \quad (S_1 \text{ 关断瞬间}) \tag{2-20}$$

因此,开关 $S_1$ 断开、$S_2$ 接通瞬间,$N_3$ 上的电压为

$$u_o = U_{p-} + u_{反} = -nU_i + \left(nU_i - \frac{U_iR}{nL_1}T_{on}\right)e^{-\frac{R}{L_3}t} \quad (S_1 \text{ 断开、} S_2 \text{ 接通瞬间}) \tag{2-21}$$

根据式(2-21)可知,控制开关 $S_1$ 断开瞬间,输出电压为最大值,即

$$U_{omax} = -\frac{U_iR}{nL_1}T_{on} \tag{2-22}$$

但在实际应用中,并不完全是这样。因为在控制开关 $S_1$ 关断瞬间,控制开关 $S_2$ 也会同时接通,此时开关变压器初级线圈 $N_2$ 绕组也同时被接入电路中,$N_2$ 线圈绕组对于开关变压器初级线圈 $N_1$ 绕组来说,也相当于一个变压器次级线圈,它也会产生感应电动势,感应电动势的方向与输入电压 $U_i$ 的方向正好相反,所以,在控制开关 $S_2$ 接通瞬间,开关变压器初级线圈 $N_1$ 绕组存储的磁能量有一部分要被 $N_2$ 绕组吸收,并产生感应电流对输入电压 $U_i$ 充电(被 $U_i$ 限幅),次级线圈 $N_3$ 的反激输出电压 $u_{反}$ 也会通过变压比被 $U_i$ 限幅,

故 $u_反$ 并不会像式(2-22)所表达的那样高。因而可得出以下两点结论：

(1) 推挽式变换器开关电源的输出电压 $u_o$ 主要由开关电源中变压器次级线圈 $N_3$ 绕组的正激输出电压决定。

(2) 式(2-22)所表示的结果可看成开关电源在输出电压中含有毛刺(输出噪音)的表达式。

**2. 推挽式变换器开关电源的各点电压、电流波形**

图 2-9 是图 2-8 所示的推挽式变换器开关电源在负载为纯电阻且两个控制开关 $S_1$ 和 $S_2$ 的占空比 $D$ 均等于 0.5 时，变压器初、次级线圈各绕组的电压、电流波形。

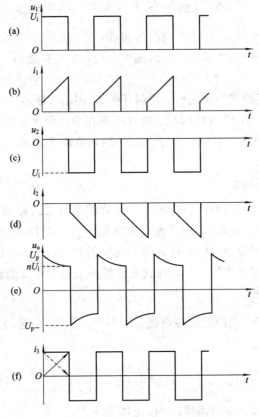

图 2-9  各点电压、电流波形

图 2-9(a)和(b)分别表示控制开关 $S_1$ 接通时开关变压器初级线圈 $N_1$ 绕组两端的电压波形和流过变压器初级线圈 $N_1$ 绕组两端的电流波形；图(c)和(d)分别表示控制开关 $S_2$ 接通时开关变压器初级线圈 $N_2$ 绕组两端的电压波形和流过开关变压器初级线圈 $N_2$ 绕组两端的电流波形；图(e)和(f)分别表示控制开关 $S_1$ 和 $S_2$ 轮流接通时开关变压器次级线圈 $N_3$ 绕组两端输出电压 $u_o$ 的波形和流过开关变压器次级线圈 $N_3$ 绕组两端的电流波形。

从图 2-9(b)和(d)中可以看出，在控制开关 $S_1$ 或 $S_2$ 接通瞬间，流过变压器初级线圈 $N_1$ 绕组或 $N_2$ 绕组的电流其初始值并不等于 0，而是产生一个电流突跳，这是因为变压器次级线圈 $N_3$ 绕组中有电流流过。

从图 2-9(f)中可以看出，流过开关变压器次级线圈 $N_3$ 绕组两端的电流波形是矩形波，而不是三角波。这是因为推挽式变换器开关电源同时存在正、反激输出电压。当变压器同时存在正、反激输出电压时,反激式输出的电流由最大值开始,然后逐渐减小到最小值,如图中虚线箭头所示,而正激式输出的电流则由最小值开始,然后逐渐增加到最大值,如图中实线箭头所示,因此,两者同时作用的结果正好输出一个矩形波。

从图2-9(e)中可以看出,输出电压 $u_o$ 由两部分组成:一部分为输入电压 $U_i$ 通过变压器初级线圈 $N_1$ 绕组或 $N_2$ 感应到次级线圈 $N_3$ 绕组的正激输出电压 $u_p$,这个电压的幅度比较稳定,一般不会随着时间变化而变化;另一部分为励磁电流通过变压器初级线圈 $N_1$ 绕组或 $N_2$ 绕组存储的磁能量产生的反激输出电压 $u_反$,这个电压会使波形产生反冲,其幅度是时间的指数函数,它随着时间的增大而变小。

**3. 全波整流输出推挽式变换器开关电源**

图2-10是输出电压可调的推挽式变换器开关电源。图2-10中,在整流输出电路后面加接了一个 $LC$ 储能滤波电路。在全波整流输出的 $LC$ 储能滤波电路中可以省去一个续流二极管,因为用于全波整流的两个二极管可以轮流充当续流二极管的作用。

由于图2-10中两个控制开关占空比 $D$ 的可调范围很小(小于0.5),并且在一个周期内两个控制开关均需要接通和关断一次,因此,输出电压的可调范围相对来说要比单激式开关电源输出电压的可调范围小很多;但双激式开关电源比单激式开关电源具有输出功率大、电压纹波小、电压输出特性好等优点。

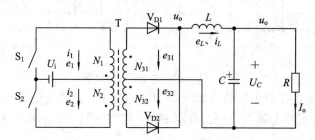

图2-10 全波整流输出推挽式变压器开关电源

图2-11是输出电压可调的推挽式变换器开关电源各主要工作点的电压、电流波形。图2-11(a)表示控制开关 $S_1$ 接通时,开关变压器初级线圈 $N_1$ 绕组两端的电压波形;图(b)表示控制开关 $S_2$ 接通时,开关变压器初级线圈 $N_2$ 绕组两端的电压波形;图(c)表示控制开关 $S_1$ 和 $S_2$ 轮流接通时,开关变压器次级线圈 $N_3$ 绕组两端输出电压 $u_o$ 的波形;图(d)表示开关变压器次级线圈 $N_3$ 绕组两端输出电压经全波整流后的电压波形。图2-11(c)中,$U_p$、$U_{p-}$ 分别表示开关变压器次级线圈 $N_3$ 绕组两端输出电压 $u_o$ 的正最大值(半波平均值)和负最大值(半波平均值),$[U_p]$、$[U_{p-}]$ 分别表示开关变压器次级线圈 $N_3$ 绕组两端反激输出电压的正最大值(半波平均值)和负最大值(半波平均值)。

图2-11(d)中,实线波形表示控制开关 $S_1$ 接通时,开关变压器次级线圈 $N_3$ 绕组两端输出电压经桥式或全波整流后的波形;虚线波形表示控制开关 $S_2$ 接通时,开关变压器次级线圈 $N_3$ 绕组两端输出电压经桥式或全波整流后的波形;$U_a$ 表示整流输出电压的平均值。

**4. 推挽式变换器的两种类型**

推挽式变换器分电流型、电压型两种拓扑结构。它们的主要区别是电流型的输入极需要增加一个大电感 $L$,但不需要输出滤波电感;电压型的输入级没有大电感,但输出级必须接滤波电感 $L$。

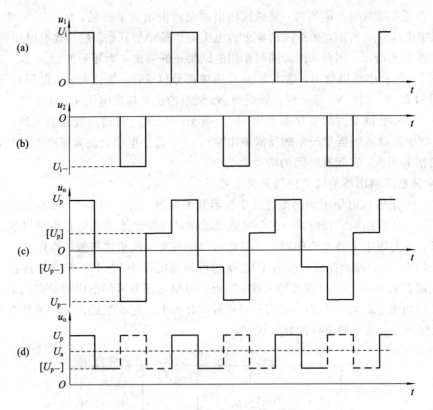

图 2-11 各点电压、电流波形

电压型推挽式变换器的拓扑结构如图 2-12(a)所示,它属于正激式变换器,两只三极管 $V_1$、$V_2$ 分别接在带中心抽头的一次绕组两端,它们按照 180° 的相位差交替地导通。当

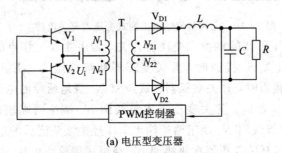

(a) 电压型变压器

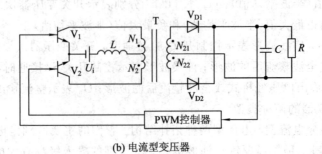

(b) 电流型变压器

图 2-12 推挽式变换器的拓扑结构

$V_1$ 导通时,正电压加在二极管 $V_{D1}$ 上,使之导通。此时 $V_2$ 关断,$V_{D2}$ 截止,加在 $V_2$ 漏极上的电压为 $2U_i$。这就要求开关管至少能承受 $2U_i$ 的高压。举例说明,220 V 交流电压经过整流滤波后得到的直流高压 $U_i \approx +300$ V,功率开关管的耐压值至少应为 $2 \times 300$ V $= 600$ V。考虑到电网上还存在浪涌电压,因此实际应采用耐压值为 1000 V 的开关管,以避免损坏管子。此外,在 $V_1$、$V_2$ 转换时应有一个死区时间,以避免两只开关管由于关断延迟而同时导通致使高频变压器短路,电流迅速增大,进而损坏管子。

电流型推挽式变换器的拓扑结构如图 2-12(b)所示,在输入电压与变压器之间串联一个电感 $L$。当开关管导通时,利用 $L$ 可降低功率开关管和整流管导通时的冲击电流。这种变压器的不足之处是增加大电感后会降低输出功率。

**5. 推挽式变换器的优缺点**

推挽式开关电源经桥式整流或全波整流后,其输出电压的电压脉动系数 $S_v$ 和电流脉动系数 $S_i$ 都很小,因此只需要一个很小的储能滤波电容或储能滤波电感,就可以得到一个电压纹波和电流纹波都很小的输出电压。因此,推挽式开关电源是一个输出电压特性非常好的开关电源。图 2-13 所示为全波整流输出的推挽式变换器开关电源。

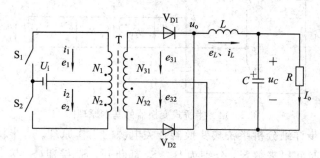

图 2-13 全波整流输出的推挽式变换器开关电源

推挽式开关电源的优点可简单概括为以下 5 点:

(1) 推挽式变换器开关电源是所有开关电源中电压利用率最高的开关电源,它在输入电压很低的情况下,仍能维持很大的功率输出,所以推挽式变换器开关电源被广泛应用于低输入电压的 DC/AC 逆变器或 DC/DC 转换器电路中。

(2) 电流瞬间响应速度很高,电压输出特性很好。

(3) 工作效率高。

(4) 两个开关管器件有公共地,驱动电路简单。

(5) $S_1$、$S_2$ 不会出现半导通区,产生大电流放电,引起功耗。

推挽式开关电源的主要缺点可简要概括为以下 3 点:

(1) 开关管需要很高的耐压,其耐压必须大于工作电压的两倍,因此,推挽式开关电源在 220 V 交流供电设备中很少使用。

(2) 输出电压的调整范围小,并且需要一个储能滤波电感。

(3) 由于变压器有两组初级线圈,所以更适合大功率输出的场合。

## 2.1.3 半桥拓扑

半桥式变换器开关电源也属于双激式变换器开关电源。半桥式变换器是在推挽式变换器的基础上构成的,它用两只功率开关管构成半桥,输入一般为交流电,适用于输出功率为 500~1500 W 的隔离式变换器。在半桥式变换器开关电源中,也是两个控制开关 $S_1$ 和 $S_2$ 轮流交替工作,开关电源在整个工作周期都向负载提供功率输出,因此,其输出电流瞬间响应速度很高,电压输出特性也很好。

由于半桥式变换器开关电源的两个开关器件的工作电压只有输入电压的一半,因此,半桥式变换器开关电源比较适用于工作电压比较高的场合。

### 1. 半桥式变换器的基本原理

半桥式变压器的最简单原理如图 2-14 所示。图中,$S_1$、$S_2$ 是两个控制开关,它们工作的时候,总是一个接通,另一个关断,两个控制开关轮流交替工作;电容器 $C_1$、$C_2$ 是储能滤波电容,同时也是电源分压电容,它们把电源电压一分为二,由于可以把一个充满电的电容看成一个电源,因此我们可以把电容器 $C_1$、$C_2$ 看成两个电源串联对变压器负载供电;$T$ 为开关变压器;$N_1$ 为变压器的初级线圈;$N_2$ 为变压器的次级线圈;$U_i$ 为直流输入电压;$R$ 为负载电阻;$u_o$ 为输出电压;$i_o$ 为流过负载的电流。

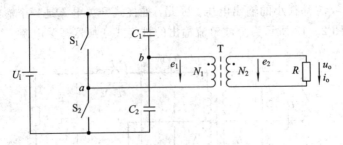

图 2-14 半桥式变换器的基本原理图

下面我们进一步详细分析半桥式变换器开关电源的工作原理。对半桥式变换器开关电源的分析可分三个时间段来解释,分别为 $S_1$、$S_2$ 都断开,$S_1$ 接通($S_2$ 接通)和 $S_1$ 断开瞬间三个时间段。下面对这三个时间段进行逐一分析。

1) $S_1$、$S_2$ 都断开

当 $S_1$、$S_2$ 都断开时,电容器 $C_1$、$C_2$ 首先要被输入电源 $U_i$ 充电。两个充满电的电容器相当于两个电源串联,电源电压为 $U_i/2$。因为 $T_{on}$ 极短,所以可将电容放电近似为 $U_i/2$ 直流源放电。在任何时刻,当一个电容器在放电的时候,另一个电容器就会进行充电,两个电容充、放电的电荷总是相等。

2) $S_1$ 接通

当控制开关 $S_1$ 接通时,电源 $C_1$ 的电压(电容器 $C_1$ 两端的电压)被加到变压器初级线圈 $N_1$ 绕组的 $a$、$b$ 两端,$N_1$ 上有电流 $i_1$ 流过,同时在 $N_1$ 线圈上产生磁通量 $\Phi_1$,进而产生自感电动势 $e_1$。通过电磁感应的作用在变压器次级线圈 $N_2$ 绕组的两端也会输出一个与 $N_1$ 绕组输入电压成正比的电压 $e_2$,并加到负载 $R$ 的两端,使开关电源输出一个正半周电压,在负载上产生电流 $i_2$,产生相反方向的磁通量 $\Phi_2$。这样铁芯中的磁通量 $\Phi$ 由流过变压器初、次级线圈的电流在变压器铁芯中产生的合成磁场的总磁通量决定,为

$$\Phi = \Phi_1 - \Phi_2 \quad (S_1 \text{ 接通期间}) \tag{2-23}$$

此时铁芯中的磁通量 $\Phi$ 由流过变压器初级线圈的励磁电流决定,即变压器铁芯中产生的磁通量只与流过变压器初级线圈中的励磁电流有关,与流过变压器次级线圈中的电流无关;流过变压器次级线圈中的电流产生的磁通完全被流过变压器初级线圈的另一部分电流

产生的磁通抵消。

根据电磁感应定律，可以对变压器初级线圈 $N_1$ 绕组回路列出方程：

$$e_1 = N_1 \frac{d\Phi}{dt} = L_1 \frac{di_1}{dt} = U_{ab} = \frac{U_i}{2} \tag{2-24}$$

同样，可以对变压器次级线圈 $N_2$ 绕组回路列出方程：

$$e_2 = N_2 \frac{d\Phi}{dt} = U_p \tag{2-25}$$

式中，$U_p$ 为开关变压器次级线圈 $N_2$ 绕组正激输出电压的幅值。

根据式(2-24)和式(2-25)可以求得：

$$U_p = \frac{N_2}{2 \cdot N_1} U_i = \frac{n}{2} U_i \quad (S_1 \text{ 接通期间}) \tag{2-26}$$

$$i_1 = i_{10} + \frac{U_i}{2 \cdot L_1} t \quad (S_1 \text{ 接通期间}) \tag{2-27}$$

$$\Phi_1 = \Phi_0 + \frac{U_i}{2 \cdot N_1} t \quad (S_1 \text{ 接通期间}) \tag{2-28}$$

式中，$U_p$ 为开关变压器次级线圈 $N_2$ 绕组正激输出电压的幅值，由于流过开关变压器初级线圈 $N_1$ 绕组的励磁电流是线性变化的，所以我们可认为开关变压器次级线圈 $N_2$ 绕组正激输出电压是一个方波，方波的幅值 $U_p$ 与有效值 $U_0$ 两者完全相等；$U_i$ 为开关电源变压器初级线圈 $N_1$ 绕组的输入电压；$n$ 为变压比，即开关变压器次级线圈输出电压与初级线圈输入电压之比，$n$ 也可以看成是开关变压器次级线圈 $N_2$ 绕组与初级线圈 $N_1$ 绕组的匝数比，即 $n = N_2/N_1$；$i_{10}$ 为变压器初级线圈电流初始值；$i_1$ 为流过 $N_1$ 线圈的电流；$\Phi_1$ 为穿过 $N_1$ 线圈的磁通量。$i_1$ 和 $\Phi_1$ 都随时间线性变化。

由式(2-26)可知，在控制开关 $S_1$ 接通期间，半桥式变压器开关电源中变压器次级正激输出电压的幅值只与输入电压和变压器的次初级变压比有关。

同理我们也可以求得，当控制开关 $S_2$ 接通时，电容器 $C_2$ 两端的电压被加到变压器初级线圈 $N_1$ 绕组的 $b$、$a$ 两端，开关变压器 $N_2$ 的线圈绕组输出的正激电压幅值为

$$U_{p-} = -e_2 = -\frac{N_2}{2 \cdot N_1} U_i = -\frac{n}{2} U_i \quad (S_2 \text{ 接通期间}) \tag{2-29}$$

式中，负号表示 $e_2$ 的符号，与式(2-26)中的符号相反；$U_{p-}$ 表示与 $U_p$ 的极性相反，因为 $U_{ab} = -U_{ba}$。

3）$S_1$ 断开瞬间

式(2-26)和式(2-29)列出的计算结果并没有考虑控制开关 $S_1$ 或 $S_2$ 关断瞬间，励磁电流存储的能量产生反电动势的影响。在控制开关 $S_1$ 关断瞬间，励磁电流存储的能量也会通过变压器的次级线圈 $N_2$ 绕组产生反电动势（反激电压），即半桥式变压器开关电源同时存在正、反激输出电压。反激输出电压产生的原因是 $S_1$ 或 $S_2$ 接通瞬间变压器初级或次级线圈中的电流初始值不等于零或磁通的初始值不等于零，即半桥式变压器开关电源中反激电压是由变压器励磁电流存储的能量产生的。

因此，可认为由于 $N_1$ 线圈的励磁电流 $i_励 = \frac{U_i}{2L_1} T_{on}$ 在 $N_2$ 引起的磁通量 $\Phi$ 不能突变，从而引起反电动势，即

$$u_{\text{反}} = \frac{1}{2} \cdot \left(\frac{nU_i}{R} - \frac{U_i}{L_1} + T_{\text{on}}\right)e^{-\frac{R}{L_2}t} \cdot R = \frac{1}{2} \cdot \left(nU_i - \frac{U_i R}{L_1}T_{\text{on}}\right)e^{-\frac{R}{L_2}t} \quad (S_1 \text{ 关断瞬间})$$

(2-30)

因此，开关 $S_1$ 断开、$S_2$ 接通瞬间，$N_2$ 上的电压为

$$u_o = U_{P-} + u_{\text{反}} = -\frac{1}{2}nU_i + \frac{1}{2}\left(nU_i - \frac{U_i R}{L_1}T_{\text{on}}\right)e^{-\frac{R}{L_2}t} \quad (S_1 \text{ 断开、} S_2 \text{ 接通瞬间})$$

(2-31)

根据式(2-31)可知，控制开关 $S_1$ 断开瞬间，输出电压为最大值：

$$u_{o\max} = -\frac{U_i R}{2 \cdot L_1}T_{\text{on}}$$

(2-32)

但在实际应用中并不完全是这样的。因为在控制开关 $S_1$ 关断瞬间，控制开关 $S_2$ 也会同时接通，此时开关变压器初级线圈 $N_1$ 绕组也同时被接入到另一个电路中，在 $S_2$ 刚接通的瞬间，$N_1$ 绕组产生的反电动势正好与 $C_2$ 电源电压的方向相反，因此，在 $S_2$ 接通瞬间，$C_2$ 电源不是马上对开关变压器初级线圈 $N_1$ 绕组进行供电，而是 $N_1$ 绕组产生的反电动势首先对电容器 $C_2$ 进行充电。这相当于在控制开关 $S_2$ 接通瞬间，开关变压器初级线圈 $N_1$ 绕组存储的磁能量有一部分要被电容器 $C_2$ 吸收，待反电动势的能量基本被吸收完后，电容器 $C_2$ 才开始对变压器初级线圈 $N_1$ 绕组供电。

式(2-26)和式(2-29)并没有完全考虑开关变压器初级线圈 $N_1$ 绕组产生的反电动势对电容器 $C_1$ 和 $C_2$ 进行反充电所产生的影响。当开关变压器初级线圈 $N_1$ 绕组产生的反电动势对电容器 $C_2$ 进行反充电时，$i_{\text{励}}$ 存储的能量有一部分要被 $C_2$ 吸收，进而变压器次级线圈 $N_2$ 绕组输出电压 $u_o$ 也要通过变比被电容器 $C_2$ 存储的电压进行限幅。因此，变压器次级线圈 $N_2$ 绕组输出电压 $u_o$ 中的反激输出电压 $u_{\text{反}}$ 并不会像式(2-30)所表达的结果那么高。

因此，反电动势(反激输出电压)的半波平均值远远小于正激输出电压的半波平均值，进而可得出以下两点结论：

(1) 半桥变换器开关电源的输出电压 $u_o$ 主要由变压器次级线圈 $N_2$ 绕组的正激输出电压决定。

(2) 反激输出电压可看成开关电源在输出电压中含有毛刺(输出噪音)现象。

**2. 半桥式变换器开关电源的各点电压、电流波形**

图 2-15 是图 2-14 所示的半桥式变换器开关电源在负载为纯电阻且两个控制开关 $S_1$ 和 $S_2$ 的占空比 $D$ 均等于 0.5 时变压器初、次级线圈各绕组的电压、电流波形。

图 2-15(a)和(b)分别表示控制开关 $S_1$ 接通时，开关变压器初级线圈 $N_1$ 绕组两端的电压 $u_{ab}$ 的波形，和流过变压器初级线圈 $N_1$ 绕组两端的电流 $i_{C1}$ 的波形；图(c)和(d)分别表示控制开关 $S_2$ 接通时，开关变压器初级线圈 $N_1$ 绕组两端的电压 $U_{ba}$ 的波形，和流过开关变压器初级线圈 $N_1$ 绕组两端的电流 $i_{C2}$ 的波形；图(e)和(f)分别表示控制开关 $S_1$ 和 $S_2$ 轮流接通时，开关变压器次级线圈 $N_2$ 绕组两端输出电压 $u_o$ 的波形，和流过开关变压器次级线圈 $N_2$ 绕组两端的电流波形。

从图 2-15(b)和(d)中我们可以看出，在控制开关 $S_1$ 或 $S_2$ 接通瞬间，流过变压器初级线圈 $N_1$ 绕组的电流其初始值并不等于 0，而是产生一个电流突跳，这是因为变压器次级线圈 $N_2$ 绕组中有电流流过。

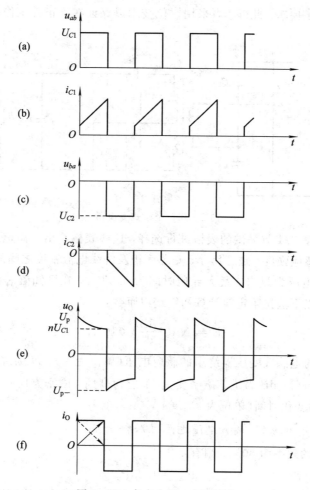

图 2-15 各点电压、电流波形

从图 2-15(f)中我们可以看出，流过开关变压器次级线圈 $N_2$ 绕组两端的电流其波形是矩形波，而不是三角波。这是因为半桥式变换器开关电源同时存在正、反激输出电压。当变压器同时存在正、反激输出电压时，反激式输出的电流由最大值开始，然后逐渐减小到最小值，如图中虚线箭头所示，而正激式输出的电流则由最小值开始，然后逐渐增加到最大值，如图中实线箭头所示，因此，两者同时作用的结果正好输出一个矩形波。

从图 2-15(e)中可以看出，输出电压 $u_o$ 由两部分组成：一部分为电容器 $C_1$ 或 $C_2$ 存储的电压 $U_{C1}$ 或 $U_{C2}$ 通过变压器初级线圈 $N_1$ 绕组感应到次级线圈 $N_2$ 绕组的正激输出电压 $u_p$，这个电压的幅度比较稳定，一般不会随着时间的变化而变化；另一部分为励磁电流通过变压器初级线圈 $N_1$ 绕组存储的磁能量产生的反激输出电压 $u_反$，这个电压会使波形产生反冲，其幅度是时间的指数函数，会随着时间的增大而变小。

**3. 半桥式变换器磁设计**

1) 最大导通时间、磁芯尺寸和初级绕组匝数的选择

由图 2-16 可见，若 $S_1$、$S_2$ 同时导通，则即使是很短的时间，也会使电源瞬间短路，从而损坏开关管。为防止此现象发生，输入电压为最小值时，$S_1$ 或 $S_2$ 的最大导通时间必须限制在半周期的 80% 以内，应选择合适的次级匝数以使在导通时间不大于 $0.8T/2$ 的情况

下保证输出电压满足要求。此外，可采用钳位技术以保证在不正常工作状态下导通时间也不超过 $0.8T/2$。

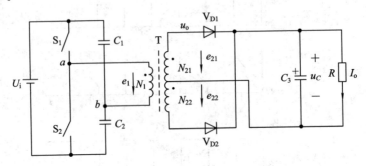

图 2-16 半桥式变换器

磁芯可利用本章 2.4 节提供的表格进行选择，这些表格给出了额定工作频率下的最大输出功率、饱和磁感应强度、磁芯尺寸、磁芯面积及绕线电流密度之间的函数关系。

假定最低输入电压为 $U_i/2$，最大导通时间为 $0.8T/2$，在已知磁芯种类和磁芯面积的情况下，可以通过以下法拉第定律计算初级绕组匝数：

$$E = NA_e\left(\frac{dB}{dt}\right) \times 10^{-8} \tag{2-33}$$

式中，$E$ 为有磁芯的电感或变压器绕组的感应电压(单位为 V)；$N$ 为绕组匝数；$A_e$ 为磁芯截面面积(单位为 $cm^2$)；$dB$ 为磁芯磁密变化(单位为高斯，磁密方向随绕组电压极性不同而不同)；$dt$ 为磁通变化时间(单位为 s)。

2) 初级电流、输出功率、输入电压之间的关系

假设开关电源的效率为 80%，则有：

$$P_{in} = 1.25P_o \tag{2-34}$$

电源输入电压最低时，输入功率等于初级电压最小值与对应的初级平均电流的乘积。如前所述，输入直流电压最小时，每半周期导通时间最大值选为 $0.8T/2$。由于每周期有两个脉宽为 $0.8T/2$ 的电流脉冲，所以电压为 $U_i/2$ 时输入功率为

$$P_{in} = 1.25P_o = \frac{U_i}{2}I_1\left(\frac{0.8T}{T}\right) \tag{2-35}$$

式中：

$$I_1 = \frac{3.13P_o}{U_i} \tag{2-36}$$

3) 初级线径的选择

在输出功率相同的条件下，半桥式变换器的初级线径要比推挽式变换器的大很多。但由于推挽式变换器有两个初级且每个初级承受的电压是半桥式变换器的两倍，因此两种拓扑的绕组尺寸相差不多。

半桥式变换器初级电流的有效值：

$$I_{有效} = I_1\sqrt{\frac{0.8T}{T}} \tag{2-37}$$

由式(2-36)和式(2-37)可得：

$$I_{\text{有效}} = \frac{2.79 P_\text{o}}{U_\text{i}} \quad (2-38)$$

设电流密度为 500 圆密耳每有效值安培,则

$$\text{初级线圈的圆密耳数} = \frac{500 \times 2.79 P_\text{o}}{U_\text{i}} = \frac{1395 P_\text{o}}{U_\text{i}} \quad (2-39)$$

4) 次级绕组匝数和线径的选择

如图 2-16 所示,输出的直流电压或平均电压为

$$U_\text{o} = \left(\frac{U_\text{i}}{2} \cdot \frac{N_2}{N_1}\right)\frac{2T_{\text{on}}}{T} \quad (2-40)$$

由式(2-40)可以计算出次级绕组匝数。其中,$T_{\text{on}} = 0.8 T/2$。

为简化次级电流有效值的计算,阶梯斜坡脉冲将近似等效为平顶脉冲 $I_2$,$I_2$ 幅值为直流输出电流 $I_\text{o}$,其占空比为 0.4。

因此,每个次级绕组的电流有效值为

$$I_{\text{有效}} = I_\text{o} \sqrt{D} = I_\text{o} \sqrt{0.4} = 0.632 I_\text{o} \quad (2-41)$$

若电流密度为 500 圆密耳每有效值安培,则次级绕组所需的圆密耳数为

$$\text{次级线圈所需的圆密耳数} = 500 \times (0.632 I_\text{o}) = 316 I_\text{o} \quad (2-42)$$

**4. 半桥式变换器的优缺点**

半桥式变换器的优点可概括为以下 3 点:

(1) 半桥式变换器开关电源与推挽式变换器开关电源一样,两个开关管轮流交替工作,相当于两个开关电源同时输出功率,其输出功率约等于单一开关电源输出功率的两倍。因此,半桥式变换器开关电源的输出功率很大,工作效率很高。

(2) 电流、电压输出特性很好。

(3) 两个开关器件的耐压要求比推挽式变换器开关电源对两个开关器件的耐压要求低 50%,适合输入电压较高的场合。一般电网电压为交流 220 伏,这类开关电源大部分采用半桥式拓扑结构。

半桥式变换器的主要缺点可简要概括为以下 2 点:

(1) 电源利用率低,不适合工作电压低的场合。

(2) 开关器件没有公共地,驱动电路必须与功率开关管互相隔离,需采用高频变压器耦合。

## 2.1.4 全桥拓扑

全桥式变换器开关电源也属于双激式变换器开关电源。它同时具有推挽式变换器开关电源电压利用率高的特点,又具有半桥式变换器开关电源耐压高的特点。全桥式变换器需要使用 4 只功率开关管构成全桥,其基本原理如图 2-17 所示。在各种变压器中,以全桥式变换器的输出功率最大,它适合构成输出功率为 1~3 kW 的大功率隔离式变压器。因此,全桥式变换器开关电源经常用于工作电压高,输出功率大的场合。

**1. 全桥式变换器的基本原理**

图 2-17 是全桥式变换器开关电源的工作原理图。图中,$S_1$、$S_2$、$S_3$、$S_4$ 是 4 个控制开关;T 为开关变压器;$N_1$ 为变压器的初级线圈;$N_2$ 为变压器的次级线圈;$U_\text{i}$ 为直流输入

电压;$R$ 为负载电阻;$u_o$ 为输出电压;$i_o$ 为流过负载的电流。从图 2-17 中可以看出,控制开关 $S_1$ 和 $S_4$ 与控制开关 $S_2$ 和 $S_3$ 正好组成一个电桥的两臂,变压器作为负载被跨接于电桥两臂的中间。因此,我们把图 2-17 所示的电路称为全桥式变换器开关电源电路。

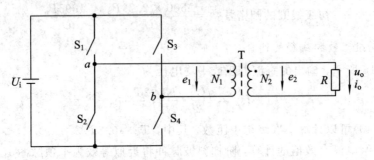

图 2-17 全桥式变换器的基本原理图

下面我们进一步详细分析全桥式变换器开关电源的工作原理。对全桥式变换器开关电源的分析可分为三个步骤:对四个开关分组,$S_1$、$S_4$ 接通,$S_1$、$S_4$ 断开。下面对这三个步骤段进行逐一分析。

1) 对四个开关分组

图 2-17 中,$S_1$、$S_2$、$S_3$、$S_4$ 是 4 个控制开关,它们被分成两组:$S_1$ 和 $S_4$ 为一组,$S_2$ 和 $S_3$ 为另一组。开关电源工作的时候,总是一组接通,另一组关断,两组控制开关轮流交替工作。

2) $S_1$、$S_4$ 接通

控制开关 $S_1$、$S_4$ 接通时,电源电压 $U_i$ 被加到变压器初级线圈 $N_1$ 绕组的 $a$、$b$ 两端,$U_{ab}=U_i$,初级线圈 $N_1$ 上有电流 $i_1$ 流过,同时在 $N_1$ 线圈上产生磁通量 $\Phi_1$,进而产生自感电动势 $e_1$。通过电磁感应的作用在变压器次级线圈 $N_2$ 绕组的两端也会输出一个与 $N_1$ 绕组输入电压成正比的电压 $e_2$,并加到负载 $R$ 的两端,使开关电源输出一个正半周电压,在负载上产生电流 $i_2$,产生相反方向的磁通量 $\Phi_2$。这样铁芯中的磁通量 $\Phi$ 由流过变压器初、次级线圈的电流在变压器铁芯中产生的合成磁场的总磁通量决定。可以对变压器初级线圈 $N_1$ 绕组回路列出方程:

$$e_1 = N_1 \frac{d\Phi}{dt} = L_1 \frac{di_1}{dt} = U_{ab} = U_i \qquad (2-43)$$

同样,可以对变压器次级线圈 $N_2$ 绕组回路列出方程:

$$e_2 = N_2 \frac{d\Phi}{dt} = U_p \qquad (2-44)$$

式中,$U_p$ 为开关变压器次级线圈 $N_2$ 绕组正激输出电压的幅值。

根据式(2-43)和式(2-44)可以求得:

$$U_p = \frac{N_2}{N_1} U_i = n U_i \quad (S_1、S_4 \text{ 接通期间}) \qquad (2-45)$$

$$i_1 = i_{10} + \frac{U_i}{L_1} t \quad (S_1、S_4 \text{ 接通期间}) \qquad (2-46)$$

$$\Phi_1 = \Phi_0 + \frac{U_i}{N_1} t \quad (S_1、S_4 \text{ 接通期间}) \qquad (2-47)$$

式中，$U_p$ 为开关变压器次级线圈 $N_2$ 绕组正激输出电压的幅值，由于流过开关变压器初级线圈 $N_1$ 绕组的励磁电流是线性变化的，所以我们可认为开关变压器次级线圈 $N_2$ 绕组正激输出电压是一个方波，方波的幅值 $U_p$ 与输出值 $u_o$ 两者完全相等；$U_i$ 为开关电源中变压器初级线圈 $N_1$ 绕组的输入电压；$n$ 为变压比，即开关变压器次级线圈输出电压与初级线圈输入电压之比，$n$ 也可以看成是开关变压器次级线圈 $N_2$ 绕组与初级线圈 $N_1$ 绕组的匝数比，即 $n=N_2/N_1$；$i_{10}$ 为变压器初级线圈中的电流初始值；$i_1$ 为流过 $N_1$ 线圈的电流；$\Phi_1$ 为穿过 $N_1$ 线圈的磁通量。$i_1$ 和 $\Phi_1$ 都随时间线性变化。

由式(2-45)可知，在控制开关 $S_1$ 接通期间，半桥式变换器开关电源变压器次级正激输出电压的幅值只与输入电压和变压器的次初级变压比有关。

同理我们也可以求得，当控制开关 $S_2$ 和 $S_3$ 接通时，电源电压被加到变压器初级线圈 $N_1$ 绕组的 $b$、$a$ 两端，$U_{ba}=U_i$，开关变压器 $N_2$ 线圈绕组输出的正激输出电压幅值为

$$U_{p-}=-e_2=-\frac{N_2}{N_1}U_i=-nU_i \quad (S_2,S_3\text{ 接通期间}) \tag{2-48}$$

式中，负号表示 $e_2$ 的符号与式(2-45)中的符号相反，$U_{p-}$ 表示与 $U_p$ 的极性相反，因为 $U_{ab}=-U_{ba}$。

3) $S_1$、$S_4$ 断开瞬间

式(2-45)和式(2-48)列出的计算结果并没有考虑控制开关 $S_1$、$S_4$ 或 $S_2$、$S_3$ 关断瞬间，励磁电流存储的能量产生反电动势的影响。在控制开关 $S_1$、$S_4$ 关断瞬间，励磁电流存储的能量也会通过变压器的次级线圈 $N_2$ 绕组产生反电动势（反激式输出），即全桥式变压器开关电源同时存在正、反激输出电压。反激输出电压产生的原因是 $S_2$、$S_3$ 接通瞬间变压器初级或次级线圈中的电流初始值不等于零或磁通的初始值不等于零，即全桥式变压器开关电源中反激输出电压是由变压器励磁电流存储的能量产生的。

因此，可认为由于 $N_1$ 线圈的励磁电流 $i_{励}=\frac{U_i}{L_1}T_{on}$ 在 $N_2$ 引起的磁通量不能突变，从而引起反电动势，也可认为 $i_{励}$ 存储的能量会使次级线圈 $N_2$ 的电流产生突变。反电动势由下式计算得到

$$i_{反}=\left(\frac{nU_i}{R}-\frac{U_i}{L_1}T_{on}\right)e^{-\frac{R}{L_2}t} \tag{2-49}$$

$$u_{反}=i_{反}\cdot R=\left(\frac{nU_i}{R}-\frac{U_i}{L_1}T_{on}\right)e^{-\frac{R}{L_2}t}\cdot R=\left(nU_i-\frac{U_iR}{L_1}T_{on}\right)e^{-\frac{R}{L_2}t} \quad (S_1\text{ 关断瞬间}) \tag{2-50}$$

因此，开关 $S_1$ 断开、$S_2$ 接通瞬间，$N_2$ 上的电压为

$$u_o=u_{p-}+u_{反}=-nU_i+\left(nU_i-\frac{U_iR}{L_1}T_{on}\right)e^{-\frac{R}{L_2}t} \quad (S_1\text{ 断开、}S_2\text{ 接通瞬间}) \tag{2-51}$$

根据式(2-51)可知，控制开关 $S_1$ 断开瞬间，输出电压为最大值：

$$u_{omax}=-\frac{U_iR}{L_1}T_{on} \tag{2-52}$$

但在实际应用中并不完全是这样的。因为在控制开关 $S_1$ 和 $S_4$ 关断瞬间，控制开关 $S_2$、$S_3$ 也会同时接通，此时开关变压器初级线圈 $N_1$ 绕组也同时被接入到另一个电路中，即原来电源 $U_i$ 是通过 $S_1$ 和 $S_4$ 把电压加到开关变压器初级线圈 $N_1$ 绕组 $a$、$b$ 的两端对开关变压

器进行供电的,当 $S_2$ 和 $S_3$ 接通后,电源 $U_i$ 则通过 $S_2$ 和 $S_3$ 把电压加到开关变压器初级线圈 $N_1$ 绕组 $b$、$a$ 的两端,开关变压器初级线圈 $N_1$ 绕组产生的反电动势首要通过 $S_2$ 和 $S_3$ 对电源 $U_i$ 进行供电,然后电源 $U_i$ 才通过初级线圈 $N_1$ 绕组 $b$、$a$ 的两端对开关变压器进行供电。这样就相当于电源在开始对变压器供电的时候,也对反电动势进行限幅,故反激电压 $u \ll u_反$。另外,在开关电源的设计上,开关变压器的伏秒容量取得很大,励磁电流取得很小,所以反激输出电压的平均值还是远远小于正激输出电压的平均值,进而可得出以下两点结论:

(1) 全桥式变换器开关电源的输出电压 $u_o$ 主要由开关电源变压器次级线圈 $N_2$ 绕组的正激输出电压决定。

(2) 反激输出电压可看成开关电源在输出电压中含有毛刺(输出噪音)现象。

**2. 全波整流输出**

图 2-18 是全波整流输出全桥式变换器开关电源的工作原理。全波整流输出全桥式变换器开关电源的电压输出电路中接有储能滤波电容,储能滤波电容会对输入脉动电压起到平滑的作用,因此,输出电压 $U_o$ 不会出现很高幅度的电压反冲,其峰值 $U_p$ 基本上就可以认为是半波平均值 $U_a$,其值略大于正激输出电压 $nU_i$,即全波整流输出全桥式变压器开关电源中,整流滤波输出电压 $U_o$ 的值略大于正激输出电压 $nU_i$,$n$ 为变压器次级线圈 $N_2$ 绕组与初级线圈 $N_1$ 绕组的匝数比。

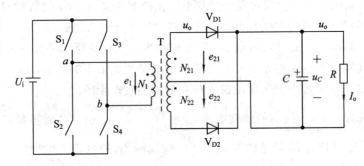

图 2-18 全波整流输出全桥式变换器开关电源的工作原理图

因此,全桥式变换器开关电源的输出电压 $u_o$ 主要还是由式(2-45)来决定,即全桥式变换器开关电源的输出电压 $u_o$($S_1$、$S_4$ 接通期间)约等于开关变压器次级线圈 $N_2$ 绕组产生的正激输出电压 $U_p$ 或 $U_{p-}$:

$$u_o = U_p = nU_i \quad (S_1、S_4 \text{ 接通期间}) \tag{2-53}$$

或

$$u_o = U_{p-} = -nU_i \quad (S_2、S_3 \text{ 接通期间}) \tag{2-54}$$

式中,$u_o$ 为全桥式变换器开关电源的输出电压,$n$ 为变压器次级线圈 $N_2$ 绕组与初级线圈 $N_1$ 绕组的匝数比,$U_i$ 为开关变压器初级线圈 $N_1$ 绕组的输入电压。

图 2-19 是输出电压可调的全桥式变换器开关电源各主要工作点的电压波形。图中,实线波形对应控制开关 $S_1$ 和 $S_4$ 接通时,开关变压器次级线圈 $N_2$ 绕组两端输出电压经全波整流后的波形;虚线波形对应控制开关 $S_2$ 和 $S_3$ 接通时,开关变压器次级线圈 $N_2$ 绕组两端输出电压经全波整流后的波形;$U_a$ 表示整流输出电压的平均值。

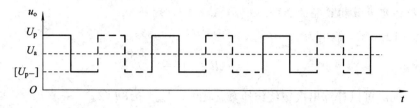

图 2-19 全波整流输出电压图

**3. 全桥式变换器的设计**

1) 最大导通时间、磁芯尺寸和初级绕组匝数的选择

由图 2-17 可见，若垂直桥臂上下两管($S_1$ 和 $S_2$ 或 $S_3$ 和 $S_4$)同时导通，则即使是很短时间，也会使电源瞬间短路，从而损坏开关管。为避免这种情况发生，输入电压为最小值时，$S_1$、$S_4$ 或 $S_2$、$S_3$ 的最大导通时间必须限制在半周期的 80% 以内。也就是说，要根据电压方程正确选择匝比 $N_2/N_1$，以使得在规定电压下，变换器仍能输出所要求的电压 $U_o$。

磁芯尺寸和工作频率可根据磁芯-频率表选择。若已选定磁芯，且已知铁芯面积 $A_e$，则可以通过以下法拉第定律计算初级绕组匝数：

$$E = NA_e \left(\frac{\mathrm{d}B}{\mathrm{d}t}\right) \times 10^{-8} \tag{2-55}$$

式中，$E$ 为初级最低电压(单位为 V)；$N$ 为绕组匝数；$A_e$ 为磁芯截面面积(单位为 cm$^2$)；$\mathrm{d}B$ 为磁芯磁密变化(单位为高斯，磁密方向随绕组电压极性不同而不同)；$\mathrm{d}t$ 为磁通变化时间(单位为 s)。

2) 初级电流、输出功率、输入电压之间的关系

假设开关电源的效率为 80%，则有

$$P_\mathrm{in} = 1.25 P_\mathrm{o} \tag{2-56}$$

电源输入电压最低时，输入功率等于初级电压最小值与对应的初级平均电流的乘积。如前所述，输入直流电压最小时，每半周期导通时间为 $0.8T/2$。若忽略开关管的导通压降，则电压为 $U_i$ 时输入功率为

$$P_\mathrm{in} = 1.25 P_\mathrm{o} = U_i I_1 \left(\frac{0.8T}{T}\right) \tag{2-57}$$

式中：

$$I_1 = \frac{1.56 P_\mathrm{o}}{U_i} \tag{2-58}$$

3) 初级线径的选择

因为占空比为 0.8，所以电流 $I_1$ 的有效值为

$$I_\text{有效} = I_1 \sqrt{\frac{0.8T}{T}} \tag{2-59}$$

由式(2-58)和式(2-59)可得：

$$I_\text{有效} = \frac{1.40 P_\mathrm{o}}{U_i} \tag{2-60}$$

设电流密度为 500 圆密耳每有效值安培，则所需的总圆密耳数为

$$初级线圈的圆密耳数 = \frac{500 \times 1.40 P_\mathrm{o}}{U_i} = \frac{700 P_\mathrm{o}}{U_i} \tag{2-61}$$

4) 次级绕组匝数和线径的选择

如图 2-19 所示,输出为

$$U_o = \left(U_i \frac{N_2}{N_1}\right)\frac{2T_{on}}{T} \quad (2-62)$$

由式(2-62)可以计算出次级绕组匝数。其中,$T_{on}=0.8T/2$。

为简化次级电流有效值的计算,阶梯斜坡脉冲将近似等效为平顶脉冲 $I_2$,$I_2$ 的幅值为直流输出电流 $I_o$,其占空比为 0.4。

因此,每个次级绕组的电流有效值为

$$I_{有效} = I_o \sqrt{D} = I_o \sqrt{0.4} = 0.632 I_o \quad (2-63)$$

若电流密度为 500 圆密耳每有效值安培,则次级绕组所需的圆密耳数为

$$次级线圈所需的圆密耳数 = 500 \times (0.632 I_o) = 316 I_o \quad (2-64)$$

**4. 全桥式变换器的优缺点**

全桥式变换器的优点可概括为以下 4 点:

(1) 全桥式变换器开关电源与推挽式变换器开关电源一样,两个开关管轮流交替工作,相当于两个开关电源同时输出功率,其输出功率约等于单一开关电源输出功率的两倍。因此,全桥式变换器开关电源输出功率很大,工作效率很高。

(2) 电流、电压输出特性很好。

(3) 两个开关器件的耐压要求比推挽式变压器开关电源对两个开关器件的耐压要求降低 50%,适合输入电压较高的场合,一般电网电压为交流 220 伏,这类开关电源大部分用桥式变换器开关电源。

(4) 全桥式变换器开关电源的电源利用率比推挽式变换器开关电源的电源利用率低一些,因为两组开关器件互相串联,所以两个开关器件接通时总的电压降要比单个开关器件接通时的电压降大一倍,但比半桥式变换器开关电源的电源利用率高很多。因此,全桥式变换器开关电源也可以用于工作电源电压比较低的场合。

全桥式开关电源的主要缺点可简要概括为以下 2 点:

(1) 开关器件没有公共地,驱动电路必须与功率开关管互相隔离,需采用高频变压器耦合。

(2) $S_1$、$S_2$ 出现半导通情况时,会损失功率。当两个控制开关 $S_1$ 和 $S_2$ 处于交替转换工作状态的时候两个开关器件会同时出现一个很短时间的半导通区域,即两个控制开关同时处于接通状态。这是因为开关器件在开始导通的时候相当于对电容充电,它从截止状态到完全导通状态需要一个过渡过程,而开关器件从导通状态转换到截止状态相当于对电容放电,它从导通状态到完全截止状态也需要一个过渡过程。当两个开关器件分别处于导通和截止过渡过程,即两个开关器件都处于半导通状态时,相当于两个控制开关同时接通,它们会造成对电源电压短路。此时,在两个控制开关的串联回路中将出现很大的电流,而这个电流并没有通过变压器负载。因此,在两个控制开关 $S_1$ 和 $S_2$ 同时处于过渡过程期间,两个开关器件将会产生很大的功率损耗。为了降低控制开关的过渡过程产生的损耗,一般在全桥式开关电源电路中都有意让两个控制开关的接通和截止时间错开一小段时间。

## 2.2 反激式变换器

### 2.2.1 反激式变换器的基本工作原理

反激式变换器是指当变压器的初级线圈正好被直流电压激励时,变压器的次级线圈没有向负载提供功率输出,而仅在变压器初级线圈的激励电压被关断后才向负载提供功率输出。在反激拓扑中,开关管导通时,变压器储存能量,负载电流由输出滤波电容提供;开关管关断时,变压器将储存的能量传送到负载和输出滤波电容,以补偿电容单独提供负载电流时消耗的能量。下面详细讨论此类拓扑的工作原理。

图 2-20(a)是反激式变换器的简单工作原理图。图中,$U_i$ 是开关电源的输入电压,T 是开关变压器,S 是控制开关,C 是储能滤波电容,R 是负载电阻。图 2-20(b)是反激式变换器的电压输出波形。

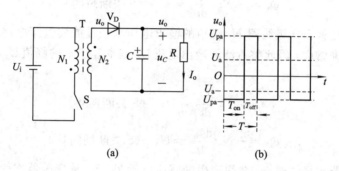

图 2-20 反激式变换器的基本工作原理图

下面我们来详细分析反激式变换器开关电源的工作过程(参考图 2-20)。

(1) 开关 S 接通的 $T_{on}$ 期间。输入电源 $U_i$ 对变压器初级线圈 $N_1$ 绕组加电,初级线圈 $N_1$ 绕组有电流 $i_1$ 流过,在 $N_1$ 两端产生自感电动势 $e_1$ 的同时,在变压器次级线圈 $N_2$ 绕组的两端也同时产生感应电动势,但由于整流二极管的作用,没有产生回路电流,这相当于变压器次级线圈开路,变压器次级线圈相当于一个电感。因此,流过变压器初级线圈 $N_1$ 绕组的电流就是变压器的励磁电流,变压器初级线圈 $N_1$ 绕组两端产生的自感电动势可表示为

$$e_1 = L_1 \frac{di_1}{dt} = U_i \longrightarrow i_1(t) = \frac{U_i}{L_1}t + i_1(0) \longrightarrow i_1(t) = \frac{U_i}{L_1}t \quad \text{(S 接通期间)}$$

(2-65)

$$e_1 = N_1 \frac{d\Phi_1}{dt} = U_i \longrightarrow \Phi_1(t) = \frac{U_i}{N_1}t + \Phi(0) \longrightarrow \Phi_1(t) = \frac{U_i}{N_1}t + S \cdot B_r \quad \text{(S 接通期间)}$$

(2-66)

式中,$e_1$ 为变压器初级线圈 $N_1$ 绕组产生的自感电动势,$L_1$ 是变压器初级线圈 $N_1$ 绕组的电感,$N_1$ 为变压器初级线圈 $N_1$ 绕组的匝数,$\Phi_1$ 为变压器铁芯中的磁通,S 为变压器铁芯导磁面积,$B_r$ 为剩余磁感应强度。注:当开关电源工作于输出电流临界连续状态时,$i_1(0)=0$,$\Phi(0)=S \cdot B_r$,故在 S 关断瞬间 $i_1(t)$ 和 $\Phi_1(t)$ 均达到最大值。对式(2-65)和式(2-66)分别积分,可求得:

$$i_{1m} = \frac{U_i}{L_1} T_{on} \quad \text{(S 关断瞬间)} \tag{2-67}$$

$$\Phi_{1m} = \frac{U_i}{N_1} T_{on} + S \cdot B_r = S \cdot B_m \quad \text{(S 关断瞬间)} \tag{2-68}$$

式中，$i_{1m}$ 为流过变压器初级线圈 $N_1$ 绕组的最大电流，即控制开关关断瞬间流过变压器初级线圈 $N_1$ 绕组的电流；$\Phi_{1m}$ 为变压器铁芯中的最大磁通，即控制开关关断瞬间前变压器铁芯中的磁通；$S$ 为变压器铁芯导磁面积；$B_r$ 为剩余磁感应强度；$B_m$ 为最大磁感应强度。

(2) 开关 S 断开的 $T_{off}$ 期间。在控制开关 S 由接通突然转为关断瞬间，流过变压器初级线圈的电流 $i_1$ 突然为 0，但变压器铁芯中的磁通量 $\Phi$ 不能突变，故会在变压器初级线圈产生相应的反电动势 $e_1'$，在变压器次级线圈产生相应的反电动势 $e_2$ 和电流 $i_2$。变压器铁芯中的磁通 $\Phi$ 最终由次级线圈的电流 $i_2$ 决定。变压器次级线圈的电势 $e_2$ 和磁通 $\Phi_2$ 为

$$e_2 = -L_2 \frac{di_2}{dt} = u_o \quad \text{(S 关断期间)} \tag{2-69}$$

$$\Phi_2 = -N_2 \frac{d\Phi_2}{dt} = u_o \quad \text{(S 关断瞬间)} \tag{2-70}$$

由于反激式变换器次级线圈 $N_2$ 绕组的输出电压都经过滤波整流电路，而滤波电容和电阻的时间常数非常大，因此整流滤波输出电压 $U_o$ 基本等于 $u_o$ 的幅值 $U_p$，把 $u_o$ 用 $U_o$ 代换后得：

$$e_2 = -L_2 \frac{di_2}{dt} = U_o \quad \text{(S 关断期间)} \tag{2-71}$$

$$\Phi_2 = -N_2 \frac{d\Phi_2}{dt} = U_o \quad \text{(S 关断期间)} \tag{2-72}$$

式中，$e_2$ 为变压器次级线圈 $N_2$ 绕组产生的感应电动势，$L_2$ 是变压器次级线圈 $N_2$ 绕组的电感，$N_2$ 为变压器次级线圈 $N_2$ 绕组的匝数，$\Phi_2$ 为变压器铁芯中的磁通，$u_o$ 为变压器次级线圈 $N_2$ 绕组的输出电压。对式(2-71)和式(2-72)进行积分，即可求得

$$i_2(t) = -\frac{U_o}{L_2} t + i_2(0) \quad \text{(S 关断期间)} \tag{2-73}$$

$$\Phi_2(t) = -\frac{U_o}{N_2} t + \Phi_2(0) \quad \text{(S 关断期间)} \tag{2-74}$$

当开关 S 将要接通时，实际上，$i_2(0)$ 正好等于控制开关刚断开瞬间流过变压器初级线圈 $N_1$ 绕组的电流被折算到次级绕组回路的电流，即 $i_2(0) \cdot N_2 = i_{1m} \cdot N_1$，而 $\Phi_2(0)$ 正好等于控制开关刚断开瞬间变压器铁芯中的磁通，即 $\Phi_2(0) = S \cdot B_m$。当控制开关 S 将要关断时，$i_2$ 和 $\Phi_2$ 均达到最小值，且电路工作于临界连续状态，即

$$i_2(T_{off}) = -\frac{U_o}{L_2} T_{off} + \frac{i_{1m}}{n} = 0 \quad \text{(S 关断瞬间)} \tag{2-75}$$

$$\Phi(T_{off}) = -\frac{U_o}{N_2} T_{off} + S \cdot B_m = S \cdot B_r \quad \text{(S 关断瞬间)} \tag{2-76}$$

由式(2-67)、式(2-75)、式(2-68)、式(2-76)和变压器次级线圈与初级线圈的电感量之比 $\frac{L_1}{L_2} = \frac{N_1^2}{N_2^2}$，就可以求得反激式变换器开关电源的输出电压为

$$U_o = nU_i \frac{D}{1-D} \tag{2-77}$$

在开关关断 $T_{off}$ 期间,变压器铁芯的磁通 $\Phi$ 主要由次级线圈中的电流 $i_2$ 来决定。也就是说,流过次级线圈的电流 $i_2$ 正好替代原来初级线圈励磁电流 $i_1$ 的作用,使线圈中的磁感应强度由最大值 $B_m$ 返回到剩余磁感应强度 $B_r$,使 $N_2$ 绕组的电流由最大值逐步变化为 0。图 2-21 是反激式变换器工作于连续电流状态时整流二极管的输入电压 $u_o$、负载电流 $I_o$ 和变压器铁芯中的磁通,以及变压器初、次级电流等的波形。注:电流 $i_1$ 和 $i_2$ 并不相等,为了区别,$i_2$ 用虚线表示。

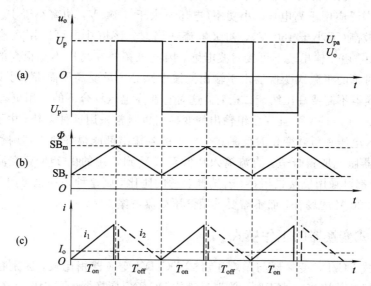

图 2-21 反激式变换器工作于连续电流状态时各点的图形

反激式变换器在控制开关接通期间不向负载提供功率输出,仅在控制开关关断期间才把存储能量转化成反电动势向负载提供输出。当控制开关的占空比为 0.5 时,变压器次级线圈输出电压的平均值 $U_a$ 约等于电压最大值 $U_p$(用半波平均值 $U_{pa}$ 代之)的二分之一,而流过负载的电流 $I_o$(平均电流)正好等于流过变压器次级线圈最大电流的四分之一。

反激式变换器的优点主要有以下 2 点:

(1) 电路比较简单,比正激式变换器少用一个大储能滤波电感以及一个续流二极管,因此,反激式变换器的体积要比正激式变换器的体积小,且成本也较低。

(2) 反激式变换器的输出电压受占空比的调制幅度相对于正激式变换器来说要高很多。因此,反激式变换器要求调控占空比的误差信号幅度比较低,且要求误差信号放大器的增益和动态范围也较小。由于具有这些优点,目前反激式变换器在家电领域中被广泛使用。

反激式变换器的缺点主要有以下 3 点:

(1) 当 $D=0.5$ 时,电压脉动系数 $S_v=U_p/U_a=2$,电流脉动系数 $S_i=I_m/I_a=4$。反激式变换器开关电源的电压脉动系数与正激式变换器的电压脉动系数基本相同,但电流脉动系数比正激式变换器的电流脉动系数大两倍,故反激式变换器的电压和电流输出特性要比正激式变换器的差。

(2) 由于反激式变换器仅在控制开关关断期间才向负载提供能量输出,当负载电流出现变化时,开关电源不能立刻对输出电压或电流产生反应,而需要等到下一个工作周期,通过输出电压取样和调宽控制电路的作用,开关电源才开始对已经过去了的事件进行反应(即改变占空比),因此,反激式变换器开关电源输出电压的瞬态控制特性相对来说比较差。

(3) 反激式变换器中变压器初、次级线圈的漏感都比较大,从而会降低变压器的工作效率,并且漏感还会产生反电动势,容易把开关器件击穿。

反激式变换器在输出功率为 5~150 W 的电源中应用非常广泛,其最大优点是不需要接输出滤波电感,这使得其成本降低,体积减小。

这种拓扑广泛应用于高电压、小功率(电压不大于 5000 V,功率小于 15 W)场合。当直流输入电压较高(不小于 160 V)、初级电流适当时,该拓扑也可以用在输出功率达到 150 W 的电源中。由于输出端不可接滤波电感,因此该拓扑在高压不是很高的场合下很有优势,而前面讨论的正激式变换器由于输出滤波电感必须承受高压而带来了许多问题。此外,反激式变换器不需要高压续流二极管,这对它在高电压场合下的应用更有利。

输出功率为 50~150 W 且有多组输出的变换器也常常采用这种拓扑。由于不需要输出电感,因此输入电压和负载变化时反激式变换器的各输出都能很好地跟随调整。

只要变压器匝比取得合适,直流输入从低至 5 V 到常用的由 115 V 交流整流得到的 160 V 的场合,都可采用反激式拓扑。若选择合适的匝比,则这种拓扑也可用于由 220 V 交流整流得到的 320 V 的场合,而不需要采用倍压整流方案。

## 2.2.2 反激式变换器的工作模式

单端反激式 DC/DC 变换器与单端正激式 DC/DC 变换器相比较,区别在于高频变压器副边整流二极管的连接方式不同。单端反激式 DC/DC 变换器的原理图如图 2-22 所示。从图 2-22 中可知,只要将正激式变换器的同名端变化一下,便成了反激式变换器。

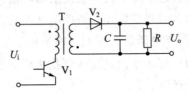

图 2-22 单端反激式 DC/DC 变压器的原理图

图 2-22 所示电路的特点是变压器原边的开关管 $V_1$ 和副边的整流二极管 $V_2$ 交替导通和关断,即 $V_1$ 导通时 $V_2$ 关断,$V_1$ 关断时 $V_2$ 导通。当 $V_1$ 导通时,$V_2$ 被反偏置,变压器副边绕组以磁能形式储存能量;当 $V_1$ 关断时,$V_2$ 正偏置导通,储存在副边绕组中的能量向负载释放。所以,高频变压器在反激式变换器中既是变压隔离器,又是电感储能器,反激式变换器又被称为电感储能型变换器。

若按能量转换方式不同,反激式变换器有以下两种工作模式:

(1) 电流不连续(完全能量转换)模式:在原边开关管导通周期内,储存在变压器副边的能量在开关关断周期内全部传输到输出端,表现为次级电流在下一周期开始前已经降为零。

(2) 电流连续(不完全能量转换)模式:储存在副边的能量在开关管关断周期结束时,仍有部分剩余能量保留在开关管下一个导通周期开始,表现为电流较大,使关断电流未降到零,则下一周期开始时初级电流前沿将出现阶梯。

当输入电源电压和负载电流有较大变化时,反激式变换器在上述两种工作模式中变换,因此要求一个反激式变换器在两种工作模式下均能稳定工作,这给设计和调试都带来了较大的困难。

不连续模式相对于连续模式的缺点如下:

(1) 在相同关断时间下,不连续模式下次级电流的峰值为连续模式下次级电流峰值的 2~3 倍。

(2) 不连续模式下次级电流有效值为连续模式下的两倍,故不连续模式下要求较大的导线尺寸和耐高纹波的输出滤波电容。

(3) 由于不连续模式下初级电流峰值较高,因此要求使用更大电流且更昂贵的开关管。

不连续模式相对于连续模式的优点如下:

(1) 不连续模式本身的励磁电感小而响应快,当输出负载电流和输入电压突变时,输出电压瞬态尖峰小。

(2) 连续模式下必须大幅度减小误差放大器带宽,以防止电路发生振荡,从而使反馈环稳定。

**1. 不连续工作模式**

1) 不连续工作模式下反激式变换器的基本工作原理

图 2-23 所示为工作于不连续模式下的反激式变换器及其波形图。

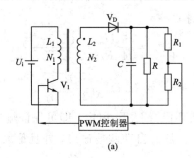

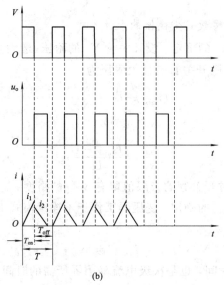

图 2-23 工作于不连续模式下的反激式变换器及其波形图

(1) $V_1$ 导通时，同名端相对异名端为负，$V_D$ 反偏，$C$ 单独向负载供电。$C$ 容量的选择应保证提供负载的同时能满足输出电压纹波和压降的要求。$V_1$ 导通期间，初级线圈电流直线上升，斜率 $di/dt = U_i/L_1$。在导通结束之前，$i_1$ 达到最大，$i_{1m} = \dfrac{U_i}{L_1} T_{on}$，此时变压器存储的能量为

$$E = \frac{1}{2} L_1 i_{1m}^2 = \frac{1}{2} L_1 \left(\frac{U_i}{L_1} T_{on}\right)^2 \tag{2-78}$$

(2) $V_1$ 关断时，由于电感电流不能突变，因此变压器次级电流幅值为

$$i_{2m} = i_{1m} \cdot \frac{N_1}{N_2} \tag{2-79}$$

$V_1$ 关断时，同名端电压为正，电流从该端流出并线性下降，斜率 $di_2/dt = U_o/L_2$。若电流 $i_2$ 在 $V_1$ 再次导通前降为 0，则变压器存储的能量在 $V_1$ 再次导通前已全部传送到负载端，变压器工作于不连续模式（断续模式）。

2) 不连续工作模式下输出电压 $U_o$、输入电压 $U_i$ 和导通时间 $T_{on}$ 的关系

(1) 在一个周期 $T$ 内，直流电压 $U_i$ 提供的功率为

$$P = \frac{E}{T} = \frac{(U_i T_{on})^2}{2TL_1} \tag{2-80}$$

(2) 设电源的效率为 0.8，则

$$P = \frac{5}{4} P_o = \frac{5}{4} \frac{U_o^2}{R_o} = \frac{(U_i T_{on})^2}{2TL_1} \tag{2-81}$$

$$\rightarrow U_o = U_i T_{on} \sqrt{\frac{R_o}{2.5 TL_1}} \tag{2-82}$$

由式(2-82)可见，只要反馈环保持 $U_i T_{on}$ 恒定，即可保证输出恒定。反馈环在 $U_i$ 上升时减少 $T_{on}$，在 $U_i$ 下降时增大 $T_{on}$，从而自动调整输出，并且最大导通时间 $T_{onmax}$ 出现在 $U_i$ 最小的时候。

3) 不连续工作模式下反激式变换器的设计步骤

(1) 初次匝数比 $N_1/N_2$ 的确定。设开关管 $V_1$ 的耐压（最大关断电压应力）为 $U_{max}$，若忽略漏感尖峰及 $V_1$ 压降，则开关管的最大耐压为

$$U_{max} = U_i + \frac{N_1}{N_2} U_o \tag{2-83}$$

则有

$$\frac{N_1}{N_2} = \frac{U_{max} - U_i}{U_o} \tag{2-84}$$

实际中应使 $U_{max}$ 尽量小，对开关管的极限值留有 30% 的裕度。

(2) 最大导通时间 $T_{onmax}$ 的确定。变压器工作于不连续模式下，其正负秒伏容量必须相等，即

$$N_2 \cdot U_{imin} \cdot T_{onmax} = N_1 \cdot U_o \cdot T_r \tag{2-85}$$

其中，$T_r$ 为变压器的复位时间，也是次级电流降为零所需的时间。

为保证电路工作于不连续模式下，必须设定死区时间 $T_{dr}$，即使 $U_i$ 等于 $U_{imin}$ 时，其对应的最大导通时间和复位时间之和不超过整个周期的 80%，留有 $0.2T$ 的裕度。为了防止

负载电流过大或输入电压 $U_i$ 过低，PWM 将增加 $T_{on}$ 来保持 $U_o$ 恒定。随着 $T_{on}$ 的增加会占用死区时间 $T_{dr}$，使次级电流在 $V_1$ 再次导通前无法归零，电路进入连续模式。为保证电路工作在断续模式下，可确定最大导通时间：

$$T_{onmax} + T_r = 0.8T \qquad (2-86)$$

联立式(2-85)和式(2-86)得：

$$T_{onmax} = \frac{(0.8T) \cdot U_o}{U_{imin} \cdot N_2/N_1 + U_o} \qquad (2-87)$$

(3) 初级电感 $L_1$ 的计算：

$$L_1 = \frac{(U_{imin} \cdot T_{onmax})^2 \cdot R_o}{U_o^2 \cdot 2.5T} = \frac{(U_{imin} \cdot T_{onmax})^2}{2.5TP_o} \qquad (2-88)$$

(4) 开关管的最大应力电流的确定：

$$i_{1m} = \frac{U_{imin} \cdot T_{onmax}}{L_1} \leqslant I_{CEO} \qquad (2-89)$$

(5) 初次级线圈直径的选择。初级电流为三角波，峰值为 $i_{1m}$，其有效值为

$$I_{有效} = \sqrt{\frac{D}{3}} i_{1m} = \sqrt{\frac{T_{on}}{3T}} i_{1m} \qquad (2-90)$$

设电流密度为 500 圆密耳每安培，则

$$初级线圈圆密耳数 = 500 \cdot \sqrt{\frac{T_{on}}{3T}} i_{1m} \qquad (2-91)$$

同理，由于次级线圈峰值为

$$i_{2m} = i_{1m} \cdot \frac{N_1}{N_2} \qquad (2-92)$$

次级电流也为三角波，故

$$次级线圈圆密耳数 = 500 \cdot \frac{i_{1m} \cdot N_1}{N_2} \sqrt{\frac{T_r}{3T}} \qquad (2-93)$$

4) 不连续工作模式下反激式变换器设计实例

下面按表 2-1 所示的参数设计一个反激式变换器。

表 2-1 不连续工作模式下反激式变换器设计数据

| 参数 | $U_o$ | $P_{omax}$ | $I_{omax}$ | $I_{omin}$ | $U_{imax}$ | $U_{imin}$ | 频率 $f$ |
|---|---|---|---|---|---|---|---|
| 具体数值 | 5.0 V | 50 W | 10 A | 1.0 A | 60 V | 38 V | 50 kHz |

(1) 若忽略漏感尖峰并设整流管和开关管压降均为 1 V，选用额定电压为 200 V 的开关管，最大耐压为 120 V，留有 80 V 的电压裕度，则由式(2-83)可得：

$$120 = 60 + \frac{N_1}{N_2} \cdot (U_o + 1) \longrightarrow \frac{N_1}{N_2} = \frac{120 - 60}{5 + 1} = 10$$

(2) 由式(2-87)可以确定最大导通时间：

$$T_{onmax} = \frac{(0.8T) \cdot (U_o + 1)}{(U_{imin} - 1) \cdot N_2/N_1 + (U_o + 1)} = \frac{0.8 \times 20 \times 6}{37 \times \frac{1}{10} + 6} = 9.9 \ \mu s$$

(3) 由式(2-88)可确定初级电感：

$$L_1 = \frac{(U_{imin} \cdot T_{onmax})^2}{2.5TP_o} = \frac{(38 \times 9.9 \times 10^{-6})^2}{2.5 \times 20 \times 10^{-6} \times 50} = 56.6 \ \mu H$$

(4) 由式(2-89)可确定最大应力电流：

$$i_{1m} = \frac{U_{imin} \cdot T_{onmax}}{L_1} = \frac{38 \times 9.9 \times 10^{-6}}{56.6 \times 10^{-6}} = 6.6 \ A$$

(5) 由式(2-90)可知初级电流有效值为

$$I_{有效} = \sqrt{\frac{D}{3}} i_{1m} = \sqrt{\frac{T_{on}}{3T}} i_{1m} = \sqrt{\frac{9.9}{3 \times 20}} \times 6.6 = 2.7 A$$

故初级线圈圆密耳数 $=500 \times 2.7 = 1350$ 圆密耳。

这里选用19号线，其圆密耳数为1290，与1350非常接近。

又因复位时间 $T_r = 0.8T - 9.9 = 6.1 \ \mu s$，由式(2-93)可得：

$$次级线圈圆密耳数 = 500 \cdot \frac{i_{1m} \cdot N_1}{N_2} \sqrt{\frac{T_r}{3T}} = 500 \times 6.6 \times \frac{1}{10} \times \sqrt{\frac{6.1}{3 \times 20}} = 105 \ 圆密耳$$

可选用10号线。

**2. 连续工作模式**

1) 连续工作模式下反激式变换器的工作原理（不连续向连续模式的过渡）

图2-24为反激式变换器不连续模式向连续模式的过渡。

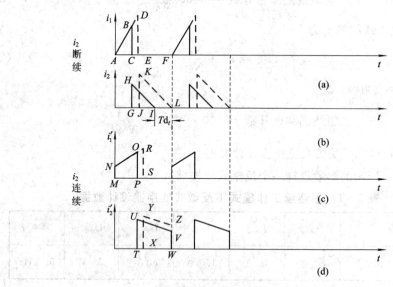

图 2-24 反激式变换器不连续模式向连续模式的过渡

图2-24中，从次级电流降为零到下一周期开始之间有死区($T_{d_t}$)，则电路工作于不连续模式。若电流较大使关断电流仍降为零，则下一周期开始时，初级电流前沿将出现阶梯，这表明电路已工作于连续模式。若此时误差放大器带宽未迅速减少，则电路将发生振荡。

反激式变换器有两种完全不同的工作模式。如图2-24(a)所示，不连续模式的初级电流前段没有阶梯。而在关断瞬间（见图2-24(b)）次级电流是衰减的三角波，在下一周期开始之前已衰减到零。这表明下个周期开始之前开关管导通期间储存于初级的能量已完全传送到次级负载。

连续模式如图 2-24(c)所示。初级电流有前沿阶梯且沿斜坡上升。在开关管关断期间(见图 2-24(d)),次级电流为阶梯上叠加衰减的三角波。开关管再次导通时,次级仍然维持有电流值(等于阶梯值)。

(1) 断续模式。图 2-24(a)、(b)的实线表示断续模式下的初/次级电流,初级电流是从零开始上升的三角波。开关导通结束时,电流上升到 $i_{1m}$,如图 2-24(a)中 $B$ 点所示。关断期间,储存在初级的电流 $i_{1m}$ 根据 $i_{2m} = i_{1m}(N_1/N_2)$ 转换到次级,以斜率 $di_2/dt = U_o/L_2$ 下降,在 $I$ 点降为零,离下一个周期开始($F$ 点)有一定死区时间 $T_{d_t}$。这种情况下,初级线圈存储的能量全部提供给负载,其平均值是三角波 $GHI$ 与其 $T_r/T$ 乘积的平均值。

(2) 输出电流临界状态。输出功率增大时,必须增大 $T_{on}$ 以保持输出级电流峰值会由 $B$ 点上升到 $D$ 点,次级电流 $i_{2m} = i_{1m}(N_1/N_2)$ 由 $H$ 点上升到 $K$ 点,开始时刻由 $G$ 点延迟到 $J$ 点。由于输出 $U_o$ 稳定,因此下降斜率 $di_2/dt = U_o/L_2$ 不变,将减少 $T_{d_t}$,在 $L$ 点,次级电流刚好在开关再次导通前降为零,该点就是断续模式和连续模式的临界点。

(3) 连续模式。死区时间缩短为零后,次级电流的后沿无法再右移。随着负载电流的增加,增加的 $T_{on}$ 也同时在减少 $T_{off}$,则次级电流的前沿将比 $J$ 点迟而比 $K$ 点高,在下一导通时间次级线圈仍残留一定电流,此时初级电流的前沿也会出现小阶梯。为提供更大的直流负载电流,在接下来的周期内,关断结束的次级电流及导通开始的初级电流阶梯值将增加。若干周期后,关断结束的次级电流及导通前沿阶梯值足够大,当其大于负载所需功率后,反馈环开始减小 $T_{on}$ 使初级电流持续时间为从 $M$ 到 $P$ 点,次级电流持续时间为从 $T$ 点到 $W$ 点,开关电源进入连续模式。

2) 连续工作模式下输出电压 $U_o$、输入电压 $U_i$ 和导通时间 $T_{on}$ 的关系

根据电磁感应定律(变压器导通磁通变化量与截止磁通变化量相等),得

$$\Delta\Phi = \frac{U_i T_{on}}{N_1} = \frac{U_o T_{off}}{N_2} \tag{2-94}$$

解得

$$U_o = \frac{N_2}{N_1} \cdot \frac{T_{on}}{T_{off}} \cdot U_i = \frac{U_i D}{1-D} \cdot \frac{N_2}{N_1} \tag{2-95}$$

反馈环在 $U_i$ 增大时降低 $T_{on}$,在 $U_i$ 减小时升高 $T_{on}$,以保证输出电压恒定。

3) 连续工作模式下反激式变换器的设计步骤

(1) 匝数比 $N_1/N_2$ 的确定。设开关管 $V_1$ 的耐压(最大关断电压应力)为 $U_{max}$,若忽略漏感尖峰及 $V_1$ 压降,则开关管的最大耐压为

$$U_{max} = U_i + \frac{N_1}{N_2}U_o \tag{2-96}$$

则有匝数比为

$$\frac{N_1}{N_2} = \frac{U_{max} - U_i}{U_o} \tag{2-97}$$

实际中应使 $U_{max}$ 尽量小,对开关管的极限值留有 30% 的裕度。

(2) 最大导通时间 $T_{onmax}$ 的确定。由式(2-95)可知,最大导通时间 $T_{onmax}$ 出现在输入电压最低(即为 $U_{imin}$)时。由于

$$D = \frac{U_o}{U_i \cdot N_2/N_1 + U_o} \tag{2-98}$$

从而解得最大导通时间为

$$T_{onmax} = \frac{U_o}{U_{imin} \cdot N_2/N_1 + U_o} \cdot T \tag{2-99}$$

(3) 输入电流 $I_1$、输出电流 $I_2$ 的确定。图 2-25 所示为连续模式下反激式变换器的电流-导通时间关系图。电流在开关管关断期间被送到负载。直流输入电压恒定时，$T_{on}$ 和 $T_{off}$ 保持恒定。反馈环通过改变初级电流 $I_1$ 和次级电流 $I_2$ 的值实现对输出电流的调整。图 2-25 中，$I_1$ 为初级电流上升斜坡的中间值，$I_2$ 为次级电流下降斜坡的中间值。输出功率：

$$P_o = \frac{U_o I_2 T_{off}}{T} \tag{2-100}$$

进而解得

$$I_2 = \frac{P_o}{U_o(1-D)} \tag{2-101}$$

式中，$D$ 由式(2-98)确定。

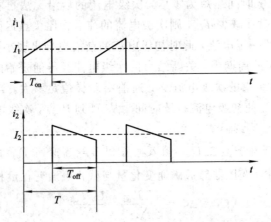

图 2-25 连续模式下反激式变换器的电流-导通时间图

假设开关效率为 80%，则

$$P_i = 1.25 P_o = U_i I_1 \frac{T_{on}}{T} \tag{2-102}$$

进而解得

$$I_1 = \frac{1.25 P_o}{U_{imin} \cdot D} \tag{2-103}$$

(4) 初级电感 $L_1$ 的确定。由图 2-25 可知，连续模式下初级电流 $i_1$ 的前沿会出现小阶梯，然后以 $\frac{di_1}{dt} = \frac{U_i}{L_1}$ 线性增加，故

$$dI = \frac{U_i}{L_1} \cdot dt \tag{2-104}$$

进而得

$$dI = \frac{U_i}{L_1} \cdot T_{on} \tag{2-105}$$

而 $I_1$ 刚好在斜坡幅度 $dI$ 的一半时出现，故

$$I_1 = \frac{dI}{2} = \frac{1.25 P_o}{U_{imin} \cdot D} \longrightarrow dI = \frac{2.5 P_o}{U_{imin} \cdot D} \tag{2-106}$$

联立式(2-105)、式(2-106)得

$$L_1 = \frac{U_{imin}^2 \cdot T_{onmax}^2}{2.5 P_o T} \qquad (2-107)$$

式中，$P_o$ 为最小额定输出功率，$T_{onmax}$ 为输入直流电压最小时得到的最大导通时间。

4) 连续工作模式下反激式变换器设计实例

下面按如表 2-2 所示的参数设计一个反激式变换器。

**表 2-2　连续模式下反激式变换器设计数据**

| $U_o$ | $P_{omax}$ | $P_{omin}$ | $U_{imax}$ | $U_{imin}$ | 频率 $f$ |
|---|---|---|---|---|---|
| 5.0 V | 50 W | 5 W | 60 V | 38 V | 50 kHz |

先考虑变换器工作于不连续模式的情况。

(1) 假设忽略漏感尖峰并设整流管和开关管压降均为 1 V，选用额定电压为 150 V 的开关管，最大耐压为 114 V，留有 36 V 的电压裕度，由式(2-83)可得：

$$114 = 60 + \frac{N_1}{N_2} \cdot (U_o + 1) \longrightarrow \frac{N_1}{N_2} = \frac{114 - 60}{5 + 1} = 9$$

(2) 由式(2-87)可以确定最大导通时间：

$$T_{onmax} = \frac{(0.8T) \cdot (U_o + 1)}{(U_{imin} - 1) \cdot N_2/N_1 + (U_o + 1)} = \frac{0.8 \times 20 \times 6}{37 \times \frac{1}{9} + 6} = 9.49 \ \mu s$$

(3) 由式(2-88)可确定初级电感：

$$L_1 = \frac{(U_{imin} \cdot T_{onmax})^2}{2.5 T P_o} = \frac{(38 \times 9.49 \times 10^{-6})^2}{2.5 \times 20 \times 10^{-6} \times 50} = 52 \ \mu H$$

(4) 由式(2-89)可确定最大应力电流：

$$i_{1m} = \frac{U_{imin} \cdot T_{onmax}}{L_1} = \frac{38 \times 9.49 \times 10^{-6}}{52 \times 10^{-6}} = 6.9 \ A$$

而次级电流三角波的前端阶跃是

$$i_{2m} = \frac{N_2}{N_1} \cdot i_{1m} = 9 \times 6.9 = 62 \ A$$

可知复位时间 $T_r = 0.8T - 9.49 = 6.5 \ \mu s$。

次级电流三角波的平均值应等于直流输出电流，则有

$$I_2 = \frac{i_{2m} \cdot T_r}{2T} = \frac{62 \times 6.5}{2 \times 20} = 10 \ A$$

现在考虑在相同频率、相同匝比 $\frac{N_2}{N_1} = 9$ 的情况下，连续工作模式的参数。

由式(2-99)可得最大导通时间：

$$T_{onmax} = \frac{(U_o + 1)}{(U_{imin} - 1) \cdot N_2/N_1 + (U_o + 1)} \cdot T = \frac{6}{37 \times \frac{1}{9} + 6} \times 20 = 11.87 \ \mu s$$

则

$$T_{off} = T - T_{onmax} = 20 - 11.87 = 8.13 \ \mu s$$

进而可知

$$D = \frac{T_{onmax}}{T} = \frac{11.87}{20} = 0.5935$$

由式(2-101)可得次级电流为

$$I_2 = \frac{P_o}{U_o(1-D)} = \frac{50}{5 \times (1-0.5935)} = 24.60 \text{ A}$$

次级电流平均值为

$$I_{次级平均} = I_2 \cdot \frac{T_{off}}{T} = 24.60 \times \frac{8.13}{20} = 10.0 \text{ A}$$

由式(2-103)知:

$$I_1 = \frac{1.25 P_o}{U_{imin} \cdot D} = \frac{1.25 \times 50}{38 \times 0.5935} = 2.77 \text{ A}$$

由式(2-107)可知,最小输入电压为38 V,最小输入功率为5 W时,有

$$L_1 = \frac{U_{imin}^2 \cdot T_{onmax}^2}{2.5 P_o T} = \frac{38^2 \times 11.87^2 \times 10^{-12}}{2.5 \times 5 \times 20 \times 10^{-6}} = 813 \text{ μH}$$

连续模式和不连续模式的对比数值如表2-3所示。

表 2-3 连续模式和不连续模式的对比数值表

| 对比项目 | 不连续模式 | 连续模式 |
|---|---|---|
| 初级电感/μH | 52 | 813 |
| 初级峰值电流/A | 6.9 | 2.77 |
| 次级峰值电流/A | 62.0 | 24.60 |
| 导通时间/μs | 9.49 | 11.87 |
| 关断时间/μs | 6.5 | 8.13 |

由表2-3可得出,连续模式的最大优点是:初、次级电流小,能减小集肤效应以及高频变压器的损耗。

## 2.3 控制电路

### 2.3.1 控制电路的分类

**1. 开关电源的基本控制方式**

开关电源按控制方式可分为两种基本形式:一种是脉宽调制(PWM, Pulse Width Modulation),其特点是固定开关频率,通过改变脉冲宽度来调节占空比;另一种是频率调制(PFM, Pulse Frequence Modulation),其特点是固定脉冲宽度,利用改变开关频率的方法来调节占空比。二者的电路不同,但都属于时间比率控制方式(TRC, Time Ratio Control),其作用效果一样,均可达到稳压的目的。现在的开关电源大多采用PWM方式,少数采用PFM方式。采用PWM方式的开关电源其工作原理如图2-26所示。

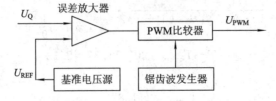

图 2-26 采用PWM方式的开关电源的工作原理图

若用 $T$ 表示开关的脉冲周期，$T_{on}$ 表示其导通时间，$U_Q$ 表示开关电源输出采样电压，$U_{PWM}$ 表示驱动信号，$n$ 表示高频变压器的匝比，则脉冲周期一定的前提下，功率变换器的最后输出电压 $U_o$ 和输入电压 $U_i$ 的关系可用下式表示：

$$U_o = \frac{N_2}{N_1} \cdot \frac{T_{on}}{T} \cdot U_i = nDU_i \qquad (2-108)$$

式(2-108)表明，开关电源的输入电压或输出电压发生变化，如电网电压升高或负载变化使输出电压升高或降低时，只要适当控制占空比，就可以使输出电压 $U_o$ 保持不变。控制电路的作用就是实现这个功能。脉宽调制器是这类开关电源的核心，它能产生频率固定而脉宽可调的驱动信号，以控制开关器件的通断状态，从而调节输出电压的高低，达到稳压的目的。图 2-26 中，锯齿波发生器用于提供恒定的频率信号，误差放大器和 PWM 比较器形成闭环调压系统。如果由于某种原因使 $U_o$ 升高，脉宽调制器就改变驱动信号脉冲宽度，即改变开关管的占空比 $D$，使斩波后的平均值电压下降，反之亦然。

**2. PWM 反馈控制电路的类型**

在开关稳压电源中，当输入电压发生波动，电源内部元器件随外部环境的变化其性能参数发生变化，外部负载发生变化或某些突发事件出现时，均会引起输出电压的变化。输出电压的变化经采样后与基准电压相比较产生误差信号，该误差信号再经放大，调节开关电路，控制脉冲的宽度，从而控制开关器件导通和截止的周期，以期达到稳定输出电压的目的。这种闭环反馈控制模式称为脉冲宽度调制(PWM)反馈控制。

在 PWM 反馈控制电路中，其控制方式有电压模式控制和电流模式控制两类，其基本结构如图 2-27 所示。

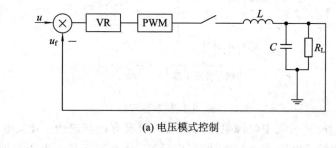

(a) 电压模式控制

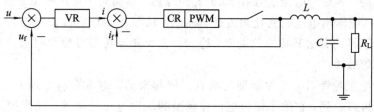

(b) 电流模式控制

图 2-27 PWM 反馈控制电路

图 2-27 中，VR 为电压调节器，CR 为电流调节器，PWM 为 PWM 调制环节，开关环节为开关电路，LC 电路是主电路中的滤波环节，$R_L$ 是负载。

在电压模式控制中，变换器的占空比正比于实际输出电压与理想电压之间的误差值；在电流模式控制中，占空比正比于额定输出电流与变换器控制电流函数之间的误差值。控制电流可以是隔离拓扑结构中变压器的初级电流。

电压模式控制只响应(调节变换器的占空比)输出(负载)电压的变化。这意味着变换器为了响应负载电流或输入线的变化，它必须"等待"负载电压(负载调整)的相应变化。这种等待(延迟)会影响变换器的稳压特性，通常"等待"一个或多个开关周期。负载或输入电压扰动会产生相应(尽管不一定成比例)的输出电压干扰。

电流模式控制器把变换器分成两条控制环路：电流控制通过内部控制环路进行，而电压控制通过外部控制环路进行。其结果是在逐个开关脉冲上不仅仅可以响应负载电压的变化，而且也可以响应电流的变化。电流模式控制和电压模式控制一样在输出电压与占空比之间具有相同的反比关系，而且电流模式还具有如下特点：电压控制环路设置阈值，在阈值内环路调整开关或初级电路中的峰值电流。由于输出电流正比于开关或初级电流，所以在逐个脉冲上控制输出电流。电流模式控制具有比电压模式控制更优越的电源电压和负载调整特性。

脉宽调制(PWM)型开关稳压电源只对输出电压进行采样，实行闭环控制。这种控制方式属于电压控制型，是一种单环控制系统。而电流控制型 DC/DC 开关变换器在电压控制性的基础上增加了电流反馈环，形成双环控制系统，使得开关电源内的电压调整率、负载调整率和瞬态响应特性都有所提高，是目前较为理想的一种控制方式。

电压控制型原理如图 2-28 所示。采样电压 $U_Q$ 与参考电压 $U_{REF}$ 进行比较放大，得到误差信号 $U_r$，再与锯齿波信号比较后，由 PWM 比较器输出具有一定占空比的系列脉冲，这就是电压控制型的原理。

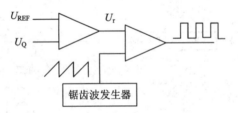

图 2-28 电压控制原理图

其最大缺点是：控制过程中电源电路内的电流值没有参与进去。开关电源的输出电流是要流经电感的，故对于电压信号有 90°的相位延迟。然而对于稳压电源来说，应当考虑电流的大小，以适应输出电压的变化和负载的需求，从而达到稳定输出电压的目的。因此仅采用输出电压采样的方法其响应速度慢，稳定性差，甚至在信号变化时会产生振荡，造成开关器件损坏等故障。

电流控制型正是针对电压控制型的缺点发展起来的。电流控制原理如图 2-29 所示。从图 2-29 中可以看到，它除了保留电压控制型的输出电压反馈外，又增加了一个电流反馈环节。所谓电流控制型，就是在脉宽比较器的输入端将电流采样信号与误差放大器的输出信号进行比较，以此来控制输出脉冲的占空比，使输出的峰值电流跟随误差电压变化。

电流控制型的工作原理是采用恒频时钟脉冲使锁存器置位，输出脉冲驱动开关器件导通电源回路中的电流脉冲逐渐增大。当采样电阻 $R_s$ 上的电压幅度达到 $U_e$ 时，脉宽比较器状态翻转，锁存器复位驱动信号撤出，开关器件截止。这样逐个检测和调节电流脉冲，就可达到控制电源输出的目的。

## 第二章 高频开关电源

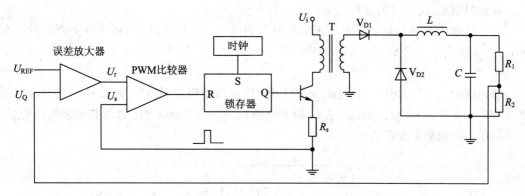

图 2-29 电流控制性原理

### 2.3.2 电压模式控制 PWM

**1. 电压模式控制 PWM 的工作原理**

电压控制是开关电源最常用的一种控制类型。以降压式开关稳压器为例,电压控制型的基本原理及工作波形分别如图 2-30(a)、(b)所示。电压控制型的工作过程是:首先对输出电压进行取样,所得到的取样电压 $U_Q$ 就作为控制环路的输入信号,然后对取样电压 $U_Q$ 和基准电压 $U_{REF}$ 进行比较,并将比较结果放大成误差电压 $U_r$,再将 $U_r$ 送至 PWM 比较器与锯齿波电压 $U_J$ 进行比较,获得脉冲宽度与误差电压成正比的调制信号。其中,振荡器有两路输出:一路输出为时钟信号,另一路为锯齿波信号。图 2-30 中,$C_T$ 为锯齿波振荡器的定时电容,$T$ 为高频变压器,$V_T$ 为功率开关管,降压式输出电路由整流管 $V_{D1}$、续流二极管 $V_{D2}$、储能电感 $L$ 和滤波电容 $C_0$ 组成,PWM 锁存器的 $R$ 为复位端,$S$ 为置位端,$Q$ 为锁存器输出端,输出波形如图 2-30(b)所示。

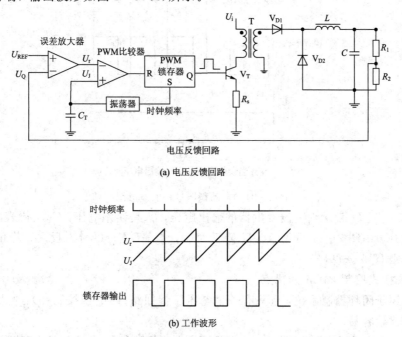

(a) 电压反馈回路

(b) 工作波形

图 2-30 电压控制型开关电源的基本原理与工作波形

自动控制 $U_{PWM}$ 稳压的过程如下:

令直流输入电压为 $U_i$,开关稳压器的效率为 $\eta$,占空比为 $D$,则功率开关管的脉冲幅度 $U_p = \eta U_i$,可得到公式:

$$U_o = \eta D U_i \tag{2-109}$$

这表明当 $\eta$、$U_i$ 一定时,只要改变占空比,即可自动调节 $U_o$ 值。当 $U_o$ 由于某种原因升高时,$U_r\downarrow \to D\downarrow \to U_o\downarrow$;反之,若 $U_o$ 降低,则 $U_r\uparrow \to D\uparrow \to U_o\uparrow$。这就是自动稳压原理。自动稳压过程的波形如图 2-31 所示。

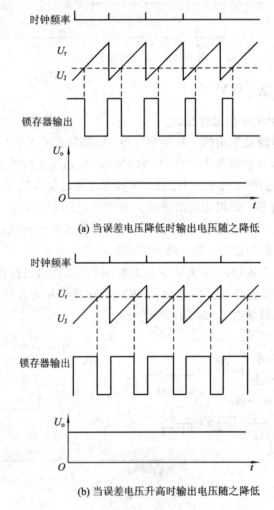

图 2-31 自动稳压过程的波形图

图 2-31 中,$U_J$ 表示锯齿波发生器的输出电压,$U_r$ 是误差电压,$U_{PWM}$ 代表 PWM 比较器的输出电压。由图 2-31 可见,当 $U_o$ 降低时,$U_r\uparrow \to D\uparrow \to U_o\uparrow$;反之,若 $U_o$ 因某种原因而升高,则 $U_r\downarrow \to D\downarrow \to U_o\downarrow$。

**2. 电压模式控制 PWM 的优点**

(1) 它属于闭环控制系统,且只有一个电压反馈回路(即电压控制环),电路设计比较简单,调试比较容易。

(2) 输出阻抗低,可采用多路输出电源给同一个负载供电,它们之间的交互调节效应较好。

(3) 驱动信号 $U_{PWM}$ 的占空比调节不受限制。

(4) 振荡电路输出的三角波其幅度较大,在做脉宽调节时具有较好的抗噪声性能。

(5) 因为一般是从输出端引出采样信号,所以输出电压和负载的变化均有良好的响应特性。

**3. 电压模式控制 PWM 的缺点**

(1) 对输入电压的变化动态响应速度较慢。虽然在电压控制型电路中使用了电流检测电阻 $R_s$,但 $R_s$ 并未接入控制电路。因此,当输入电压突然变小或负载电阻突然变小时,主电路有较大的输出电容及电感相移延时作用,输出电压的变小也延时滞后。输出电压变小的信息还要经过电压误差放大器的补偿电路延时滞后,才能传至 PWM 比较器将脉宽展宽。这两个延时滞后作用是暂态响应慢的主要原因。

① 增加电压误差放大器的带宽,保证具有一定的高频增益,但是这样容易受高频噪声干扰影响,需要主电路及反馈控制电路上采取措施进行抑制或同相位衰减平滑处理。

② 用输入电压对电容 $C_T$ 充电产生的具有可变化上斜坡的三角波取代传统电压模式控制 PWM 方式中振荡器产生的固定三角波,此时输入电压的变化能立刻在脉冲宽度上反映出来,因此该方法对输入电压的变化引起的瞬态响应速度明显提高。对输入电压的前馈控制是开环控制,而对输出电压的控制是闭环控制,目的是增加对输入电压变化的动态响应速度。这是一个由开环和闭环构成的双换控制系统。

(2) 补偿网络涉及较为复杂,闭环增益随输入电压而变化使其更为复杂。

(3) 输出 $LC$ 滤波给控制环增加了双极点,在设计误差放大器时,需要将主极点低频衰减,或者增加一个零点进行补偿。

(4) 在检测及控制磁芯饱和故障状态方面较为复杂。

## 2.3.3 电流模式控制 PWM

**1. 电流模式控制 PWM 的工作原理**

电流型控制型开关电源是在电压控制环的基础上又增加了电流控制环,其基本原理及工作波形分别如图 2-32(a)、(b)所示。

图 2-32 中,$U_s$ 为电流检测电阻的压降,此时 PWM 比较器变为电流检测比较器。电流控制型需通过检测电阻来检测电流,并且可逐个周期地限制电流,便于实现过电流保护。固定频率的时钟脉冲将 PWM 锁存器置位,从 $Q$ 端输出的驱动信号为高电平,使功率开关管 $V_T$ 导通,高频变压器一次侧的电流线性地增大。当电流检测电阻 $R_s$ 上的压降达到并超过 $U_s$ 时,电流检测比较器翻转输出的高电平将锁存器复位,从 $Q$ 端输出的驱动信号变为低电平,令开关管关断,直到下一个时钟脉冲使 PWM 锁存器置位。

从图 2-32 可知,电压波形 $U_s$ 与同次级电流呈匝比关系的开关管电流成正比。直流输入电压为 $U_i$ 时,次级幅值电压为 $U_{2p}=U_i \cdot \dfrac{N_2}{N_1}=nU_i$。若一个晶体管导通时间为 $T_{on}$,则直流输出电压 $U_o=U_{2p} \cdot \dfrac{T_{on}}{T}=U_{2p} \cdot D$。由图 2-32 可知,导通时间从时钟脉冲开始,到 $U_s$ 的斜坡峰值等于误差放大器输出电压时结束。

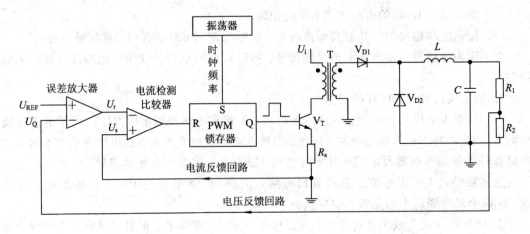

(a) 工作原理

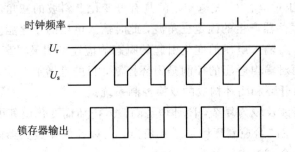

(b) 工作波形

图 2-32　电流控制型开关电源的基本原理及工作波形

自动控制 $U_{PWM}$ 进而稳压的过程如下：

若直流输入电压上升，则 $U_s$ 斜坡上升率增加，它达到原 $U_r$ 的时间提前，导通时间缩短。这就实现了对输入电压跃升的快速调整。同时，次级幅值电压升高、导通时间缩短的现象会持续直至得到正确的输出电压 $U_o$。

负载电流调整的机理不同。若直流负载电流上升，则由于 $LC$ 输出滤波器阻抗也瞬时跃升，直流输出电压将稍有下降。经误差放大器延时后，$U_r$ 将根据误差放大器增益上升。

这样 $U_s$ 斜坡电压必然延长上升时间以增加幅值，从而使其与升高的 $U_r$ 相等。这使次级峰值电流和输出电感峰值电流也增大。电感电流上升时间延长，会使开关管导通之前的死区时间缩短。死区时间缩短使死区开始时乃至开关管导通时对应的电感电流随周期增大，同时 $U_r$ 表示的阶梯斜坡电流的阶梯值增加。

这个过程会持续几个周期直到阶梯斜坡电流阶梯上升到足以满足输出负载电流的要求。随着直流输出电流的增加，输出电压逐步回升，$U_r$ 逐渐回落，导通时间逐渐恢复到原来的值。

**2. 电流模式控制 PWM 的优点**

（1）对输入电压瞬态变化的响应速度快，当输入电压发生变化时能迅速调整输出电压达到稳定值。如果输入电压 $U_i$ 上升，则由于次级直流输出电压与次级绕组峰值电压和晶体管导通时间有关，因此次级峰值电压上升就要求晶体管导通时间下降才能保持直流输出电压不变。$U_i$ 上升时，次级绕组峰值电压上升，经过 $L$ 输出的 $U_o$ 也上升。上升的 $U_o$ 经误差放大器使 $U_r$ 下降，使电流采样电压 $U_s$ 和下降后的 $U_r$ 电压等值点降低，并使导通时间缩短，输出电压 $U_o$ 被拉低而保持恒定。

然而，这种针对输入电压的调整机理，由于要经过 $L$ 和误差放大器的延时，所以响应较慢。电流模式可以避开这些延时，即当 $U_i$ 上升时，加到输出电感的峰值电压 $U_{2P}$ 增大，电感电流斜率 $di_1/dt$ 及 $U_s$ 的斜坡峰值将更快达到 $U_r$，导通时间不需要 $U_r$ 的调节延时而立即缩减。输入电压跃变造成的输出电压变化不那么明显，就是因为这种电压的前馈特性。

(2) 防止磁偏。图 2-32(b) 中 $U_s$ 波形取自电流采样电阻的上端，其值与晶体管电流成正比。当 $U_s$ 峰值与误差放大器输出 $U_r$ 相等时，导通时间结束。由图 2-32(b) 可见，一个周期内两个交替的峰值电流不会不相等。这是因为误差放大器输出电压 $U_r$ 的波形是非常平直的直线，并且其带宽限制在一个周期内不可能改变。

图 2-32(b) 中斜坡电压 $U_s$ 的峰值是相等的，说明两个周期的峰值电流相等，故偏磁现象不会存在。

(3) 只要电流脉冲达到设定的阈值，PWM 比较器就动作，使功率开关管关断，维持输出电压稳定。

(4) 具有瞬时峰值电流限流功能，即内在固有的逐个脉冲限流功能。

(5) 能简化误差放大器补偿网络的设计。

### 3. 电流模式控制 PWM 的缺点

(1) 是峰值电流恒定，而非平均电流恒定。虽然电流模式控制 PWM 中，峰值电感电流容易取样，而且逻辑上与平均电感电流大小的变化一致，但是在不同占空比的情况下，相同峰值电感电流却对应不同的平均电感电流，即峰值电感电流与平均电感电流之间不存在唯一的对应性。在电流模式控制中，平均电感电流变化是决定输出电压变化的唯一因素，所以在占空比较大的情况下，由于开环控制的不稳定性，难以精确校正峰值电感电流与平均电感电流之间的对应关系。一般情况下，占空比取值要小于 50%。即使占空比小于 50%，也易产生次谐波振荡。

在电流模式下，电感峰值电流是恒定的。直流输入电压最低时，$T_{on}$ 最大，对应产生的电感平均电流 $I_{avl}$；随着直流输入电压升高，导通时间会减少以维持输出恒定。但是对应的电感电流平均值 $I_{avh}$ 比 $I_{avl}$ 小。由于输出电压和电感电流的平均值相关，而非峰值，因此输入电压变化时会引起振荡。$m_2$ 为电感电流的下降斜率，$m_{1l}$ 是低压输入时电感电流的上升斜率，$m_{1h}$ 是高压输入时电感电流的上升斜率。

从图 2-33 中可知，控制峰值电流的内环能保持电感峰值电流恒定，却不一定能提供与输出电压对应的正确的电感平均电流，从而导致输出电压的再次变化。反复的调整会造

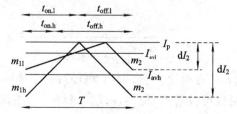

图 2-33　不同输入电压下的输出电感电流波形

成输入电压变化时产生输出电压的振荡,并且会维持一段时间。

图2-33中显示出电流模式电感电流在不同输入电压下的上升和下降斜率。$m_2$是下降斜率,其计算式为

$$m_2 = \frac{dI_2}{dt} = \frac{U_o}{L} \tag{2-110}$$

可见,它不随输入电压改变。输入电压较高时,导通时间$T_{on}$较短;输入电压较低时,导通时间$T_{on}$较长。

由于晶体管的峰值电流受PWM比较器限制,所以峰值点是恒定的,如图2-33所示。输出$U_o$不变,使比较器的直流输入$U_r$恒定,而恒定的$U_r$使$U_s$峰值不变,从而使晶体管和输出电感的峰值电流也是恒定的。

从图2-33中可见,直流输入较低时的电感平均电流比输入较高时的值大,这可定量地从下面等式推导得出:

$$I_{av} = I_p - \frac{dI_2}{2} = I_p - \left(\frac{m_2 T_{off}}{2}\right) = I_p - \left[\frac{m_2(T - T_{on})}{2}\right]$$
$$= I_p - \left(\frac{m_2 T}{2}\right) + \left(\frac{m_2 T_{on}}{2}\right) \tag{2-111}$$

由于反馈环保持$U_i T_{on}$恒定,所以输入电压低时导通时间长,输出电感的平均电流$I_{av}$高。

(2) 对输出电感电流扰动的响应。

图2-34(a)和(b)示出了电流模式会引起振荡的第二个原因。在恒定输入电压下,如图2-34(a)所示,如果由于某种原因产生了初始扰动电流$\Delta I_1$,则经过第一个下降沿后,电流会偏移$\Delta I_2$。若占空比小于50%,则输出扰动$\Delta I_2$会小于输入扰动$\Delta I_1$,经过几个周期以后,扰动就会自动消除。

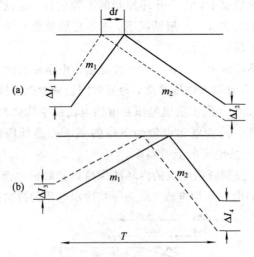

图2-34 电流模式的缺点

但若如图2-34(b)所示,占空比大于50%,则经过一个周期后输出扰动$\Delta I_4$就会比输入扰动$\Delta I_3$更大。这个情况也可根据图2-34(a)定量分析。设电流出现微小扰动$\Delta I_1$,则电流上升到原来的峰值的时间将提前,变化量$dt = \Delta I_1/m_1$。

从扰动后的电感电流下降沿可见,对应原导通结束时刻,最终电流比原来的电流降低了 $\Delta I_2$:

$$\Delta I_2 = m_2 \mathrm{d}t = \Delta I_1 \frac{m_2}{m_1} \tag{2-112}$$

若 $m_2$ 大于 $m_1$,则干扰将连续增加,然后才衰减,从而引起振荡。

(3) 对噪声敏感,抗噪声能力差。因为电感处于连续储能电流状态下,与控制电压编程决定的电流电平相比较,开关器件的电流信号的上升斜坡通常较小,电流信号上的较小噪声就很容易使得开关器件改变关断时刻,使系统进入次谐波振荡。

(4) 对多路输出电源的交互调节性能不好。

**4. 斜率补偿方案**

图 2-35 示出了解决上述电流模式控制 PWM 的缺点(1)、(2)两个问题的方案——斜率补偿方案。其中,水平线 $OP$ 是未被修正的误差放大器的输出电压。解决(1)、(2)两个问题的方法是:在误差放大器的输出叠加一个斜率为 $-m$ 的电压。如果按照以下的方法选择合适的 $m$,则输出电感的平均电流就和晶体管的导通时间无关,从而可以克服(1)、(2)两个缺点。

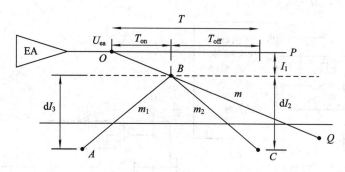

图 2-35 斜率补偿

图 2-35 示出了电感电流的上升斜率 $m_1$ 和下降斜率 $m_2$。由电流模式的原理可知,晶体管导通时间从每个时钟脉冲前沿开始到晶体管电流信号电压 $U_s$ 达到误差放大器输出电压时结束。斜率补偿就是将一个从时钟脉冲前沿开始且负斜率为 $m = \dfrac{\mathrm{d}U_{\mathrm{ea}}}{\mathrm{d}t}$ 的电压叠加到误差放大器的输出端。下面介绍 $m$ 的计算方法。

一个时钟脉冲后的 $T_{\mathrm{on}}$ 时间内误差放大器输出为

$$U_{\mathrm{ea}} = U_{\mathrm{r}} - mT_{\mathrm{on}} \tag{2-113}$$

式中,$U_{\mathrm{r}}$ 是导通时间 $T_{\mathrm{on}}$ 为零时误差放大器的输出。图 2-35 中初级电流采样电阻上的峰值电压 $U_s$ 为

$$U_s = I_{1\mathrm{p}} R_i = I_{2\mathrm{p}} \frac{N_2}{N_2} R_i \tag{2-114}$$

式中,$I_{1\mathrm{p}}$ 和 $I_{2\mathrm{p}}$ 分别是初级和刺激的电流峰值,而 $I_{2\mathrm{p}} = I_{\mathrm{o}} + \dfrac{\mathrm{d}I_2}{2}$,$I_{\mathrm{o}}$ 是次级或输出电感的平均电流,$\mathrm{d}I_2$(见图 2-35)是关断期间次级电流变化值($\mathrm{d}I_2 = m_2 T_{\mathrm{off}}$)。所以:

$$I_{2\mathrm{p}} = I_{\mathrm{o}} + \frac{m_2 T_{\mathrm{off}}}{2} = I_{\mathrm{o}} + \frac{m_2}{2}(T - T_{\mathrm{on}}) \tag{2-115}$$

进而：

$$U_s = \frac{N_2}{N_1}R_i\left[I_o + \frac{m_2}{2}(T-T_{on})\right] \quad (2-116)$$

根据电流模式 PWM 比较器两个输入量相等，令式(2-113)等于式(2-116)，则

$$U_r - mT_{on} = \frac{N_2}{N_1}R_i\left[I_o + \frac{m_2}{2}(T-T_{on})\right] \quad (2-117)$$

若式(2-117)中：

$$m = \frac{dU_{ea}}{dt} = \frac{N_2}{N_1}R_i\frac{m_2}{2} \quad (2-118)$$

则 $T_{on}$ 的系数为零，即输出电感的平均电流和导通时间无关。这就解决了上述由于无补偿电流模式只恒定输出电感峰值电流，而非恒定输出电感平均电流所造成的两个问题。

图 2-36 所示为斜率补偿的实现。在 UC1846 芯片中，从每个时钟脉冲开始的正斜率斜坡电压可以从定时电容的正端取得，其电压为

$$U_{osc} = \frac{\Delta U}{\Delta t}T_{on} \quad (2-119)$$

式中，$\Delta U = 1.8$ V，$\Delta t = 0.45R_tC_t$。

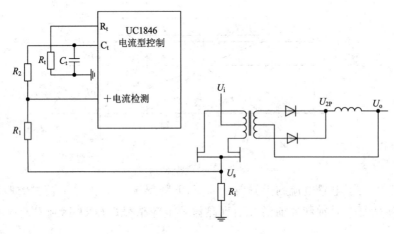

图 2-36 电流型控制芯片 UC1846 中的斜率补偿

图 2-36 中，斜率为 $\Delta U/\Delta t$ 的电压的一部分加在 $U_s$（电流采样电阻两端的电压）上。选择适当的 $R_1$ 和 $R_2$ 值使该电压斜率等于 $\frac{N_2}{N_1}R_i\frac{m_2}{2}$。这样因为 $R_i$ 远小于 $R_1$，输入到第 4 脚的电压为

$$U_s + \frac{R_1}{R_1+R_2}U_{osc} = U_s + \frac{R_1}{R_1+R_2}\frac{\Delta U}{\Delta t}T_{on} \quad (2-120)$$

设置叠加电压的斜率为 $\frac{N_2}{N_1}R_i\frac{m_2}{2}$，就可得到：

$$\frac{R_1}{R_1+R_2} = \frac{\frac{N_2}{N_1}R_i\frac{m_2}{2}}{\frac{\Delta U}{\Delta t}} \quad (2-121)$$

式中，$\frac{\Delta U}{\Delta t} = \frac{1.8}{0.45R_tC_t}$。

由于 $R_1$ 和 $R_2$ 会从定时电容端吸收电流而改变频率，所以只要选择足够大的 $R_1+R_2$ 以减小对频率的影响，或者在地 8 脚与电阻之间接一个射极跟随器。通常先选定 $R_1$，然后根据式(2-121)选择 $R_2$。

### 2.3.4 电压模式与电流模式控制电路的比较

**1. 电压模式控制电路**

图 2-37 是典型的电压模式 PWM 控制电路。该图为 SG1524 的主要结构。SG1524 是最早的集成控制芯片，它的出现曾引起了开关电源工业革命，最初由 Silicon General 公司生产，现在很多公司都在生产，包括改进的 UC1524A 和 SG1524B。

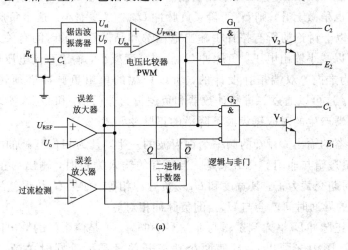

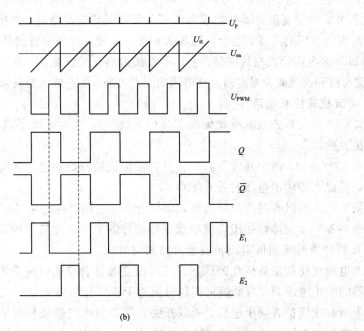

图 2-37 电压型 PWM 控制器及其各点波形

图 2-37(a)中，误差放大器直接检测输出电压，只有当输出电流变化引起输出电压变

化时才进行调整。电流限制放大器只在电流超过限定值时才开始工作,此时切断电流。晶体管导通时间为从锯齿波起点开始到锯齿波与 $U_{ea}$ 的交点结束。

图 2-37(b)中,锯齿波振荡器产生 3 V 的锯齿波电压 $U_{st}$。锯齿波的周期由外围元件 $R_t$ 和 $C_t$ 决定,即 $T=R_t C_t$。

输出采样电压 $U_o$ 和参考电压 $U_{REF}$ 通过误差放大器比较并输出误差电压 $U_{ea}$,然后 $U_{ea}$ 通过 PWM 比较器与锯齿波进行比较。注意,输出反馈电压应该输入到误差放大器的反相端,使 $U_o$ 上升时,误差放大器的输出 $U_{ea}$ 下降。

在 PWM 比较器中,锯齿波输入到同相端而 $U_{ea}$ 输入到反相端,所以 PWM 的输出是一个脉宽可变的负脉冲。在 $U_{ea}$ 电压大于锯齿波电压的时段,输出是低电平。如果直流输出电压稍微上升,$U_o$ 也稍微上升,则 $U_{ea}$ 下降,负脉冲 $U_{PWM}$ 宽度缩小。这个负脉冲就是晶体管的导通时间。在以上讨论的所有拓扑中输出电压都和晶体管导通时间有关。通过负反馈环减小导通时间可以减小输出电压。负脉冲 $U_{PWM}$ 的宽度减小,输出直流电压也减小。

SG1524 是为推挽等双端拓扑设计的,所以产生的单组负脉冲必须转化为相位相差 180°的两组脉冲。这可以通过二进制计数器和负逻辑与非门 $G_1$ 和 $G_2$ 来实现。二进制计数器由锯齿波振荡器产生的对应锯齿波下降沿的正脉冲 $U_p$ 触发。

二进制计数器的输出 $Q$ 和 $\bar{Q}$ 的频率为锯齿波的一半,且为相位互补的方波。这些方波和 $U_{PWM}$ 输入到负逻辑与非门。其结果是:当所有的输入为负时,输出为正。这样,$V_1$ 和 $V_2$ 的输出每半周期交替为正,其宽度和 $U_{PWM}$ 负脉冲相等。如果 $U_o$ 与误差放大器的反相端相连,则晶体管的导通时间就会与 $U_{PWM}$ 的负脉冲相对应。

宽度很窄的正脉冲 $U_p$ 输入到逻辑与非门 $G_1$ 和 $G_2$,可是两个门的输出同时有一段是与 $U_p$ 同宽的低电平(图中未画出),且使两个功率开关管晶体管同时关断,从而保证即使 $U_{PWM}$ 达到半个周期宽度也不会出现两个开关管同时导通的情况。在推挽拓扑中,哪怕只在很短时间内出现同时导通,也会出现很大的短路电流,使开关管损坏。

SG1524 为电压模式控制电路,它并不直接检测开关管电流。开关管在半周期的起点导通,在锯齿波和误差放大器输出直流电压的交点关断,误差放大器只采集输出电压信号。

**2. 电流模式控制电路**

图 2-38 是最早的电流模式集成芯片(UC1846),图中示出了其基本单元及如何控制一个推挽变换器。

图 2-38(a)中,两个晶体管在时钟脉冲前沿交替开始导通,电流检测电阻上的电压等于电压误差放大器输出电压时导通结束。

从图 2-38 可以看到两个反馈环,即一个由接收输出电压采样信号的误差放大器构成的电压外环和一个由接收初级峰值电流采样信号的 PWM 比较器构成的电流内环。电流采样电阻 $R_i$ 将开关阶梯斜坡电流转换成阶梯斜坡电压。

输入电压变化和负载变化的调整是通过改变晶体管导通时间来实现的。导通时间由误差放大器的输出电压 $U_{eao}$ 与电流采样信号通过 PWM 比较器确定。

因为所有次级都有输出电感,所以开关晶体管的电流斜坡具有阶梯斜坡形状。次级电流与初级电流有相同的波形,其幅值由匝比 $N_2/N_1$ 确定。电流流过与共射极相连的电阻 $R_i$ 产生阶梯斜坡电压 $U_s$。

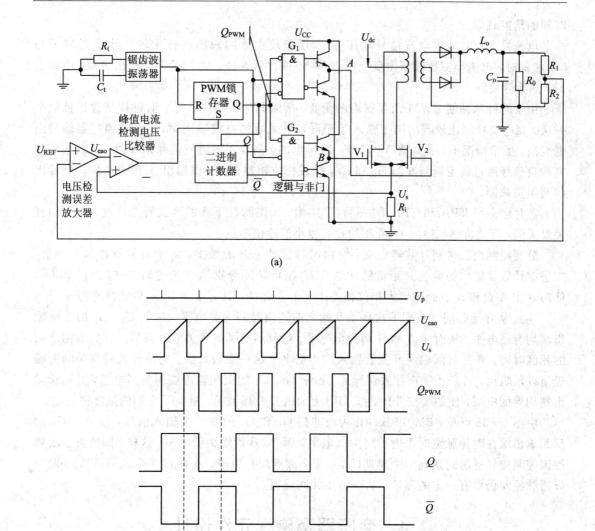

图 2-38 电流模式控制芯片(UC1846)及工作波形

下面介绍如何确定晶体管的导通时间。

内部振荡器产生时钟脉冲 $U_p$，振荡周期由外围元件 $R_t$ 和 $C_t$ 决定，约为 $0.09R_tC_t$。每次出现时钟脉冲，PWM 锁存器就复位使其输出 $U_{PWM}$ 为低，而 $U_{PWM}$ 低电平宽度就是芯片输出 $A$(或 $B$)的高电平宽度，也就是晶体管的导通时间。

电流检测比较器输出为高时，PWM 锁存器值置位，$U_{PWM}$ 由低变高，芯片输出 $A$(或 $B$)由高电平变为低电平，使晶体管关断。所以，电流检测比较器由低变高的时刻就是导通时间的结束时刻。

电流检测比较器将电流信号电压 $U_s$ 和误差放大器的输出进行比较。当 $U_s$ 的峰值与 $U_{eao}$ 相等时,电流检测比较器由低变高,PWM 锁存器置位,$U_{PWM}$ 为高,输出 $A(B)$ 由高变低,晶体管关断。

由于时钟脉冲使 PWM 锁存器输出变低,所以 PWM 锁存器每个时钟周期输出低电平一次。当电流检测比较器的同相输入等于误差放大器的直流输出时,PWM 锁存器输出由低变高。通常情况下,晶体管 $V_1$ 和 $V_2$ 是 N 型的,需要正的触发信号来导通。所以这些等宽的负信号通过负逻辑与非门 $G_1$ 和 $G_2$,转成相位相差 180°、由输出 $A$ 和输出 $B$ 交替输出的两组正脉冲。

芯片输出级 TPA 和 TPB 为"图腾柱"结构。当图腾柱下面的开关管导通时,上面的开关管关断,反之亦然。输出 $A$ 和 $B$ 均具有很小的输出阻抗。

分相控制由二进制计数器完成。它由时钟脉冲上升沿触发,每个时钟脉冲触发一次,二进制计数器输出的两组分相负脉冲结合 $U_{PWM}$ 负脉冲分别输入负逻辑与非门 $G_1$ 和 $G_2$,使芯片在 $A$ 点和 $B$ 点的输出为相位相差 180°的正脉冲,其宽度与 $U_{PWM}$ 负脉冲的相等。

$U_{PWM}$ 从导通时间结束到下次导通开始之前这段时间为高电平。这使 $G_1$、$G_2$ 的反向输出端均为高电平,从而使 $A$ 和 $B$ 都为低电平。这就形成了一管关断后与另一管导通前之间的死区时间。死区时间内两开关管输入均为低电平这一点很重要。它使开关管在关断时栅极呈现低阻抗,可防止噪声导致误导通。由于 $G_1$、$G_2$ 的反相输出端同为高电平,其同相输出端均为低电平,使图腾柱 TPA 和 TPB 上面的开关都关断,避免了它们的过渡损耗。

由图 2-38 可见,时钟窄脉冲作为与非门 $G_1$ 和 $G_2$ 的第三个输入信号,使 $G_1$、$G_2$ 的反相输出端在时钟脉宽时段内始终为高电平,而 $A$、$B$ 始终为低电平。这样,即使由于故障原因控制使导通时间达到半个周期($U_{PWM}$ 半个周期恒低电平,$A$ 或 $B$ 半个周期恒高),两个导通脉冲间仍留有一定的死区,从而防止共同导通。

## 2.4 变压器及磁性元件设计

### 2.4.1 变压器磁芯材料与几何结构、峰值磁通密度的选择

**1. 变压器磁芯材料的选择**

变压器和电感器中的绕组统称磁性元件,应在选择磁芯材料之前,对磁性材料的分类、特性有所了解。

按照磁性材料的矫顽力的大小不同,可以把磁性材料分为硬磁材料和软磁材料。

硬磁材料的矫顽力高,一般矫顽力大于 1 kA/m,并且在饱和磁化后,撤掉外磁场,磁体会保留一定的磁能,在较长的时间内保持稳定的磁性。

软磁材料的矫顽力低,一般矫顽力小于 1 kA/m,但有较高的磁导率,所以在较弱的外磁场下能产生较高的磁感应强度,在撤掉外磁场后,磁性基本消失。

软磁铁氧体磁芯是磁性材料中重要的一类。其应用领域非常广泛,例如收音机中的磁棒,收录机、电视机中的磁芯偏转线圈的磁环,录像机磁头开关电源中的高频变压器。

软磁铁氧体是一种陶瓷性的软磁材料,它是由氧化铁和其他锰、锌氧化物混合物构成

的晶体。因为它有很高的电阻率,所以铁氧体的涡流损耗很低。如果采用的材料的损耗只源于磁滞损耗,那么这种数值很小的损耗不会影响该材料使用在 1 MHz 以上的场合。

各个厂家都生产了一系列磁芯材料,这些材料是不同氧化物以不同方式加工形成的,其具有各自的优点,有的可以使工作在高频(大于 100 kHz)时铁损最小,有的可以使在高温(如 90℃)下铁损最小,有的还可以使在常用的高频和峰值磁通密度条件下铁损最小。

选择磁芯材料主要参考材料铁损(铁损也称磁芯损耗,它主要由磁滞损耗和涡流损耗组成,这里磁芯损耗主要指磁性材料在交变场中的磁滞损耗,单位一般为 mW/cm³)随频率和峰值磁通密度变化的曲线。3F3 是 Ferroxcube-Philips 生产的一种高频材料。图 2-39 给出了 3F3 随频率和磁密的变化曲线。

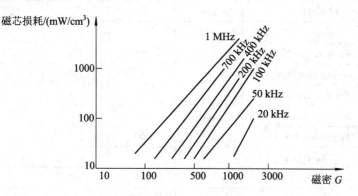

图 2-39 3F3 随频率和磁密的变化曲线

这些值来源于磁芯制造厂家的数据表,尽管没有特别说明,但是这些值都是对于磁场为双极性,即磁通变化范围在一、三象限的电路(推挽、半桥和全桥)而言的,而正激变换器、反激变换器的磁通曲线只在第一象限。

既然铁氧体磁芯的损耗仅为磁滞损耗,而磁滞损耗又与磁滞回线所包含的面积成正比,所以可以假设如果电路的磁场是单极性的,磁滞回线面积仅为双极性磁场的一半,那么在相同的峰值磁通密度下,铁损为原来双极性电路的一半。

所以在相同的峰值磁通密度值下,表 2-4 中的单极性电路的损耗应只有该表中损耗的一半。

表 2-4 不同磁芯材料在不同频率和峰值磁通密度值下的铁损(温度为 100 ℃)

| 频率<br>/kHz | 材料 | 铁损(不同峰值磁通密度值下)/(mW/cm³) | | | | |
|---|---|---|---|---|---|---|
| | | 1600 | 140 | 1200 | 1000 | 800 |
| 20 | Ferroxcube 3C8 | 85 | 60 | 40 | 25 | 15 |
| | Ferroxcube 3C85 | 82 | 25 | 18 | 13 | 10 |
| | Ferroxcube 3F3 | 28 | 20 | 12 | 9 | 10 |
| | Magnetics Inc-R | 20 | 12 | 7 | 5 | 3 |
| | Magnetics Inc-P | 40 | 18 | 13 | 8 | 5 |
| | TDK-H7C1 | 60 | 40 | 30 | 20 | 10 |
| | TDK-H7C4 | 45 | 29 | 18 | 10 | 5 |
| | Siemens N27 | 50 | | | 24 | |

续表

| 频率/kHz | 材料 | 铁损(不同峰值磁通密度值下)/(mW/cm³) | | | | |
|---|---|---|---|---|---|---|
| | | 1600 | 140 | 1200 | 1000 | 800 |
| 50 | Ferroxcube 3C8 | 270 | 190 | 130 | 80 | 47 |
| | Ferroxcube 3C85 | 80 | 65 | 40 | 30 | 47 |
| | Ferroxcube 3F3 | 70 | 50 | 30 | 22 | 12 |
| | Magnetics Inc-R | 75 | 55 | 28 | 20 | 11 |
| | Magnetics Inc-P | 147 | 85 | 57 | 40 | 20 |
| | TDK-H7C1 | 160 | 90 | 60 | 45 | 25 |
| | TDK-H7C4 | 100 | 65 | 40 | 28 | 20 |
| | Siemens N27 | 144 | | | 96 | |
| 100 | Ferroxcube 3C8 | 850 | 60 | 400 | 250 | 140 |
| | Ferroxcube 3C85 | 260 | 160 | 100 | 80 | 48 |
| | Ferroxcube 3F3 | 180 | 120 | 70 | 55 | 30 |
| | Magnetics Inc-R | 250 | 150 | 85 | 70 | 35 |
| | Magnetics Inc-P | 340 | 181 | 136 | 96 | 57 |
| | TDK-H7C1 | 500 | 300 | 200 | 140 | 75 |
| | TDK-H7C4 | 300 | 180 | 100 | 70 | 50 |
| | Siemens N27 | 480 | | | 200 | |
| 200 | Ferroxcube 3C8 | | | | 700 | 400 |
| | Ferroxcube 3C85 | 700 | 500 | 350 | 300 | 180 |
| | Ferroxcube 3F3 | 600 | 360 | 250 | 180 | 85 |
| | Magnetics Inc-R | 650 | 450 | 280 | 200 | 100 |
| | Magnetics Inc-P | 850 | 567 | 340 | 227 | 136 |
| | TDK-H7C1 | 1400 | 900 | 500 | 400 | 200 |
| | TDK-H7C4 | 800 | 500 | 300 | 200 | 100 |
| | Siemens N27 | 960 | | | 480 | |
| 500 | Ferroxcube 3C85 | | | | 1800 | 950 |
| | Ferroxcube 3F3 | | 1800 | 1200 | 900 | 500 |
| | Magnetics Inc-R | | 2200 | 1300 | 1100 | 700 |
| | Magnetics Inc-P | | 4500 | 3200 | 1800 | 1100 |
| | TDK-H7F | | | | | |
| | TDK-H7C4 | | 2800 | 1800 | 1200 | 980 |
| 1000 | Ferroxcube 3C85 | | | | | |
| | Ferroxcube 3F3 | | | | 3500 | 2500 |
| | Magnetics Inc-R | | | | 5000 | 3000 |
| | Magnetics Inc-P | | | | | |

注:表中的数据是对双极性磁场(磁场工作于第一、三象限)而言的。如果为单极性电路(正激变换器和反激变换器),则取原值的一半。

**2. 铁氧体磁芯的几何结构**

一个高频变压器中,电感线圈和电流互感器的性能不仅与磁芯的性能有关,还与磁芯的结构及绕制工艺有很大关系。

在工频变压器等器件中,由于体积大,所采用的铁芯都是叠片构成的。若将这种结构形式用于高频变压器等器件,必将出现过大的铁损和过高的温升。由于工作频率的增高,高频变压器等器件可以做得体积小、重量轻,磁芯也就相对较小,可以做成带有窗口的各种形状的实心结构。磁芯的基本结构是罐形(POT)磁芯和环形磁芯。环形磁芯的磁路连续闭合,易于获得较大的电感量,但绕制不方便。罐形磁芯由于线圈绕在里面,磁芯在外面,造成内部线圈散热不好,温升较高。为了改善散热问题,把罐形磁芯的外圆切掉一部分,流出通风口,以便解决散热问题。这便形成了许多异形结构的磁芯。下面将常用的磁芯结构做一简单的介绍。

1) EE 磁芯

图 2-40 为 EE 磁芯的外形图,表 2-5 为其尺寸。

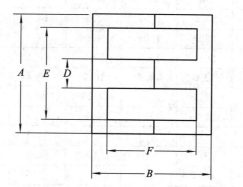

图 2-40 EE 磁芯外形图

表 2-5 EE 磁芯的尺寸　　　　　　单位:mm

| 磁芯型号 | A | B | C | D | E | F | 标准 |
|---|---|---|---|---|---|---|---|
| EE8.3×8×3.6 | 8.3 | 8 | 3.6 | 1.8 | 6.1 | 6 | JIS |
| EE10.2×11×4.7 | 10.2 | 11 | 4.7 | 2.4 | 7.6 | 8.4 | JIS |
| EE12.5×14.8×5.0 | 12.5 | 14.8 | 5.0 | 2.4 | 9 | 10.2 | JIS |
| EE12.7×12.8×3.5 | 12.7 | 12.8 | 3.5 | 3.5 | 8.9 | 9.3 | SJ、JIS |
| EE13×12.4×6.1 | 13 | 12.4 | 6.1 | 2.7 | 10 | 9.5 | |
| EE16×14.4×4.8 | 16 | 14.4 | 4.8 | 4.0 | 11.7 | 10.4 | JIS |
| EE16.1×16.1×4.5 | 16.1 | 16.1 | 4.5 | 4.55 | 11.3 | 11.8 | SJ |
| EE16×24.4×4.8 | 16 | 24.4 | 4.8 | 4.0 | 11.7 | 20.4 | JIS |
| EE19×16×5.0 | 19 | 16 | 5.0 | 4.5 | 14.2 | 11.2 | JIS |
| EE19.1×16×4.85 | 19.1 | 16 | 4.85 | 4.85 | 14.1 | 11.5 | |
| EE19×26.8×5.0 | 19 | 26.8 | 5.0 | 4.5 | 14.2 | 22.0 | JIS |
| EE20.0×20.0×5.65 | 20.0 | 20.0 | 5.65 | 5.7 | 14.1 | 14.4 | SJ |
| EE20.5×21.4×7.0 | 20.5 | 21.4 | 7.0 | 5.0 | 13.5 | 14 | |

续表

单位：mm

| 磁芯型号 | A | B | C | D | E | F | 标准 |
|---|---|---|---|---|---|---|---|
| EE22×18.8×5.8 | 22 | 18.8 | 5.8 | 5.8 | 15.6 | 10.8 | JIS |
| EE22×21.6×5.75 | 22.2 | 21.6 | 5.75 | 3.75 | 17.0 | 14.6 | SJ |
| EE22×30.6×5.7 | 22 | 30.6 | 5.7 | 5.7 | 16.2 | 22.6 | |
| EE22×29.2×5.8 | 22 | 29.2 | 5.8 | 5.8 | 15.6 | 21.1 | JIS |
| EE24×22.2×7.7 | 24 | 22.2 | 7.7 | 6.6 | 17.1 | 15.6 | |
| EE24.8×25.2×7.2 | 24.8 | 25.2 | 7.2 | 7.25 | 17.5 | 18.0 | SJ |
| EE25.3×19.8×6.2 | 25.3 | 19.8 | 6.2 | 6.25 | 19 | 13.5 | |
| EE25.4×31.7×6.35 | 25.4 | 31.7 | 6.35 | 6.35 | 18.7 | 25.4 | |
| EE25.4×31.7×6.35 | 25.4 | 31.7 | 6.35 | 6.35 | 18.6 | 25.8 | JIS |
| EE25.4×19×6.35 | 25.4 | 19 | 6.35 | 6.35 | 18.6 | 12.8 | JIS |
| EE25.55×34×6.7 | 25.55 | 34 | 6.7 | 6.85 | 18.4 | 26.6 | SJ |
| EE28.0×33.6×10.7 | 28.0 | 33.6 | 10.7 | 7.2 | 18.5 | 24.6 | JIS |
| EE30×30×7.05 | 30 | 30 | 7.05 | 6.95 | 19.5 | 20 | |
| EE30×26.4×10.7 | 30 | 26.4 | 10.7 | 10.7 | 19.5 | 16.4 | JIS |
| EE30×42.6×10.7 | 30 | 42.6 | 10.7 | 10.7 | 19.5 | 32.6 | JIS |
| EE32.1×32.4×9.15 | 32.1 | 32.4 | 9.15 | 9.25 | 22.7 | 23.2 | SJ |
| EE33×27.6×12.7 | 33 | 27.6 | 12.7 | 9.7 | 23.1 | 18.6 | JIS |
| EE33×46.6×12.7 | 33 | 46.6 | 12.7 | 9.7 | 23.1 | 38.2 | JIS |
| EE35×31×10 | 35 | 31 | 10 | 10 | 24.5 | 19 | JIS |
| EE35×48.4×10 | 35 | 48.4 | 10 | 10 | 24.5 | 36.4 | JIS |
| EE35×48.4×11.7 | 35 | 48.4 | 11.7 | 10 | 24.5 | 36.4 | JIS |
| EE40.1×44.6×11.7 | 40.1 | 44.6 | 11.7 | 11.7 | 26.8 | 30.6 | SJ |
| EE40×34×10.7 | 40 | 34 | 10.7 | 10.7 | 27.5 | 20.6 | JIS |
| EE40×54.6×11.7 | 40 | 54.6 | 11.7 | 11.7 | 27.0 | 40.6 | JIS |
| EE42.15×42.4×11.85 | 42.15 | 42.4 | 11.85 | 11.85 | 29.5 | 30.4 | SJ |
| EE42×42×15 | 42 | 42 | 15 | 12 | 29.5 | 30.2 | SJ、JIS |
| EE42×42×19.6 | 42 | 42 | 19.6 | 12 | 29.5 | 30.2 | SJ、JIS |
| EE44×60.6×15 | 44 | 60.6 | 15 | 11.7 | 31.2 | 46.6 | JIS |
| EE50×42.6×14.6 | 50 | 42.6 | 14.6 | 14.6 | 34.3 | 25.6 | JIS |
| EE50×66.6×14.6 | 50 | 66.6 | 14.6 | 14.6 | 34.3 | 49.6 | JIS |
| EE55×55×20.7 | 55 | 55 | 20.7 | 17 | 37.2 | 37.8 | JIS |
| EE55.15×55×20.6 | 55.15 | 55 | 20.6 | 17 | 37.5 | 38 | SJ |
| EE55.15×55×24.6 | 55.15 | 55 | 24.6 | 17 | 37.5 | 38 | SJ |
| EE60×44.6×15.6 | 60 | 44.6 | 15.6 | 15.6 | 43.7 | 28.0 | JIS |
| EE60×72×15.6 | 60 | 72 | 15.6 | 15.6 | 43.7 | 56.0 | JIS |
| EE65.2×65×27 | 65.2 | 65 | 27 | 19.65 | 44.2 | 45.4 | SJ |

注：标准栏中，SJ 表示我国行业标准所列产品规格；JIS 表示为日本标准 JIS C2514-1989 所列产品规格；其余为国内公司产品规格。

EE 磁芯的品种多,引线空间大,绕制和连线都比较方便(没有像罐状磁芯那样限制绕线引进、导出的狭窄缺口)。由于这类磁芯的线圈没有完全被铁氧体包围,所以它将产生较大的 EMI-RFI 磁场,但同时由于有气流不受阻碍地流过,因此磁芯散热条件较好,应用时应成对使用。EE 磁芯应用最为广泛,如 EE11 和 EE25 是采用高 $\mu$ 材料制成的,可用于闪光灯变压器及电视机用的电源滤波器,而 EE40 和 EE42 是由高 $B_S$ 的 R2K 材料制成的,传输功率容量为 100 W,适用于彩色电视机中的开关电源变压器。

2) 罐形(POT)磁芯

图 2-41 为罐形磁芯的外形图,表 2-6 为其主要尺寸。

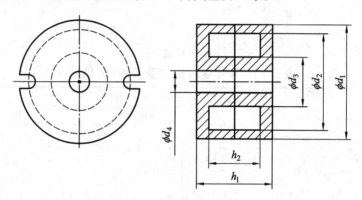

图 2-41 罐形磁芯的外形图

表 2-6 罐形磁芯的主要尺寸(GB 9130—88)

| 磁芯型号 | 磁芯尺寸/mm | | | | | |
|---|---|---|---|---|---|---|
| | $d_1$ | $d_2$ | $d_3$ | $d_4$ | $h_1$ | $h_2$ |
| G9×5 | 9~9.3 | 7.5~7.75 | 3.7~3.9 | 2~2.2 | 5.1~5.4 | 3.6~3.9 |
| G11×7 | 10.9~11.3 | 9~9.4 | 4.5~4.7 | | 6.3~6.6 | 4.4~4.7 |
| G14×8 | 13.8~14.2 | 11.6~12 | 5.8~6 | 3~3.2 | 8.2~8.5 | 5.6~6 |
| G18×11 | 17.6~18.4 | 14.9~15.4 | 7.3~7.6 | | 10.4~10.7 | 7.2~7.6 |
| G22×13 | 21.2~22 | 17.9~18.5 | 9.1~9.4 | 4.4~4.7 | 13.3~13.6 | 9.2~9.6 |
| G26×16 | 25~26 | 21.2~22 | 11.1~11.5 | | 15.9~16.3 | 11~11.4 |
| G30×19 | 29.5~30.5 | 25~25.8 | 13.1~13.5 | 5.4~5.7 | 18.6~19 | 13~13.4 |
| G36×22 | 35~36.2 | 29.9~30.9 | 15.6~16.2 | | 21.4~22 | 14.6~15 |
| G42×29 | 41.7~43.1 | 35.6~37 | 17.1~17.7 | | 29.3~29.9 | 20.3~20.7 |

罐形材料通常用于低功率等级(不超过 125 W)的 DC/DC 变换器中,其主要优点是骨架中心柱上的线圈几乎完全被铁氧体材料包住,从而有效地减小了辐射磁场,因此比较适用于低 EMI 或 RFI 的场合。

罐状铁氧体磁芯的主要缺点就是出线槽很窄,因此在输入/输出电流较大的变换器(绕线尺寸很大)中很难采用这种磁芯,对多输出电源(多个引出线)也不适合。

3) RM 磁芯

图 2-42 为 RM 磁芯的外形图,表 2-7 为其主要尺寸。

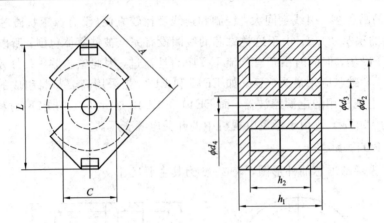

图 2-42 RM 磁芯外形图

表 2-7 RM 磁芯的主要尺寸(IC431)

| 磁芯型号 | 磁芯尺寸/mm | | | | | | |
|---|---|---|---|---|---|---|---|
| | A | $d_2$ | $d_3$ | $d_4$ | L | $h_1$ | $h_2$ |
| RM4 | 9.4~9.8 | 7.95~8.35 | 3.7~3.9 | 2.0~2.1 | 11 以下 | 10.3~10.5 | 7.0~7.4 |
| RM5 | 11.8~12.3 | 10.2~10.6 | 4.7~4.9 | | 14.6 以下 | | 6.3~6.7 |
| RM6R | 14.1~14.7 | 12.4~12.9 | 6.1~6.4 | 3.0~3.1 | 18.3 以下 | 12.3~12.5 | 8.0~8.4 |
| RM6S | | | | | | | |
| RM7 | 16.5~17.2 | 14.75~15.4 | 6.95~7.25 | | 20.3 以下 | 13.3~13.5 | 8.4~8.9 |
| RM8 | 18.9~19.7 | 17.0~17.7 | 8.25~8.55 | 4.4~4.6 | 23.2 以下 | 16.3~16.5 | 10.8~11.3 |
| RM10 | 23.6~24.7 | 21.2~22.1 | 10.5~10.9 | | 28.5 以下 | 18.5~18.7 | 12.4~13 |
| RM12 | 28.7~29.8 | 25.0~26.0 | 12.3~12.8 | 5.4~5.6 | 37.4 以下 | 23.2~23.6 | 16.8~17.4 |
| RM14 | 33.5~34.7 | 29.0~30.2 | 14.4~15.0 | | 42.2 以下 | 28.8~29.0 | 50.8~21.4 |

RM 磁芯也称方形磁芯,是一种界于罐状磁芯和 EE 磁芯之间的磁芯,它比罐状磁芯更有效,适用于大输出功率电源和多输出电源。因为该磁芯铁氧体上的切口更大,所以方便尺寸更大或多股的绕线进出线圈。也因为如此,比起罐状磁芯,气体更容易进出方形磁芯,降低了磁芯的温升。

4) PQ 磁芯

图 2-43 为 PQ 磁芯的外形图,表 2-8 为其主要尺寸。

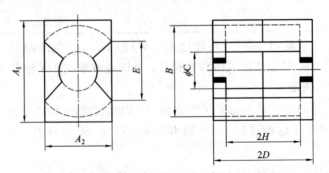

图 2-43 PQ 磁芯外形图

表 2-8 PQ 磁芯的主要尺寸(SJ/T 11153-1998)

| 尺寸/mm | | 磁芯规格/mm | | | | | | | | |
|---|---|---|---|---|---|---|---|---|---|---|
| | | PQ 20×16 | PQ 20×20 | PQ 26×20 | PQ 26×25 | PQ 32×20 | PQ 32×30 | PQ 35×35 | PQ 40×40 | PQ 50×50 |
| $A_1$ | max | 20.9 | 20.9 | 26.95 | 26.95 | 32.5 | 32.5 | 35.7 | 41.4 | 50.7 |
| | min | 20.1 | 20.1 | 26.05 | 26.05 | 31.5 | 31.5 | 34.5 | 39.6 | 49.3 |
| $A_2$ | max | 14.4 | 14.4 | 19.45 | 19.45 | 22.5 | 22.5 | 26.5 | 28.6 | 32.6 |
| | min | 13.6 | 13.6 | 18.55 | 18.55 | 21.5 | 21.5 | 25.5 | 27.4 | 31.4 |
| $B$ | max | 18.4 | 18.4 | 22.95 | 22.95 | 28.0 | 28.0 | 32.5 | 37.6 | 44.7 |
| | min | 17.6 | 17.6 | 22.05 | 22.05 | 27.0 | 27.0 | 31.5 | 36.4 | 43.3 |
| $C$ | max | 9.0 | 9.0 | 12.2 | 12.2 | 13.7 | 13.7 | 14.6 | 15.2 | 20.35 |
| | min | 8.6 | 8.6 | 11.8 | 11.8 | 13.2 | 13.2 | 14.1 | 14.6 | 19.65 |
| $2D$ | max | 16.4 | 20.4 | 20.4 | 25.0 | 20.8 | 30.6 | 35.0 | 40.0 | 50.2 |
| | min | 16.0 | 20.0 | 19.9 | 24.5 | 20.3 | 30.1 | 34.5 | 39.5 | 49.7 |
| $E$ | max | 12.0 | 12.0 | 15.5 | 15.5 | 19.0 | 19.0 | 23.5 | 28.0 | 31.5 |
| $2H$ | max | 10.6 | 14.6 | 11.8 | 16.4 | 11.8 | 21.6 | 25.3 | 29.8 | 36.4 |
| | min | 10.0 | 14.0 | 11.2 | 15.8 | 11.2 | 21.0 | 24.7 | 29.2 | 35.8 |

PQ 磁芯的体积与辐射面表面积及线圈的绕组面积之间的比例是最佳的。由于铁损和磁芯面积呈正比，而热辐射能力与辐射表面积成正比，所以对于给定的输出功率，PQ 磁芯的温升最小。另外，由于体积与线圈绕组面积的比例是最佳的，所以相同输出功率下变压器的体积最小。

PQ 磁芯易实现高密度安装，骨架引线插脚多，线圈绕制方便。PQ 磁芯适用开关电源的变压器和扼流圈，频率达 100 kHz，功率为 50 W～1 kW。

5) ETD 磁芯

图 2-44 为 ETD 磁芯的外形图，表 2-9 为其主要尺寸。

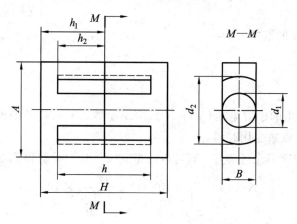

图 2-44 ETD 磁芯外形图

表 2-9  ETD 磁芯的主要尺寸                              mm

| 磁芯型号 | 磁芯尺寸/mm | | | | | | 标准号 |
|---|---|---|---|---|---|---|---|
| | A | H=2h₁ | B | d₁ | d₂ | h=2h₂ | |
| ETD25.5A | 25.5±0.6 | 18.6±0.5 | 7.5±0.25 | 7.5±0.25 | 19.7min | 12.4±0.5 | JIS |
| ETD25.5B | 25.5±0.6 | 31±0.6 | 7.5±0.25 | 7.5±0.25 | 19.7min | 24.8±0.6 | JIS |
| ETD28.5A | 28.5±0.6 | 28±0.6 | 11.4±0.3 | 9.9±0.3 | 21.1min | 19.2±0.6 | JIS |
| ETD28.5B | 28.5±0.6 | 33.8±0.6 | 11.4±0.3 | 9.9±0.3 | 21.1min | 25±0.6 | JIS |
| ETD34 | 34.2±0.8 | 34.6±0.4 | 10.8±0.3 | 10.8±0.3 | 26.3±0.7 | 24.2±0.6 | SJ、JIS |
| ETD35A | 35±0.8 | 41.4±0.8 | 11.3±0.3 | 11.3±0.3 | 25.3min | 29.4±0.8 | JIS |
| ETD35B | 35±0.9 | 48.8±0.8 | 11.3±0.3 | 11.3±0.3 | 25.2min | 36.8±0.8 | JIS |
| ETD39 | 39±0.8 | 44.4±0.8 | 12.8±0.3 | 12.8±0.3 | 28.4min | 34±0.8 | JIS |
| ETD39.1 | 39.1±0.9 | 39.6±0.4 | 12.5±0.3 | 12.5±0.3 | 30.1±0.8 | 29.2±0.8 | SJ、JIS |
| ETD40 | 40±1 | 54.6±0.8 | 13.3±0.3 | 13.3±0.3 | 28.5min | 40.6±0.8 | JIS |
| ETD42 | 42±0.9 | 42.4±0.8 | 15.2±0.4 | 15.2±0.4 | 30.1min | 30.6±0.8 | JIS |
| ETD44 | 44±1 | 44.6±0.4 | 14.8±0.4 | 14.8±0.4 | 33.3±0.8 | 40.4±0.8 | SJ、JIS |
| ETD45 | 45±1 | 48±0.8 | 14.8±0.4 | 14.8±0.4 | 32.2min | 33±0.8 | JIS |
| ETD48.7 | 48.7±1.1 | 49.4±0.4 | 16.3±0.4 | 16.3±0.4 | 37±0.9 | 36.2±0.8 | SJ、JIS |
| ETD49 | 49±1.1 | 62.4±0.8 | 17.2±0.4 | 17.2±0.4 | 36min | 45.4±0.8 | JIS |
| ETD50 | 50±1.2 | 66.6±0.8 | 16.5±0.4 | 16.5±0.4 | 35.8min | 50±0.8 | JIS |

ETD 磁芯比起 RM 磁芯有一个小优势，前者每匝线圈的平均长度比后者的短 11%（在中心柱面积相同的情况下），因此线圈阻抗也小 11%（在匝数相同的情况下），而且前者的铜损和温升也比后者小一些。

**3. 峰值磁通密度的选择**

法拉第电磁定律：

$$E = NA_e \frac{dB}{dt} \times 10^{-8} \tag{2-122}$$

式中：$E$ 为变压器绕组的感应电压(V)；$N$ 为绕组匝数；$A_e$ 为磁芯截面面积($cm^2$)；$dB$ 为磁芯磁密变化；$dt$ 为磁通变化时间。

如果峰值磁通密度 $B_{max}$ 已确定，则可以根据式(2-122)计算得到变压器初级匝数 $N$：

$$N = \frac{E}{A_e \frac{dB}{dt}} \times 10^8 = \frac{E}{A_e \cdot \frac{B_{max}}{dt}} \times 10^8 \tag{2-123}$$

由式(2-123)可以看出，磁通密度增量越大，即 $B_{max}$ 值越大，初级匝数越少，可允许的绕线尺寸就越大，因而就能获得更大的输出功率。

对于铁氧体磁芯来说，峰值磁通密度会受到铁损的限制。铁损增大了磁芯的温升。在大多数铁氧体材料中，铁损是峰值磁通密度的 2.7 次幂，因此峰值磁通密度值不允许太大，尤其在频率很高的情况下。但是大多数铁氧体，即使是损耗最大的那种，当频率不高于 25 kHz 时，其损耗都很小。这种情况下，铁损不再是峰值磁通密度的一个限制因素。在低频应用下，峰值磁通密度可以沿着磁化曲线进入 BH 回线转折区域。但必须注意不能使其饱和，否则变压器初级将不能承受电压，并损坏功率晶体管。

铁氧体铁损同时也随开关频率很快地上升，它是开关频率的 1.7 次幂。对于高损耗的材料，当工作于高频时，为了减小损耗，会选择高峰值磁通密度值来减少绕组匝数（铁损等于每立方厘米的损耗因子乘以磁芯的体积，单位分别为毫瓦和立方厘米），但这样会造成温升超出允许范围。

所以当频率为 50 kHz 以上时，磁芯必须采用损耗较低的材料，或者适当减小峰值磁通密度值。当然，峰值磁通密度值减小了，初级匝数就会增加。如果磁芯骨架上绕组面积相同，就要求减小绕线尺寸，而绕线尺寸的减小将会导致初/次级电流变小，从而降低输出功率。

因此，工作在高频（大于 50 kHz）时，需要使用损耗最小的磁芯材料并适当减小峰值磁通密度值，只要保证磁芯损耗和铜损所造成的温升在可接受的范围内即可。

故对于铁氧体来说，在以后的设计中，即使频率低于 50 kHz，峰值磁通密度仍然选择为 1600 G。在高频时，如果采用了损耗较小的材料，那么峰值磁通密度值应减小一点。

## 2.4.2 磁芯最大输出功率的选择

**1. 正激变换器拓扑磁芯输出功率 $P_o$ 的推导**

图 2-45 为正激变换器拓扑，图 2-46 为初级电流 $i_1$ 的波形。图 2-46 中，$I_1$ 为等效平顶波电流，用来计算输出功率与 $B_{max}$、频率、$A_e$、$A_b$ 和 $D_{cma}$ 的关系。适当选择匝比 $N_2/N_1$ 使输入为最小值 $U_{imin}$、导通时间为 $0.8T/2$，输出电压为 $U_o$。

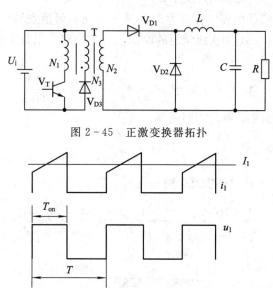

图 2-45 正激变换器拓扑

图 2-46 初级电流 $i_1$ 的波形

参照图 2-45 所示的正激变换器，为了推导变换器的输出功率 $P_o$ 的公式，做出如下三点假设：

(1) 假设变换器从 $U_i$ 到输出之间的功率转换效率为 $80\%$。

(2) 窗口使用系数 $SF=0.4$（即整个骨架窗口面积中绕有线圈的部分所占的比例），其中包括初级和所有次级绕组、绝缘层及所有 RFI 或静电屏蔽层。

(3) 初级电流波形如图 2-46 所示。假设输入 $U_i=U_{imin}$ 时，导通最大时间 $T_{omax}=0.8T/2=0.4T$，即 $D=T_{omax}/T=0.4$。由于每个次级都有输出电感，所以初级电流为有台阶的斜坡波形，可精确等效成幅值为 $I_1$、占空比为 0.4 的矩形脉冲。

具体推导 $P_o$ 的过程如下：

当 $U_i=U_{imin}$ 时：

$$I_i = I_1 \cdot D = 0.4 I_1 \tag{2-124}$$

其中，$I_i$ 为初级电流平均值。

$$P_o = 0.8 P_{in} = 0.8 U_{imin} \cdot I_i = 0.32 U_{imin} I_1 \tag{2-125}$$

而此时幅值为 $I_1$ 的初级线圈的有效值为

$$I_{初有效} = I_1 \sqrt{0.4} \rightarrow I_1 = 1.58 I_{初有效} \tag{2-126}$$

根据法拉第定律：

$$U_p = N_1 A_e \frac{\Delta B}{\Delta T} \times 10^{-8}$$

式中：$U_p$ 为初级电压，近似为 $U_i$；$N_1$ 为初级绕组匝数；$A_e$ 为磁芯面积（$cm^2$）；$\Delta B$ 为磁通密度增量（G），范围为 $0 \sim B_{max}$；$\Delta T$ 为磁通密度变化时间，取 $0.4T$。

当 $U_i=U_{imin}$ 时，$\frac{\Delta B}{\Delta T}=\frac{B_{max}}{0.4T}$，$f=\frac{1}{T}$，则

$$P_o = \frac{0.5056 \times I_{初有效} \cdot N_1 \cdot A_e \cdot B_{max} \cdot f}{0.4} \times 10^{-8}$$

$$= 1.265 N_1 B_{max} A_e f \times 10^{-8} \cdot I_{初有效} \tag{2-127}$$

假设初级和所有次级的电流密度都为 $D_{cma}$（圆密耳每有效值安培），令 $A_s$ 为骨架的绕组面积，$A_1$ 为初级绕组的面积，$A_2$ 为次级绕组的面积，$A_{1s}$ 为初级绕组每匝的面积（平方英寸）。

已知 $SF=0.4$，且 $A_1=A_2$，有：

$$A_1 = 0.2 A_s = N_1 \cdot A_{1s} \rightarrow A_{1s} = \frac{0.2 A_s}{N_1} \tag{2-128}$$

令 $A'_{1s}$ 为初级绕线面积，单位为圆密耳，则

$$I_{初有效} = \frac{A'_{1s}}{D_{cma}} \tag{2-129}$$

当量代换 $1in^2 = \frac{\pi}{4} \times 10^{-6}$ 圆密耳，则

$$A'_{1s} = \frac{4 \times 10^6 A_{1s}}{\pi} = \frac{4 \times 10^6 \times 0.2 A_s}{\pi N_1} = \frac{0.8 A_s \times 10^6}{\pi N_1} \tag{2-130}$$

代入式(2-129)后得：

$$I_{初有效} = \frac{0.8 A_s \times 10^6}{\pi N_1 D_{cma}} \tag{2-131}$$

代入式(2-127)得：

$$P_o = 1.265 N_1 B_{max} A_e f \times 10^{-8} \times \frac{0.8 A_s \times 10^6}{\pi N_1 D_{cma}}$$

$$= \frac{0.00322 B_{max} f A_e A_s}{D_{cma}}$$

$\xrightarrow{\text{变压器截面积 } A_b \text{ 单位转换为 cm}^2} P_o = \frac{0.0005 B_{max} f A_e A_s}{D_{cma}}$ (2-132)

式(2-132)中：$P_o$ 为变换器输出功率(W)；$B_{max}$ 为磁密变化范围(G)；$A_s$ 为骨架的绕组面积(cm²)；$A_e$ 为磁芯面积(cm²)；$f$ 为开关工作频率(kHz)；$D_{cma}$ 为所有绕组的电流密度(圆密耳每有效值安培)。

可以通过式(2-132)来选择磁芯和工作频率，进而确定最大输出功率。

**2. 推挽拓扑变换器磁芯输出功率 $P_o$**

此处省略具体推导过程，直接给出输出功率：

$$P_o = \frac{0.001 B_{max} f A_e A_s}{D_{cma}} \tag{2-133}$$

从这个结果可知，如果推挽拓扑和正激拓扑的磁芯相同，则 $P_{o推挽} = 2 P_{o正激}$。相同输出功率的推挽电路和正激变换器，前者每半个变压器绕组的电流峰值和有效值是后者的一半。同样，前者每半个变压器绕组要求的绕线面积和骨架面积也是后者的一半。如果骨架窗口面积相同，则从式(2-129)和式(2-130)可以看出，同样磁芯的推挽电路传送的功率是正激变换器的两倍。

**3. 半桥拓扑变换器磁芯输出功率 $P_o$**

半桥拓扑变换器磁芯输出功率：

$$P_o = \frac{0.0014 B_{max} f A_e A_s}{D_{cma}} \tag{2-134}$$

**4. 全桥拓扑变换器磁芯输出功率 $P_o$**

若选用相同的磁芯，则全桥拓扑的输出功率不会大于半桥拓扑，只有当磁芯更大时，它传送的输出功率才为半桥的两倍。因为全桥变换器初级承受的电压为半桥的两倍，所以它的初级匝数也为半桥的两倍。

如果全桥变换器中骨架的窗口使用面积与半桥的相等，那么绕线尺寸必须减半。绕线尺寸减半后，如果仍工作于同样的电流密度下，那么允许的有效电流将会减半。综合来看，虽然全桥变换器磁芯的工作电压为半桥的两倍，但初级电流却只有半桥的一半，所以相同磁芯下传送的输出功率与半桥的相等。

当然，如果此时全桥变换器初级承受的电压为半桥的两倍，而电流与半桥一样，那么它的输出功率将为半桥的两倍。但这要求全桥变换器的磁芯尺寸很大，磁芯绕组面积也要很大，以便可以容纳相同电流密度下相当于半桥匝数两倍的绕组。

**5. 查表法确定最大输出功率**

为了获得期望的输出功率，可以通进式(2-132)~式(2-134)来选择磁芯和工作频率，但这要进行大量的计算。

表2-10和表2-11避免了这些繁琐计算，表中列出了 $B_{max} = 1600$ G 和 $D_{cma} = 500$ 圆密耳每有效值安培时，根据上面公式计算所得的输出功率。

### 表 2-10  正激变换器拓扑的最大输出功率

| 磁芯 | $A_e$/cm² | $A_b$/cm² | $A_eA_b$/cm⁴ | 各频率下的最大输出功率/W ||||||||| 体积/cm³ |
|---|---|---|---|---|---|---|---|---|---|---|---|---|---|
| | | | | 20 | 24 | 48 | 72 | 96 | 150 | 200 | 250 | 300 | |
| EE Core, Ferroxcube-Philips |||||||||||||| 
| 14E250 | 0.202 | 0.171 | 0.035 | 1.1 | 1.3 | 2.7 | 4.0 | 5.3 | 8.3 | 11.1 | 13.8 | 16.6 | 0.57 |
| 13E187 | 0.225 | 0.329 | 0.074 | 2.4 | 2.8 | 5.7 | 8.5 | 11.4 | 17.8 | 23.7 | 29.6 | 35.5 | 0.89 |
| 13E343 | 0.412 | 0.359 | 0.148 | 4.7 | 5.7 | 11.4 | 17.0 | 22.7 | 35.5 | 47.3 | 59.2 | 71.0 | 1.64 |
| 12E250 | 0.395 | 0.581 | 0.229 | 7.3 | 8.8 | 17.6 | 26.4 | 35.3 | 55.1 | 73.4 | 91.8 | 110.2 | 1.93 |
| 82E272 | 0.577 | 0.968 | 0.559 | 17.9 | 21.4 | 42.9 | 64.3 | 85.8 | 134.0 | 178.7 | 223.4 | 268.1 | 3.79 |
| E375 | 0.810 | 1.149 | 0.931 | 29.8 | 35.7 | 71.5 | 107.2 | 143.0 | 223.4 | 297.8 | 372.3 | 446.7 | 5.64 |
| E21 | 1.490 | 1.213 | 1.807 | 57.8 | 69.4 | 138.8 | 208.2 | 277.6 | 433.8 | 578.4 | 722.9 | 867.5 | 11.5 |
| 83E608 | 1.810 | 1.781 | 3.224 | 103.2 | 123.8 | 247.6 | 371.4 | 495.1 | 773.7 | 1031.6 | 1289.4 | 1547.3 | 17.8 |
| 83E776 | 2.330 | 1.810 | 4.217 | 135.0 | 161.9 | 323.9 | 485.8 | 647.8 | 1012.2 | 1349.5 | 1686.9 | 2024.3 | 22.9 |
| E625 | 2.340 | 1.370 | 3.206 | 102.6 | 123.1 | 246.2 | 369.3 | 492.4 | 769.2 | 1025.9 | 1282.3 | 1538.8 | 20.8 |
| E55 | 3.530 | 2.800 | 9.884 | 316.3 | 379.5 | 759.1 | 1138.6 | 1518.2 | 2372.2 | 3162.9 | 3953.6 | 4744.3 | 43.5 |
| E75 | 3.380 | 2.160 | 7.301 | 233.6 | 280.4 | 560.7 | 841.1 | 1121.4 | 1752.2 | 2336.3 | 2920.3 | 3504.4 | 36.0 |
| EC Cores, Ferroxcube-Philips ||||||||||||||
| EC35 | 0.843 | 0.968 | 0.816 | 26.1 | 31.3 | 62.7 | 94.0 | 125.3 | 195.8 | 261.1 | 326.4 | 391.7 | 6.53 |
| EC41 | 1.210 | 1.350 | 1.634 | 52.3 | 62.7 | 125.5 | 188.2 | 250.9 | 392.0 | 522.7 | 653.4 | 784.1 | 10.8 |
| EC52 | 1.800 | 2.130 | 3.834 | 122.7 | 147.2 | 294.5 | 441.7 | 588.9 | 920.2 | 1226.9 | 1533.6 | 1840.3 | 18.8 |
| EC70 | 2.790 | 4.770 | 13.308 | 425.9 | 511.0 | 1022.1 | 1533.1 | 2044.1 | 3194.0 | 4258.7 | 5323.3 | 6388.0 | 40.1 |
| RM Cores, Ferroxcube-Philips ||||||||||||||
| RM5 | 0.250 | 0.095 | 0.024 | 0.8 | 0.9 | 1.8 | 2.7 | 3.6 | 5.7 | 7.6 | 9.5 | 11.4 | 0.45 |
| RM6 | 0.370 | 0.155 | 0.057 | 1.8 | 2.2 | 4.4 | 8.8 | 13.8 | 18.4 | 22.9 | 27.5 | | 0.80 |
| RM8 | 0.630 | 0.310 | 0.195 | 6.2 | 7.5 | 15.0 | 22.5 | 30.0 | 46.9 | 62.5 | 78.1 | 93.7 | 1.85 |
| RM10 | 0.970 | 0.426 | 0.413 | 13.2 | 15.9 | 31.7 | 47.6 | 63.5 | 99.2 | 132.2 | 165.3 | 198.3 | 3.47 |
| RM12 | 1.460 | 0.774 | 1.130 | 36.2 | 43.4 | 86.8 | 130.2 | 173.6 | 271.2 | 361.6 | 452.0 | 542.4 | 8.34 |
| RM14 | 1.980 | 1.100 | 2.178 | 69.7 | 83.6 | 167.3 | 250.9 | 334.5 | 522.7 | 697.0 | 871.2 | 1045.4 | 13.1 |

注：当 $D_{cma}=500$ 圆密耳每有效值安培、$B_{max}=1600$ G 时，$P_o=\dfrac{0.0005B_{max}fA_eA_s}{D_{cma}}$。对于其他 $B_{max}$ 值，表中数据应乘以系数 $\dfrac{B_{max}}{1600}$；对于其他 $D_{cma}$，应乘以系数 $\dfrac{500}{D_{cma}}$；对于推挽拓扑，应取原值的平方。

### 表 2-11 半桥或全桥拓扑的最大输出功率

| 磁芯 | $A_e/$ $cm^2$ | $A_b/$ $cm^2$ | $A_eA_b/$ $cm^4$ | 各频率下的最大输出功率/W ||||||||| 体积 $/cm^3$ |
|---|---|---|---|---|---|---|---|---|---|---|---|---|---|
| | | | | 20 | 24 | 48 | 72 | 96 | 150 | 200 | 250 | 300 | |
| EE Core, Ferroxcube-Philips |||||||||||||||
| 14E250 | 0.202 | 0.171 | 0.035 | 3.1 | 3.7 | 7.4 | 11.2 | 14.9 | 23.2 | 30.9 | 38.7 | 46.4 | 0 |
| 13E187 | 0.225 | 0.329 | 0.074 | 6.6 | 8.0 | 15.9 | 23.9 | 31.8 | 49.7 | 66.3 | 82.9 | 99.5 | 0 |
| E343 | 0.412 | 0.359 | 0.148 | 13.3 | 16.0 | 31.8 | 47.8 | 63.6 | 99.4 | 132.5 | 165.7 | 198.8 | 1 |
| 13E250 | 0.395 | 0.581 | 0.229 | 20.6 | 24.8 | 49.3 | 74.1 | 98.7 | 154.2 | 205.6 | 257.0 | 308.4 | 1 |
| 82E272 | 0.577 | 0.968 | 0.559 | 50.0 | 60.3 | 120.1 | 180.4 | 240.2 | 375.3 | 500.4 | 62.6 | 750.7 | 3 |
| E375 | 0.810 | 1.149 | 0.931 | 83.4 | 100.5 | 200.1 | 300.6 | 400.2 | 625.4 | 833.9 | 1042.4 | 1250.8 | 5 |
| E21 | 1.490 | 1.213 | 1.807 | 161.9 | 195.2 | 388.6 | 583.8 | 777.2 | 1214.6 | 1619.4 | 2024.3 | 2429.1 | 1 |
| 83E608 | 1.810 | 1.781 | 3.224 | 288.8 | 348.1 | 693.1 | 1041.2 | 1386.2 | 2166.2 | 2888.4 | 3610.4 | 4332.5 | 1 |
| 83E776 | 2.330 | 1.810 | 4.217 | 377.9 | 455.4 | 906.7 | 1362.0 | 1813.4 | 2834.0 | 3778.7 | 4723.4 | 5668.1 | 2 |
| E625 | 2.340 | 1.370 | 3.206 | 287.2 | 346.4 | 689.6 | 1035.5 | 1378.5 | 2154.3 | 2872.4 | 3590.5 | 4308.6 | 2 |
| E55 | 3.530 | 2.800 | 9.884 | 885.6 | 1067.5 | 2125.1 | 3192.5 | 4250.1 | 6642.0 | 8856.1 | 11070.1 | 13284.1 | 4 |
| E75 | 3.380 | 2.160 | 7.301 | 654.2 | 788.5 | 1569.6 | 2358.2 | 3139.3 | 4906.1 | 6541.5 | 8176.9 | 9812.3 | 3 |
| EC Cores, Ferroxcube-Philips |||||||||||||||
| EC35 | 0.843 | 0.968 | 0.816 | 73.1 | 88.1 | 175.4 | 263.6 | 350.9 | 548.4 | 731.2 | 913.9 | 1096.7 | 6 |
| EC41 | 1.210 | 1.350 | 1.634 | 146.4 | 176.4 | 351.2 | 527.6 | 702.4 | 1097.7 | 1463.6 | 1829.5 | 2195.4 | 1 |
| EC52 | 1.800 | 2.130 | 3.834 | 343.5 | 414.1 | 824.3 | 1238.4 | 1648.6 | 2576.4 | 3435.3 | 4294.1 | 5152.9 | 1 |
| EC70 | 2.790 | 4.770 | 13.308 | 1192.4 | 1437.3 | 2861.3 | 4298.6 | 5722.6 | 8943.2 | 11924.2 | 14905.3 | 17886.4 | 4 |
| RM Cores, Ferroxcube-Philips |||||||||||||||
| RM5 | 0.250 | 0.095 | 0.024 | 2.1 | 2.6 | 5.1 | 7.7 | 10.2 | 16.0 | 21.3 | 26.6 | 31.9 | 0 |
| RM6 | 0.370 | 0.155 | 0.057 | 5.1 | 6.2 | 12.3 | 18.5 | 24.7 | 38.5 | 51.4 | 64.2 | 77.1 | 0 |
| RM8 | 0.630 | 0.310 | 0.195 | 17.5 | 21.1 | 42.0 | 63.1 | 84.0 | 131.2 | 175.0 | 218.7 | 262.5 | 1 |
| RM10 | 0.970 | 0.426 | 0.413 | 37.0 | 44.6 | 88.8 | 133.5 | 177.7 | 277.7 | 370.2 | 462.8 | 555.4 | 3 |
| RM12 | 1.460 | 0.774 | 1.130 | 101.3 | 1220. | 243.0 | 365.0 | 485.9 | 759.4 | 1012.5 | 1265.6 | 1518.8 | 8 |
| RM14 | 1.980 | 1.100 | 2.178 | 195.1 | 235.2 | 468.3 | 703.5 | 936.3 | 1463.6 | 1951.5 | 2439.4 | 2927.2 | 1 |

注：当 $D_{cma}=500$ 圆密耳每有效值安培，$B_{max}=1600$ G 时，$P_o=\dfrac{0.0014B_{max}fA_eA_s}{D_{cma}}$。对于其他 $B_{max}$ 值，表中数据应乘以系数 $\dfrac{B_{max}}{1600}$；对于其他 $D_{cma}$，应乘以系数 $\dfrac{500}{D_{cma}}$。

使用方法：首先选定最佳拓扑，原则是使功率晶体管的关断电压应力和峰值电流应力最小，或者能使所用元件数量最少，成本最低；其次要注意磁芯是按照 $A_eA_b$ 值从小到大垂直排列的，其输出功率也依次增大。如果用户对变压器比较熟悉、有经验，则可以指定一个工作频率，然后对照表中频率所在的列，逐渐下移，第一个输出功率大于所指定的最大输出功率的磁芯即为所求。

如果事先已根据实际空间要求选定了磁芯，那么先找到磁芯所在的行，水平右移，第一个输出功率大于所指定的最大输出功率的频率即为所求。

在表中，上移可以得到较小的磁芯，右移可以得到更高的频率，因此，总能找到一个最佳的磁芯-频率组合。因为对于给定的输出率，频率越高，磁芯越小，但也要注意此时磁芯损耗、变压器温升、晶体管的开关损耗也在不断增加。

## 2.5 MOSFET 和 IGBT

### 2.5.1 MOSFET 管的基本工作原理

MOSFET 中，MOS 的全称是 Metal Oxide Semiconductor，中文翻译为金属氧化物半导体，FET 的全称是 Field Effect Transistor，中文翻译为场效应晶体管，即以金属层(M)的栅极隔着氧化层(O)利用电场的效应来控制半导体(S)的场效应晶体管。

功率场效应晶体管也分为结型和绝缘栅型，但通常主要指绝缘栅型中的 MOS 型 (Metal Oxide Semiconductor)FET，简称功率 MOSFET(Power MOSFET)。结型功率场效应晶体管一般称作静电感应晶体管(Static Induction Transistor，SIT)。

功率场效应管(Power MOSFET)也叫电力场效应晶体管，是一种单极型的电压控制器件，不但有自关断能力，而且有驱动功率小、开关速度高、无二次击穿、安全工作区宽等特点。由于其易于驱动和开关频率可高达 500 kHz，因此特别适于高频化电力电子装置，如应用于 DC/DC 变换、开关电源、便携式电子设备、航空航天以及汽车等电子电器设备中。但因为其电流、热容量小，耐压低，一般只适用于小功率电力电子装置。

**1. MOSFET 的结构**

功率 MOSFET 按导电沟道可分为 P 沟道和 N 沟道两种，按栅极电压幅值可分为以下两种：

(1) 耗尽层：当栅极电压为零时漏、源极之间存在导电沟道。

(2) 增强型：对于 N(P)沟道器件的栅极电压大于(小于)零时才存在导电沟道。功率 MOSFET 主要是 N 沟道增强型。

功率场效应晶体管导电机理与小功率绝缘栅 MOS 管相同，但结构有很大区别。小功率绝缘栅 MOS 管是一次扩散形成的器件，导电沟道平行于芯片表面，横向导电。功率场效应晶体管大多采用垂直导电结构，提高了器件的耐电压和耐电流的能力。按垂直导电结构的不同，又可分为两种：V 形槽 VVMOSFET 和双扩散 VDMOSFET。

功率场效应晶体管采用多单元集成结构，一个器件由成千上万个小的 MOSFET 组成。N 沟道增强型双扩散电力场效应晶体管一个单元的剖面图如图 2-47(a)所示，电气符号如图 2-47(b)所示。功率场效应晶体管有 3 个端子：漏极 D、源极 S 和栅极 G。

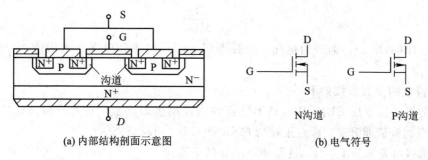

(a) 内部结构剖面示意图　　　　　(b) 电气符号

图 2-47　Power MOSFET 结构和电气符号

**2. MOSFET 的基本工作特性**

截止：漏源极间加正电源，栅源极间电压为零。P 基区与 N 漂移区之间形成的 PN 结 $J_1$ 反偏，漏源极之间无电流流过。

导电：在栅源极间加正电压 $U_{GS}$，栅极是绝缘的，所以不会有栅极电流流过。但栅极的正电压会将其下面 P 区中的空穴推开，而将 P 区中的少子——电子吸引到栅极下面的 P 区表面，当 $U_{GS}$ 大于 $U_T$（开启电压或阈值电压）时，栅极下 P 区表面的电子浓度将超过空穴浓度，使 P 型半导体反型成 N 型半导体，该反型层形成 N 沟道而使 PN 结 $J_1$ 消失，漏极和源极导电，则管子开通，在漏、源极间流过电流 $I_D$。$U_{GS}$ 超过 $U_T$ 越大，导电能力越强，漏极电流越大。

Power MOSFET 的静态特性主要指输出特性和转移特性，与静态特性对应的主要参数有漏极击穿电压、漏极额定电压、漏极额定电流和栅极开启电压等。

1) 静态特性

（1）输出特性。输出特性即漏极的伏安特性。输出特性曲线如图 2-48(b) 所示。由图 2-48(b) 所见，输出特性分为截止、饱和与非饱和 3 个区域。这里饱和、非饱和的概念与 GTR 不同。饱和是指漏极电流 $I_D$ 不随漏源电压 $U_{DS}$ 的增加而增加，也就是基本保持不变；非饱和是指当 $U_{DS}$ 一定时，$I_D$ 随 $U_{GS}$ 的增加呈线性关系变化。

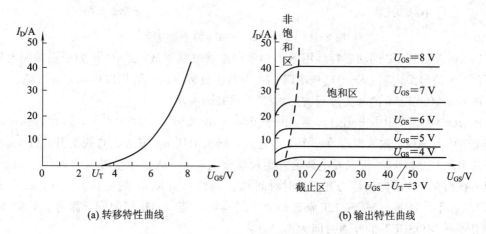

(a) 转移特性曲线　　　　　(b) 输出特性曲线

图 2-48　Power MOSFET 静态特性曲线

（2）转移特性。转移特性表示漏极电流 $I_D$ 与栅源之间电压 $U_{GS}$ 的转移特性关系曲线，如图 2-48(a) 所示。转移特性可表示出器件的放大能力，并且与 GTR 中的电流增益 $\beta$ 相似。由于 Power MOSFET 是压控器件，因此用跨导这一参数来表示。跨导定义为

$$g_{\mathrm{m}} = \frac{\Delta I_{\mathrm{D}}}{\Delta U_{\mathrm{GS}}} \qquad (2-135)$$

图 2-48(a)中，$U_{\mathrm{T}}$ 为开启电压，只有当 $U_{\mathrm{GS}} = U_{\mathrm{T}}$ 时才会出现导电沟道，产生漏极电流 $I_{\mathrm{D}}$。

静态特性的主要参数如下：

(1) 漏极击穿电压 $BU_{\mathrm{D}}$。$BU_{\mathrm{D}}$ 是不使器件击穿的极限参数，它大于漏极电压额定值。$BU_{\mathrm{D}}$ 随结温的升高而升高，这点正好与 GTR 和 GTO 相反。

(2) 漏极额定电压 $U_{\mathrm{D}}$。$U_{\mathrm{D}}$ 是器件的标称额定值。

(3) 漏极电流 $I_{\mathrm{D}}$ 和 $I_{\mathrm{DM}}$。$I_{\mathrm{D}}$ 是漏极直流电流的额定参数，$I_{\mathrm{DM}}$ 是漏极脉冲电流幅值。

(4) 栅极开启电压 $U_{\mathrm{T}}$。$U_{\mathrm{T}}$ 又称阈值电压，是开通 Power MOSFET 的栅-源电压，它为转移特性的特性曲线与横轴的交点。施加的栅源电压不能太大，否则将击穿器件。

(5) 跨导 $g_{\mathrm{m}}$。$g_{\mathrm{m}}$ 是表征 Power MOSFET 栅极控制能力的参数。

2) 动态特性

动态特性主要描述输入量与输出量之间的时间关系，它影响器件的开关过程。由于该器件为单极型，靠多数载流子导电，因此开关速度快，时间短，一般在纳秒数量级。

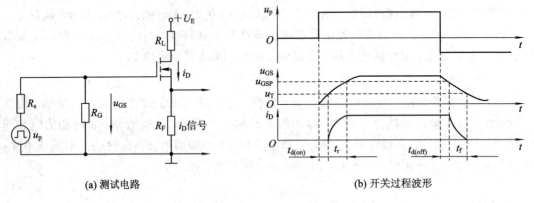

(a) 测试电路　　　　　　　　　　(b) 开关过程波形

图 2-49　Power MOSFET 的动态特性

Power MOSFET 的动态特性用图 2-49(a)所示电路测试。图中，$u_{\mathrm{p}}$ 为矩形脉冲电压信号源；$R_{\mathrm{s}}$ 为信号源内阻；$R_{\mathrm{G}}$ 为栅极电阻；$R_{\mathrm{L}}$ 为漏极负载电阻；$R_{\mathrm{F}}$ 用以检测漏极电流。

Power MOSFET 的开关过程波形如图 2-49(b)所示。

Power MOSFET 的开通过程是：由于 Power MOSFET 有输入电容，因此当脉冲电压 $u_{\mathrm{p}}$ 的上升沿到来时，输入电容有一个充电过程，栅极电压 $u_{\mathrm{GS}}$ 按指数曲线上升。当 $u_{\mathrm{GS}}$ 上升到开启电压 $U_{\mathrm{T}}$ 时，开始形成导电沟道并出现漏极电流 $i_{\mathrm{D}}$。从 $u_{\mathrm{p}}$ 前沿时刻到 $u_{\mathrm{GS}} = U_{\mathrm{T}}$ 且开始出现 $i_{\mathrm{D}}$ 的时刻，这段时间称为开通延时时间 $t_{\mathrm{d(on)}}$。此后，$i_{\mathrm{D}}$ 随 $u_{\mathrm{GS}}$ 的上升而上升，$u_{\mathrm{GS}}$ 从开启电压 $U_{\mathrm{T}}$ 上升到 Power MOSFET 临近饱和区的栅极电压 $u_{\mathrm{GSP}}$ 这段时间，称为上升时间 $t_{\mathrm{r}}$。这样 Power MOSFET 的开通时间为

$$t_{\mathrm{on}} = t_{\mathrm{d(on)}} + t_{\mathrm{r}} \qquad (2-136)$$

Power MOSFET 的关断过程是：当 $u_{\mathrm{p}}$ 信号电压下降到 0 时，栅极输入电容上储存的电荷通过电阻 $R_{\mathrm{s}}$ 和 $R_{\mathrm{G}}$ 放电，使栅极电压按指数曲线下降，当下降到 $u_{\mathrm{GSP}}$ 后继续下降，$i_{\mathrm{D}}$ 才开始减小，这段时间称为关断延时时间 $t_{\mathrm{d(off)}}$。此后，输入电容继续放电，$u_{\mathrm{GS}}$ 继续下降，$i_{\mathrm{D}}$

也继续下降,到 $u_{GS}<U_T$ 时导电沟道消失,$i_D=0$,这段时间称为下降时间 $t_f$。这样 Power MOSFET 的关断时间为

$$t_{off} = t_{d(off)} + t_f \tag{2-137}$$

从上述分析可知,要提高器件的开关速度,必须减小开关时间。在输入电容一定的情况下,可以通过降低驱动电路的内阻 $R_s$ 来加快开关速度。

电力场效应管晶体管是压控器件,在静态时几乎不输入电流。但在开关过程中,需要对输入电容进行充放电,故仍需要一定的驱动功率。工作速度越快,需要的驱动功率越大。

动态特性的主要参数如下:

(1) 极间电容。Power MOSFET 的 3 个极之间分别存在极间电容 $C_{GS}$、$C_{GD}$、$C_{DS}$。通常生产厂家提供的是漏源极断路时的输入电容 $C_{iss}$、共源极输出电容 $C_{oss}$、反向转移电容 $C_{rss}$。它们之间的关系为

$$C_{iss} = C_{GS} + C_{GD} \tag{2-138}$$

$$C_{oss} = C_{GD} + C_{DS} \tag{2-139}$$

$$C_{rss} = C_{GD} \tag{2-140}$$

前面提到的输入电容可近似地用 $C_{iss}$ 来代替。

(2) 漏源电压上升率。器件的动态特性还受漏源电压上升率的限制,过高的 $du/dt$ 可能导致电路性能变差,甚至引起器件损坏。

### 3. MOSFET 相比双极性功率管的特点

功率 MOSFET 与双极性功率器件相比具有如下特点:

(1) MOSFET 是电压控制型器件(双极性器件是电流控制型器件),因此在驱动大电流时无需推动级,电路比较简单。

(2) 输入阻抗高,可以达到 $10^8$ Ω 以上。MOSFET 是电压控制型器件,栅、源极之间被一层二氧化硅隔离,输入阻抗大于 40 MΩ,静态漏泄电流 $I_{css}$ 小于 0.1 μA,即使在 125 ℃ 的高温下也小于 0.5 μA。小驱动电流和高功率增益使得 MOSFET 驱动电路的设计变得较为简单。

(3) 开关速度快和工作频率范围宽。MOSFET 的开关时间为几十纳秒到几百纳秒,开关损耗小。MOSFET 的开关速度和工作频率比双极性管要高 1~2 个数量级,载流子度越沟道的时间约为 1 ns,可以忽略不计。它的开关时间和频率响应取决于输入端电容 $C_{iss}$ 的充放电。一般低压器件的开关时间为 10~30 ns,高压器件为 100~300 ns。因为开关动态损耗很小,因此,MOSFET 的开关工作频率较高,为 500 kHz 以上。

(4) 有较优良的线性区,并且 MOSFET 的输入电容比双极性器件的输入电容小得多,所以它的交流输入阻抗极高,噪声也小。

(5) 功率 MOSFET 可以多个并联使用,以增加输出电流而无需均流电阻。

(6) 具有良好的热稳定性。MOSFET 的跨导和开关时间有非常好的热稳定性。在 −55~125 ℃ 下的跨导 $G_{fs}$ 与 25 ℃ 时的跨导值的偏差小于 ±20%,其温度系数大约为 −0.2%/℃。因为阈值 $U_T$ 与跨导 $G_{fs}$ 随温度变化的影响相互补偿,因此传输特性具有很好的稳定性。

(7) 无二次击穿。MOSFET 的一个突出优点是在额定值范围内不存在二次击穿。这样安全工作区不受二次击穿的限制,能承受周期性的浪涌脉冲,使得器件的工作区域得到充

分利用,抗烧毁能力增强。

(8) 内接反向二极管。由于器件结构的特点,VMOS 器件都内接有源-漏二极管,其电压和电流的最大额定值与 MOS 本身的值相同,这一内接二极管在实际的电路应用中可保护 MOSFET 或用作特定的设计。

**4. 安全工作区**

1) 正向偏置安全工作区

正向偏置安全工作区如图 2-50 所示。它是由最大漏源电压极限线 Ⅰ、最大漏极电流极限线 Ⅱ、漏源通态电阻线 Ⅲ 和最大功耗限制线 Ⅳ 四条边界极限所包围的区域。图中示出了 4 种情况:直流 DC,脉宽 10 ms,脉宽 1 ms,脉宽 10 μs。它与 GTR 安全工作区相比有两个明显的区别:① 因无二次击穿问题,所以不存在二次击穿功率 $P_{SB}$ 限制线;② 因为它通态电阻较大,导通功耗也较大,所以不仅受最大漏极电流的限制,还受通态电阻的限制。

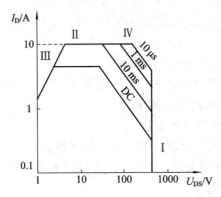

图 2-50 MOSFET 场效应管正向偏置的安全工作区

2) 开关安全工作区

开关安全工作区为器件工作的极限范围,如图 2-51 所示。它是由最大峰值电流 $I_{DM}$、最小漏极击穿电压 $BU_{DS}$ 和最大结温 $T_{JM}$ 决定的,超出该区域,器件将损坏。

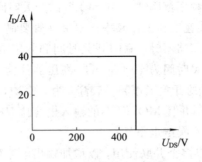

图 2-51 开关安全工作区

3) 转换安全工作区

因电力场效应管工作频率高,经常处于转换过程中,而器件中又存在寄生等效二极管,故它会影响到管子的转换问题。为限制寄生二极管的反向恢复电荷的数值,有时还需定义转换安全工作区。器件在实际应用中,安全工作区应留有一定的富裕度。

## 5. MOSFET 的驱动电路

### 1) 不隔离的互补驱动电路

图 2-52(a)为常用的小功率驱动电路，简单可靠，成本低，适用于不要求隔离的小功率开关设备。图 2-52(b)所示的驱动电路开关速度很快，驱动能力强，为防止两个 MOSFET 管直通，通常串接一个 $0.5\sim1~\Omega$ 的小电阻用于限流，该电路适用于不要求隔离的中功率开关设备。这两种电路的特点是结构简单。

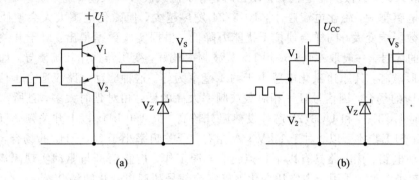

图 2-52　不隔离的互补驱动电路

### 2) 有隔离变压器的互补驱动电路

如图 2-53 所示，$V_1$、$V_2$ 互补工作，电容 $C$ 起隔离直流的作用，$T_1$ 为高频、高磁导率的磁环或磁罐。

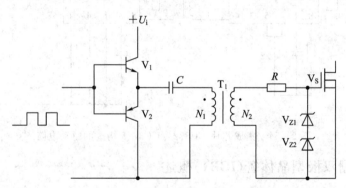

图 2-53　有隔离变压器的互补驱动电路

导通时隔离变压器上的电压为 $(1-D)U_i$、关断时为 $DU_i$，若主功率管 $V_S$ 可靠导通电压为 12 V，而隔离变压器原副边匝比 $N_1/N_2$ 为 $12/[(1-D)U_i]$。为保证导通期间 GS 电压稳定，$C$ 值可稍取大些。该电路具有以下优点：

(1) 电路结构简单可靠，具有电气隔离作用。当脉宽变化时，驱动的关断能力不会随着变化。

(2) 该电路只需一个电源，为单电源工作。隔直电容 $C$ 的作用是可以在关断所驱动的管子时提供一个负压，从而加速了功率管的关断，且有较高的抗干扰能力。

但该电路存在一个较大的缺点是输出电压的幅值会随着占空比的变化而变化。当 $D$ 较小时，负向电压小，该电路的抗干扰性变差，且正向电压较高，应该注意使其幅值不超过 MOSFET 栅极的允许电压。当 $D$ 大于 0.5 时驱动电压正向电压小于其负向电压，此时应该注意使其负电压值不超过 MOAFET 栅极允许电压。所以该电路比较适用于占空比固定或占空比变化范围不大以及占空比小于 0.5 的场合。

3) 集成芯片 UC3724/UC3725 构成的驱动电路

电路构成如图 2-54 所示。其中，UC3724 用来产生高频载波信号，载波频率由电容 $C_T$ 和电阻 $R_T$ 决定。一般载波频率小于 600 kHz，4 脚和 6 脚两端产生高频调制波，经高频小磁环变压器隔离后送到 UC3725 芯片 7、8 两脚，经 UC3725 进行调制后得到驱动信号，UC3725 内部有一肖特基整流桥同时将 7、8 脚的高频调制波整流成一直流电压供驱动所需功率。一般来说，载波频率越高，驱动延时越小，但载波频率太高，抗干扰会变差；隔离变压器磁化电感越大，磁化电流越小，UC3724 发热越少，但磁化电感太大会使匝数增多导致寄生参数影响变大，同样会使抗干扰能力降低。根据实验数据得出：对于开关频率小于 100 kHz 的信号，一般取 400~500 kHz 载波频率较好，变压器选用较高磁导，如 5K、7K 等高频环形磁芯，其原边磁化电感小于约 1 毫亨为好。这种驱动电路仅适合于信号频率小于 100 kHz 的场合，因信号频率相对载波频率太高的话，相对延时太多，且所需驱动功率增大，这时 UC3724 和 UC3725 芯片发热温升较高，故 100 kHz 以上开关频率仅对较小极电容的 MOSFET 才可以。对于 1 kV·A 左右、开关频率小于 100 kHz 的场合，它是一种良好的驱动电路。该电路具有以下特点：单电源工作，控制信号与驱动实现隔离，结构简单，尺寸较小，尤其适用于占空比变化不确定或信号频率也变化的场合。

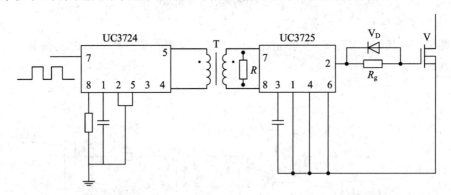

图 2-54 集成芯片 UC3724/UC3725 构成的驱动电路

## 2.5.2 绝缘栅双极型晶体管(IGBT)概述

IGBT 是 Insulated Gate Bipolar Transistor 的缩写，意思是绝缘栅双极型功率三极管或绝缘栅双极晶体管，也称为绝缘栅双极场效应管。它是由双极型三极管 BJT 和 MOS 绝缘栅型场效应管组成的复合、全控型、电压驱动式电力电子器件。

**1. IGBT 的结构**

IGBT 分为两大类：一类是模压树脂密封的三端单体封装型，此种封装已从 TO-3P 到小型表面贴装形成系列；另一类是把 IGBT 与超快恢复二极管成对地封装起来的模型。

由于 IGBT 是强电流、高电压功率电力器件，其源-漏通道的重要极限参数即击穿电压 $U_{DSSB}$ 值比 MOSFET(MOS 场效应管，或称功率场效应管)要大，其导通电阻 $R_{DSon}$ 数值比 MOSFET 的导通电阻低。

IGBT 是在 N 沟道 MOSFET 的漏极 N 层上又附加上一层 P-N-PN+ 的四层结构。N 沟道 VDMOSFET 与 GTR 组合的 N 沟道 IGBT(N-IGBT)比 VDMOSFET 多一层 $P^+$ 注入区，形成了一个大面积 $P^+N$ 结 $J_1$，使 IGBT 导通时由 $P^+$ 注入区向 N 基区发射少子，从而对漂移区的电导率进行调制，使得 IGBT 具有很强的通流能力。简化等效电路表明，IGBT 是 GTR 与 MOSFET 组成的达林顿结构中一个由 MOSFET 驱动的厚基区 PNP 晶体管，$R$ 为晶体管基区内的调制电阻。

### 2. IGBT 的工作原理

当栅极 G 与发射极 E 之间的外加电压 $U_{GE}=0$ 时，MOSFET 管内无导电沟道，其调制电阻 $R_{dr}$ 可视为无穷大，$I_C=0$，MOSFET 处于断态。在栅极 G 与发射极 E 之间的外加控制电压 $U_{GE}$ 可以改变 MOSFET 管导电沟道的宽度，从而改变调制电阻 $R_{dr}$，这就改变了输出晶体管 $V_{T1}$（PNP 管）的基极电流，控制了 IGBT 管的集电极电流 $I_C$。当 $U_{GE}$ 足够大（例如 15 V）时，$V_{T1}$ 饱和导电，IGBT 进入通态。一旦撤除 $U_{GE}$，即 $U_{GE}=0$，则 MOSFET 从通态转入断态，$V_{T1}$ 截止，IGBT 器件从通态转入断态。

IGBT 的静态特性主要有输出特性、转移特性和开关特性。

图 2-55（a）为 IGBT 的转移特性曲线。IGBT 的转移特性是指集电极电流 $I_C$ 与栅极控制电压 $U_{GE}$ 之间的关系曲线。当栅射电压 $U_{GE}$ 小于开启电压 $U_{GE(TH)}$ 时，IGBT 处于关断状态。在 IGBT 导通后的大部分集电极电流范围内，$I_C$ 与 $U_{GE}$ 基本呈线性关系。在实际应用中，经常利用检测 IGBT 的饱和导通压降来推算其集电极电流的大小以确定 IGBT 是否过流。最高栅射电压受最大集电极电流限制，其最佳值一般取为 15 V 左右。

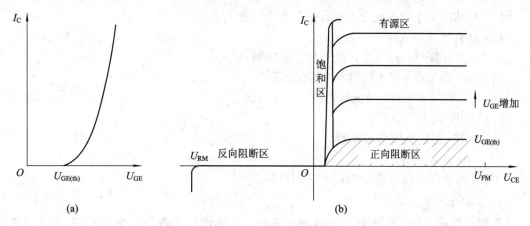

图 2-55 IGBT 的转移特性和输出特性曲线

图 2-55（b）为 IGBT 的输出曲线。输出特性是指以栅射电压 $U_{GE}$ 为参变量时，集电极电流和集射电压之间的关系曲线。输出集电极电流 $I_C$ 受栅射电压 $U_{GE}$ 的控制，$U_{GE}$ 越高，$I_C$ 越大。因此，在集电极过流或过流保护时，及时地降低 $U_{GE}$ 能够抑制集电极电流，有利于保护 IGBT。其输出特性可以分为三个区域：正向阻断区、有源区和饱和区。一般在电力电子电路中，IGBT 工作在开关状态，因而是在正向阻断区和饱和区之间来回转换。特别注意，IGBT 栅-射反向阻断电压只能达到几十伏的水平，即使自然界中的静电有时也可以击穿损坏 IGBT，因此在运输、使用时候一定要特别注意。

IGBT 的静态开关特性曲线如图 2-56 所示。IGBT 的静态特性实际上表示 IGBT 瞬间从导通（关断）转移成关断（导通）的情况，即它是表示迅速越过线性放大区的特性曲线。

IGBT 的主要技术参数如下：

（1）最大集-射极间电压 $U_{CES}$ 指 IGBT 集电极-发射极之间的最大允许电压。此电压通常由内部 PNP 寄生晶体管的击穿电压来确定。

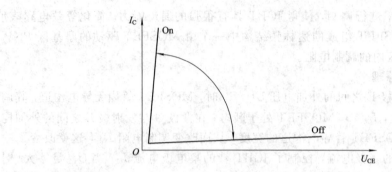

图 2-56　IGBT 的静态开关特性曲线

(2) 最大集电极电流 $I_C$ 指 IGBT 最大允许的集电极电流的平均值,包括额定直流电流 $I_C$ 和 1 ms 脉宽的脉冲电流。

(3) 最大集电极功率 $P_{cm}$ 指 IGBT 在正常工作温度下所允许的最大功耗。

(4) 最大工作频率 $f_m$ 指适合 IGBT 正常工作的最高开关频率。

### 3. IGBT 的特点

(1) IGBT 的开关速度高,开关损耗少。比如,工作电压在 1000 V 以上时,开关损耗只有 GTR 的 1/10,与电力 MOSFET 相当。

(2) 在相同电压和电流定额时,安全工作区较大。

(3) 具有耐脉冲电流冲击能力。

(4) 通态压降低,特别是在电流较大的区域。

(5) 输入阻抗高,输入特性与 MOSFET 类似。

(6) IGBT 的耐压高,通流能力强。

(7) IGBT 的开关频率高。

(8) IGBT 可实现大功率控制。

### 4. IGBT 驱动电路

IGBT 的驱动电路通常分为以下三大类型。

1) 直接驱动法

所谓直接驱动法,是指输入信号通过整形,经直流或交流放大后直接去"开"、"断" IGBT。这种驱动电路其输入信号与被控制驱动的 IGBT 主回路共地。直接驱动法的特点是电路结构简单、扼要。其电路如图 2-57 所示。

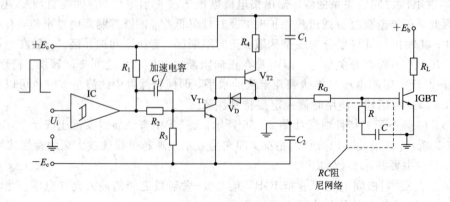

图 2-57　IGBT 直接驱动电路图

直接驱动电路的原理描述如下：

图 2-57 中采用了正、负双电源供电。一般来说，对于 IGBT 这样的特殊器件，都要采取正、负双电源供电，只有这样才能使 IGBT 稳定地工作。电路工作原理很简单，输入信号经集成电路（施密特）IC 整形后经缓冲限流电阻 $R_2$、加速电容 $C_j$ 进入由 $V_{T1}$、$V_{T2}$ 组成的有源负载方式放大器进行放大，以提供足够的门极电流。为了消除可能产生的寄生振荡，在 IGBT 栅极 G 与发射极 E 之间接入了 RC 阻尼网络。这种直接驱动电路适合于对较小容量 IGBT 的驱动。

2）隔离驱动法

所谓隔离驱动法，是指输入信号通过变压器或光电耦合器隔离输出后，经直流或交流放大后直接去"开""断"IGBT。这种驱动电路其输入信号与被控制驱动的 IGBT 主回路不共地，实现了输入与输出的电路的电气隔离，并具有较强的共模电压抑制能力。

（1）变压器隔离驱动电路。图 2-58 所示为变压器隔离驱动法驱动电路图。

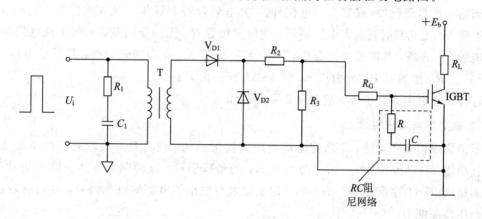

图 2-58　变压器隔离驱动法驱动电路图

变压器隔离驱动电路的原理描述如下：

输入信号经隔离变压器 T 初级线圈感应到次级线圈，经二极管整流、整形、电阻 $R_2$ 缓冲，在负载电阻上形成"开""断"脉冲，通过栅极串联电阻 $R_G$ 去控制 IGBT 管的导通和关断。由于输出偏压的大小可由变压器的匝数比确定，故电路未设计放大器。同样，为了消除可能产生的寄生振荡，在 IGBT 栅极 G 与发射极 E 之间接入了 RC 阻尼网络。这种驱动电路适合于较小容量 IGBT 的驱动。

（2）光耦隔离驱动电路。

光耦隔离驱动电路的原理描述如下：

图 2-59 所示 IGBT 电路采用了 HU 型光电耦合器。输入信号正脉冲点亮光电耦合器 HU 中的发光二极管 LED，光敏二极管 $V_F$ 受光照射其动态电阻减小，使内三极管 $V_T$ 正偏而饱和导通，集电极电位变负，场效应管 $V_{T1}$ 截止夹断，其漏极电位升高，NPN 型三极管 $V_{T2}$ 立即饱和导通，其正偏电压由 $+E_c$ 经 $V_{T2}$、$R_G$ 加到 IGBT 发射极 E，使 IGBT 正偏而导通。

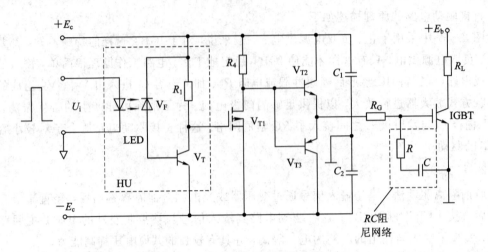

图 2-59 光耦隔离驱动电路

当输入信号负脉冲(或变为 0 电位)时,光电耦合器 HU 中的发光二极管 LED 灭,光敏二极管 $V_F$ 无光照射其动态电阻剧增,使内三极管 $V_T$ 无偏压而截止,集电极电位变正,场效应管 $V_{T1}$ 开通,其漏极电位变负,PNP 型三极管 $V_{T3}$ 立即饱和导通,其反偏电压由 $-E_c$ 经 $V_{T3}$、$R_G$ 加到 IGBT 发射极 E,使 IGBT 反偏而关断。

这种驱动电路适合于较大容量 IGBT 的驱动。

3) 专用集成模块驱动法

所谓集成模块驱动法,是指将驱动电路高度集成化,使其具有比较完善的驱动功能、抗干扰功能、自动保护功能,可实现对 IGBT 的最优驱动。这种驱动电路其输入信号与被控制驱动的 IGBT 主回路不共地,也实现了输入与输出的电路的电气隔离,并具有较强的共模电压抑制能力。

## 本 章 小 结

本章主要阐述了高频开关电源的基本工作原理,主要内容如下:
(1) 高频开关电源的基本拓扑结构及工作原理。
(2) 反激变换器的基本工作原理及工作模式。
(3) 控制电路的分类。
(4) 变压器及磁性元件的设计原则。

## 习 题

1. 简述串联式、并联式开关电源的工作原理。
2. 分析推挽式变换器开关电源的各点电压、电流波形。
3. 分析半桥式变换器的基本原理。
4. 分析全桥式变换器的基本原理。

5. 反激变换器的基本工作模式有哪些？
6. 控制电路分为哪几类？
7. 简述电压模式控制 PWM 的工作原理。
8. 简述电流模式控制 PWM 的工作原理。
9. 简述变压器磁芯材料的选择。
10. 推导正激变换器拓扑磁芯的输出功率 $P_o$。
11. 简述 MOSFET 的安全工作区。
12. 简述 IGBT 的驱动电路通常分为哪些类型？

# 第三章 UPS 电源及逆变器

## 3.1 概述

UPS 是 Uninterruptible Power System 的缩写，即不间断电源。UPS 是一种能为负载提供连续电能的电源系统，UPS 也可理解为不间断电源设备，它是信息产业发展需求的结果。现代社会中大量的数据、图像、文字和语音信息的处理、传输和储存都依靠着计算机技术，然而若正在工作的计算机设备突然遭遇停电，则将会导致信息丢失或发生畸变，造成极大的损失。同时由于电网本身的质量与各种偶然因素的作用，电压浪涌、电磁噪声、持续电压偏高、持续低压等现象的出现也是常事。来自电网的不良因素还有：电源电压瞬时或长时间下陷、浪涌和中断，电源频率漂移和不稳，电源输入波形畸变，各种尖峰干扰和噪音等。这一切对于高精度的敏感仪器和不能中断的设备来说是非常严重的。在造成数据丢失的各种因素中，电源故障以 45.3% 的概率居于首位。因此，为了避免高精度敏感机器设备由于停电或供电质量差所造成的故障，必须设计一种电源系统，以其优良的供电质量向负载连续不断地供电——UPS 电源就应运而生了。

目前 UPS 正在以优良的供电质量走向各行各业。在通信中，UPS 的具体使用对象是卫星通信、数据传输、传真技术以及无线收发信息、长途台自动计费和移动通信基站等。此外，UPS 还应用于机场、港口、医院、铁路、银行金融系统、工业控制中心和计算机中心等。

UPS 的输入、输出均为交流电，其基本组成如图 3-1 所示。

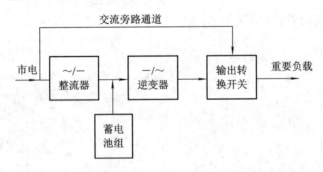

图 3-1 UPS 基本组成方框图

UPS 各部分的主要功能如下所述。

整流器：将市电或油机输入的交流电变为直流电，给逆变器提供能量，同时给蓄电池充电或浮充电。其性能的优劣直接影响 UPS 的输入指标。

逆变器：将整流器或蓄电池送出的直流电能逆变为稳定、可靠且高质量的交流电能，供给重要负载。其性能优劣直接影响 UPS 的输出性能指标。IGBT 逆变器的工作频率高，滤波器体积小，噪声低，可靠性高。

蓄电池组：为 UPS 提供一定后备时间的电能输出。在市电正常时，由整流器为其提供电能并转换为化学能进行储存；在市电中断时，将化学能再转化为电能提供给逆变器；市电恢复正常后整流器对其进行恒压限流充电，然后自动转为正常的浮充状态。现在 UPS 中的蓄电池一般采用阀控式密封铅酸蓄电池。

输出转换开关：进行逆变器向负载供电或由市电向负载供电的自动转换。其结构有带触点的开关（如继电器或接触器）和无触点的开关（一般采用晶闸管）两类。后者没有机械动作，因此称为静态开关。

UPS 具有以下显著特点：

(1) 供电可靠性高。由于 UPS 为负载提供了主、备两套供电系统，而且备用电源和主电源是通过静态开关切换的，切换时间短且主、备电源始终保持锁相同步，因此停电从负载侧来看没有丝毫中断。这就为负载连续、可靠运行提供了强有力的保障。

(2) 供电质量高。由于采用了微机控制的电子负反馈电路，因此 UPS 的输出电压稳定度较高，可达到 $\pm 0.5\% \sim \pm 2\%$。同时，又由于 UPS 利用石英晶体振荡来控制逆变器的频率，因此输出频率稳定，稳定度可达 $\pm 0.01\% \sim \pm 0.5\%$，电压失真度也较小（电压畸变小于 1% 时不存在潜波失真的问题）。

(3) 效率高，损耗低。由于 UPS 中的逆变器采用了 PWM 调制技术，因此它具有开关电源的一系列优点。通过精确调整脉冲宽度，可保证功率稳定输出。同时开关管在截止期间没有电流流过，故自身损耗小，其供电效率可达 90% 以上。

(4) 故障率低，易于维护。由于采用了处理器监控技术和 IGBT(Insulated Gate Bipolar Transistor 绝缘栅双极晶体管)、驱动型 SPWM(Sinusoidal Pulse Width Modulation，正弦波脉冲宽度调制)技术等，因此目前 UPS 的可靠性已经达到了极高的水平。对于大型 UPS，其单机平均故障时间(MTBF)超过 20 万小时已不成问题。如果采用双总线输入加双总线输出的多机冗余型 UPS 供电系统，其 MTBF 甚至可达到 100 万小时数量级。

UPS 技术的发展将继续保持与电子技术同步。功率器件是功率技术发展的前提，但功率器件不是由 UPS 厂家生产的，而是由功率器件厂商提供的。所以在今后将最新推出的功率器件最好最快地应用于 UPS 技术是最重要的。

在 UPS 的控制方面，纯数字控制将是主导方向，在主导方向的引领下将会与通信技术相结合来实现远程控制等。

UPS 软件系统可分为控制软件、通信软件和管理软件。其中，控制软件由 UPS 厂商自己研制开发，具有特定性、专一性。有些控制软件已经取代了硬件控制。通信软件大多是由专门从事此类软件生产的公司开发并提供的。现在的 UPS 都将通信端口作为标准配置，提供 UPS 运行状态的信号以便现场或远程监测。管理软件往往是由 UPS 厂家根据自身产品设计的，通常涉及的内容较多，包括控制和监测，反映的状态大多可以根据量化的信息构成丰富的显示界面并实施有效控制。

UPS 技术指标将会更多地满足现代电源的实际要求，并且随着信息技术和能源技术的发展将会融入于网络系统和新能源供电系统中。

## 3.2 UPS 基础知识

### 3.2.1 UPS 分类

目前市场上 UPS 种类繁多，通常可按电路结构特点、功率容量大小、输入输出方式、输出波形、后备供电时间等来分类。这些分类方法体现了 UPS 技术的发展阶段、技术实现手段、不同性能特点和应用场合。UPS 的分类见表 3-1。

表 3-1 UPS 的分类

| 分类方式 | 类别 | 说明 |
| --- | --- | --- |
| 按电路结构特点 | 动态式 | 带飞轮的发电机组，飞轮为储能装置 |
| | 静态式 | 后备式(Passive Standby) |
| | | 互动式(Line-interactive) |
| | | 双交换式(Double Conversion) |
| 按功率容量大小 | 微型 | 3 kV·A 以下 |
| | 小型 | 3~10 kV·A |
| | 中型 | 10~100 kV·A |
| | 大型 | 100 kV·A 以上 |
| 按输入输出方式 | 单相输入输出 | 适合于小功率系统(<10 kV·A) |
| | 三相输入单相输出 | 适合于中功率系统(<20 kV·A) |
| | 三相输入三相输出 | 适合于大中功率系统(>15 kV·A) |
| 按输出波形 | 方波 | |
| | 正弦波 | |
| | 准正弦波 | |
| 按后备供电时间 | 标准机型 | 后备时间为 10~15 min |
| | 长效机型 | 后备时间>1 h |

动态式 UPS 是早期的不间断电源系统，出现在 20 世纪 60 年代，由带飞轮的交流电动机、交流发电机和柴油机同轴组成机组。平时由交流电动机带动飞轮和发电机，并由交流发电机向负载供电。在市电中断的瞬间，依靠飞轮的旋转惯性带动交流发电机继续发电，同时立即启动柴油机带动交流发电机工作，向负载供电，保证了不间断供电。

由于动态式 UPS 转化效率低，结构复杂，维护困难，供电时间需几秒，因此被蓄电池储能装置的 UPS 所取代，称之为静态式 UPS。由于蓄电池提供的是直流电，所以必须由逆变器将直流电变换为交流电以供负载使用。

目前，动态式 UPS 也得到了改进，新一代的飞轮储能产品采用磁悬浮技术，与老一代的飞轮技术相比具有效率高、速度快、体积小、功率密度大的特点。随着节能减排呼声的提高，动态式 UPS 将会重新受到重视。

静态式 UPS 功率器件由晶闸管制成。功率晶体管在大、中容量的 UPS 中得到了广泛应用,MOS 管难以达到高电压、大电流,其饱和压降大于晶体管,而兼有两者优点的绝缘栅双极晶体管(IGBT)的出现,促进了 UPS 逆变技术更趋于成熟。但 IGBT 有寄生电流擎住效应,这在一定程度上限制了它的应用。

由于静态式 UPS 具有一系列优点,因此它已成为现在 UPS 的主流。下面主要介绍静态式 UPS 的分类。

国际标准 ICE64020-3:1999 和其对应的我国标准 GB/T7260.3—2003 明确了应根据 UPS 结构和运行原理来定义其分类。标准将 UPS 分为三类:后备式(Passive Standby)、线路互助式(Line-interactive)、双交换式(Double Conversion)。标准建议不再使用离线(Off-line)和在线(On-line)来描述后备式和双变换式 UPS。

**1. 后备式 UPS**

1) 电路结构

后备式 UPS 的电路结构如图 3-2 所示。这种电路也称为被动后备式 UPS、冷备份式 UPS 或无源后备式 UPS。后备式 UPS 的工作原理为:当电网供电正常时,一路市电通过整流器对蓄电池进行充电,而另一路市电通过自动稳压器初步稳压,吸收部分电网干扰后,再由旁路转换开关直接提供给用户,此时蓄电池处于充电状态,直到蓄电池充满而转入浮充状态。后备式正弦波输出 UPS 的电路采用了抗干扰式分级调压稳压技术,当市电电压在 180~250 V 之间变化时,其电压稳定度达±5%,UPS 相当于一台稳压性能较差的稳压器,仅对市电电压幅度波动有所改善,对电网上出现的频率不稳、波形畸变等"电污染"不作任何调整。

当电网电压或电网频率超出 UPS 的输入范围时,即在非正常的情况下,交流电的输入被切断,充电器停止工作,蓄电池进行放电,在控制电路的控制下逆变器开始工作,产生 220 V、50 Hz 的交流电,此时 UPS 供电系统转换为由蓄电池-逆变器继续向负载供电。

后备式 UPS 的优点是:产品价格低廉,运行费用低。由于在正常情况下逆变器处于非工作状态,电网电能直接供给负载,因此后备式 UPS 的电能转换效率很高。蓄电池的使用寿命一般为 3~5 年。

后备式 UPS 的缺点是:当电网供电出现故障时,由电网供电转换到蓄电池经逆变器供电瞬间存在一个较长的转换时间。对于那些对电能质量要求较高的设备来说,这一转换时间的长短是至关重要的。另外,由于后备式 UPS 的逆变器不是经常工作的,因此不易掌握逆变器的动态状况,容易形成隐性故障。后备式 UPS 一般应用在一些非关键性的小功率设备上。

从后备式 UPS 的工作原理可以看出,在大部分供电时间内,负载所使用的电源就是市

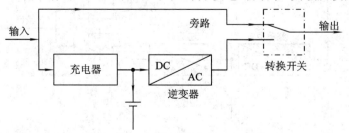

图 3-2 后备式 UPS 的电路结构

电(或经过调压器简单调压的市电),负载还会承受从市电网路进来的浪涌、尖脉冲、干扰、频率漂移等不良影响。显然,这时的 UPS 实质上是一台性能较差的稳压器,只能对市电的电压高低问题有所改善,而不能解决大部分市电供电中的问题,因此它是一种价格便宜、技术含量较低的 UPS,适合不太重要的单台 PC 使用。

2) 后备式 UPS 的特点

(1) 结构简单,价格低廉。

(2) 正常情况下,负载由电网供电,逆变器处于非工作状态,电能转换效率高。市电正常时效率可达 98% 以上。

(3) 当市电中断时,继电器把逆变器切换至负载,继电器的切换有 4~10 ms 的中断时间。因此,重要的计算机和通信设备不应选用后备式 UPS,它只能满足某些非重要负载的使用。

(4) 一般后备式 UPS 的输出功率多在 2 kV·A 以下。

(5) 考虑到价格因素,后备式 UPS 常采用方波或准正弦波电压输出。

**2. 双变换式 UPS**

1) 电路结构

双变换式 UPS 的基本结构如图 3-3 所示,其基本工作原理是:无论市电是否正常,均由逆变器经相应的静态开关向负载供电。当市电正常时,将市电交流电通过整流器变换为直流电,然后直流电通过逆变器变换为纯净、稳定的正弦波电压向负载供电,同时由整流器或另设的充电器对蓄电池组补充充电;当市电异常时,由蓄电池组放电供给逆变器直流电。无论市电正常与否,只要负载始终 100% 由逆变器供电就是双变换式 UPS。所谓双变换,就是指 UPS 正常工作时,电能经过了 AC/DC、DC/AC 两次变换供给负载。

由整流器/逆变器组合向负载供电,称为正常运行方式;由蓄电池/逆变器组合向负载供电,称为储能供电方式。这两种运行方式的转化过程中,逆变器的输入直流电压不间断,因此 UPS 的输出电压保持连续不会中断。

目前,双变换式 UPS 使用得较为普遍。无论市电正常与否,双变换式 UPS 的逆变器始终处于工作状态。双变换式 UPS 从根本上完全消除了来自市电的任何电压波动和干扰对负载工作的影响,对电网供电起到了"净化"作用,真正实现了对负载的无干扰、稳压、稳频供电。双变换式 UPS 输出的正弦波的波形失真系数小,目前一般市售产品的波形失真系数均在 3% 以内。当市电供电中断时,UPS 的输出不需要一个开关转换时间,因此其负

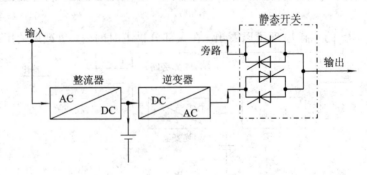

图 3-3 双变换式 UPS 的基本结构

载电能的供应是平滑稳定的。双变换式 UPS 能实现对负载的真正的不间断供电,因此从市电供电到市电中断的过程中,UPS 对负载供电的转换时间为零。

由于双变换式 UPS 的工作过程是平时对蓄电池充电,当市电供电中断或超出 UPS 允许输入范围时,再由逆变器将蓄电池的电能逆变成交流电能,因此其电能的转化过程中有大约 20% 的电能损失,而且该过程所产生的热能又影响周围蓄电池的寿命和电路的可靠性。

2) 双变换式 UPS 的性能特点

(1) 不管有无市电,负载的全部功率由逆变器提供,可保证高质量的电源输出。市电掉电时,输出电压不受任何影响,没有转换时间,具备典型的在线式 UPS 的功能。

(2) 由于负载功率 100% 由逆变器负担,因而 UPS 的输出能力不理想,对负载提出了限制条件,如负载电流峰值因数、过载能力和输出功率因数等。

(3) 输出可控的整流器使 UPS 输入功率因数低,一般为 0.7~0.8,无损功耗大,输入电流谐波成分大于等于 30%,会对电网产生极大的污染。若使用高频整流技术(功率因数校正技术),则可把输入功率因数提高到接近于 1,输入谐波也将降到 5% 以下;若在三相 UPS 中用 12 脉冲整流,则只能将输入功率因数做到 0.95,电流谐波成分降至 10%,但成本高,所以一般只作为选项。

(4) 市电存在时,串联的两个变换器都承担 100% 的负载功率,所以 UPS 整机效率低。按功率等级来划分,传统双变换式 UPS 的工作效率范围见表 3-2。

**表 3-2 传统双变换式 UPS 的工作效率**

| UPS 功率/(kV·A) | UPS 总效率/% |
| --- | --- |
| <10 | 80~85 |
| 10~100 | 85~90 |
| >100 | 90~92 |
| >100,用 12 脉冲整流 | <90 |

为了提高传统的双变换在线式 UPS 在市电存在时的节能效率及运行可靠性,近年来生产厂商提出在线式 UPS 的后备运行设想和技术。其做法是在电网电压条件较好的地方,通过智能管理自动把 UPS 设置为后备式运行状态,由静态旁路直接向负载供电,逆变器空载,处于热备份状态。这种做法只适用于要求供电质量并不十分苛刻的用户。

**3. 互动式 UPS**

1) 电路结构

互动式 UPS 的电路结构如图 3-4 所示。这种电路也称为在线互动式 UPS、线路互动式 UPS 或市电互动式 UPS。

互动式 UPS 的逆变器一直在工作,但逆变器不输出功率,处于热备份状态,这是它与后备式 UPS 的根本区别。逆变器并联连接在市电和负载之间,仅起后备电源的作用,同时作为充电器给蓄电池充电,因此,此处的逆变器应视为双向变换器。由于逆变器的可逆运行方式与市电相互作用,因此被称为"互动式"。互动式 UPS 大多采用正弦波输出。判定 UPS 是否为互动式 UPS 可依据以下两点:

其一,市电正常时,负载经由改良后的市电供电,同时双向逆变器作为充电器给蓄电池充电。此时双向逆变器起 AC/DC 整流器的作用。

其二，市电故障时，负载全由双向逆变器供电，此时双向逆变器起 DC/AC 逆变器的作用。

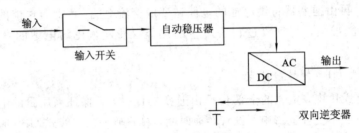

图 3-4 互动式 UPS 的电路结构

2) 互动式 UPS 的性能特点

(1) 市电正常时，工作效率极高，可达 98% 以上。

(2) 输入功率因数和输出电流谐波成分取决于负载性质，互动式 UPS 本身不对电网附加谐波干扰。

(3) 输出能力强，适用各种阻抗性质的负载，对负载电流波峰系数、浪涌系数、输出功率因数和过载能力没有严格限制。

(4) 输出电压精度和稳定度均差，但能满足一般负载的供电要求。

(5) 逆变器直接在 UPS 输出端，并处于热备份状态，对于输出电压波峰干扰有一定的抑制作用。

(6) 电路简单，成本低，可靠性高。

(7) 变换器同时具有充电功能，且其充电能力强。

(8) 因为输入开关存在关断时间，所以 UPS 输出仍有转换时间，但比后备式 UPS 的要短，一般为 4～6 ms。

如果在输入开关和自动稳压器间串接一个电感，则当市电掉电时，逆变器可立即向负载供电，避免输入开关没断开时逆变器反馈到电网而出现短路的危险，同时可使互动式 UPS 的转换时间缩短到零，并增加了抗干扰能力，但因此降低了输入功率因数。后备式 UPS 和互动式 UPS 都不存在单独设置静态旁路开关的问题。

**4. Delta 变换式 UPS**

Delta 变换式 UPS 是于 1999 年问世的全新 UPS 系统，它把电网调节技术中的串并联有源滤波技术应用到了 UPS 电路结构中。Delta 变换式 UPS 具有传统双变换式 UPS 的高性能输出的特点，又克服了传统双变换式 UPS 对电网产生污染和输出能力差的固有缺点。

Delta 变换式 UPS 的结构如图 3-5 所示。这里为了方便仅画出一相电路结构。

Delta 变换器是一个正弦波电流源，串接在主电路中，它的功能是提供正弦波电流，监控蓄电池组的充电电平，调整输入功率因数，以及补偿市电电压与输出电压之间的差值 $\Delta U$。从电路结构上讲，它是一个双向变换器，逆变时输出功率，在主电路中对输入电压进行补偿，整流时吸收功率，对输入电压进行补偿。

该拓扑一般应用在三相大功率 UPS 中。这种双变换电路拓扑把交流稳压技术中的电压补偿原理应用到了 UPS 的主电路拓扑中，在主调压的基础上再叠加一个可大可小、可正可负的电压来弥补 UPS 输出电压与输入市电的差异，使 UPS 拓宽了市电输入范围，提高了输出稳压精度。

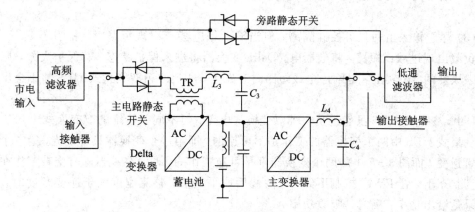

图 3-5　Delta 变换式的 UPS 电路结构

1) Delta 变换器

Delta 变换器是一组 DC/AC 和 AC/DC 双向变换器，它的输出变压器的副边串联在 UPS 主电路中，其作用有三个：

（1）对 UPS 输入端进行输入功率因数补偿，使输入功率因数等于 1，输入谐波电流降到 3% 以下。

（2）当市电存在时，与主变换器一起完成对输入电压的补偿：当输入电压高于输出电压额定值时，Delta 变换器吸收功率，反极性补偿输入、输出电压的差值；当输入电压低于输出电压额定值时，Delta 变换器输出功率，正极性补偿输入、输出电压的差值，是串联补偿。变换器承担的最大功率（当输入电压处于上限和下限时）仅为输出功率的 20%（相当于输入电压的变化范围），所以功率强度很小（最大有功功率仅为输出功率的 1/5 左右），功率余量大，这就大大增强了 UPS 的输出能力。与双变换在线式 UPS 相比，过载能力得到了增强（200%，1 min），不再对负载电流波峰系数予以限制，可从容地对付冲击性负载，也不再对负载功率因数进行限制，输出有功功率可以等于标定的 kV·A 值。

（3）与主变换器一起完成对蓄电池的充电和浮充功能。

2) 主变换器

主变换器同样是 DC/AC 和 AC/DC 双向变换器，它的功能有四个：

（1）同 Delta 变换器一起完成对输入、输出电压差值的补偿。

（2）同 Delta 变换器一起完成对蓄电池的充电和电压浮充功能。

（3）随时检测输出电压，保证输出电压的稳定，并对负载电流谐波成分进行补偿，使其不对电网产生影响（属于并联补偿）。

（4）当市电中断时，全部输出功率由主变换器给出，并且保证输出电压不间断，轮换时间为零，当负载电流发生畸变时，也由主变换器调整补偿。在市电存在时，由于两个逆变器承担的最大有功功率仅为输出功率的 1/5 左右，所以元器件乃至整机的寿命可靠性必然大幅度提高，整机效率在很大的功率范围内都可达到 96%。

3) Delta 变换式 UPS 的缺点

（1）在市电存在时，Delta 变换器承担的最大有功功率为额定功率的 20% 左右，但两个变换器承担的无功功率可能为输出功率的一倍。

(2) 效率是个可变量,只有市电输入为额定值、负载为线性负载时,效率才达到最高值。

(3) 尽管输入由两只可控硅隔离,但当输入停电甚至出现短路时,相当于 Delta 变换器的负载出现过载或短路,将会断电,Delta 变换器将进入保护状态。若保护失效,则故障将是毁灭性的。事实上,电网停电或短路时有发生,相比之下双变换式 UPS 却不会出现此现象。

Delta 变换式 UPS 虽然也是一种双变换式电路,但不同于传统的双变换式 UPS。传统的双变换式 UPS 中两个变换器的工作是不可逆的,即第一个变换器只管整流,第二个变换器只管逆变,而图 3-5 中的两个变换器都是可逆工作的,两个变换器随时交替工作在整流和逆变状态下,在 PWM 控制下经 $LC$ 滤波后取平均值。整流宽度大于逆变宽度时,平均值效果是给出功率,反之是吸收功率。

### 3.2.2 UPS 冗余备份

UPS 电源确实具有较高的供电质量和可靠性,但其毕竟是由成千上万电子器件、功率器件和散热器件与其他电气装置组成的功率电子设备,当采用单台 UPS 设备供电时,其平均无故障工作时间一般在十万小时左右,但还是会发生由于 UPS 本身故障而中断供电的情况。因此,用户为了提高运行的可靠性,往往采用多个双变换单片 UPS 组成 UPS 冗余。

目前,应用最为广泛的冗余供电方式有串联冗余方式、并联冗余方式和双总线冗余方式。在讨论冗余供电之前,下面首先介绍在线式 UPS 的四种工作状态。

(1) 市电正常。在正常工作状态下,由市电提供能量,整流器将交流电转化为直流电,逆变器将经整流后的直流电转化为纯净的交流电并提供给负载,同时充电器对蓄电池组浮充电。

(2) 市电异常。在市电断电或者输入市电的电压或频率超出允许范围时,整流器自动关闭。此时,由蓄电池组提供的直流电经逆变器转化为纯净的交流电并提供给负载。

(3) 市电恢复正常。当市电恢复到正常后,整流器重新提供经整流后的直流电给逆变器,同时由充电器对蓄电池组充电。

(4) 旁路状态。静态旁路是 UPS 系统的重要组成部分,在下列两种情况下 UPS 处于旁路。

① 当负载超载、短路(实际上可以看成是一种严重的超载)或者逆变器故障时,为了保证不中断对负载的供电,静态旁路开关动作,由市电直接向负载供电。

② 维修或测试时,为了安全操作,将维修旁路开关闭合,由市电直接向负载供电。把 UPS 系统隔离,这种切换可保证在 UPS 检修或测试时对负载的不间断供电。

**1. UPS 的热备份连接**

UPS 的热备份连接也就是主-从串联冗余,是指当单台 UPS 不能满足用户提出的供电可靠性要求时,就需要再接入一台同规格的单机来提高可靠性。任何具有旁路环节的 UPS 都可以进行热备份连接。这种连接非常简单,当把 UPS1 作为主输出电源而把 UPS2 作为备用机时,只需将备用机 UPS2 的输出与 UPS1 的旁路输入端相连就可以了。不过此时 UPS1 的旁路输入端一定要与其输入端断开。在正常情况下,由 UPS1 向负载供电,而

UPS2 处于热备份状态空载运行；当 UPS1 故障时，UPS2 投入运行，接替 UPS1 继续向负载供电。只有当 UPS2 过载或逆变器故障时，才闭合 UPS2 的旁路开关，负载转为由市电供电。为节约投资，还可以采用 $N+1$ 多机主备冗余供电，即两台以上的主机 UPS 的旁路开关一起连接到备机 UPS 的输出上。

两台热备份连接的 UPS 系统其可靠性比单台 UPS 的可靠性提高了两个数量级，并且这种系统的连接方式简单易行，即使是不同品牌的机器，只要规格、容量相同，就可连接，不需再增加另外的设备。若两台不同容量的 UPS 相连，则其容量只能按最小的那一台计算。单台 UPS 处于旁路工作状态时，负载不受 UPS 保护。此时，如果发生交流电中断、过压等故障，将造成负载电源供应中断或设备损坏。因此，可用一台 UPS 的输出作为另一台 UPS 主机的静态旁路电源，这就是双机主备冗余供电，也叫双机串联冗余供电，如图 3-6 所示。

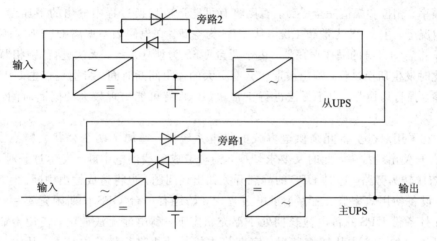

图 3-6 双机主备冗余供电方式

1）工作原理

（1）正常情况下，负载的工作电源由 UPS 主机的逆变器提供，备机处于空载运行状态。

（2）UPS1 主机故障时，主机转为旁路供电，此时 UPS2 备机的逆变器输出通过主机静态旁路开关供给负载电源。UPS 主机故障转为旁路在毫秒时间内完成，不会产生负载电源中断。

（3）备机故障时，备机转为旁路。此时主机的静态旁路输入的不再是备机的逆变器输出，而是由交流电经过备机的静态旁路开关供给，此时相当于主机单机工作。

（4）UPS 主、备机同时故障时，UPS 主、备机同时转为旁路工作，交流电经过备机的静态旁路开关，再经主机的静态旁路开关供给负载电源。当然，UPS 主、备机同时故障的可能性极小。

2）优点

（1）安装方便，易于实现。只要 UPS 主机具有独立的静态旁路输入口，就可以很容易地实现 UPS 双机主备机冗余供电，甚至是不同型号、不同品牌的 UPS，都可以很方便地组成双机冗余供电。

(2) 可靠性高。系统调试时，只要将 UPS 主、备机的输出电压调整一致即可。根据实际经验，UPS 双机主备冗余供电的可靠性高于双机并联冗余供电。

3) 缺点

双机主备冗余供电提高了 UPS 电源供电系统的可靠性，但存在以下缺点。

(1) 主 UPS 本身发生故障时，可能无法切换而造成输出中断。当主 UPS 内部电源板或电源模块发生故障时，主 UPS 会立即停止工作，输出中断。此时，主 UPS 也不可能再从静态开关转向旁路，这时即使从 UPS 是好的也无济于事，整个计算机系统的供电将被中断。当主 UPS 控制电路出现问题后，在逆变器烧毁的瞬间（此时不满足切换条件）出现一些其他原因时，也可能会出现静态开关不切换而造成供电中断的现象。

(2) 切换瞬时输出出现间断。UPS 供电系统为保证输出波形连续，采用先合后断技术，即旁路通过静态开关与逆变器输出有一叠加过程以保证输出无间断，但这两路电压必须保证频率、相位和幅值完全一致，否则将有可能造成切换过程中输出的不连续。在频率正常的情况下，主 UPS 为带载工况，从 UPS 为空载。在电网频率偏离 UPS 跟踪频率范围时，UPS 将启动自身的晶体振荡器，由于两台 UPS 为独立系统，无法进行"锁相"跟踪，因此如在此时发生切换过程，输出波形将会有更大的输出间断时间。特别是在主 UPS 逆变器发生故障、强行切换时，由于无法进行正常跟踪，将有可能出现较大的间断时间，甚至切换失败。

(3) 在采用双机主备冗余供电方式的供电系统中，增加了两个公共故障点。一旦主 UPS 静态开关出现故障，此时又要求切换，则会造成负载供电中断。发生过载时，主、从 UPS 将依次转为旁路，这时 UPS 的静态开关如出现问题，也将造成输出中断。

(4) 设备使用效率低。在整个供电过程中，始终有一台 UPS 长期闲置不用，使用效率低，并且备份 UPS 的蓄电池长期处于浮充状态下，蓄电池无法放电，使用寿命大大缩短。但可以增加一个主从转换装置，定期将主机与从机进行转换，对主、从机的蓄电池轮流充放电。在主、从机转换过程中，从机处于空载运行状态，一旦出现切换过程，负载量将从 0 突变到 100%，整流器和逆变器将受到大电流冲击，易于损坏，影响正常输出，甚至断电。

(5) 维修困难。当主机发生故障、切换到从机供电时，用户负载不能停机，无法关闭主 UPS 进行维修。一旦从机出现故障，会造成整个供电系统中断。

由于两台 UPS 同时发生故障的概率几乎为零，因此在双机主备冗余供电方式的基础上，可发展更合理、更节省投资、更可靠的多机主备冗余供电方式。其中，三机主备冗余供电方式和双机主备冗余供电方式基本类似，在此不再赘述。

**2. UPS 并联冗余方式**

从一般原理上讲，普通在线式 UPS 都可直接并联，但这些 UPS 必须由同一路电网供电。在这种情况下，UPS 的逆变器永远在跟踪旁路市电。由于这些 UPS 都在跟踪同一路市电，也就相当于互相在相位上跟踪，而这些 UPS 在频率和相位上都是一致的，因此可以并联。但这种并联是不保险的，其主要原因如下：

虽然它们都在频率和相位上跟踪旁路，但在相位上有超前和落后之分。一般大容量 UPS 的相位跟踪误差为±3°，如果这两台并联的 UPS 一个是+3°，另一个是−3°，那么它们两个并联后就有可能在相位上差了 6°，这就有可能使输出电压相差 30 V，将会在 UPS

输出端造成很大的环流，使逆变器因过载而烧毁。另外，虽然是同型号、同规格的 UPS 逆变器，但逆变器参数和变压器参数的微小差异会导致输出电压不一样。比如，一个为 218 V，而另一个为 220 V，也将会在 UPS 输出端造成很大的环流，使逆变器因过载而烧毁。

UPS 并联连接的目的是提高 UPS 供电系统的可靠性，增加 UPS 系统的容量。UPS 并联连接要解决的关键问题是处于并机状态的各台 UPS 的逆变器应在同时同步跟踪交流旁路电源的条件下，满足同幅度、同频率和同相位的要求，以达到均分负载和环流为零的目的。

当并联 UPS 系统中任何一台逆变器出现故障（包括过载、短路相蓄电池过放电而停止工作等）时，均不能将本身的负载单独转到旁路上，而是将负载分配到与其并联的其他 UPS 上。只有并联系统中所有 UPS 的逆变器都停止工作时，才集体转到旁路上。

因此一套设计完善的 UPS 并机冗余供电系统必须具备以下功能：

1）锁相同步调节功能

为确保 UPS 电源能安全、可靠执行市电交流旁路供电与逆变器供电的切换操作，要求 UPS 的逆变器电源的输出频率和相位必须尽可能地与交流旁路的市电电源保持一致，即二者处于严格的锁相同步跟踪状态。对处于并机系统的两台 UPS 逆变器来说，同步跟踪同一市电的同时，还必须对出现在两台 UPS 相互之间的相位差进行微调，使之尽可能地趋向于 0，从而实现并机冗余供电系统的锁相同步调节功能。

实现此功能的基本电路称为锁相环电路，是用来使一个交流电源与另一个交流电源保持频率相同、相位差小且恒定的闭环控制电路。锁相环的基本结构如图 3-7 所示。它由鉴相器（PD）、环路低通滤波器（LPF）和压控振荡器（VCO）三个主要部件组成。

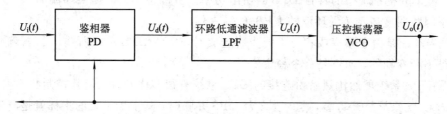

图 3-7 锁相环的基本结构

鉴相器用于比较信号 $U_i(t)$（如电网电压检测信号）和压控振荡器反馈回来的输出信号 $U_o(t)$ 的相位，其输出为正比于两个信号间相位差的误差电压 $U_d(t)$，所以鉴相器又称为相位比较器。

环路低通滤波器用于衰减 $U_d(t)$ 中的高频分量和噪声，提高抗干扰能力，输出控制电压 $U_c(t)$。

压控振荡器是振荡角频率受控制电压控制的振荡器，当输入控制电压 $U_c(t)=0$ 时，其振荡角频率 $\omega_0$ 固定不变；当 $U_c(t)\neq 0$ 时，振荡角频率 $\omega_0$ 随控制电压 $U_c(t)$ 的变化而变化。

2）均流功能

为充分发挥系统容量，提高可靠性，必须对每台 UPS 逆变器的输出电压进行动态微调，使每台 UPS 各自分担负载总电流的平均值。均流不平衡度过大，不仅会导致 UPS 故障率增大，带载能力下降，严重时还会造成并机系统只能运行在单机状态。

3) 选择性脱机"跳闸"功能

在 UPS 并机系统的运行过程中，如果某台 UPS 的逆变器出现故障，则并机逻辑控制电路必须在准确地识别出哪台单机出故障的同时，对并机系统执行如下操作：

（1）自动关闭有故障的单台 UPS 逆变器；

（2）通过关断逆变器的输出静态开关或输出断路器，将故障单机从并机系统中脱离开来；

（3）禁止故障单机执行交流旁路静态开关导通的调控操作；

（4）发出"选择性脱机"报警信号。

4) 环流监控功能

能否将整个 UPS 并机系统的环流控制在尽可能接近于零的程度，是判断 UPS 并机供电系统的可靠性是否高的重要指标之一。如前所述，所谓环流，是指位于并机中的各 UPS 单机的逆变器电源在不能同时达到同电压、同频率、同相位和同内阻等四项指标之一的要求时，就会导致从各台 UPS 逆变器所输出的电流不是全部流向负载，而有部分输出电流在各台 UPS 单机之间流动。环流的出现，轻则造成 UPS 并机系统的运行效率下降和 UPS 单机老化加速，重则造成并机系统向交流旁路供电或停止向用户供电，从而彻底破坏 UPS 并机系统向用户提供高质量和高可靠性的逆变器电源的工作状态。由此可见设置环流监控电路的重要性。当在 UPS 并机系统中出现较大的环流时，常会看到如下现象：

（1）输入到并机系统的总输入电流远远大于从并机系统所输出的负载电流（在扣除系统效率的影响因素后）。

（2）位于并机系统中的各台 UPS 的输出功率因数的值不同，提供环流的 UPS 单机的输出功率因数明显高于接受环流的 UPS 单机。

（3）当环流是由于频率或相位不同步所造成时，从各 UPS 单机所输出的电流/功率因数值总是不断变动的，而不是一个稳定值。

并联 UPS 系统虽然比热备份连接的 UPS 系统有很多优越性，但其控制技术要比热备份连接的 UPS 系统复杂得多，因为在多台 UPS 并联时，其中最重要的指标就是电流均分，即如果 $N$ 台 UPS 并联，则必须保证每台 UPS 的输出电流是总输出电流的 $1/N$，至少其相互之间的最大不平衡度要在要求范围内（一般小于 2%）。这个指标就限制了并联台数的增加。目前可以看到各个品牌实现并机的台数也不完全一样。例如，Fenton 可并联高达 6 台；IMV Sitepro 500 kV·A 以下的机型可做到 4 台并联，500 kV·A 及以上的机型可做到 6 台并联；Siemens 500 kV·A 以下的机型可 4 台并联，500 kV·A 的机型可 8 台并联；三菱 UPS 可 8 台并联；Silicon UPS 的并联台数达到了 9 台。一般来说，功率在 500 kV·A 以下时，并联台数被限制在 4 台以内的居多。

并联不一定是冗余的，并不是所有并联 UPS 系统都具有冗余的功能。并联的概念是增容，而冗余的概念则是可靠性。比如，两台 50 kV·A UPS 并联给 80 kV·A 负载供电，只能说这两台 UPS 实现了并联，但若其中一台因故障而关机，则余下的另一台也会因过载而转入旁路供电。然而若负载为 40 kV·A，那么一台 50 kV·A 的 UPS 因故障而关机后，负载并没有被切换到这台 UPS 的旁路上去，而是由另一台 UPS 继续供电，这就实现了冗余。也就是说，当一个 UPS 并联系统中的一台或者几台 UPS 发生故障时，余下的 UPS 仍能向负载正常供电,那么这个系统就是冗余系统。因此,并联是实现冗余的必要手段,而并不一定就是冗余。在理解这个问题时,应先了解 UPS 系统的冗余度。系统冗余度的表达式为 $N+X$,其中 $N$ 的含义是并联系统中 UPS 单机的总台数,$X$ 的含义是并联系统中允许出现故障的 UPS 单机台数。例如,在 5 台 UPS 并联系统中,允许其中两台同时出现故障,那么这个系统的冗余度就是 5+2。

目前市售 UPS 并机系统因各生产厂家的设计观点和开发人员的技术背景不同而有如图 3-8 所示的几种直接并机方案。

```
                  ┌ 被动式直接并机方案 ┌ "N+1"型直接并机方案
                  │                   └ 多功率驱动模块的并机方案
                  │                              ┌ "1+1"或"N+1"型直接并机方案
                  │                   ┌ 带并板机 ┤
                  │                   │         └ "导航型"主从式同步跟踪型直接并机方案
                  ┤ 主动式直接并机方案 ┤ 采用"并机柜"的直接并机方案
                  │                   │                   ┌ "1+1"或"N+1"型直接并机方案
                  │                   └ 热同步直接并机方案 ┤
                  │                                       └ 公用"系统旁路柜 SBM"直接并机方案
                  └ 输出端带"总线输出开关"冗余供电设计的直接并机方案
```

图 3-8 直接并机方案

以下介绍几种常见的并机方案。

(1) 被动式直接并机方案。这是一种技术含量较低、成本较低的直接并机设计方案,它只对位于并机系统中的各台 UPS 单机的逆变器电源的频率和相位执行市电同步跟踪调控,并不对它们相互之间的电压幅度和相位进行实时自动调整。显然,这种并机系统的可靠性是较低的,特别是当遇到用户的负载突变时,易于发生故障。

(2) 主动式直接并机方案。位于这种并机系统中的各台 UPS 在同时同步跟踪同一市电电源的前提下,还对位于该并机系统中的各台 UPS 之间的逆变器电源输出电压的幅值、频率和相位等参数之间可能出现的差异进行自动调控,使其尽可能地达到同电压、同频率、同相位的程度。

(3) 采用"并机柜"的直接并机方案。在主动式直接并机方案中应用广泛的为采用"并机柜"的直接并机方案,采用本方案的目的是解决上述采用分散交流旁路供电技术的多机冗余 UPS 配置方案中所出现的位于各个分散的交流旁路上的"静态开关"的不均流带载问题。其配置方案如图 3-9 所示。图 3-9 中用另一个专门的系统旁路"并机柜"来取代分散交流旁路供电通道。位于该系统旁路"并机控制柜"内的并机逻辑板可利用频率母线调控电路、电流母线调控电路来使得各台 UPS 单机的逆变器输出总是处于同相位、同频率和均流向负载供电的良好运行状态(其控制原理与"1+1"并机方案相似,在此不再重述)。当 UPS 供电系统因故出现从逆变器电源供电转变为交流旁路供电时,市电电源将经位于并机柜中的一套交流旁路静态开关(对三相 UPS 来说,共有三条交流旁路静态开关)来向负载供电,而不会采用分散交流旁路供电技术的多机直接并机配置,因为这样会出现由 $N$ 套交流旁路"静态开关"来同时向负载供电而产生的不均流带载问题。按目前的技术水平,可将 6~8 台大型 UPS 进行并机运行。此外,采用"系统旁路柜"方案带来的另一个好处是,我们可从它的显示屏上同时读取整个 UPS 供电系统和各台 UPS 单机的所有运行参数,从而提高了系统的可维护性。

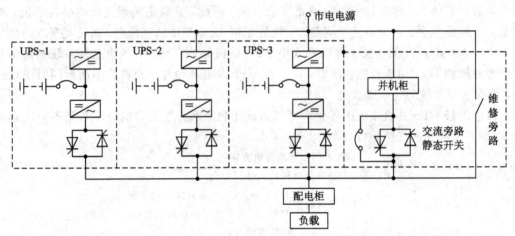

图 3-9 采用"并机柜"的多机直接并机方案

**3. 双总线冗余供电方式**

上述 UPS 供电系统仅仅解决了提高 UPS 本身的 MTBF，即降低整个 UPS 供电系统的故障率，并没有十全十美地解决好 UPS 供电系统的可维护性问题。由于在 UPS 供电系统的输出端与负载间还有配电柜、断路器开关、保险丝和电力传输电缆，因此如果配电柜本身或从 UPS 输出端至配电柜的输电电缆出故障或保险丝被烧毁，则断路器开关跳闸时，我们要进行检修，就必然要对负载执行停电操作。当然，对一般用户来讲，可以在预先通知用户的条件下来执行检修操作。然而，对于某些重要用户，是不允许对用户执行停电来执行检修任务的。为此，我们可以采用如图 3-10 所示的双总线冗余供电方式。

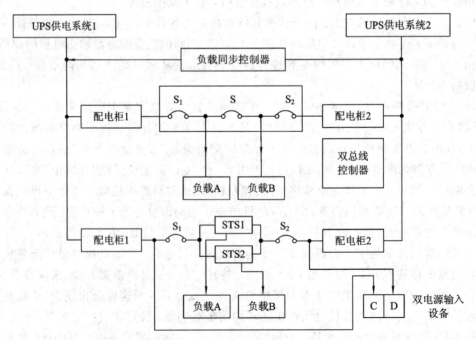

图 3-10 双总线冗余供电方式

在双总线冗余供电方式中，分别设置有 UPS 供电系统 1 和 UPS 供电系统 2。这种 UPS 供电系统既可以是具有相同额定输出功率的 UPS 单机，也可以是 UPS 并机供电系统。

从 UPS 供电系统 1 和 UPS 供电系统 2 送出的高质量逆变器电源被分别送到配电柜 1 和配电柜 2。在负载同步控制器的作用下，平时 $S_1$ 和 $S_2$ 开关处于相通状态，S 处于断开状态。这样从 UPS 供电系统 1 输出的逆变器电源经由配电柜 1、$S_1$ 开关、A 路输出电缆向负载 A 供电。与此同时，UPS 供电系统 2 经配电柜 2、开关 $S_2$ 向负载 B 供电。一旦 UPS 供电系统 1、配电柜 1 或 $S_1$ 开关之中的任一部件出现故障，通过负载同步控制器，自动执行同步切换操作，将 S 开关闭合，就能在保证 UPS 供电系统 2 在继续对负载 A 供电的条件下对位于有故障的 UPS 供电系统 1 的相关设备执行检修任务。

### 3.2.3 UPS 中的蓄电池

蓄电池是 UPS 系统的一个重要组成部分，它的优劣直接关系到整个 UPS 系统的可靠性。然而，蓄电池又是整个系统中平均无故障时间最短的一种器件，如果用户能够正确使用和维护，则能够延长其使用寿命，反之其使用寿命会大大缩短。

目前在 UPS 中广泛使用蓄电池作为储存电能的装置。UPS 中蓄电池的基本能量流程是：电能→化学能→电能。先用直流电源对蓄电池充电，将电能转化成化学能储存起来，当市电供应中断时，UPS 依靠储存在蓄电池中的能量维持逆变器的正常工作。在这个过程中，蓄电池起承上启下的作用。可以这样说，不管 UPS 有多么复杂，其性能最终取决于它的蓄电池，只要蓄电池失效，再好的 UPS 也无法提供后备电能。UPS 一般要输出 220 V 的交流电来带动较大功率的负载。在蓄电池串联数目有限的情况下，通常要求有较大的输出电流能力。

直流供电系统和交流不间断供电系统中的蓄电池，现在均采用阀控式密封铅酸蓄电池。用于启动油机发电机组的启动电池可采用普通蓄电池，但这种电池自放水和水的损耗都很大，要定期补充蒸馏水。因此，一般的 UPS 系统均采用阀控式密封铅酸蓄电池。

以下就对 UPS 系统常采用的阀控式密封铅酸蓄电池做一介绍，关于 UPS 使用的其他免维护蓄电池请参见本书的第四章。

**1. 阀控式密封铅酸蓄电池的结构与原理**

VRLA(Valve Regulated Lead Acid)电池即阀控式密封铅酸蓄电池的简称，其作用有：① 后备电源(包括直流供电系统和 UPS 系统)，当市电异常时或在整流器不工作的情况下，由蓄电池单独供电，担负起对全部负载供电的任务，起到备用作用；② 平滑滤波，在市电正常时，虽然蓄电池不担负向通信设备供电的主要任务，但它与供电的主要设备——整流器并联运行，能改善整流器的供电质量；③ 调节系统电压；④ 是动力设备的启动电源。

阀控式密封铅酸蓄电池由电池槽、正负极板、电解液、隔板、安全阀、引出端子等部分组成。具体结构如图 3-11 所示。

阀控式密封铅酸蓄电池与传统蓄电池的区别在于：蓄电池基本上是密封的，必须具备无流动的电解液，充电时不产生气体，过充电流小，无水的损耗。另外，少量气体要有安全阀门作通道，安全阀应具有单向节流性。但是其基本原理都是一致的。正极板上的活性物质是二氧化铅($PbO_2$)，负极板上的活性物质为纯铅(Pb)。电解液由蒸馏水和纯硫酸按一定的比例配制而成。

正负极板上活性物质的性质不同，当两种极板放置在同一硫酸溶液中时，各自发生不同的化学反应，从而产生不同的电极电位。

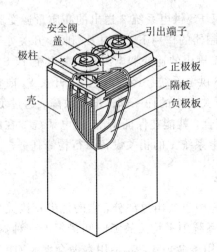

图 3-11 阀控式密封铅酸蓄电池的结构图

酸蓄电池充放电总的化学反应为：

$$PbO_2 + Pb + 2H_2SO_4 = 2PbSO_4 + 2H_2O$$

从上述反应式可看出，放电过程中，硫酸逐渐消耗，电解液的比重逐渐下降，因此，在实际工作中我们可以根据电解液的比重变化来判断传统蓄电池的放电程度；充电过程中，两极上原来被消耗的活性物质复原了，同时电解液中的硫酸成分增加，水分减少，电解液比重升高，因此，在实际工作中可根据电解液比重变化来判断传统蓄电池的充电程度。传统型蓄电池在化学反应的充电过程中会伴随着副反应：$2H_2O \rightarrow 2H_2\uparrow + O_2\uparrow$。因为有该反应的存在，所以有氢气的析出和水的消耗。

阀控式密封铅酸蓄电池中，在接近至完全充电时电池内有少量水被电解，少量氧气从正极析出，扩散到负极变为固相氧化物之后，又化合为液相的水，且由于氧气在负极的复合又对氢气有抑制作用，因而负极上几乎无氢气发生。但因偶尔失误而过充电所产生的大量气体需经安全阀排出电池外，以减少电池内压。氧气的复合反应式为

$$2Pb + O_2 = 2PbO$$
$$PbO + H_2SO_4 = PbSO_4 + H_2O$$

这就是阀控式密封铅酸蓄电池的氧循环过程，其基本原理为：从正极周围析出的氧气通过电池内循环扩散到负极被吸收，变为固体氧化铅之后又化合为液态的水，经历了一次大循环。

阀控式铅酸蓄电池采用负极活性物质过量设计，正极在充电后期产生的氧气通过隔板（超细玻璃纤维）空隙扩散到负极，与负极海绵状铅发生反应变成水，使负极处于去极化状态或充电不足状态，达不到析氢过电位，所以负极不会由于充电而析出氢气，电池失水量很小，故使用期间不需加酸加水维护，克服了传统式铅酸蓄电池的主要缺点。

在阀控式铅酸蓄电池中，负极起着双重作用，即在充电末期或过充电时，一方面极板中的海绵状铅与正极产生的氧气（$O_2$）反应而被氧化成一氧化铅（PbO）；另一方面极板中的硫酸铅（$PbSO_4$）又要接受外电路传输来的电子进行还原反应，由硫酸铅还原成海绵状铅（Pb）。

阀控式密封铅酸蓄电池的优点如下：

(1) 失水少。

(2) 采用不含锑的铅钙合金制作板栅，同时采用的极板为管状，从而减小了电池的正负极板上自放电和氢气的生成。因此，其存储寿命长，活性物质的有效利用率较高。

(3) 以大电流放电，能低温放电。

阀控式密封铅酸蓄电池的缺点如下：

(1) 容量低，内阻大，不宜过放电，否则易短路，还会引起电池过热。

(2) 浮充电压不及常规蓄电池均匀，一般需浮充一年以上才可使活性物质趋于一致。

近年来出现的阀控式密封铅布蓄电池进一步减轻了其质量。这种蓄电池的正、负极板用复合型铅丝网布板栅（所谓复合型铅丝网布板栅，就是用玻璃纤维同轴铅丝编织成的极板骨架）涂膏制成，在"电池型号"的末尾多一个汉语拼音字母 B。

**2. VRLA 蓄电池的电特性**

VRLA 蓄电池的工作电压是指电池接通负载后在充放电过程中显示的电压，又称负载电压。在邮电通信局(站)直流电源系统中，蓄电池采用全浮充工作方式。在市电正常时，蓄电池与整流器并联运行，蓄电池自放电引起的容量损失在全浮充过程被补足，这时蓄电池组起平滑滤波作用。因为电池组对交流成分有旁路作用，从而保证了负载设备对电压的要求。在市电中断或整流器发生故障时，由蓄电池单独向负荷供电，以确保通信不中断。

各种类型的 VRLA 电池的浮充电压不尽相同，在理论上要求浮充电压产生的电流足以达到补偿电池的自放电损失和单独放电用量，维持氧循环的需要。实际工作中还应考虑下列因素：

(1) 在该充电电压下，电池极板生成的 $PbO_2$ 较为致密，以保护板栅不至于很快被腐蚀。

(2) 尽量减少 $O_2$ 与 $H_2$ 析出，并减少负极硫酸盐化。

(3) 电解液浓度对浮充电压的影响。

(4) 板栅合金对浮充电压的影响。

(5) 通信设备对浮充系统基础电压的要求。

浮充充电与环境温度有密切关系。通常浮充电压是在环境 25℃ 下而言的，所以当环境温度变化时，为使浮充电流保持不变，需按温度系数进行补偿，即调整浮充电压。在同一浮充电压下，浮充电流随温度升高而增大。若进行温度换算，则可得出：环境温度自 25℃ 升或降 1℃，每个电池端电压随之减或增 3~4 mV 方可保持浮充电流不变。

VRLA 电池在放电后应及时充电。充电时必须认真选择以下三个参数：恒压充电电压、初始电流、充电时间。不同蓄电池的充电电压值由制造厂家规定，充电电压和充电方法随电池用途不同而不同。电池放电后的充电推荐采用恒压限流方法，即充电电压取 U（厂家定），限流值取 $0.1C_{10}A$，充入电量为上次放电电量的 1.1~1.2 倍即可。

铅酸蓄电池投入运行是对实际负荷的放电，其放电速率随负荷的需要而定。各种放电小时率下的放电方法一般有标准小时率（10 小时率）下的放电、高放电率下的放电、冲击放电和核对性放电等几种。放电速率不同，放电终止电压也不同，放电速率越高，放电终止电压越低。温度对电池放出的容量也有较大影响，通常环境温度越低，放电速率越大，电池放出的容量越小。

### 3.2.4 UPS 的电池管理

蓄电池是 UPS 的心脏，不管 UPS 多么复杂，其性能最终都取决于它的蓄电池。如果蓄电池失效，则再好的 UPS 也无法提供后备电源。如何监视蓄电池的工作状态并精确地预测其临界失效期和如何延长蓄电池的有效寿命，是保证 UPS 供电系统稳定、可靠运行的关键。

能否真正地理解和选用好 UPS 的蓄电池管理功能，对 UPS 本身的高可靠性和高可利用率具有至关重要的影响。这是因为一旦市电发生故障，UPS 将依靠由蓄电池所提供的直流电源来维持 UPS 逆变器的正常工作。此时，如果因管理不善而导致蓄电池过早老化、损坏，势必导致 UPS 电源自动关机，从而造成重要负载的误动作甚至瘫痪。

大量的运行实践表明，由于对蓄电池的使用特性和 UPS 蓄电池管理功能不熟悉或者理解不够，致使预期使用寿命为 10 年的蓄电池的实际使用寿命仅为 1～2 年的事例屡见不鲜。由于上述原因，有必要采用先进的蓄电池管理功能来延长蓄电池的实际使用寿命，从各种具有蓄电池管理功能的 UPS 产品中选择出最适合自己供电要求的蓄电池配置和管理方案，从而尽可能降低由于蓄电池使用不当所带来的不必要的损失。

由于现在应用的基本都是中、大型 UPS，因此其工作的稳定性和可靠性就显得极其重要。特别是大、中型 UPS 系统在要求备用时间较长时，蓄电池的价格甚至超过 UPS 主机的价格。对蓄电池进行合理的监测管理和容量配置，有利于延长蓄电池寿命和节约开支。因此，中、大型 UPS 系统蓄电池容量的正确配置和蓄电池的监测管理就显得非常重要。

以下就大、中型 UPS 系统对蓄电池的管理进行阐述。大、中型 UPS 系统中使用的是阀控式密封铅酸蓄电池。由于大、中型 UPS 系统的直流母线电压很高，一般为 400 V 左右，所以都采用蓄电池组。特别是通信用大、中型 UPS 系统要求备用时间较长，电池组容量大，且阀控式蓄电池的 MTBF 远低于 UPS 系统的平均值。因此对 UPS 蓄电池组，除应按直流系统 2 V 电池进行维护工作外，还提出了更高的维护要求。

根据蓄电池在中、大型 UPS 系统中运行的特点，应选择合适的监测管理方法和容量配置，以延长蓄电池的使用寿命，减少 UPS 系统故障率。UPS 系统对蓄电池的监测管理包括对蓄电池组进行均匀性判断和对每个单体蓄电池的电压、电流、实际容量、剩余容量和工作温度等进行实时监测。例如，Exide 的 ABM 型智能充电器具有浮充、均衡充电、在线放电测试和故障告警等功能，能自动循环充放电，提高了蓄电池的寿命，浮充电压稳定，并具有温度补偿功能。但很多产品在电池管理功能上做得还很薄弱，几乎不存在智能性，因此对 UPS 的选型非常重要。现在市场上的 UPS 大都把蓄电池组直接挂在 UPS 整流后的直流母线上，利用整流器直接充电，此方式要求整流功率远大于逆变功率，一般整机功率的 20% 设计为电池的充电功率；有的则需外加充电器，实现电池管理。它们都应注意充电功率和电池容量的搭配问题。可以从以下几个方向注意此类问题：

（1）保证蓄电池组的均匀性。如果蓄电池的均匀性不好，则当蓄电池处于充电状态时，其中容量较小的蓄电池会提前析气，导致电压升高，电解水反应加快。这些变化会促使蓄电池内部温升加大和失水量加剧，甚至出现热失控。蓄电池组中容量较大的蓄电池其充电电压上升很慢，容易造成充电不足。长期如此，必然加剧蓄电池极板硫化程度，导致容量下降，引起蓄电池提前失效。所以，UPS 系统要尽可能选用均匀性好的蓄电池组。此外，在蓄电池运行过程中，要根据单体蓄电池电压来判断蓄电池组的均匀性，及时更换失效的蓄电池。

(2) 采用正确的浮充方式。在浮充方式下,其浮充电压必须控制在一个较小的范围内,过高会造成过充电,过低会造成充电不足。同理,其充电电流也不能过高或过低。GFM 系列蓄电池的浮充电压应为每只 $(2.25\pm0.02)$ V,充电电流应为 $0.005C10A$。此时气体的复合效率极高,几乎达到 100%,充电过程中产生的气体几乎完全再复合成水,蓄电池电解液的饱和度基本不受影响,从而保证了蓄电池的正常使用寿命。此外,浮充电压要根据蓄电池的工作温度进行补偿,通常单只蓄电池的温度校正系数为 $-3$ mV/℃。

(3) 采用正确的均衡充电方式。当 UPS 系统中的蓄电池因市电停电等原因放电之后或在浮充运行中出现了落后蓄电池时(GFM 系列蓄电池中,每节电压低于 2.18 V),需对蓄电池组进行均衡充电。其方法为:初期恒流($0.1C10\sim0.15C10$ A)充至 2.35 V 之后保持该电压,然后再恒压充电。对于很少放电的蓄电池,应每隔三个月进行均衡充电一次。另外,应每年进行 30% 的核对性放电,同时进行电池激活。

(4) 保证蓄电池的运行温度。当温度升高时,应降低充电电压,否则蓄电池中极板受硫酸腐蚀加剧,从而使其寿命缩短。当环境温度低于 25℃ 时,充电电压应提高,以防止充电不足。

**1. 蓄电池容量配置**

1) 蓄电池容量的选择方法

蓄电池容量要根据蓄电池实际放电电流和所要求的备用时间来决定。选择蓄电池的容量时,应先计算出要求放电的电流值,然后根据蓄电池生产厂家提供的放电特性曲线和用户要求的备用时间进行选择。

2) 蓄电池最大放电电流的计算

蓄电池最大放电电流可按下式计算:

$$I_{max} = \frac{P\cos\phi}{\eta \cdot E_i \cdot N}$$

其中:$I_{max}$ 为蓄电池的最大放点电流值,单位为 A;$P$ 是 UPS 的标称输出功率,单位为 W;$\cos\phi$ 是负载功率因数;$\eta$ 是逆变器的效率;$E_i$ 是电池放电终了电压,一般指电池组的电压;$N$ 是蓄电池组中的单体蓄电池数。

3) 放电电流的计算

由于在放电过程中蓄电池的放电电流是变化的,蓄电池刚放电时的电流明显小于最大放电电流 $I_{max}$,因此根据蓄电池的放电状态,一般取 0.75 作为校正因数。蓄电池实际所需的放电电流 $I=0.75I_{max}$。

4) 蓄电池容量的计算

计算出蓄电池实际所需的放电电流值后,再根据所要求的备用时间按照蓄电池生产厂家所提供的蓄电池放电特性曲线找出要求蓄电池组提供的放电速率,按下式即可计算出要求配置的蓄电池容量:

$$\text{蓄电池容量}(A \cdot h) = \frac{\text{蓄电池实际所需放电电流}(A)}{\text{蓄电池放电速率}(1/h)}$$

根据计算的容量值,选择蓄电池的规格。

**2. 蓄电池的智能化管理**

1) 智能化的充电管理功能

蓄电池的充电性能是影响蓄电池寿命的重要因素之一。早期的 UPS 只控制充电电压而不控制充电电流,这样在蓄电池充电初期,由于蓄电池端电压与充电电压存在较大的压差,极易因充电电流过大而造成蓄电池损坏。智能化的充电管理功能能够根据使用条件、使用环境自动调节充电机理,从而为蓄电池创造良好的运行条件,有效延长蓄电池的使用寿命。

当今的绝大多数 UPS 都将电池组置于长时期的"浮充充电"工作状态之下。但爱克赛、力博特和梅兰日兰等公司在 UPS 中配置有如下的 ABM 型先进电池充电管理系统,这是一种由微处理器监控的"三阶"智能化 ABM 型电池管理设计方案:短时的快速恒流,均充充电→恒压浮充充电→长时间微小电流放电的电池管理+实时的电池性能老化检测的综合型电池充放电管理系统。同传统的连续浮充电方式相比,这种方式可延长电池使用寿命的 50% 以上。它采用间隙式的周期充电方案,将每个充电周期分成三个时间段,其充电周期为 21 天。

2) 浮充电压温度补偿功能

通过在蓄电池组现场安装温度传感器,UPS 会实时取得蓄电池的环境温度数据,并根据蓄电池环境温度的变化自动调节浮充电压。铅酸蓄电池的额定运行温度范围是 $10 \sim 30\ ℃$,在 $15 \sim 25\ ℃$ 范围内充电电压不必随温度的变化进行调整。如果运行温度不在此范围内,则充电电压应随温度的变化自动予以调整。温度调整系数可以在 $-3 \sim -8\ mV/℃$ 范围内设定。

3) 蓄电池的自动检测功能

该项功能的主要作用是检测蓄电池性能以及蓄电池回路是否正常。其基本原理是:通过强迫蓄电池放电,检测蓄电池在一定时间内的放电电流和电压压降,然后与 UPS 内存储的放电曲线进行比较,给出蓄电池目前的品质状态。在检测技术方面,各 UPS 生产厂家有所不同。在强迫蓄电池放电方面,有些厂家采取停止整流器工作的方式,有些厂家采取降低整流器输出电压的方式。显然,后者更先进、更可靠,因为这种方式不会由于蓄电池或蓄电池回路存在故障而造成输出断电。

下面以"DC Expert(专利)"电池管理技术为例来说明一套完善的电池管理系统具体的检测功能。

(1) 定时、自动执行电池容量自诊断测试;执行放电容量小于 10% 的轻度放电操作,以激活电池;通过可编程操作可自由控制电池自诊断测试之间的时间间隔(按季度或按月)和测试日期。

(2) 当 UPS 在执行自诊断测试时,由 UPS 的整流器和电池组来共同承担负载。所以,绝不会出现因电池失效造成 UPS 将用户负载接到市电交流的弊端。

(3) 在执行电池自诊断测试中遇到下述情况之一时,UPS 可智能地中断上述测试操作,防止电池的容量被白白浪费:在执行预置的可编程电池自诊断测试前 24 个小时内,曾发生过市电停电事件;正在执行自诊断测试的过程中,突然遇到市电电源故障(停电或输入电压过低)。

(4) 通过自诊断测试所获得的电池后备供电时间的测试值不但精度高(小于 ±3%),

而且与用户的操作和专业知识水平无关。

（5）预报电池的完好程度及其变化趋势，即测试电池组的内阻（判断电池好坏的最可靠指标是电池的内阻，而不是端电压）。当发现电池的实用容量下降到原始容量的80%时，发出自动报警信号，提醒用户尽早检测和维护电池组。

（6）自动存储最近30次的电池自诊断测试结果，供用户分析电池性能恶化的发展趋势。

4）过放电自动保护功能

蓄电池过放电是指当蓄电池放电电压降至最低保护电压时，蓄电池已处于被深度放电的状态。造成蓄电池过放电的原因主要有如下两个：

（1）蓄电池最低保护电压设置错误。

（2）小负载、长时间、小电流放电。在并机冗余系统中，由该因素造成的过放电情形很常见。这是因为在系统设计时UPS的容量就留有一定的余量，而配备蓄电池时一般要求按满负载设计。实际应用中，负载往往只能达到UPS容量的30%左右。根据这一情况，如果设计系统后备时间为30 min，则实际放电时间可达到4h左右，极易造成蓄电池的过放电。

通过修正相关设置可以纠正最低保护电压设置错误，但解决不了小负载、长时间、小电流放电造成的过放电问题。因此，更为先进的保护方式是UPS可以根据负载情况动态调整蓄电池最低保护电压。智能过放电保护单元中内置的微处理器会根据蓄电池的放电电流自动调节关断电压，保护蓄电池免受过放电损坏。

5）后备时间显示及低电压报警功能

当UPS由于各种原因切换到由蓄电池供电时，用户需要及时了解系统后备时间，采取相应措施。当蓄电池电压降到最低限度时，报警通知用户，然后自动关机以防止蓄电池深度放电。

蓄电池放电时，UPS会根据蓄电池的类型、蓄电池容量、浮充电压、蓄电池最低放电电压等信息，结合当前的负载情况，实时计算蓄电池的后备时间、电压过低的预警值以及系统关机的最低值。计算每30 s更新一次，以消除因负载变动引起的误差，确保检测精度。后备时间在液晶控制屏上实时显示。

当蓄电池电压达到蓄电池预警低电压时，UPS声音报警频率会加快。蓄电池预警低电压和预警时间是两个独立的参数，预警时间可设。当电池可供电时间少于预警时间或电压低于预警低电压时，均会报警。

## 3.2.5 UPS的监控

由于UPS供电系统对稳定性要求较高，因而实施完备监控变得极为重要。对于UPS供电设备及环境进行遥测、遥控、遥信可以提高设备维护质量，降低运行维护费用，同时保证系统处于良好的运行工作状态，从而大幅度地提高整机效率，提高供电管理水平。基于以上原因，要求UPS必须具备一定的监控能力。一般UPS都带有监控功能，简单监控通过DB-9接头，用RS232实现；复杂和高智能化UPS选用SNMP（Simple Network Management Protocol）卡进行网络监控。

以下选取北京凯睿优公司的UPS监控警报方案来说明UPS的监控功能及其应用。

**1. 基于通信协议的UPS专用短信报警器**

通过智能设备的串口RS232输出，可以获得详细的信息，实现设备运行状态的在线实时监控。该系统的特点是监控指标多且全面。图 3-12 所示是基于通信协议的短信报警器的结构示意图。

UPS 短信报警器简单实用，客户只需要提供一张手机卡即可，连线简单，功能实用。它可以实现三种功能：① UPS 状态参数的检测和报警（系统可以自由设定上下限，一旦输入电压、输出电压、电池电压、内部温度等超过设定上限或低于下限，立即发短信报警）；② UPS 运行状态的检测和报警（一旦出现市电断电、UPS 转旁路、内部故障、负载过载、电池低电位，立即发短信报警）；③ 短信远程查询（短信报警器提供一个管理员和五个报警手机号码，这些手机号码发短信"查询"给短信报警器，可返回上述监控指标当前状态的短信，实现远程了解 UPS 状态的功能）。

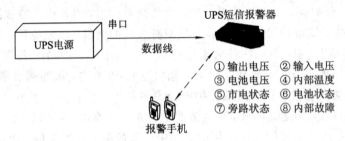

图 3-12 基于通信协议的短信报警器的结构示意图

**2. 基于监控通知邮件的解决方案**

该系统有多台 UPS，且每台 UPS 都已有配套网管软件在监控。智能设备在异常时往往通过网管软件提供邮件通知，也就是将异常原因发到指定的邮箱。该系统可以实时监控此邮箱，将符合条件的邮件内容转发成短信，从而实现设备的远程报警。该系统的特点是可以同时监控多个 UPS，成本低，监控的指标多。

该系统由短信收发器 Catayou SM3000 和邮件监控系统软件 SMAP3000 组成。该系统的具体功能如表 3-3 所示。

表 3-3 系统功能表

| | |
|---|---|
| 邮件监控 | 邮件监控参数配置：<br>• 设定要监控的邮箱的服务器名称和端口、邮箱账户和密码、是否启用 SSL、是否删除邮件服务器上的邮件等参数。<br>• 设定报警手机号码，可以设置多个。<br>• 设定实时监控的时间间隔、连续多少次异常就报警。<br>• 设定要监控的关键词和要监控的关键词出现的位置。<br>邮件监控指标：<br>• 来邮件时短信通知：若设定的关键词中有"♯"，则直接将所有来件的内容发短信给设定手机；若设定的关键词中有"＊"，则直接将邮件的主题发短信给设定手机。使用这个功能，即可将邮件变成短信，进行短信、离线、实时的报警。<br>• 监控指定来件人的邮件：监控来件邮箱地址中是否含有指定关键词，有则将邮件的主题发给指定人，这样可以监控特定来件人发来的邮件。<br>• 监控邮件主题中是否含有指定关键词，有则发短信通知指定人。<br>• 监控邮件正文中是否含有指定关键词，有则发短信通知指定人 |

续表

| | | |
|---|---|---|
| 网络监控 | 网络监控参数配置：<br>• 设定要监控的 IP 地址或域名。<br>• 设定监控方式和相应端口，分为 ping、tcp、http 三种方式，适用于不同需求。<br>• 设定报警手机号码，可以设置多个。<br>• 设定实时监控的时间间隔、连续多少次异常就报警。<br>• 设定给指定手机号码发短信报警的次数。<br>网络监控指标：<br>• 实时监控指定 IP 地址，不能访问时进行报警，用以监控网路的通断。<br>• 实时监控指定网页，不能访问时进行报警，用以监控网页是否正常。<br>• 实时监控服务器的指定端口，不能访问时进行报警，用以监控服务或程序是否运行正常 | |
| 服务器远程控制 | • 控制权限设置：设置某个手机号码是否具有关机或重启的权限。<br>• 短信控制：使用被授权的手机发送"关机"或"重启"，即可实现关机或重启的功能。"关机"或"重启"后面若加上 IP 地址或计算机名称，即可实现对其他服务器的关机或重启 | |
| 其他功能 | • 短信接收、短信群发、定时发送、短信查询 | |

### 3. 局域网内多个 UPS 监控的解决方案

当有多台 UPS，且每台 UPS 都能提供通信协议，并在同一个局域网内时，就可以采用此方案进行解决。图 3-13 所示为其系统组成图。表 3-4 所示是该系统的组成情况。

表 3-4　系统组成情况

| 系统组成 | 细节说明 | 备　注 |
|---|---|---|
| 监控单元 | UPS 与协议转换器 | 各个 UPS 的状态信息通过局域网上传到服务器上 |
| 服务器数据采集及报警单元 | 服务器及音箱 | 采集数据并在计算机上进行声音报警 |
| | 后台管理软件 | 安装在计算机上，进行数据采集、保存和报警等 |
| | 短信收发器 | 连接在计算机的串口上，进行统一集中的短信报警、电话报警，支持短信查询等功能 |
| 报警手机 | | 使用管理员的手机，接收报警短信，通过短信查询当前状态 |

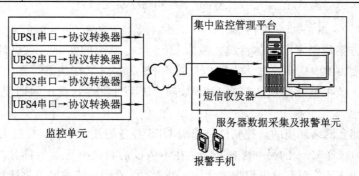

图 3-13　基于局域网的 UPS 的集中监控方案的组成结构示意图

该系统是专为局域网内多个UPS设备设计的监控方案。UPS的运行参数、状态等通过局域网上传到服务器，一旦任意一个被监控的UPS出现问题，都会给预先设定的手机发送短信来进行报警。该系统可以监控每个UPS的下列指标：输出电压、输入电压、电池电压、内部温度、市电状态、电池状态、旁路状态、内部故障等。

授权管理员在任何时间发送短信"查询"都可以查询指定的监控指标。该系统是利用短信来实现日常工作中的业务管理的，具有先进性、便捷性等特点。

EMA3000环境监控报警系统除了可以监控多个UPS之外，还可以监控机房的精密空调、环境温湿度、漏水、烟雾状态、配电状态等。

**4. 不在同一局域网内多个UPS监控的解决方案**

该方案是基于广域网的分散设备的监控方案，适合多个不在同一局域网内的分散的UPS的监控。例如，对分散式移动通信基站不间断电源设备的监控，可采用此方案。

该方案系统组成与前述系统所差无几，只是在监控单元中设置的是UPS短信报警器，其主要作用是将各个UPS的报警信息通过短信报警器上传到服务器上，其他设备没有变动。

该方案的结构示意图如图3-14所示。该方案专门用于多个分散设备的监控，也适合无人值守基站、分散的机房/库房/仓库、分散的设备的监控。该方案中，短信报警器实时监控多个分散UPS的状态，一旦任意一个被监控的UPS发生问题，都会给预先设定的手机发送短信来进行报警。同时，每一个监控终端也会给后台监控中心发送报警信息。监控中心接收到报警信息之后，可以在计算机上实时显示出来并进行声音报警，监控中心也可以将报警信息转发给更多的手机。

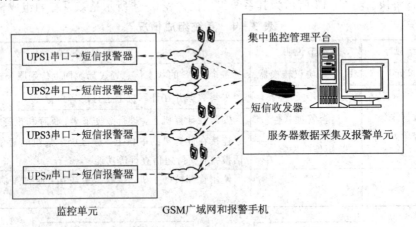

图3-14 基于广域网的分散设备的监控方案的结构示意图

以上各种方案均是考虑具体情况，根据UPS供电系统的实际特点设计出的可以进行实时监控的检测方案。应用这些方案可以监控UPS的实时工作状态，及时发现故障，并且可以要求维修人员根据故障快速解决UPS故障，从而可以达到真正的即使故障也要"不间断"地供电。

现今是否拥有网络环境的监控软件是选购UPS必备的技术条件，并且UPS监控软件功能的强弱也成为选择UPS的另一考虑重点。在不久以后将会有更加智能且功能更加完善的UPS监控系统出现，从而及时发现故障并快速处理，以确保系统的高可靠性和始终可用性。

## 3.3 逆变器基础知识

20世纪80年代后期,为了保证程控交换的计费设备、控制中心计算机和外围设备等交流不间断供电的需要,采用了逆变器供电系统,即利用电信局的直流基础电源供电,采用逆变方式把直流电源变换成交流不间断电源。逆变器是通信网络系统的新一代专用电源,适用于一切以－48 V作为主供电源,同时又有其他通信设备需要交流220 V供电的场合。它主要针对通信系统的特点和要求设计并制造,适合通信系统对供电设备高质量、高可靠性的要求,满足通信网络系统中计算机等终端的要求。

随着通信网络技术的飞速发展和普及,逆变器已经广泛应用于电信、航天航空、银行证券交易、金融管理、办公自动化、电力系统、工业自动控制、医疗卫生、军事科研等领域。数字交换和数字传输的综合应用促进了网络的数字化。互联网的进一步成熟和物联网的初步兴起标志着现代社会已经全面信息化。因此,通信网络系统中信息处理的安全、稳定、准确、连续极为重要,信息的破坏和丢失往往会造成经济损失甚至会产生严重的后果。逆变器的应用消除了直接使用市电和小型UPS电源供电所产生的不利因素,从根本上避免了市电不稳、供电中断、杂音干扰和雷电侵入等造成的危害。

将直流电能转换为交流电能的过程称为逆变,实现这一过程的变换器称为逆变器。逆变器种类繁多,可以从以下几个方面对逆变器进行分类。

(1) 按换流方式,可分为有负载换流式逆变器和自换流式逆变器。前者适用于晶闸管逆变器,而且用于能够提供超前电流的容性负载,可利用负载电压作为换流电压,以强制转移逆变电路中导电臂间的电流,然后关断导通的晶闸管。但对于非容性负载,必须采用自换式流逆变器,即在电路中设置独立的换流电路以强制转移晶闸管间的电流。

(2) 按直流电源,可分为电压型逆变器和电流型逆变器。前者直流电压近于恒定,输出电压为交变方波;后者直流电流近于恒定,输出电流为交变方波。

(3) 按输出电流波形,可分为正弦波逆变器和非正弦波逆变器。

(4) 按交流器件,可分为半控型和全控型两类。前者不具备自关断能力,元件在导通后即失去控制作用,普通晶闸管即属于这一类。后者具有自关断能力,即元件的导通和关断均可由控制极加以控制,故称为全控型。电力金属氧化物半导体场效应管(Power MFET)和绝缘栅双极晶体管(IGBT)等属于全控型。

通信局(站)使用的逆变器通常属于自换流式、电压型、正弦波,变流器元件采用全控型。现在的IGBT等已经替代了晶闸管元件。

### 3.3.1 逆变器基本原理

**1. 全桥型逆变器的工作原理**

图 3-15 所示为通常使用的单相输出的全桥型逆变器的主电路。图 3-14 中,交流元件 $V_1$、$V_2$、$V_3$ 和 $V_4$ 采用IGBT管,并用PWM控制IGBT管的导通和截止。

当逆变器电路接上直流电源后,首先 $V_1$、$V_4$ 导通,$V_2$、$V_3$ 截止,则电流由直流电源正极输出,经 $V_1$、电感 $L$、变压器初级线圈 1~2 到 $V_4$,之后回到电源负极。当 $V_1$、$V_4$ 截止后,$V_2$、$V_3$ 导通,电流从电源正极经 $V_3$、变压器初级线圈 2~1、电感 $L$ 到 $V_2$,之后回

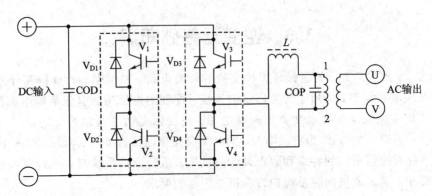

图 3-15 单相输出的全桥型逆变器的主电路

到电源负极。此时,在变压器初级线圈上已形成正负交变方波,利用高频 PWM 控制,两对 IGBT 管交替重复动作,在变压器上产生交流电压。由于 LC 交流滤波器的作用,输出端形成了正弦波交流电压。

当 $V_1$、$V_4$ 关断时,为了释放储存能量,在 IGBT 处并联二极管 $V_{D1}$、$V_{D2}$,使能量返回到直流电源中。

有时为了使逆变器输出较高的直流电压,在直流 48 V 输出端和逆变电路之间增加一级直流-直流变换器,即可使直流电压从 48 V 提高到 350 V。逆变器也可设有旁路供电装置,采用晶闸管静态开关能保证不间断供电。

**2. 半桥型逆变器的工作原理**

半控型逆变器采用晶闸管元件。改进型并联逆变器的主电路如图 3-16 所示。图中,$V_{T1}$、$V_{T2}$ 为交替工作的晶闸管,设 $V_{T1}$ 先触发导通,则电流通过变压器流经 $V_{T1}$,同时由于变压器的感应作用,换向电容器 $C$ 被充电到电源电压的 2 倍。按着 $V_{T2}$ 被触发导通,因 $V_{T2}$ 的阳极加反向偏压,故 $V_{T2}$ 截止,返回阻断状态。这样,$V_{T1}$ 与 $V_{T2}$ 换流,然后电容器 $C$ 又反极性充电。如此交替触发晶闸管,电流交替流向变压器的初级,在变压器的次级即可得到交流电。

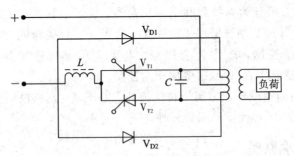

图 3-16 改进型并联逆变器的主电路

在电路中,电感 $L$ 可以限制换向电容 $C$ 的放电电流,延长放电时间,保证电路关断时间大于晶闸管的关断时间,而不需容量很大的电容器。$V_{D1}$ 和 $V_{D2}$ 是反馈二极管,可将电感 $L$ 中的能量释放,将换向剩余的能量送回电源,完成能量的反馈作用。

**3. 逆变器供电的优缺点**

逆变器供电的优点如下:

(1) 没有市电网络的干扰，如电网雷电干扰、超压和低压干扰、浪涌、尖峰干扰。

(2) 逆变器输出 AC220V，与市电完全隔离，没有共模干扰。

(3) 逆变器不需要另外加配蓄电池组，因而成本低、体积小（这是指原来的 48 V 蓄电池组有足够余量，否则需要增加高频开关电源及蓄电池组的容量，成本不低）。

(4) 48 V 蓄电池组经常处于充放电状态，而 UPS 电池组可能长期不放电，处于长期浮充状态，故障率必然增高，因此 48 V 蓄电池组可靠性高。

逆变器供电的缺点如下：

(1) 电力变换效率低，长期运行费用大。AC380V/DC48V 整流效率为 90% 左右，DC48V/AC220V 逆变效率为 80% 左右，所以 AC-AC 总效率为 70% 左右。

(2) 逆变器冗余并联技术未开发，抗过载能力及可靠性均较差（相对 UPS 冗余并机而言）。

(3) 逆变器监控技术不完善，集中监控和远程监控有困难。

(4) DC48V 电力传输困难。

**4. UPS 和逆变器供电系统的性能比较**

(1) 适用场所。UPS 作为一个完整独立的电源系统，可以适合任何场所应用，而且结构紧凑，占地面积小。逆变器适用于具有蓄电池组的供电系统，因为逆变器的工作还需要外配充电器、蓄电池组等外部设备，因此结构松散，占地较大，不易布置。

(2) 不间断供电。UPS 最重要的作用就是不间断供电。当市电电网符合输入范围时，经过 AC/DC、DC/AC 双重变换，向负载供电；当市电电网超限时，由蓄电池通过逆变器向负载供电；当 UPS 故障或过载时由旁路电源向负载供电。维护时还可以通过手动维修旁路开关对 UPS 进行在线维护。而采用蓄电池组+逆变器的供电方式，当蓄电池组出现故障需要更换时，必须使系统间断，这会对系统造成巨大的损失。

(3) 输出功率。逆变器限定由蓄电池组供电，因为蓄电池组电压较低，输出功率要求愈大，对功率模块及生产工艺要求愈高，所以逆变器大功率输出难以实现。目前生产的逆变器的最大输出功率约为 10 kV，而 UPS 由于自身带有蓄电池组，直流电压可根据输出功率的要求自行设置，最高可达几百伏，因此可以制成单机 500～600 kV·A 的 UPS。近年来由于技术的进一步发展，UPS 还可以采用并联方式供电，一方面实现更大的功率输出，另一方面可以做到容量备份，当一台 UPS 故障时，不会影响正常的交流输出，使负载在更加安全、可靠供电的情况下进行工作。

(4) 蓄电池组的寿命。UPS 蓄电池组可能长期不放电而处于浮充状态，故障率必然增高，因此 UPS 本身设计有蓄电池管理功能，对所使用蓄电池的充电过程进行监控，浮充电压作为环境温度的函数自动调节，并周期性地对蓄电池进行测试检查，如有故障会及时警告用户。

(5) 抗干扰能力。UPS 的作用是实现双路电源的不间断相互切换，提供一定时间的后备时间，稳压，稳频，隔离干扰等。它能够将瞬间间断、谐波干扰、电压波动、频率波动、浪涌等电网干扰阻挡在负载之前。由于 UPS 自身逆变器的输入直流总线和外接蓄电池组均与用户原有的电源系统无任何直接的电气连接，所以不会对用电设备产生任何传导干扰。另外，为防止对外的辐射干扰，UPS 在结构上采用钢架式结构，外壳采用防锈钢板折弯而成，有极强的屏蔽性，符合电磁兼容性要求。譬如，某品牌 UPS 在设计中特意在流线形塑料外壳内衬了 2 mm 厚的防锈钢板，同时还采用了高射频干扰（RFI）滤波器，在保持了优美外观的同时避免了对人体及其他设备的辐射干扰。对于蓄电池组+逆变器供电方式而言，逆变器电源与机房所用的直流电源是同一个蓄电池组，而逆变器采用的是高频脉宽调制工作方式，其反灌噪声干扰必然会串入到传输系统的输入端，将严重影响信号传输品质。

(6) 电气性能。由于蓄电池+逆变器供电方式的电源用量小，生产厂家规模小，因此其实力难以同 UPS 生产厂家相提并论。UPS 作为一个完整独立的电源系统，在世界上已应用几十年，技术成熟，可靠性高，其平均无故障工作时间在理论上可达几十万小时，生产厂家规模庞大，而逆变器生产厂家规模较小，电气性能标准较低。

(7) 网络通信。为适应现代通信网络飞速发展的需求，要求 UPS 或逆变器必须拥有极强的网络管理功能。某品牌 UPS 向用户提供了两个 RS232 接口、1 个计算机干接点接口和 1 组远程报警继电器触点，其完善的网络管理软件可适应不同的操作系统，可对 16 台 UPS 同时进行监控，可监测 170 多种参数，其特有的 Life2000 远程监控软件可以使用户的 UPS 每天都处于专业工程师的监控之中，确保其运行的可靠性。而对于蓄电池+逆变器供电方式而言，由于其生产规模和使用范围的限制，很少有厂家能提供如此强大的软件功能。

综上所述，蓄电池+逆变器供电方式在控制技术、抗干扰、网络管理、功率等级、可靠性等方面均无法达到在线式 UPS 的水平。电信用户应根据自身现状和需求来选择交流供电方案。总的来说，逆变器成本低，体积小，蓄电池组可靠性高；但 UPS 可管理性、可扩展性、节电性能均较好。

### 3.3.2 冗余式逆变器原理

为了使供电系统的运行可靠、高效，往往在 UPS 供电系统中采用冗余技术，如 3.2.2 节所述。用户为了提高运行的可靠性往往采用多个双变换单片 UPS 组成 UPS 冗余。同样，在逆变器供电系统中，为了提高供电的高可靠性、大容量性和不间断性，也采用多个逆变器的并联冗余技术。我国在逆变器并联技术方面的研究起步甚晚，在并联控制的研究方面还需要做大量的工作。目前我国并联系统多采用分布式控制方式。该方式的最大优点是当某个模块发生故障时，该模块就会自动退出并联系统，提高了并联系统的可靠性。该方式将均流控制分散在各个并联模块中，并通过模块间的互连线交换信息。分布式控制方式提高了各模块冗余并联的可靠性，但是随着并联模块数目的增加，以及互连线距离的增大，互连线信号容易受到干扰。若移去逆变器相互之间的互连线，构成无互连线的并联系统，那么上述缺陷将不再存在，可靠性得到提高。但是也应注意到，并联模块之间若无控制连线，则彼此之间就再没有信息交换，控制起来难度将会增大。

本节主要介绍冗余式逆变器的原理及具体应用。

依据直流电源是否独立，逆变器并联系统结构分为独立直流电源供电的逆变器并联系统和公用直流电源供电的逆变器并联系统。

**1. 独立直流电源供电的逆变器并联系统的结构**

图 3-17 就是由 $n$ 个独立直流电源供电的 $n$ 台逆变器并联系统的结构框图。该结构存在的问题如下：

(1) 在逆变电源并联运行时，为了保证各逆变电源均载的一致性以及抑制相互间的环流，逆变电源要具有相同的输出电压特性。若各个独立直流电压不等，则为了得到相同的输出电压，每一台逆变器就要产生不同的 PWM 波形，因此在并联的各台逆变器之间必将形成一定的较高次谐波电流,从而影响并联运行系统的工作特性。

(2) 在有外界干扰的情况下,如果各个直流电源的响应不同,则在动态过程中也会在各台逆变器之间形成环流。这部分环流主要是由于在动态过程中输出电压幅值存在差异造成的,所以主要为无功环流。

(3) 在逆变器并联系统中,由于不可能做到各逆变电源输出电压相位严格同步,因此微小的相位差也会导致输出有功功率的不平衡,产生有功环流。当某逆变电源从输出端吸收有功功率时,直流侧输入电压势必被抬升。在异常情况下,可能会损坏直流侧滤波电容和开关器件。

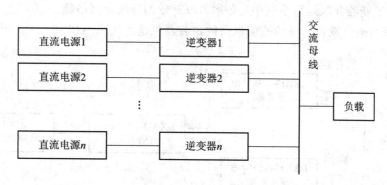

图 3-17 独立直流电源供电的逆变器并联系统框图

**2. 公用直流电源供电的逆变器并联系统的结构**

公用直流电源供电的逆变器并联系统的结构框图如图 3-18 所示。公用直流电源的逆变器并联系统不存在上述独立直流电源供电的逆变器并联系统的问题。但是当一个逆变器的桥臂出现直通故障时,直流电源的扰动可能会影响其他逆变模块的正常运行;环流产生的因素依然存在,因此均流技术仍必须使用。

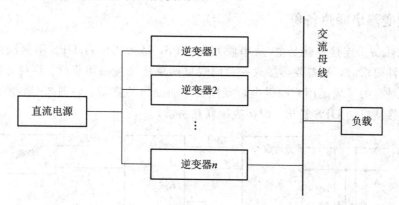

图 3-18 公用直流电源供电的逆变器并联系统的结构框图

逆变电源模块并联运行组成的是交流电源供电系统,各模块输出的是交流电,它们之间的并联运行比直流电源的并联运行困难得多,原因在于:如果各逆变电源模块输出电压的幅值或相位不一致,则会在逆变电源模块之间产生环流。环流会给并联系统带来许多不利影响,会加大开关元件的负担,增加系统的损耗,甚至会损坏功率器件,导致并联系统崩溃,中断供电。为了保证逆变器并联系统的正常运行,一定要使得输出电压的幅值和相位都一致。由于频率差可以引起相位差,所以要相位完全一致,则频率必须相同,故要实

现两台逆变器的并联运行,则必须保证它们的输出电压的频率、幅值和相位满足:

$$U_{o1} = U_{o2}, f_1 = f_2, \varphi_1 = \varphi_2$$

其中,$U_{o1}$、$f_1$、$\varphi_1$ 分别是第一台逆变器输出电压的幅值、频率和相位;$U_{o2}$、$f_2$、$\varphi_2$ 分别是第二台逆变器输出电压的幅值、频率和相位。当两台逆变器输出电压的幅值相等、相位也一致时,它们的频率也相等。此时,电压差为零,其并联运行的系统工作在最理想状态。实际上,在逆变器并联运行的系统中,由于电路参数存在差异和负载经常变化,因此各逆变器输出电压的幅值和相位往往不可能完全一致,必然导致两台逆变器之间存在一定的电压差,从而在系统内部形成环流,而环流对各逆变器的功率器件以及输出滤波器有不利影响。为此,在逆变器并联运行系统中,必须采取有效的环流抑制措施。

国内某著名通信设备公司的通信机房的逆变器供电系统采用如图3-19所示的冗余式逆变器技术。

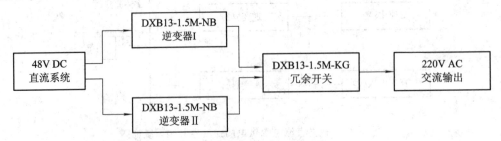

图 3-19 冗余式逆变器原理

图 3-19 为采用公用直流电源供电的逆变器并联系统的结构,两台 1500V·A 48V DC/220V AC 逆变器的输出送至冗余开关。在逆变器Ⅰ、Ⅱ输出正常时,交流输出由逆变器Ⅰ供电;在逆变器Ⅰ输出异常时,冗余开关在 10 ms 内将交流输出切换至逆变器Ⅱ供电,实现不间断备份转换供电。

### 3.3.3 逆变器串联热备份

UPS 的热备份连接也就是主-从串联冗余 UPS,是指当单台 UPS 不能满足用户提出的供电可靠性要求时,就需要再接入一台同规格的单机来提高可靠性。同样,逆变器的串联热备份也是指为了满足用户的供电可靠性要求而提出的方案。如图 3-20 所示,将主机的旁路输入接从机的 UPS 输出,即构成串联热备份。

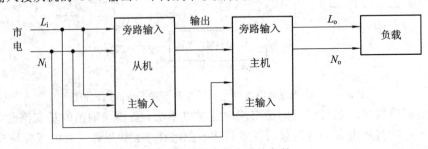

图 3-20 逆变器串联热备份

当主机正常时,由主机输出承受负载;当主机出现故障时,主机将自动切换到旁路状态,此时从机输出承受负载,负载仍处于 UPS 逆变状态,从而保障设备安全运行,若主机处于旁路,从机又出现故障,则由市电来承受负载。

### 3.3.4 使用逆变器的注意事项

作为通信局（站）的重要供电系统，必须做好逆变器系统的正确使用及维护工作，这是一切技术应用的前提。只有在使用之前了解其性能、安全参数及相关注意事项，才能将其应有的功能发挥出并且延长服役时间。因此，下面对使用逆变器的注意事项做简要介绍。

对于通用型逆变器，需注意以下几点：

(1) 直流电压要一致。每台逆变器都接入直流电压数值，如 12 V、24 V 等，要求选择蓄电池电压必须与逆变器直流输入电压一致。例如，12 V 逆变器必须选择 12 V 蓄电池。

(2) 逆变器输出功率必须大于电器的使用功率，特别对于启动时功率大的电器，如冰箱、空调，还要留大一点余量。

(3) 正、负极必须接正确。逆变器接入的直流电压标有正负极，红色为正极（＋），黑色为负极（－）。蓄电池上也同样标有正负极，红色为正极（＋），黑色为负极（－）。连接时必须正接正（红接红），负接负（黑接黑）。连接线线径必须足够粗，并且尽可能减少连接线的长度。

(4) 应放置在通风、干燥的地方，谨防雨淋，并与周围的物体有 20 cm 以上的距离，远离易燃易爆品，切忌在该机上放置或覆盖其他物品，使用环境温度不大于 40 ℃。

(5) 充电与逆变不能同时进行，即逆变时不可将充电插头插入逆变输出的电气回路中。

(6) 两次开机间隔时间不少于 5 s（切断输入电源）。

(7) 请用干布或防静电布擦拭以保持机器整洁。

(8) 在连接机器的输入、输出前，请首先将机器的外壳正确接地。

(9) 为避免意外，严禁用户打开机箱进行操作和使用。

(10) 怀疑机器有故障时，请不要继续进行操作和使用，应及时切断输入和输出，由合格的检修人员或机器所属公司的特约维修单位检查并维修。

(11) 在连接蓄电池时，请确认手上没有其他金属物，以免发生蓄电池短路，灼伤人体。

(12) 基于安全和性能的考虑，安装环境应具备以下条件：

① 干燥：不能浸水或淋雨。

② 阴凉：温度在 0～40 ℃ 之间。

③ 通风：保持壳体上 5 cm 内无异物，其他端面通风良好。

(13) 安装使用方法。

① 将转换器开关置于关（OFF）的位置，然后把雪茄头插入车内点烟器插口，确保插到位而接触良好。

② 确认所有电器的功率在 G-ICE 标称功率以下，将电器的 220 V 插头直接插入转换器一端的 220 V 插座内，并确保两个插座所有连接电器的功率之和在 G-ICE 标称功率以内。

③ 开启转换器开关，绿色指示灯亮，表示工作正常，红色指示灯亮，表示因过压、欠压、过载或过温导致转换器关断。

④ 在很多情况下，由于车内点烟器插口输出有限，因此正常使用时转换器报警或关断。这时只要发动车辆或减小用电功率即可恢复正常。

对于通信局（站）的逆变器，有以下注意事项：

(1) 对于交流直通结构的逆变器，在没有直流接入的情况下，禁止将市电接入直接带载使用。

（2）不是所有的逆变器都具有48V防反接功能，所以在接线前要保证直流电压的极性正确。

（3）在农村、山区等电力环境恶劣的地区使用逆变器时，逆变器的市电运行方式可能被禁止。

（4）使用发电质量不高的油机系统输出作为逆变器的市电输入时，逆变器的市电运行方式可能被禁止，需要视具体情况决定。

（5）在没有市电的环境中使用时，逆变器可能有声音告警。如果需要取消该功能，需要向逆变器厂家咨询，并由资深电源工程师进行操作。

## 3.4 UPS/逆变器选型指导

随着各行各业对电源稳定性及可靠性要求的提高，UPS及逆变器供电系统逐渐受到重视并得到了广泛的应用。具体的行业和企业还对供电系统有特殊要求，甚至具体服役环境也对供电系统提出了自己的选型要求。只有针对具体环境、具体指标进行完备选型，才能使其供电系统的优势得以发挥，并且减少不匹配等不利因素的出现。本节主要对UPS/逆变器的选型做一介绍。

### 3.4.1 选型的基本原则

为了适应UPS/逆变器产品的全球化及通用性，UPS/逆变器选型应遵循以下基本原则：

（1）当电源中断需要立即提供电力以维持设备正常运行或电源品质不稳定需要提供稳定、纯净的电源时，考虑选用UPS/逆变器。

（2）对于UPS/逆变器的选型，在选型阶段应该考虑到UPS的安规认证，以适应公司产品的全球化的发展趋势。选型时要满足当地安规标准。一般为各国广泛接受的安规认证类型有UL（北美）、CSA（加拿大）、TUV（德国）、CE（欧盟）等，我国采用3C（China Compulsory Certification）。

（3）由于需要限制电源设备对于电网的影响，现阶段世界各国正在强行推行设备的EMC要求，对UPS也不例外，因此一般要求UPS/逆变器也应通过相应的认证。

（4）应根据所用设备的负荷量统计值来选择所需的UPS/逆变器的输出容量（kV·A值）。为确保UPS的系统效率高和尽可能地延长UPS的使用寿命，推荐参数是：用户的负荷量占UPS输出容量的90%为宜，但最大不能超过标称值。UPS/逆变器输出容量包括有功（W）和无功两部分（var），总体上体现为视在功率（V·A），三者成三角关系，一般要求有功功率小于UPS输出有功功率。UPS/逆变器的输出有功功率在厂家资料中可以查到。若查不到，可以用UPS/逆变器的输出容量乘以输出功率因数得到。

（5）世界上各国电网电压主要分为LV（低压）系列和HV（高压）系列。一般而言，LV系列包括100、110、120、127四个等级，可接受的最高输入电压为140 V AC；HV系列包括208、220、230、240四个等级，可接受的最高输入电压276 V AC。

（6）输入电压频率分为50 Hz和60 Hz两种，无论是LV系列还是HV系列都有使用。

根据以上输入电压和频率的分类，选用 UPS 时需要针对产品销售区域的电网特征进行判别。

（7）输出功率因数代表适应不同性质负载的能力。UPS 工作时不仅向负载提供有功功率，同时还提供无功功率（对于容性负载或感性负载）。当电路中接有开关电源等整流滤波型非线性负载时，还需要考虑电流 THD(Total Harmonic Distortion)的影响。一般认为，带容性负载（开关电源等）时 UPS/逆变器输出功率因数在 0.6 到 0.8 之间为宜；带感性负载（风扇、电灯等）时 UPS/逆变器输出功率因数在 0.3 左右为宜。因此在 UPS/逆变器选型时，应考虑到负载功率因数的问题。

（8）由于发电机输出波形差，因此某些 UPS 在作为发电机的负载时跟踪能力不足。在停电较长的地区，如果发电机经常作为电网的后备，则需要选择对油机适应能力强的 UPS。

（9）世界各国电源插头插座差异很大，而且标准和规定各式各样，因此在选用 UPS 时需要针对各地情况进行判断，选择符合销售区域要求的 UPS/逆变器。关于插头插座，可参考《国际化电源插头插座系统选型指导书》。

（10）用户需要在计算机网络终端上实时监控 UPS 的运行参数（如输入、输出的电压、电流和频率，UPS 电池组充电、放电的相关参数和显示的电压值，UPS 的输出功率及有关的故障、报警信息）时，可以选用提供 RS232、DB9、RS485 通信接口功能的 UPS。对于要求能执行计算机网控管理功能的用户，还可配置简单网络管理协议（SNMP, Single Network Management Protocol）卡以配套运行。

（11）在产品初期 UPS/逆变器选型时，一定要明确产品的市场定位，不局限于当前的市场需求进行选型，以方便将来其他产品选用 UPS/逆变器。

（12）综合考虑性价比因素，选用具有高稳定性和高可靠性的 UPS/逆变器。

### 3.4.2 UPS/逆变器的选型要求

对于 UPS 系统来说，UPS 主机的可靠性是 UPS 供电系统的核心。在选择 UPS 主机时，要注意以下事项：

（1）功率器件是 UPS 的心脏，应选择可以自行生产功率器件的厂家。这些厂家不但选用优质的功率器件制造 UPS，而且器件会运行在最佳状态，因而 UPS 的性能好，可靠性高。另外，应选择低温升功率器件的 UPS。功率器件损坏约占 UPS 故障率的 80%。若选用低档功率器件，则负载稍一超载，功率器件就会因温度过高而损坏。

（2）应采用具有全数字化、集成化控制电路的 UPS，即在变换、控制、反馈、测量、显示及通信等方面均采用数字化技术。有的 UPS 只有 DC/AC 转换器是数字化的，而 AC/DC 转换器仍在模拟状态下工作，因此，这类 UPS 只能算作部分数字化。先进的 UPS 在转换环节均采用数字化，而且采用双数字信号处理器（DSP）、大规模专用集成电路（ASIC）和直接数字控制（DDC）技术。数字化代表了 UPS 的高指标、高可靠、高稳定的特性。

（3）需选择宽广的输入电压范围。大功率 UPS 能达到电网 $380\times(1-30\%)\sim380\times(1+15\%)$ V 的电压变化范围。

（4）需选择高输入功率因数的 UPS。高输入功率因数能减少无功损耗，节约电能，降低电网谐波污染及空间辐射干扰。采用高频 PWM 变换技术，能使输入功率因数达到 0.999，能明显减少输入端的无功损耗，节约运行费用，同时没有电网污染和空间辐射。

（5）需选择平均无故障工作时间（MTBF）长的 UPS。MTBF 反映 UPS 长期运行的可靠性程度。由 UPS 市场的统计资料可知，现今我国市场上 UPS 的 MTBF 一般都在 10 万小时以上，但不同品牌的 UPS 其可靠性指标具有明显差别。

以上是对于 UPS 主机选型的一些建议。整体的 UPS/逆变器供电系统在选型时应按照以下所述进行。

**1. 类型选择**

应根据设备要求选择双变换式、在线互动式还是后备式 UPS。双变换式 UPS 输出正弦波，逆变器主供电，掉电切换电池几乎没有间隔时间，对市电进行完全净化。在线互动式 UPS 的充电器与逆变器合为一体，没有整流环节，输出电压分段调整，工作在后备方式。后备式 UPS 多为准方波输出，对市电没有净化功能，逆变器为后备工作方式，掉电切换逆变工作有时间间隔。

对于一个由多台计算机和若干服务器组成的中小网络，或者对多个工作站，采用集中供电保护方式，数据中心和关键性设备需要 24 小时不间断地获得恒定、高质量的电源，推荐选用双变换式 UPS。对于家庭办公或工作站，采用分散供电保护方式，推荐采用后备式或在线互动式。另外，还需要根据自身设备的要求，对短时间型或长延时型 UPS 做出选择。

通信设备要求符合邮电系统的输入、输出特性标准，选用的 UPS 必须符合通信交直流供电体制，不能影响其他通信设备的运行。

**2. 容量选择**

对于 UPS 的容量选择，需要考虑如下条件：

(1) 负载的类型。负载的类型包括线性负载（$\cos\phi = 0.8$）和非线性负载（功率因数），这些特性决定了 UPS 输出端的功率因数。

(2) 稳态下负载的最大功率。针对单个负载，稳态下负载的最大功率就是该负载的额定功率。如果是很多个负载并联连接在 UPS 的输出端，则必须计算出所有负载同时运行时的总功率；否则，必须通过多种方法计算出最不利的运行情况下的功率。

(3) 瞬态下负载启动电流或负载短路电流。UPS 系统的过载能力取决于过载的持续时间，如果超过了限定的时间，而且旁路电源的特性在允许的范围内，则 UPS 会将负载无间断地切换到旁路电源。在这种情况下，负载的供电是连续的，但不可避免地受到配电系统的干扰。所以，利用旁路电源来处理设备的启动或短路时产生的尖峰电流，可以避免系统选用的 UPS 容量过大。一般的 UPS 能够以额定电流的约 2.33 倍的限流方式运行一秒钟。

根据以上条件再按如下步骤就可计算出具体的 UPS 容量：计算出负载的视在功率和有功功率；确定 UPS 的额定视在功率；核实有功功率；核实负载功率；核实 UPS 是否满足启动电流的需要。

**3. 电池配置**

阀控式密封铅酸蓄电池的容量应根据下式计算结果加以确定：

$$O = \frac{W \times T \times 1.25}{U_f \times K_1 \times [1 - (25 - \text{TEMP}) \times K_2]}$$

由此可推出备电时间的计算公式为

$$T = \frac{C \times U_f \times K_1 \times [1 - (25 - \text{TEMP}) \times K_2]}{W \times 1.25}$$

在 25 ℃时，上式简化为

$$T = \frac{C \times U_f \times K_1}{W \times 1.25}$$

其中，$C$ 为蓄电池容量，单位为 A·h；$W$ 为负载功率，单位为 W；$T$ 为备电时间，单位为 h；TEMP 为环境温度，单位为℃；$U_f$ 为放电终止电压，单位为 V（一般取 10.8 V/12 V 电池，如 48 V 系统一般取 $U_f$=43.2 V，72 V 系统一般取 64.8 V）；$K_1$ 为蓄电池效率，$T<3$ h 时，$K_1=0.5 \sim 0.6$，$3 \text{ h} \leqslant T \leqslant 5$ h 时，$K_1=0.75 \sim 0.8$，$5 \text{ h} \leqslant T < 10$ h 时，$K_1=0.85 \sim 0.9$，$T \geqslant 10$ h 时，$K_1=1$；$K_2$ 为温度系数，放电电流 $I \leqslant 0.1$ C 时，$K_2=0.006$，$0.1 \text{ C} < I \leqslant 0.5$ C 时，$K_2=0.008$，$I > 0.5$ C 时，$K_2=0.01$。

220V AC，0.5 A 工作时，设备需求功率为 220×0.5=110 W，此时 UPS 效率为 0.65，电池输出功率为 110/0.65=169 W，26 A·h 电池的备电时间计算如下：

新电池：

$$T = C \times U_f \times \frac{K_1}{W} = 26 \times 64.8 \times \frac{1}{169} = 10 \text{ h}$$

旧电池：

$$T = C \times U_f \times \frac{K_1}{(W \times 1.25)} = 26 \times 64.8 \times \frac{1}{169} \times 1.25 = 8 \text{ h}$$

该时间为电池寿命终止（容量下降至 80%）时的备电时间，一般选型计算以此为准，可用于向用户承诺。

**4. 发展性选型**

根据提高效率和可靠性，减小体积和重量，降低成本，延长蓄电池寿命和电源智能管理的要求，UPS 近期的发展趋势为应用高频化、DSP 数字控制、智能网络监控、网络化、电池智能管理、并联冗余设计以及输入功率校正等技术。

### 3.4.3 UPS/逆变器的选型说明

(1) UPS 不仅可以使供电不间断，而且可以净化市电，在对电网要求高而当地电能质量又不高的情况下，可以考虑选用 UPS。

(2) UPS/逆变器多用于海外项目，选型时要明确当地电压情况，比如，110 V AC 或者 220 V AC。

(3) 长延时机的外挂电池在不同国家有特殊需求，要调查明确。比如，有俄罗斯入网证的电池暂时只有阳光和光宇两种。

(4) UPS/逆变器能提供的容量有有功功率(W)和总功率(V·A)的限制。选择容量时，要对有功功率进行核算。有功功率小于总功率，一般可粗略估算如下：

$$\text{有功功率} = (0.6 \sim 0.8) \times \text{总功率}$$

(5) UPS 有标机和长延时机，应充分考虑用户的重要程度选择不同延时的机型。标机一般延时 7~15 min，长机理论上可以无限延时，延时长短由外挂电池的多少决定，一般受成本和空间限制，一般 1 小时、2 小时、4 小时、8 小时等几种。

(6) UPS 的工作方式有后备式、在线互动式和双变换式，功能按照上面顺序逐渐增强。对用户要求高的地方应该选择在线式。

(7) 感性负载一般不推荐用于 UPS/逆变器。带感性负载时，UPS/逆变器的输出功率因数在 0.3 左右为宜。

(8) 在产品初期 UPS/逆变器选型时,一定要明确产品的市场定位,不局限于当前的市场需求,以方便将来其他产品选用 UPS/逆变器。

### 3.4.4 UPS/逆变器的使用环境

UPS/逆变器一般要求使用在海拔 3000 m 以下,环境温度 0～+40℃,相对湿度≤95%(25℃,无凝结),工作环境无剧烈振动、冲击,无导电爆炸尘埃,无腐蚀金属和破坏绝缘的气体和蒸汽。

UPS 使用的温度条件实际上很大程度上取决于蓄电池,无论 UPS 的充电器是否具有充电温度补偿功能,都必须将 UPS 用的蓄电池置于温度范围合适的环境。过低的环境温度会造成蓄电池的放电容量下降;当温度超过 25℃ 时,会造成蓄电池的使用寿命缩短,使用时需注意。

对于使用环境超过上述条件,或有在室外使用的情况,可以联系生产厂商进行特殊处理,通过模拟和实际环境试验后,亦可选用。对于具体的安装环境,可以参考产品的说明。以下是某公司的 UPS 产品的安装环境要求:

(1) UPS 应安装在无污染的室内环境。
(2) UPS 只能接含有地线的单相三线制电源或三相五线制电源。
(3) 不要将 UPS 安装在过分潮湿或靠近水的房间。
(4) 避免液体或其他物体进入 UPS。
(5) UPS 应被放置在通风良好的房间内,且房间温度控制在 0～40℃。要保证最大的电池寿命,室内温度最好控制在 25℃±5℃。
(6) 放置 UPS 的房间保持良好的通风是非常重要的,因此要确保 UPS 房间有足够的空气流通。
(7) 避免将机器暴露在阳光下或靠近热源的地方。

## 3.5 UPS/逆变器常见问题解答

### 一、UPS/逆变器故障原因分析

1. UPS 电源切换启动频繁,其主要原因如下:
(1)交流 220V 市电电网干扰过强或者电压波动范围过大。
(2)自动稳压控制和市电供电与逆变器供电的转换工作点调整不当。
2. UPS 电源只能工作在逆变器供电状态,不能转换到市电供电状态。

由于 UPS 可以工作在逆变器供电状态,说明逆变器有关工作电路正常,故障出在与市电供电有关的控制线路,其主要原因如下:

(1) 交流市电 220 V 输入保险丝熔断,可能的原因是:输出回路短路或过载;市电输入端火线与零线接线错误;交流市电出现过大的浪涌电流。
(2) 控制供电转换电压工作点的微调电位器调整不当,导致转换电压偏高。
(3) 主变压器次级反馈绕组开路,造成无交流反馈电压信号输入。
(4) 交流稳压控制线路出现故障,造成在特定电压范围内 UPS 无输出。

3. UPS 电源只能工作在市电供电状态下，不能转换到逆变器供电状态。

市电供电工作正常，说明市电输压和抗干扰控制线路正常，故障出在与逆变器供电有关的线路，其原因有以下几个：

(1) 若逆变器工作指示灯停止闪烁，处于长亮状态，并且 UPS 电源没有输出，则可能是每节 12 V 蓄电池端电压低于终了电压 10.5 V，从而引起自动保护。此外，可能是逆变器末级推挽驱动晶体管损坏或脉宽调制组件无驱动振荡脉冲输出。

(2) 若逆变器工作指示灯熄灭，电源没有输出，则可能是蓄电池组 30 A 保险丝熔断，或是逆变器末级推挽驱动晶体管被烧毁而导致蓄电池组短路。此时，一般蓄电池电压都很低，有时甚至为零。具体原因是：内部辅助电源回路故障；推挽式末级驱动电路中两臂输出出现严重不平衡；过流保护线路失效；脉宽调制组件损坏；末级驱动晶体管基级线路中的保护二极管被损坏。

4. 逆变器工作指示灯正常，电源没有输出，其可能原因如下：

(1) 脉宽调制器件工作点失调或损坏。

(2) 主电源变压器短路或层间击穿（可能性极小）。

(3) 末级推挽驱动晶体管电路两臂严重不平衡。

(4) 转换控制电路损坏。

5. UPS 不间断电源处于逆变器供电时，后备工作时间达不到额定满负荷供电时间，其原因有以下几个：

(1) 蓄电池过度放电，使端电压接近于规定的终了电压。一般情况下，每节 12 V 蓄电池端电压低于 10.5 V 时，就有可能造成启动失败。

(2) 蓄电池在放电以后，没有足够时间充电或者市电电网电压长期在低压状态下运行，致使充电回路未能及时对蓄电池组进行有效充电，严重时根本充不上电。

(3) 蓄电池长期处于"浮充状态"，导致蓄电池内阻增大，从而造成蓄电池实际可供使用的容量远远低于蓄电池组的额定容量。

(4) 蓄电池充电回路损坏或者充电电压调整不当。在正常市电供电状态下，电源内部能够自动利用充电回路对蓄电池进行"浮充充电"，恢复蓄电池组的原有性能。若蓄电池组端电压过低，则一般均需将蓄电池脱机进行均衡充电，才有可能重新恢复蓄电池组的性能。

6. 逆变器工作指示灯停止闪烁，蜂鸣器常鸣，其主要原因有以下几个：

(1) 频繁开关 UPS 不间断电源，造成启动失败，即 UPS 不工作在市电供电状态，也不工作在逆变器供电状态。一般要求在关断 UPS 电源开关后，至少要等 5~6 s 以后，才允许重新启动。

(2) UPS 电源由于负载过重或者蓄电池端电压过低引起自动保护线路动作。

(3) 在有些 UPS 中，可能是控制工作状态指示灯和蜂鸣器的定时器组件损坏。

(4) 在 UPS 电源负载回路中或在市电供电网络中有大负载或电感性负载接入。

7. 变压器有异常声响，其主要原因有以下几个：

(1) 整流回路和稳压电路故障，整流桥或集成稳压块烧毁。

(2) 主变压器初级或次级绕组打火。

(3) 脉宽调制线路和末级推挽驱动晶体管之间的连接线缆断裂或插头座接触不良。

（4）末级推挽驱动晶体管电路两臂输出严重失调、不匹配。

8. UPS 不间断电源每次开机工作一段时间后，蜂鸣器长鸣，无输出。

UPS 能够工作一段时间，说明其基本回路正常，可能是某种保护起了作用。其主要原因有以下两种：

（1）市电/逆变器供电转换控制电路故障，导致电压比较放大器工作不稳定。

（2）过电流保护电路工作点漂移，造成误动作。

## 二、UPS 故障处理

（1）分析故障现象。根据蜂鸣器发声、工作状态指示灯明暗闪烁、电源有无输出以及用户使用和维护情况等信息，参照以上 8 种故障现象的分析，判断是逆变器部分发生故障还是市电供电部分发生故障。同时依照故障 UPS 电源的特点和电路原理进行分析，实现故障定位。

（2）拆机进行直观检查。查看电缆连接插头是否松动，各种元器件表面是否有异常情况，如有无特殊气味，保险丝是否熔断，以及有无断线、开焊或接触不良等现象。

（3）若是市电供电电路发生故障，则既可以从输入级向后逐级检查，也可从后向前检查。检查路线为：输入交流市电电压→自动稳压控制电路→抗干扰控制电路→继电器开关矩阵→转换控制电路→输出电路。

（4）若是逆变器供电电路发生故障，检查路线为：蓄电池端电压→末级推挽驱动晶体管→蓄电池组 30 A 保险丝自动保护电路→脉宽调制组件→断电器开关矩阵→输出电路。其中，由于蓄电池端电压过低而导致故障的故障率较高。另外，UPS 的末级推挽驱动晶体管较易损坏，并且大多为基极与发射极之间开路，会导致逆变器无输出或变压器有异常声音等情况发生。

## 三、UPS 的使用与维护

要使用和维护好 UPS，提高 UPS 的使用寿命，必须注意以下几方面的问题：

（1）环境温度通常在 0～40℃之间。温度过高或过低会使电路参数发生变化，对电池的影响也很大。电池在 38℃条件下放置 6 个月，其能量损失 90%。长期在高温条件下，运行电池会过早损害，器件也容易老化。所以最好的使用条件是：温度 25℃±2℃，湿度 40%～50%。

（2）从许多 UPS 的使用情况来看，因灰尘造成 UPS 故障的情况较多，特别是那些采用场效应管、工作频率高、运行环境不好的 UPS，如不经常进行维护，就很容易出现故障。

（3）UPS 对输入电压和频率有一定的适应范围，电压一般在±15%以内，频率在±2%以内，超过这一范围 UPS 可能会出现报警或整流器停机等情况。所以，有条件可在 UPS 前加一级稳压器。

（4）应注意电磁干扰对 UPS 的影响。UPS 应远离大型变压器等设备，UPS 与计算机相连的信号电缆应采用屏蔽电缆。

（5）应尽可能地避免短路、过载、超压等容易造成危害的事件发生。

（6）长期处于浮充状态下的电池应定期作一次完全充放电，一般每隔 2～3 个月进行一次，以避免电池由于长期处在浮充状态而导致内阻增大。同时还要注意蓄电池不要过度放电，以免损害蓄电池。

（7）应严格按照使用说明或操作规程守则进行安装、接线和使用，不要随意打开机箱，有了故障不要轻易调整电路中的可调器件，应请专业技术人员或厂家的专业维修人员来维修，以避免故障的扩大化或复杂化。

（8）UPS 适合接阻性或容性负载，应避免接感性负载，如打印机、绘图仪等。因为感性负载的启动电流是正常额定电流的 4~7 倍，会给 UPS 造成瞬间超载，所以建议用户在停电时尽量不要使用打印机等外部设备。

（9）更换蓄电池组时应尽可能按原型号配备，如不能配相同型号的电池，则可用其他品牌的代替。但要注意如下几个问题：确认该电池与原电池的电压和容量是否相等，外形尺寸是否满足安装要求。电池容量应严格按照电池生产厂家提供的电池放电特性曲线或电池放电功率表格来选取。若按电池放电特性曲线选择，一定要参照大电流放电曲线，以确保电池适应短时间大电流放电的特殊要求。当 UPS 的电池组不需要独立电源房间时，一定要选用全密封免维护的电池。在投入使用前应核实极性，并做一次完全充放电，以活化极板。

（10）UPS 不要带负载启动。系统加电启动的顺序如下：合上电源总开关；接通 UPS 电源；接通外设和主机电源。系统断电的顺序应和加电顺序相反。UPS 断电后至少要求 10 ms 后再启动，并注意不要过于频繁地启动和关闭 UPS。

## 本 章 小 结

UPS 是为了保证重要负载正常持续运行而设计的一种电源系统，它主要由整流器、逆变器、蓄电池、转换开关等组成。UPS 以供电可靠性高、供电质量高、效率高、损耗低等优点应用于各行各业。UPS 可分为后备式、线路互助式和双变换式。各种形式的 UPS 以其特定的优势应用于不同场合。为了更好地为重要负载供电，可应用 UPS 的冗余备份技术、监控技术、蓄电池管理技术等。本章还着重介绍了 UPS 系统中逆变器的相关知识，包括逆变器的原理、冗余备份、选型原则及应用指导。只有全面掌握了 UPS/逆变器的选型、安装使用及常见故障，才能将 UPS 系统的优势得以发挥。

## 习　题

1. 简述 UPS 的组成部分以及各个部分的功能。
2. 静态式 UPS 分为哪几类？画出双变换式 UPS 的电路结构并说明其工作原理。
3. 一套设计完善的 UPS 并机冗余供电系统必须具备哪些功能？
4. 试描述几种常见并机方案。
5. 在 UPS 系统中如何选取蓄电池容量？试说明其计算方法。
6. 本书中是如何实现 UPS 的监控的？
7. 试述逆变器的分类。
8. UPS 电源切换启动频繁其主要原因有哪些？

# 第四章 免维护蓄电池

## 4.1 电池的规格及主要参数

**1. 免维护铅酸蓄电池的型号及规格**

1) 免维护铅酸蓄电池的型号

根据机械工业部标准(JB2599—85)《铅蓄电池产品型号编制方法》,铅蓄电池的产品型号采用汉语拼音的大写字母和阿拉伯数字表示,分为三段,其内容及排列如图4-1所示。

图4-1 蓄电池型号的内容及排列

串联的单体电池数指一个整体容器或一只组装箱内所包括的串联的单体电池数目。当单体电池数为1时,这一段可省略。

铅酸蓄电池根据其主要用途划分为不同类型,其主要代号见表4-1。

表4-1 电池类型的主要代号

| 序号 | 电池类型<br>(根据主要用途划分) | 代号 | 汉字及拼音 | |
|---|---|---|---|---|
| | | | 汉字 | 拼音 |
| 1 | 启动用 | Q | 启 | qi |
| 2 | 固定用 | G | 固 | gu |
| 3 | 电池车 | D | 电 | dian |
| 4 | 摩托车 | M | 摩 | mo |
| 5 | 矿灯酸性 | KS | 矿酸 | kuang suan |
| 6 | 舰船 | JC | 舰船 | jian chuan |
| 7 | 航标灯 | B | 标 | biao |
| 8 | 坦克 | TK | 坦克 | tanke |

第二段中的电池特征为附加部分,仅在同类型用途的产品中具有某种特征,而在产品型号中又必须加以区别时采用。电池特征的主要代号见表4-2。

例如,6-QA-120表示有6个单体电池(12 V),为启动用蓄电池,装有干荷电式极板,20小时率时的额定容量为120 A·h。

表 4-2 电池特征的主要代号

| 汉语拼音字母 | | 含义 |
|---|---|---|
| 表示蓄电池特征的字母 | A | 干荷电式 |
| | F | 防酸式 |
| | FM | 阀控密封式 |
| | W | 无需维护 |
| | J | 胶体电液 |
| | D | 带液式 |
| | J | 激活式 |
| | Q | 气密式 |
| | H | 湿荷式 |
| | B | 半密闭式 |

2）免维护铅酸蓄电池的规格

铅酸蓄电池主要用来解决两个问题：一是供电电压，二是供电电流。从铅酸蓄电池的外形来看，体积有大有小，极板有多有少，有开口式的，也有封闭式的，但每只（移动型的为每格）铅酸蓄电池的电势都是相等的，均为 2 V。极板的大小和多少与蓄电池的容量有关，极板大且多的容量大，反之则容量小，但它们的电压总是相等的。由于通信设备所需的电源都是几十伏甚至几百伏，因此只有把若干只电池串联起来组成蓄电池组，才能满足要求。根据通信设备所需的电压和电流不同，可将同型号的蓄电池接成串联、并联和复联（即串联、并联一起用）组成蓄电池组。串联主要用来提高电压，并联主要用来增大容量。电池组的串联是普遍采用的，但并联和复联在实际使用中很少应用。为了满足通信设备所需的容量，减小电池使用体积和简化电池的连接方式，常通过增加极板面积和片数来解决。这就要求对电池的极板与容量间的关系有所了解。

我们可从蓄电池容量推算出蓄电池极板的容量。目前在一般情况下，60 A·h 以下的用 Ⅰ 类极板；72～180 A·h 的用 Ⅱ 类极板；216～720 A·h 的用 Ⅲ 类极板；864 A·h 以上的用 Ⅳ 类极板。凡用 Ⅰ 类极板的电池，用其额定容量除以每片容量 12 A·h，得数为正极板片数。Ⅱ、Ⅲ、Ⅳ 类极板的电池分别除以 36 A·h、72 A·h 和 144 A·h，便得相应的正极板数。

例如，容量为 288 A·h 的蓄电池，应有多少片正负极板？

288 A·h 的蓄电池为 Ⅲ 类极板，其正极板为 $\frac{288}{72}=4$ 片，负极板总数应比正极板数多 1 片，为 5 片，其中边负极板为 2 片，中负极板为 5-2=3 片，每只电池的极板总数为 3+4+2=9 片。

阀控式密封铅酸蓄电池极板规格及电气性能见表 4-3 和表 4-4。

### 表4-3 阀控式密封铅酸蓄电池极板规格

| 序号 | 蓄电池型号 | 蓄电池规格 | 每张极板容量/(A·h) | 极板数量 正 | 极板数量 负 | 最大外形尺寸/mm 长 | 最大外形尺寸/mm 宽 | 最大外形尺寸/mm 槽高 | 最大外形尺寸/mm 总高 | 干装重量/kg | 电液体积/L |
|---|---|---|---|---|---|---|---|---|---|---|---|
| 1 | 10-GFM-30 | 2 V, 30 A·h | 10 | 3 | 4 | 100 | 123 | 185 | 225 | 3.5 | 0.8 |
| 2 | 10-GFM-50 | 2 V, 50 A·h | 10 | 5 | 6 | 138 | 123 | 185 | 225 | 5.5 | 1.3 |
| 3 | 10-GFM-100 | 2 V, 100 A·h | 25 | 4 | 5 | 120 | 158 | 309 | 366 | 8.3 | 2.7 |
| 4 | 100-GFM-150 | 2 V, 150 A·h | 25 | 6 | 7 | 157 | 158 | 309 | 366 | 11.6 | 4.1 |
| 5 | 100-GFM-200 | 2 V, 200 A·h | 25 | 8 | 9 | 194 | 158 | 309 | 366 | 14.8 | 5.4 |
| 6 | 10-GFM-250 | 2 V, 250 A·h | 50 | 5 | 6 | 162 | 209 | 473 | 544 | 18.0 | 5.5 |
| 7 | 10-GFM-300 | 2 V, 300 A·h | 50 | 6 | 7 | 162 | 209 | 473 | 544 | 21.5 | 6.5 |
| 8 | 10-GFM-350 | 2 V, 350 A·h | 50 | 7 | 8 | 199 | 202 | 473 | 544 | 25.4 | 7.5 |
| 9 | 10-GFM-400 | 2 V, 400 A·h | 50 | 8 | 9 | 162 | 209 | 473 | 544 | 28.7 | 8.5 |
| 10 | 10-GFM-450 | 2 V, 450 A·h | 50 | 9 | 10 | 162 | 209 | 473 | 544 | 32.0 | 9.5 |
| 11 | 10-GFM-500 | 2 V, 500 A·h | 50 | 10 | 11 | 162 | 209 | 473 | 544 | 36.3 | 10.5 |
| 12 | 10-GFM-600 | 2 V, 600 A·h | 100 | 6 | 7 | 204 | 277 | 652 | 734 | 47.0 | 12.6 |
| 13 | 10-GFM-700 | 2 V, 700 A·h | 100 | 7 | 8 | 204 | 277 | 652 | 734 | 52.5 | 14.7 |
| 14 | 10-GFM-800 | 2 V, 800 A·h | 100 | 8 | 9 | 204 | 277 | 652 | 734 | 58.0 | 16.8 |
| 15 | 10-GFM-900 | 2 V, 900 A·h | 100 | 9 | 10 | 204 | 277 | 652 | 734 | 68.0 | 18.7 |
| 16 | 10-GFM-1000 | 2 V, 1000 A·h | 100 | 10 | 11 | 204 | 277 | 652 | 734 | 78.0 | 20.5 |
| 17 | 10-GFM-1200 | 2 V, 1200 A·h | 100 | 12 | 13 | 204 | 277 | 652 | 734 | 98.0 | 24.0 |
| 18 | 10-GFM-1400 | 2 V, 1400 A·h | 100 | 14 | 15 | 204 | 277 | 652 | 734 | 100.0 | 28.4 |
| 19 | 10-GFM-1600 | 2 V, 1600 A·h | 100 | 16 | 17 | 204 | 277 | 652 | 734 | 138.0 | 44.0 |
| 20 | 10-GFM-1800 | 2 V, 1800 A·h | 100 | 18 | 19 | 204 | 277 | 652 | 734 | 148.0 | 42.0 |
| 21 | 10-GFM-2000 | 2 V, 2000 A·h | 100 | 20 | 21 | 204 | 277 | 652 | 734 | 158.0 | 42.0 |
| 22 | 10-GFM-2200 | 2 V, 2200 A·h | 100 | 22 | 23 | 204 | 277 | 652 | 734 | 168.0 | 40 |

### 表4-4 阀控式密封铅酸蓄电池电气性能

| 序号 | 蓄电池型号 | 10小时率放电 终止电压在1.8 V 电流/A | 10小时率放电 终止电压在1.8 V 容量/(A·h) | 1小时率放电 终止电压在1.75 V 电流/A | 1小时率放电 终止电压在1.75 V 容量/(A·h) | 大电流放电 终止电压在1.70 V 电流/A | 大电流放电 终止电压在1.70 V 时间/s | 经常充电 第一期 电流/A | 经常充电 第一期 时间/h | 经常充电 第二期 电流/A | 经常充电 第二期 时间/h |
|---|---|---|---|---|---|---|---|---|---|---|---|
| 1 | 10-GFM-30 | 3 | 30 | 13.5 | 13.5 | 37.5 | 10 | 4.5 | 6~8 | 2.5 | 4~6 |
| 2 | 10-GFM-50 | 5 | 50 | 22.5 | 22.5 | 62.5 | 10 | 7.5 | 6~8 | 4 | 4~6 |
| 3 | 10-GFM-100 | 10 | 100 | 45.0 | 45.0 | 125 | 10 | 15 | 6~8 | 87.5 | 4~6 |
| 4 | 10-GFM-150 | 15 | 150 | 67.5 | 67.5 | 187.5 | 10 | 22.5 | 6~8 | 11 | 4~6 |
| 5 | 10-GFM-200 | 20 | 200 | 90.0 | 90.0 | 250 | 10 | 30 | 6~8 | 18 | 4~6 |

续表

| 序号 | 蓄电池型号 | 10 小时率放电 终止电压 在 1.8 V | | 1 小时率放电 终止电压 在 1.75 V | | 大电流放电 终止电压 在 1.70 V | | 经常充电 | | | |
|---|---|---|---|---|---|---|---|---|---|---|---|
| | | | | | | | | 第一期 | | 第二期 | |
| | | 电流 /A | 容量 /(A·h) | 电流 /A | 容量 /(A·h) | 电流 /A | 时间 /s | 电流 /A | 时间 /h | 电流 /A | 时间 /h |
| 6 | 10-GFM-250 | 25 | 250 | 112.5 | 112.5 | 312.5 | 10 | 37.5 | 6~8 | 18.75 | 4~6 |
| 7 | 10-GFM-300 | 30 | 300 | 135.0 | 135.0 | 375 | | 45 | | 22.5 | |
| 8 | 10-GFM-350 | 35 | 350 | 157.5 | 157.5 | 437.5 | | 52.5 | | 26.25 | |
| 9 | 10-GFM-400 | 40 | 400 | 180.0 | 180.0 | 500 | | 60 | | 30 | |
| 10 | 10-GFM-450 | 45 | 450 | 202.5 | 202.5 | 562.5 | | 67.5 | | 33.75 | |
| 11 | 10-GFM-500 | 50 | 500 | 225.0 | 225.0 | 620 | | 75 | | 38 | |
| 12 | 10-GFM-600 | 60 | 600 | 270.0 | 270.0 | 750 | | 90 | | 45 | |
| 13 | 10-GFM-700 | 70 | 700 | 315.0 | 315.0 | 875 | | 105 | | 52.5 | |
| 14 | 10-GFM-800 | 80 | 800 | 360.0 | 360.0 | 1000 | | 120 | | 60 | |
| 15 | 10-GFM-900 | 90 | 900 | 405.0 | 405.0 | 1125 | | 135 | | 67.5 | |
| 16 | 10-GFM-1000 | 100 | 1000 | 450.0 | 450.0 | 1250 | | 150 | | 75 | |
| 17 | 10-GFM-1200 | 120 | 1200 | 540.0 | 540.0 | 1500 | 10 | 180 | 6~8 | 90 | 4~6 |
| 18 | 10-GFM-1400 | 140 | 1400 | 630.0 | 630.0 | 1750 | | 210 | | 105 | |
| 19 | 10-GFM-1600 | 160 | 1600 | 730.0 | 730.0 | 2000 | | 240 | | 120 | |
| 20 | 10-GFM-1800 | 180 | 1800 | 810.0 | 810.0 | 2250 | | 270 | | 135 | |
| 21 | 10-GFM-2000 | 200 | 2000 | 900.0 | 900.0 | 2500 | | 300 | | 150 | |
| 22 | 10-GFM-2200 | 220 | 2200 | 990.0 | 990.0 | 2750 | | 330 | | 165 | |

**2. 锂离子蓄电池的型号**

根据(IEC61960)标准,二次锂电池的标识如下:

(1) 电池标识组成为:3 个字母后跟 5 个数字(圆柱形)或 6 个数字(方形)。

(2) 第一个字母表示电池的负极材料:I 表示有内置电池的锂离子;L 表示锂金属电极或锂合金电极。

(3) 第二个字母表示电池的正极材料:C 表示基于钴的电极;N 表示基于镍的电极;M 表示基于锰的电极;V 表示基于钒的电极。

(4) 第三个字母表示电池的形状:R 表示圆柱形电池;L 表示方形电池。

(5) 圆柱形电池的 5 个数字表示电池的直径和高度(直径的单位为毫米,高度的单位为十分之一毫米)。直径或高度任一尺寸大于或等于 100 mm 时,两个尺寸之间应加一条斜线(/);方形电池的 6 个数字表示电池的厚度、宽度和高度(单位都为毫米)。三个尺寸任一个大于或等于 100 mm 时尺寸之间应加斜线;三个尺寸中任一个小于 1 mm,则在此尺寸前加字母 t 表示此尺寸的单位为十分之一毫米。

例如,ICR18650 表示一个圆柱形二次锂离子电池,正极材料为钴,其直径约为 18 mm,高约为 65 mm。

ICL083448 表示一个方形二次锂离子电池，正极材料为钴，其厚度约为 8 mm，宽度约为 34 mm，高约为 48 mm。

ICL08/34/150 表示一个方形二次锂离子电池，正极材料为钴，其厚度约为 8 mm，宽度约为 34 mm，高约为 150 mm。

ICLt73448 表示一个方形二次锂离子电池，正极材料为钴，其厚度约为 0.7 mm，宽度约为 34 mm，高约为 48 mm。

**3. 镍镉镍氢蓄电池的型号**

根据 IEC 标准，镍镉镍氢电池的标识由以下 5 部分组成：

(1) 电池种类：KR 表示镍镉电池；HF 表示镍氢电池。

(2) 电池尺寸资料：包括圆形电池的直径、高度或方形电池的高度、宽度、厚度，数值之间用斜杠隔开(单位为 mm)。

(3) 放电特性符号：L 表示适宜放电电流倍率在 0.5 C 以内；M 表示适宜放电电流倍率在 0.5 C~3.5 C 以内；H 表示适宜放电电流倍率在 3.5 C~7.0 C 以内；X 表示电池能在 7 C~15 C 高倍率的放电电流下工作。

(4) 高温电池符号用 T 表示。

(5) 电池连接片：CF 表示无连接片，HH 表示电池拉状串联连接片用的连接片，HB 表示电池带并排串联连接用的连接片。

例如，HF18/07/49 表示方形镍氢电池，宽度为 18 mm，厚度为 7 mm，高度为 49 mm；KRMT33/62HH 表示镍镉电池，放电倍率在 0.5 C~3.5 C 之间，高温系列，单体电池，圆形电池，直径为 33 mm，高度为 62 mm。

## 4.2 电池结构及工作原理

### 4.2.1 电池结构

**1. 阀控式密封铅酸蓄电池的结构**

普通铅酸蓄电池由于具有使用寿命短、效率低、维护复杂、所产生的酸雾污染环境等问题，适用范围有限，目前已逐渐被阀控式密封铅酸蓄电池所淘汰。阀控式密封铅酸蓄电池整体采用密封结构，不存在普通铅酸蓄电池的析气、电解液渗漏等现象，使用安全可靠，寿命长，正常运行时无需对电解液进行检测和调配加水，又称为"免维护"蓄电池。

为了实现化学能向电能的直接转变，阀控式密封铅酸蓄电池由正负极板、隔板、电解液、安全阀、壳体等部分组成，如图 4-2 所示。图中，正负极板和隔板都装在电池槽内；每种极性的极板都通过汇流排焊接在一起形成极群，在汇流排上焊接有竖直的极柱；在单体蓄电池中，负极板总是比正极板多 1 片，故边板总是负极板；在正极板和负极板之间都插有用超细玻璃纤维制成的隔板；极板下部都设计有"脚"，由电池槽底部的鞍子支持着，这样当极板活性物质在使用过程中逐步脱落时，就可沉到电池槽底部由鞍子构成的空间里，以防止正、负极板之间发生短路；极板的上边框与电池盖之间至少保持 20 mm 以上的距离，以防止电池充电时电解液溢出；各单体电池通过连接条串联成整体电池组；电池槽、盖之间用封口胶黏合。

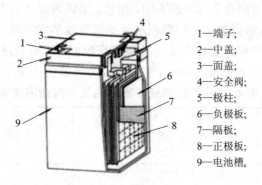

1—端子；
2—中盖；
3—面盖；
4—安全阀；
5—极柱；
6—负极板；
7—隔板；
8—正极板；
9—电池槽。

图 4-2 阀控式密封铅酸蓄电池的基本结构

1）正、负极板

铅酸蓄电池的正、负极板都是由活性物质和支持活性物质的板栅组成的。

处于充电状态时，正极板上的活性物质是二氧化铅（$PbO_2$），呈暗棕色，负极上的活性物质是海绵状铅（Pb），呈深灰色；放电后，正极板和负极板的活性物质均转变为硫酸铅（$PbSO_4$）。制造化学电源所采用的正、负电极的活性物质材料对正、负电极的电特性起决定性的作用，但电极的电特性同时也受电极制造工艺的影响，如活性物质的氧化度、孔率等因素都会对其产生影响。电池的设计特性不同，可能使活性物质的利用率在相当大的范围内变动。为了提高蓄电池的电特性，在设计和制造正、负极板时，一是要保证正、负极活性物质有较大的真实表面积，也就是要尽可能提高其孔率，使之与电解液充分接触，使化学反应易于在较大的真实表面上进行，以提高活性物质的利用率，实现较高的电能与化学能的转换效率；二是活性物质在极板中的分布要均匀，使极板各处的导电性和电流分布尽可能一致，以避免极板在充、放电过程中发生大的变形。极板的高度与宽度之比也是在设计时应认真考虑的重要因素。极板高度太高时，由于放电电池内电解液浓度随着高度的不同而存在较大的差别，因此极板上电流分布不均匀，下部活性物质的利用率明显低于上部。特别是在大电流放电时，极板下半部活性物质的作用更小。

为了增大极板的面积，提高其容量，设计和制造蓄电池时往往将若干块同极性的极板通过汇流排并联焊接组成极群（正极群或负极群），其结构如图 4-3 所示。从图 4-3 中可以看出，在蓄电池中，极群的设计结构总是负极板比正极板多一片，这样一则可以使利用率较低的正极活性物质尽量发挥作用，二则可以避免正极的翘曲变形。所以铅酸蓄电池极群最外侧的两片极板总是负板，称之为边负极板。边负极板只有一个侧面与正极板相对，在使用过程中也只有这个侧面的活性物质起作用。

图 4-3 正、负极群示意图

板栅的材料一般为铅锑合金。阀控式密封铅酸蓄电池的负极板栅一般采用铅钙合金，以尽量减少析氢量。不同厂家采用的正极板栅其材料并不完全相同，主要有铅钙、铅钙锡、铅钙锡铝、铅锑镉等。不同合金其性能不同，铅钙、铅钙锡合金具有良好的浮充性能，但铅钙合金易形成致密的硫酸铅和硫酸钙阻挡层而使蓄电池早期失效，其抗溶性差，不适合循环使用。铅钙锡铝、铅锑镉合金各方面的性能都比较好，既适合浮充使用，又适合循环使用。正极板栅的厚度决定蓄电池寿命。正极板栅厚度与蓄电池预计寿命的关系见表4-5。

表4-5 正极板栅与蓄电池预计寿命的关系

| 正极板栅厚度/mm | 循环寿命/(次/10小时率)，80%放电率(25℃) | 预计浮充寿命/年（正常浮充使用） |
|---|---|---|
| 2.0 | 150 | 2 |
| 3.0 | 257 | 4 |
| 3.4 | 400 | 6 |
| 4.5 | 800 | 12 |

在设计上，铅酸蓄电池正、负极活性物质的利用率一般按30%～33.3%计算，正、负活性物质的比例为1∶1。在实际应用中，负极活性物质的利用率一般比正极高。

2）电解液

铅酸蓄电池的电解液由蒸馏水和纯硫酸按一定比例混合并配以一些添加剂($SiO_2 \cdot H_2O$)制成。阀控式密封铅酸蓄电池内部的电解液不是液态，而呈胶态，故称为胶态电池或胶体电池。根据电池用途不同，铅酸蓄电池电解液的密度亦不相同，其选择范围一般在1.240～1.290 kg/L之间。电解液是蓄电池的重要组成部分，其主要作用有两个：一是参加成流反应，与正、负极板上的活性物质起化学反应，产生电能；二是承担正、负极间的离子导电作用，让电流通过电池内部。在放电过程中，电解液的一部分被消耗，其密度降低；在充电过程中，电解液又恢复至原来的密度。根据电解液所起的作用，对它提出了较高的要求：一是电解液要纯净，不得含有有害杂质，以防止发生一些副反应或有害反应而损害极板；二是电解液的密度必须适当，本身的电阻较小，所选择的电解液密度应有利于提高电池的电特性，延长使用寿命，而不利于有害反应和其他副反应发生。

3）隔板

在铅酸蓄电池中，每两片正、负极板之间都装有隔板。隔板的作用主要有两个：一是将正、负极板隔开，防止它们在电解液中发生接触而短路；二是允许离子顺利通过。在启动用铅酸蓄电池中，置于紧装配的薄型极板还具有防止活性物质脱落，使极板不容易发生翘曲变形的作用。对阀控式密封铅酸蓄电池而言，隔板还作为正极板产生的氧气到达负极板的"通道"，以顺利地建立氧循环，减少水损失。采用超细玻璃纤维式隔板是阀控式密封铅酸蓄电池实现少维护的关键。

阀控式密封铅酸蓄电池中的隔板采用的是玻璃纤维棉，它应具有如下特征：

(1) 厚度均匀一致，外观无针孔，无机械杂质。

(2) 孔径小且孔率大。

(3) 耐酸性能和抗氧化性能优良。

(4) 电阻小。

(5) 吸收和保留电解液的能力优良。

(6) 具有一定的机械强度，以保证工艺操作要求。

(7) 杂质含量低,尤其是铁、铜的含量要低。

4) 安全阀

蓄电池在放电和充电时会有气体产生,为了防爆,蓄电池不能完全密封,因此阀控式密封铅酸蓄电池必须采用安全阀。当电池中有盈余气体而使安全阀到达开启压力时,便打开阀门,及时排除偶尔失误而过充电所产生的大量气体,以减小电池内压。在正常浮充状态,由安全阀的排气孔逸散微量气体,以防止电池内气体聚集;在电池内气压超过定值时由安全阀放出气体,减压后安全阀自动关闭,不允许空气中的气体进入电池内,以免加速电池自放电,所以安全阀具有单向节流性。

5) 壳体

蓄电池的壳体是用来盛放电解液和极板组的,外形为长立方体,内部一般分割为互不相同的三个或六个单格电池槽,顶沿四周有与池盖相结合的特质封沟,壳内底部有凸筋,用以支持极板组。壳体应耐酸、耐热、耐寒、耐震,绝缘性好,有一定的机械强度。国内多采用硬橡胶外壳,即硬橡胶模压后,经硫化而成,俗称胶壳。近年来,由于工程塑料的发展,壳体多用塑料(聚丙烯)制成。塑料壳体不仅耐酸、耐热、耐震,而且强度高,韧性好,质量小,壳体壁较薄,一般为 3.5 mm(而胶壳壁厚为 10 mm),外形美观透明,易于热封合,生产效率高,因此已成为一种发展趋势。

**2. 锂离子蓄电池的结构**

所谓锂离子电池,是指分别用两个能可逆地嵌进与脱嵌锂离子的化合物作为正、负极的蓄电池。人们将这种靠锂离子在正、负极之间的转移来完成电池充放电工作的机理独特的锂离子电池形象地称为"摇椅式电池",俗称"锂电"。

图 4-4 所示为圆柱形锂离子蓄电池的基本结构。由图 4-4 可知,锂离子电池一般包括正极、负极、电解质、隔膜、正极引线、负极引线、绝缘板、安全阀、PTC(正温度控制端子)、外壳等。

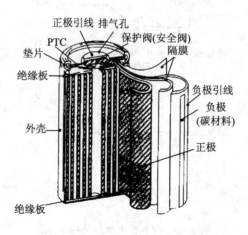

图 4-4 圆柱形锂离子蓄电池的基本结构

1) 正极

正极材料目前使用的有 $LiCoO_2$、$LiNiO_2$、$LiMnO_4$ 以及三元材料和 $LiFeO_4$ 等。从电性

能及综合性来看，普遍采用 $LiCoO_2$ 制作正极，即将 $LiCoO_2$ 与导电添加剂以及黏结剂 (PVDF) 混合成正极浆料，然后涂覆在厚度为 15～20 μm 的铝箔上并通过一定工序加工成正极板。

2) 负极

将 MCMB 或石墨与导电添加剂以及黏结剂混合成负极浆料，然后涂覆在厚度为 8～12 μm 的铝箔上并通过一定工序加工成负极板。

3) 隔膜

目前大多数厂家采用 PP＋PE＋PP 三层膜，也有部分厂家采用单层膜。

4) 电解质

根据锂离子蓄电池所用电解质材料不同，锂离子蓄电池可以分为液态锂离子蓄电池 (Lithium Ion Battery, LIB) 和固态锂离子蓄电池两大类。聚合物锂离子蓄电池 (Polymer Lithium Ion Battery, PLIB) 属于固态锂离子蓄电池中的一种。较好的蓄电池其电解质采用 $LiPF_6$，有机溶剂有 EC、EMC、DEC、DME 等。

**3. 镍氢蓄电池的结构**

与铅相比，镍是较轻的金属，且有很好的适合蓄电池应用的电化学特性。目前有四种不同的镍基蓄电池技术：镍铁、镍钴、镍镉和镍氢蓄电池。镍基蓄电池一般分为扣式、圆柱形和方形三种结构类型，方形电池又可细分为有极板盒式电池和开口方形电池两种。扣式电池的维修价值不大。

镍氢蓄电池的正极是氢氧化镍 $Ni(OH)_3$，负极是储氢合金，采用氢氧化钾作电解液，在正、负极之间有隔膜，共同组成镍氢单体电池。镍氢蓄电池在金属铂的催化作用下，完成充电和电的可逆反应。由于氢气是没有毒性的物质，因此镍氢蓄电池无污染，安全可靠，使用寿命长，而且不需要补充水分。镍氢蓄电池的结构如图 4-5 所示。

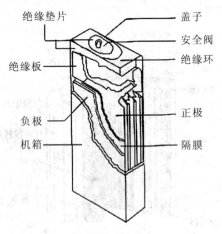

图 4-5 镍氢蓄电池的结构示意图

**4. 超级电容器的结构**

超级电容器又叫双电层电容器，是一种新型储能装置，它具有充电时间短、使用寿命长、温度特性好、节约能源和绿色环保等特点，有望成为 21 世纪新型的绿色能源。正因为超级电容器具有许多显著优势，在汽车（特别是电动汽车、混合燃料汽车和特殊载重车辆)、电力、铁路、通信、国防、消费性电子产品等方面有着巨大的应用价值和市场潜力，所以被世界各国广泛关注。电能和燃油的紧缺使人们开始寻找更多的替代能源，作为目前替代能源应用领域的一个极佳的技术解决方案，超级电容器在需要更高效、更可靠电源的新技术领域中逐渐崭露头角。目前国内能进行规模生产的厂家较少，国内年供应量不到500万只，这样的生产规模远远无法满足国内市场的需求，因此国内大多数用户仍通过进口来满足需要。

无论何种类型的超级电容器，都主要由图4-6所示的几个部分组成。

(1) 集流体：主要是金属箔(Cu、Ni 等)，其作用是将超级电容器所储存的电荷引出。

(2) 极化电极：主要由高比表面积的惰性电极材料、金属氧化物及导电聚合物电极材料组成。

(3) 隔膜：作用是将两个极化电极分离开。隔膜也分为水系隔膜和有机系隔膜。

(4) 电解液：作为工作电解质，它充满了整个电容器的内部。

(5) 外壳：用于将超级电容器进行封装。

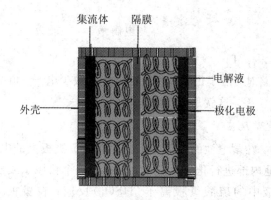

图4-6 超级电容器的结构

车用超级电容器如图4-7所示。

图4-7 车用超级电容器

## 4.2.2 工作原理

**1. 阀控式密封铅酸蓄电池的工作原理**

伴随着铅酸蓄电池的大量使用，越来越多的用户对铅酸蓄电池的密封性以及免维护性提出了更加严格的要求。在这种使用环境下，20世纪70年代，阀控式密封铅酸蓄电池(即

VRLAB)应运而生。与传统的富液式铅酸蓄电池不同的是,这种蓄电池被设计成将有限的电解液吸收到隔膜中或固定到胶体里,不会在使用过程中溢出壳体污染环境,同时不需要也不允许用户随意添加电解液。尽管各厂家的阀控式密封铅酸蓄电池的设计和结构不同,但它们的工作原理是一样的。

1) 电动势的产生

铅酸蓄电池充电后,正极板上是二氧化铅($PbO_2$),在硫酸溶液水分子的作用下,少量二氧化铅与水生成可离解的不稳定物质——氢氧化铅($Pb(OH)_4$),氢氧根离子在溶液中,铅离子(Pb)留在正极板上,故正极板上缺少电子。基本反应过程如下:

$$\underset{\text{正极板}}{PbO_2} \xrightarrow{H_2O} Pb(OH)_4 \longrightarrow \underset{\text{溶液}}{Pb^{4+} + 4OH^-} \quad (4-1)$$

铅酸蓄电池充电后,负极板上是铅(Pb),与电解液中的硫酸($H_2SO_4$)发生反应,变成铅离子($Pb^{2+}$),铅离子转移到电解液中,负极板上留下多余的两个电子($2e^-$)。基本反应过程如下:

$$\underset{\text{电解液}}{Pb} \xrightarrow{H_2SO_4} \underset{\text{负极板}}{Pb^{2+} + 2e^-} \quad (4-2)$$

可见,在未接通电路时,由于化学作用,正极板上缺少电子,负极板上多余电子,两极板间就形成了一定的电位差,这就是电池的电动势。

2) 放电过程的电化学反应

铅酸蓄电池放电时,在蓄电池的电位差的作用下,负极板上的电子经负载进入正极板形成电流 $I$,同时在电池内部进行化学反应。负极板上每个铅原子放出两个电子后,生成的铅离子($Pb^{2+}$)与电解液中的硫酸氢根离子($HSO_4^-$)反应,在极板上生成难溶的硫酸铅($PbSO_4$)。其反应式如下:

$$Pb - 2e^- + HSO_4^- \longrightarrow PbSO_4 + H^+ \quad (4-3)$$

正极板的铅离子($Pb^{4+}$)得到来自负极的两个电子($2e^-$)后,变成二价铅离子($Pb^{2+}$),之后与电解液中的硫酸氢根离子($HSO_4^{2-}$)反应,在极板上生成难溶的硫酸铅($PbSO_4$)。正极板水解出的氧离子($O^{2-}$)与电解液中的氢离子($H^+$)反应,生成稳定物质水。其反应如下:

$$PbO_2 + 2e^- + HSO_4^- + 3H^+ \longrightarrow PbSO_4 + 2H_2O$$

电解液中存在的硫酸氢根离子和氢离子在电力场的作用下分别移向电池的正、负极,在电池内部形成电流,整个回路形成,蓄电池向外持续放电。放电时,$H_2SO_4$ 密度不断下降,正、负极上的硫酸铅($PbSO_4$)增加,电池内阻增大,电解液密度下降,电池电动势降低。铅酸蓄电池放电过程的化学反应式如下:

$$\underset{\text{负极活性物质}}{Pb} + \underset{\text{电解液}}{2H_2SO_4} + \underset{\text{正极活性物质}}{PbO_2} \longrightarrow \underset{\text{负极生成物}}{PbSO_4} + \underset{\text{电解液生成}}{2H_2O} + \underset{\text{正极生成物}}{PbSO_4} \quad (4-4)$$

3) 充电过程的电化学反应

(1) 起始充电:给蓄电池充电时,细微分布的硫酸铅离子在阴极上被电化学反应转成海绵状铅,而在阳极上转化成 $PbO_2$。其正、负极基本反应过程如下:

正极反应：$PbSO_4 \xrightarrow{外界电流} Pb^{4+} \xrightarrow{H_2O} PbO_2$

负极反应：$PbSO_4 \xrightarrow{外界电流} Pb$

（2）过充电反应：在充电接近完成且大部分 $PbSO_4$ 已经被转化成 Pb 和 $PbO_2$ 时，过充电反应就开始发生。对传统的富液式铅酸蓄电池而言，这些反应会导致氢气和氧气生成，进而导致水分损失，而阀控式密封铅酸蓄电池的一个特点就是通过一定手段抑制这些反应的发生。

阀控式密封铅酸蓄电池在设计上采用了氧循环的基本原理，限制正极活性物质容量，而使负极活性物质容量过剩，以保证充电时正极优先析出氧气，而负极不会产生氢气，同时正极上析出的氧气扩散、迁移到负极表面被还原，从而将蓄电池中水的损耗降至最低，实现蓄电池的密封和免维护。上述过程包括如下反应：

正极反应：$2H_2O \longrightarrow O_2 \uparrow + 4H^+ + 4e^-$

负极反应（氧气参与的一系列反应）：

$$O_2 \xrightarrow{Pb} PbO \xrightarrow{H_2SO_4} PbSO_4 + Pb$$

净反应：

$$O_2 + 4H^+ + 4e^- \longrightarrow 2H_2O$$

从以上反应可以看出，在这一过程中，负极活性物质起双重作用：一是从负极产生的海绵状 Pb 与正极产生并迁移到负极的氧气进行复合；二是接受充电电流将活性物质中的 $PbSO_4$ 转化成为海绵状铅。

氧气在阀控式密封铅酸蓄电池中以两种方式进行迁移：一是溶解在电解液中通过液相扩散到达负极表面；二是以气相形式扩散到负极表面。传统富液式电池中氧气的传输仅有第一种形式，传输速率很低，不能进行有效的氧复合，而阀控式密封铅酸蓄电池由于采用了贫液式设计，提供了气相氧的传输通道，而气相氧的传输效率远远大于液相的迁移速率，因此正极产生的氧能较快地迁移到负极表面，与海绵状铅复合。另外，正、负极之间的氧存在一定的压差，这进一步加快了氧的迁移。在电池内部充电过程中生成的大部分氧气能很好地复合，其结果是水不从电池中释放出来，而进行电化学循环，抵消了超过活性物质转化的多余的充电电流，保证电池可以在不失水的前提下转化所有的活性物质，从而被完全充电。

事实上没有哪种设计是真正密封的，科技工作者在蓄电池的壳体上设计了可以控制电池壳中气体逸出的安全阀，这种安全阀可以使数十倍大气压的内压释放后变成几个大气压。在充电过程中没有被复合而剩余的氧气以及产生的少量氢气，将通过壳体上的安全阀排出。蓄电池壳体上的安全阀可控制蓄电池的内压，从而加快气体的复合反应。

在阀控式密封铅酸蓄电池壳体内部，正、负极板被超细玻璃纤维组成的多孔隔膜分割，电池壳中的电解液刚好能够包裹所有的极板表面和单体的单个隔膜，从而形成了贫液条件。这种条件有利于气体在极板间进行迁移，从而更有效地进行氧复合反应。

**2. 锂离子蓄电池的工作原理**

自 1991 年首次宣告锂离子蓄电池成果以来，其制造技术已有了空前的提高，现被认为是将来最有希望的可再充电的蓄电池。虽然依然处于发展阶段，但锂离子已在电动汽车和混合动力汽车的应用中获得了人们的认可。

锂离子蓄电池以氧化锂的过渡族金属嵌入氧化物($Li_{1-x}M_yO_z$)为正极，负极则是特殊分子的碳，且应用有机溶液或固态聚合物为电解质。在充电期间，锂离子通过正、负极之间的电解液。其一般性的电化学反应为

$$Li_xC + Li_{1-x}M_yO_z \longleftrightarrow C + LiM_yO_z \tag{4-5}$$

放电时，负极上将释放锂离子，经电解液迁移，被正极接纳；充电时，过程逆向进行。可采用的正极材料有 $Li_{1-x}CoO_2$、$Li_{1-x}NiO_2$、$Li_{1-x}Mn_2O_2$，它们对于锂嵌入反应，具有在大气状况下的稳定性、高电压和可逆性等优点。

化学反应虽然很简单，然而在实际的工业生产中，需要考虑的问题很多，如正极的材料需要添加剂来保持多次充放的活性，负极的材料需要在分子结构中容纳更多的锂离子，填充在正负极之间的电解液除了保持稳定外还需要具有良好的导电性，以减小电池内阻。

许多蓄电池制造商，如SAFT、GS、Hitachi、Panasonic、SONY和VARTA已经积极地从事锂离子电池的开发。从1993年开始，SAFT就关注于镍基型锂离子蓄电池。近年来，SAFT已公布了应用于混合动力电动汽车的高功率锂离子电池的成果，其比能量为85 (W·h)/kg，比功率为1350 W/kg，也公布了应用于电动汽车的高能量锂离子电池，其比能量为150 W·h/kg，比功率为1420 W/kg。

**3. 镍氢蓄电池的工作原理**

镍氢蓄电池由如下几部分组成：以氢氧化镍为主要活性物质的正极板，以储氢合金为主要活性物质的负极板，薄型无纺纤维布隔膜，碱性电解液（一般为氢氧化钾加一定量的氢氧化钠的水溶液），金属外壳，带有可重新密封式安全阀的密封盖帽以及其他配件。

镍氢蓄电池充放电循环寿命长，无记忆效应。镍氢蓄电池正极板的活性物质为NiOOH(放电时)和$Ni(OH)_2$(充电时)，负极板的活性物质为金属氢化物(放电时)和$H_2O$(充电时)，电解液采用30%的氧化钾溶液。充放电时的电化学反应如下：

$$正极：Ni(OH)_2 + OH^- - e^- \underset{放电}{\overset{充电}{\rightleftharpoons}} NiOOH + H_2O \tag{4-6}$$

$$负极：M + H_2O + e^- \underset{放电}{\overset{充电}{\rightleftharpoons}} MH + OH^- \tag{4-7}$$

电池总反应为

$$Ni(OH)_2 + M \underset{放电}{\overset{充电}{\rightleftharpoons}} NiOOH + MH \tag{4-8}$$

由方程式可以看出，充电时，负极析出氢气，储存在容器中，正极由氢氧化镍变成氢氧化亚镍(NiOOH)和$H_2O$；放电时，氢气在负极上被消耗掉，正极由氢氧化亚镍变成氢氧化镍。

过量充电时的电化学反应如下：

$$正极：2OH^- - 2e^- \longrightarrow \frac{1}{2}O_2 + H_2O$$

$$负极：H_2O + \frac{1}{2}O_2 + 2e^- \longrightarrow 2OH^-$$

总反应：0

过量放电时的电化学反应如下：

$$正极：2H_2O + 2e^- \longrightarrow H_2 + 2OH^-$$

负极：$H_2 + 2OH^- \longrightarrow 2H_2O + 2e^-$

总反应：0

由方程式可以看出，蓄电池过量充电时，正极板析出氧气，负极板析出氢气。由于有催化剂的氢电极面积大，而且氢气能够随时扩散到氢电极表面，因此，氢气和氧气很容易在蓄电池内部再化合生成水，使容器内的气体压力保持不变。这种再化合的速率很快，可以使蓄电池内部氧气的浓度不超过千分之几。

由以上各反应式可以看出，镍氢蓄电池的反应与镍镉蓄电池相似，只是负极充放电过程中生成物不同，镍氢蓄电池的电解液多采用 KOH 水溶液，并加入少量的 LiOH，隔膜采用多孔维尼纶无纺布或尼龙无纺布等。为了防止充电后期电池内压过高，电池中还装有防爆装置。

**4. 超级电容器的工作原理**

超级电容器作为能量储存装置，其储存电量的多少可用电容来大致衡量。超级电容器主要与下列因素有关：电极/溶液界面通过电子、离子或偶极子的定向排列产生的双电层电容；电极表面或体相中的二维空间、准二维空间或三维空间内，电活性物质进行欠电位沉积，发生高度可逆的吸附脱附或氧化还原反应，产生和电极电位有关的法拉第准假电容。

1) 双电层超级电容器的工作原理

当金属插入电解液时，金属表面上的净电荷将从溶液中吸引部分不规则分配的带异种电荷的离子，使它们在电极溶液界面的一侧离电极一定距离排成一排，形成一个电荷数量与电极表面剩余电荷数量相等而符号相反的界面层。这个界面由两个电荷层组成，一层在电极上，另一层在溶液中，因此称为双电层。由于界面上存在一个位垒，两层电荷都不能越过边界彼此中和，因此将形成一个平板电容器。

双电层超级电容器是利用上述双电层机理来实现电荷的储存和释放的。电解液的正、负离子聚集在多孔电极材料电解液的界面双层，以补偿电极表面的电子。尤其在充电强制形成离子双层时，会有更多带相反电荷的离子积累在正、负极界面双层，同时产生相当高的电场。放电时，随着两极板间的电位差降低，正、负离子电荷返回到电解液中，电子流入外电路的负载，从而实现能量的存储和释放。

2) 电化学超级电容器的工作原理

法拉第准假电容器是在电极表面或体相中的二维或准二维空间上，电极活性物质进行欠电位沉积，发生高度可逆的化学吸附脱附或氧化还原反应，产生与电极充电电位有关的电容。对于法拉第准假电容，其储存电荷的过程不仅与双电层有关，而且与电解液中离子在电极活性物质中的氧化还原反应有关。对于化学吸附脱附机理来说，一般过程为电解液中的离子(一般为 $H^+$ 或 $OH^-$)在外加电场的作用下由溶液中扩散到电极溶液界面，而后通过界面的电化学反应进入到电极表面活性氧化物的体相中。若电极材料是具有较大比表面积的氧化物，则会有相当多这样的电化学反应发生，大量的电荷就被存储在电极中。放电时这些进入氧化物中的离子又会重新返回到电解液中，同时所存储的电荷通过外电路而释放出来。这就是法拉第准假电容的充放电机理。

导电聚合物电化学电容器中的电容主要也由法拉第准假电容提供，其作用机理是：通过在聚合物膜中发生快速可逆 n 型或 p 型元素掺杂和去掺杂的氧化还原反应,使聚合物达到很高的储存电荷密度,产生很高的法拉第准假电容,从而储存电能。导电聚合物的 p 型掺杂过程是指外电路从聚合物骨架中吸取电子,从而使聚合物分子链上分布正电荷。溶液中的阴离子位于聚合物骨架附近用以保持电荷平衡(如聚苯胺、聚吡咯、聚噻吩及其衍生物),当发生 n 型掺杂过程时,从外电路传递过来的电子分布在聚合物分子链上。溶液中的阳离子则位于聚合物骨架附近用以保持电荷平衡。聚苯胺的电化学电容主要是由于在电化学反应过程中其在不同的形式之间掺杂/去掺杂所产生的法拉第准假电容。

在电极的比表面积相同的情况下,法拉第准假电容器的比电容是双电层电容器的 10~100 倍。目前对法拉第准假电容器的研究工作已成为一个重点开展的方向。

## 4.3 电池技术特性

### 4.3.1 放电特性

**1. 铅酸蓄电池的放电特性**

1) 铅酸蓄电池的放电特性曲线

电池的放电特性是指在恒流放电过程中,蓄电池的端电压和电解液密度随放电时间而变化的规律。蓄电池在一定电流和温度下进行放电时,可用曲线来表示端电压随时间的变化。这种曲线称为蓄电池的放电特性曲线。

铅酸蓄电池的放电特性曲线是一族曲线(见图 4-8)。

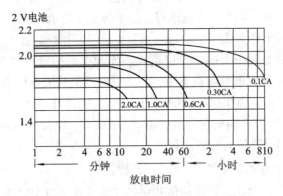

图 4-8 铅酸蓄电池的放电特性曲线(25 ℃,额定容量为 10 A·h)

由放电曲线可以看出:

(1) 放电时间最长的曲线其放电时间为 10 小时,电流恒定,我们称之为 10 小时放电率曲线。由此测定的电池容量用 $C_{10}$ 表示:$C_{10}=1 \text{ A} \times 10 \text{ h}=10 \text{ A·h}$,如果用 1 小时恒流放电来测定同一只电池,则 $C_1=10 \text{ A} \times 1 \text{ h}=10 \text{ A·h}$。由此可见,电池的容量在标定了放电制式之后才是一个可比的确定值。

(2) 无论放电电流的大小,在放电的初始阶段都会使端电压下降较多,然后略有回升。这是因为蓄电池放电之前,活性物质微孔中的硫酸浓度与极板外电解液的浓度一致,蓄电池放电一开始,活性物质表面处的硫酸被消耗,硫酸浓度立即下降,而电解液主体浓度向极板的扩散是缓慢的,不能立即补充所消耗的硫酸,故活性物质表面处的硫酸浓度继续下降,而决定电极电动势的正是活性物质表面处的硫酸浓度,这个过程就形成了电池端电压有较大的低谷。活性物质表面处硫酸浓度的继续下降及其与主体电解液之间浓度差的加大,促进了硫酸向电极表面的扩散过程,于是电极表面处的硫酸得到补充,蓄电池的电压有了回升。随着硫酸的消耗,整体硫酸浓度下降,再加上放电过程中活性物质的消耗,其作用面积不断减少,真实电流密度不断增加,超电势加大,放电电压随时间缓慢下降。在放电初期,这些变化较小,蓄电池的放电点变化平缓,于是形成了一定的放电平台。

(3) 无论放电电流大小,电池端电压最终将出现急剧下降的拐点。以这些曲线的拐点连接得到的曲线就称为安全工作时的终止电压曲线。UPS 的电池其电压工作终点都是设计在这条拐点曲线附近的。拐点之后的曲线具有电压急剧下降的趋势,直到放电曲线的终点。这些终点连接得到的曲线称为最小终止电压曲线。它表示放电电压低于此曲线后将造成电池的永久性失效,即电池不能再恢复储电能力。由此可见,UPS 中设计有防止电池深度放电的保护功能是极为必要的。

铅酸蓄电池在放电过程中,其端电压的变化可表示为

$$U = E - \xi_- - \xi_+ - IR \tag{4-9}$$

其中:$U$ 为蓄电池的端电压;$\xi_+$ 为正极板的超电势;$\xi_-$ 为负极板的超电势;$I$ 为放电电流;$R$ 为电池内阻。

2) 蓄电池的放电容量特性

蓄电池的放电容量是放电时间与放电电流的乘积。一般情况下,我们所说的蓄电池的容量指的是环境温度 25℃下,蓄电池 0.05C(C 表示电池的标称容量)的放电容量(即 20 率容量),记为 $C_{20}$。由蓄电池的放电特性曲线可知,随着放电电流与放电截止电压的不同,蓄电池的容量是不同的。我们已经知道,蓄电池的容量在标定了放电机制(放电电流、截止电压和环境温度)之后才是一个可比的确定值。

(1) 蓄电池放电容量与放电电流的关系。蓄电池放电电流越大,电流在电极上分布越不均匀,电流会优先分布在离主体电解液最近的表面上,于是在电极的最外表面优先生成硫酸铅,而硫酸铅体积大于二氧化铅和铅,于是放电产物硫酸铅阻塞多空电极的孔口,电解液则不能充分供应内部反应的需要,电极内部物质不能得到充分利用,因而大电流放电时容量降低。放电电流越大,活性物质沿厚度方向的作用深度越小,活性物质的被利用程度越低,电池的容量越小。

从前面的图表中我们还可以发现,放电电流越大,放电终止电压越低,这是因为大电流放电时,生成的硫酸铅较少,即使放电到终止电压很低时也不会对极板造成伤害。但是,小电流长时间放电,硫酸铅量会明显增加,硫酸铅体积又大于二氧化铅和铅,这样活性物质体积就会发生膨胀而产生应力,最终造成极板弯曲或活性物质脱落,从而影响电池寿命。

(2) 蓄电池放电容量和温度的关系。蓄电池放电容量除了与放电电流和放电终止电压有关外,还与温度有直接的关系。不同放电率的情况下,蓄电池的放电容量一般会随着环境温度的升高而缓慢增加,其变化关系参见图 4-9。

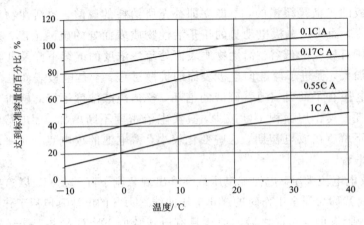

图 4-9 蓄电池容量与温度的关系

**2. 锂离子蓄电池的放电容量特性**

电动汽车在爬坡、启动、加速时都要求动力电池能够提供大的比功率，即足够大的电流放电以提供足够的动力。为了了解锂离子动力蓄电池不同放电电流与实际容量的关系，对不同容量的电池进行 0.1C、0.2C、0.5C 和 1C 倍率的放电实验，研究结果如表 4-6 所示。由表 4-6 可见，随着电池放电电流的增大，不同容量的动力蓄电池的放电容量都明显下降，而且放电电流越大，电池放电容量下降的比率也越小。这是由于锂离子在电池内的扩散速度较慢，随着放电电流的增大，电池内的浓差极化增大，由电池的固有内阻所引起的电压降也增大，从而使电池的放电容量相应下降。同时，由表 4-6 还可以发现，锂离子动力蓄电池的大电流放电性能较好，如 5 A·h 电池即使在 1C 倍率放电其放电容量也能保持在其 0.1C 倍率放电容量的 79.35%。

表 4-6 不同容量的锂离子动力蓄电池在不同放电电流下的放电性能

| 倍率 | 5 A·h | | 25 A·h | | 50 A·h | |
| --- | --- | --- | --- | --- | --- | --- |
| | 放电容量/(A·h) | 比率/% | 放电容量/(A·h) | 比率/% | 放电容量/(A·h) | 比率/% |
| 0.1C | 5.57 | 100 | 24.13 | 100 | 48.91 | 100 |
| 0.2C | 5.19 | 93.18 | 23.27 | 96.44 | 45.80 | 93.64 |
| 0.5C | 4.71 | 84.56 | 21.17 | 87.73 | 39.00 | 79.74 |
| 1C | 4.42 | 79.35 | 18.67 | 77.37 | 35.71 | 73.01 |

为了进一步说明锂离子动力蓄电池在不同的放电电流下都能够正常工作，以 5 A·h 的锂离子动力蓄电池为例，在不同的放电电流下对它进行放电实验，研究结果如图 4-10 所示。由图 4-10 可见，5 A·h 电池即使在 1C 倍率较大电流的情况下放电，其放电行为也无异常现象。由此说明，锂离子动力蓄电池在较大电流下具有较好的性能。

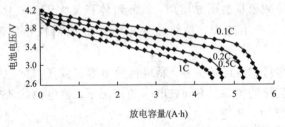

图 4-10 5 A·h 的锂离子动力蓄电池在不同放电电流下的放电特性

### 3. 镍氢蓄电池的放电特性

在常温(20 ℃)下,采用 3 C、1 C 和 0.2 C 放电速率时,镍氢蓄电池的电压随放电容量的变化规律如图 4-11 所示。由图 4-11 可以看出,若采用 0.2 C 放电速率,则电压下降到 1.2 V 时,镍氢蓄电池已放出标称容量的 90% 以上;若采用大电流(放电速率为 3 C)放电,则蓄电池电压降到 1.2 V 时,放出的容量还不到标称容量的 20%。

应当说明的是,镍氢蓄电池的自放电率很小,在常温下,镍氢蓄电池充足电后,放置 28 天,电池容量仍能保持在标称容量的 75%~80% 之间。

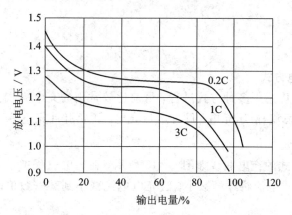

图 4-11 镍氢蓄电池的放电特性曲线

### 4. 超级电容器的放电特性

如图 4-12 所示,超级电容器放电时,由于负载等效电阻 $R$ 通常小于超级电容器串联等效电阻 $R_{ES}$,因此在超级电容器放电释能的动态过程中可以忽略其静态特性的作用。在分析超级电容器放电特性时,超级电容器通常可以简化为一个理想电容器与等效电阻相串联的模型。放电时,超级电容器的端电压为 $u(t)$,放电电流为 $i_C(t)$,则端电压和放电电流的关系为

$$u(t) = u_C(t) - R_{ES} \cdot i_C(t) \tag{4-10}$$

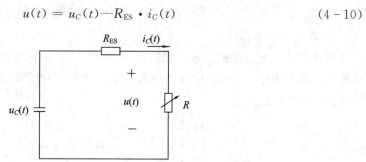

图 4-12 超级电容器的放电等效电路图

当等效串联电阻 $R_{ES}$ 上的压降 $R_{ES} \cdot i_C(t)$ 与电容电压 $u_C(t)$ 的电压之比很小时,表明 $R_{ES}$ 对电容的放电输出功率影响很小,可以忽略;当压降 $R_{ES} \cdot i_C(t)$ 与电容电压的电压之比较大时,表明 $R_{ES}$ 对电容的放电输出功率影响不可忽略。当超级电容器小电流放电时,$R_{ES}$ 上的电压降可以忽略,此时超级电容器等效为理想电容器,能够按照理想电容的能量公式进行储能容量的分析。当超级电容器大电流放电时,$R_{ES}$ 上电压降较大,如果检测到超级电容器输出端电压 $u_C(t)$ 下降为其规定下限值,则超级电容器停止放电运行。由式(4-10)可

知,此时超级电容器内部的电容电压 $u_C(t)$ 还比较大,即相当于超级电容器储存的大部分能量并没有释放出来,这表明等效串联电阻的存在影响了超级电容器的功率输出,降低了超级电容器的有效储能。在这种大电流放电的情况下,不可忽略 $R_{ES}$ 上的能耗。

随着放电过程的进行,超级电容器的端电压逐渐下降。在恒压放电应用中,超级电容器采用直接连接负载的放电方式,有效储能利用率较低。为满足负载需求及提高储能利用率,通常需要为超级电容器配置电力电子变换器,通过调节功率变换器使超级电容器处于恒流放电、恒压放电或恒功率放电等运行模式。其中,恒压放电是实际应用中最常使用的方式。

### 4.3.2 充电特性

**1. 蓄电池的充电方式**

蓄电池的充电可以选用多种方式进行,目前比较常用的充电方式主要有:恒压限流充电、恒流限压充电、恒流-恒压充电、脉冲电流充电、正负脉冲充电等。

1) 恒压限流充电

恒压限流充电方式的充电曲线如图 4-13 所示。在充电过程中,对电池施以恒定的充电电压,则充电过程中电流将逐渐减小。当充电电流减小到某一数值时,认为电池已经充满,此时停止充电。

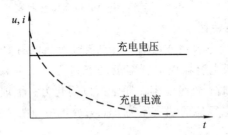

图 4-13 恒压限流充电曲线图

2) 恒流限压充电

恒流限压充电方式的充电曲线如图 4-14 所示。在充电过程中,对电池施以恒定的充电电流,则充电过程中电池电压将逐渐升高。当电池电压升高到某一数值时,认为电池已经充满,此时停止充电。

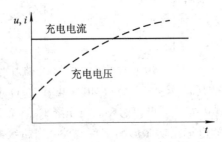

图 4-14 恒流限压充电曲线图

3) 恒流-恒压充电

恒流-恒压充电方式的充电曲线如图 4-15 所示,它是恒流限压和恒压限流充电方式的综合。在充电的开始阶段,先采用恒流限压充电方式,当电池电压达到一定值以后,再采用恒压限流充电方式。

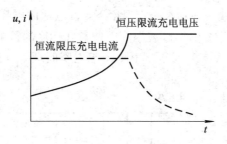

图 4-15 恒流-恒压充电曲线图

4) 脉冲电流充电

脉冲电流充电方式的充电波形如图 4-16 所示。在充电过程中,充电机对电池施以周期性脉冲电流进行充电。一个脉冲周期分为脉冲充电时间和间歇时间。在脉冲充电时间内,充电机用较大的电流值对电池进行充电,之后的间歇时间内停止充电,从而减小电池在充电过程中的极化现象。

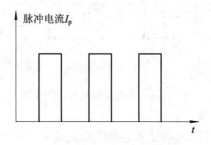

图 4-16 脉冲电流充电波形

5) 正负脉冲充电

正负脉冲充电波形如图 4-17 所示。在一个充电工作周期内,电池先后经历正脉冲充电、负脉冲放电和间歇三个阶段。首先,充电机对电池施以较大电流的正脉冲充电,之后对其进行更大电流的短时间脉冲放电,然后给电池一定的间歇时间。对电池的脉冲放电能够起到去极化、吸收热能等作用,从而使电池一直保持较高的可接受充电电流,加快充电速度。

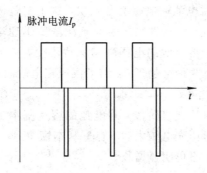

图 4-17 正负脉冲充电波形

## 2. 铅酸蓄电池的充电特性

### 1) 恒压、恒流充电特性

蓄电池的充电特性曲线一般指在一定温度下,蓄电池的电压、电流和充电量随时间变化的曲线。图 4-18 给出了在 25 ℃环境温度下测量和标度的蓄电池的充电特性曲线。此曲线的充电电压限定在 2.26 V±0.02 V 范围内,充电瞬间最大电流不超过 $0.15C_{10}$。

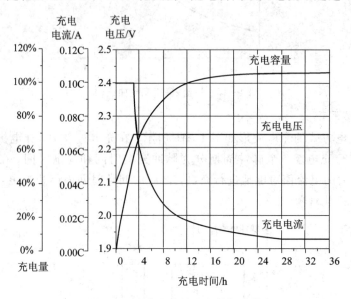

图 4-18 蓄电池的充电特性曲线

充电特性曲线通常有三条:

(1) 充电电流曲线。在充电开始阶段,充电电流是一个恒定值,随着充电时间的推移,充电电流逐渐下降,并最终趋于 0。这是由于在放电过程中,蓄电池内的电荷大量流失,由放电转变为充电时,电荷的增长速度较快,化学反应将产生大量的气体和热量,对于密封蓄电池来说,即使通过安全阀可以将气体和热量排放掉,但氢离子和水将同时损失掉,使蓄电池的储能下降,因此必须限定充电的电流值,随着蓄电池容量的恢复,充电电流将自动下降。充电电流下降至 10 mA/(A·h)以下时即认为蓄电池已基本充满,转入浮充电状态。蓄电池放电越深,恒流充电的时间越长,反之则较短。

(2) 充电电压曲线。在蓄电池恒流充电阶段,蓄电池的电压始终是上升的,因此有时又称为升压充电。在此阶段蓄电池端电压上升较快,这主要是因为充电开始时,硫酸铅转化为二氧化铅和铅,有硫酸生成,活性物质表面硫酸浓度迅速增大,导致蓄电池的电压急剧上升。当恒流充电结束时,蓄电池的电压基本保持不变,称为恒压充电。在恒压充电阶段,蓄电池的电流逐渐减小,并最终趋于 0,结束恒压充电阶段,转入浮充电,以保持蓄电池的储能,防止蓄电池的自放电。

(3) 充电容量曲线。在恒流充电阶段,蓄电池的容量基本呈线性增长;在恒压充电阶段,容量增长的速度减慢;恒压充电结束后,容量基本恢复到 100%;大约需要 24 小时左右,转入浮充电后,容量基本不再明显增长。

由此可知:

(1) 恒流充电是为了恢复蓄电池的电压。

(2) 恒压充电是为了恢复蓄电池的储能。

(3) 浮充电是为了抑制蓄电池的自放电或保持储能。

2) 渐减电流充电特性

蓄电池的渐减电流充电曲线指在一定的温度范围下分不同阶段以逐渐减小的电流充电至规定电压,充电量随充电时间的变化曲线。图 4-19、图 4-20 给出了不同充电电流恒流充电、蓄电池端电压达到 14.7 V(单体电压 2.45 V)时,充入蓄电池的电量占放电量的百分数(蓄电池 100% 放电,环境温度为 21 ℃~32 ℃)。充电倍率与充电量占放电量的百分数的关系如图 4-21 所示。

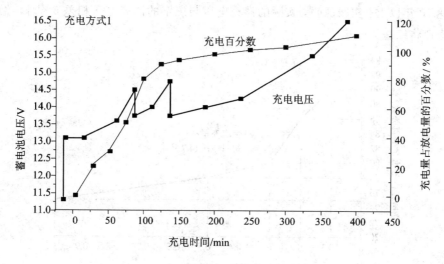

图 4-19 充电方式 1

图 4-19 中,阶段一,$0.2C_{10}$ A 恒流充至每只 14.70 V;阶段二,$0.1C_{10}$ A 恒流充至放电量的 110%。

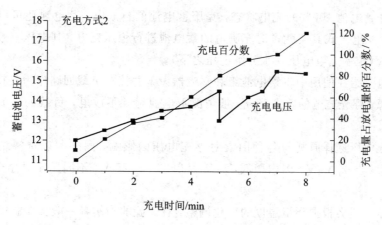

图 4-20 充电方式 2

图 4-20 中,阶段一,$0.5C_{10}$ A 恒流充至每只 14.70 V;阶段二,$0.2C_{10}$ A 恒流充至每只 14.70 V;阶段三,$0.5C_{10}$ A 恒流充至放电量的 110%。

由图 4-21 可知，当充电速率太大时，蓄电池容量恢复到放出容量的 80% 前，即开始过充电反应；只有当充电速率合适时，才能使蓄电池容量恢复到 100% 后开始过充电反应。采用较大充电速率时，为了使蓄电池容量恢复到 100%，必须允许一定的过充电，过充电反应发生后，单格蓄电池的电压迅速上升，达到一定数值后，上升速率减小，然后蓄电池电压开始缓慢下降。由此可知，蓄电池充足电后，维持蓄电池容量的最佳方法是在电池组两端加入恒定的电压。这就是说，蓄电池充足电后，充电器应输出恒定的浮充电压。在浮充状态下，充入电池的电流应能补充蓄电池因自放电而失去的电量。浮充电压不能过高，以免因严重过充电而缩短蓄电池的寿命。采用适当的浮充电压，免维护铅酸蓄电池的浮充寿命可达 10 年以上。实践证明，实际的浮充电压与规定的浮充电压相差 5% 时，免维护蓄电池的寿命将缩短为原来的一半。

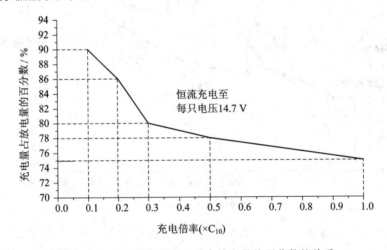

图 4-21 充电倍率与充电量占放电量的百分数的关系

3) 浮充充电特性

为了保证蓄电池 100% 的充电状态，克服蓄电池的自放电，蓄电池还可以选用浮充充电方式。这种充电方式其实就是对充满电的蓄电池进行恒压充电，其电压一般维持在单体 2.25～2.35 V（控制充电电压在水分解电压之下）。

浮充充电是指在使用中将蓄电池组和整流器设备并接在负载回路作为支持负载工作的唯一后备电源。浮充充电的特点是：一般情况下电池组并不放电，负载的电流全部由整流器提供。

根据浮充电压选择原则与各种因素对浮充电压的影响，国外一般选择稍高的浮充电压，范围为 2.25～2.33 V，国内稍低，一般为 2.23～2.27 V。不同厂家对浮充电压的具体规定不一样。

浮充电压一般会根据环境温度的变化调整，有经验的工作者一般会在温度升高 1℃ 时，下降单体浮充电压 0.003 V。浮充电压随温度的变化如图 4-22 所示。

浮充电压随温度的变化也可按照下式进行计算：

$$U_e = U_{25} + 0.003 \times (25 - t) \tag{4-11}$$

式中：$U_e$ 为蓄电池的浮充电电压（单位为 V）；$t$ 为环境温度（单位为 ℃）。

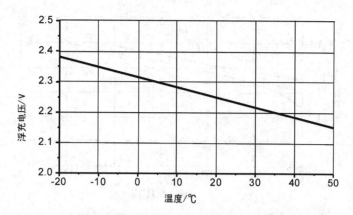

图4-22 浮充电压与温度的关系曲线

阀控式密封铅酸蓄电池在推荐的倍率下充电和过充电时,正常情况下会有少量的气体溢出电池壳体,迅速地消散到空气中,所以,如果电池在一个密闭容器中使用,一定要做好措施以使产生的气体能释放到空气中。

**3. 锂离子蓄电池的充电特性**

锂离子蓄电池的常规充电方式有恒流限压充电和恒压限流充电两种。也有厂家的充电器采用脉冲充电的方式。

所谓恒流限压充电,就是在电池充电过程中,控制充电电流不变,电压随时间升高,待达到充电截止电压时充电结束。此时充电容量是电流和时间的乘积。

所谓恒压限流充电,就是在电池充电过程中,控制充电电压不变,充电电流随时间不断降低,当充电电流低至设定值时,恒压充电结束。此时充电容量是电流对时间的积分。

大部分锂离子蓄电池都采取先恒流后恒压的充电方式,充电电流通常设定在1C以下,充电终止电压一般设定为单体电池4.2 V。当高于充电终止电压充电时,电池即被过充电。锂离子蓄电池的充电特性曲线如图4-23所示。锂离子蓄电池应在常温下充电,不要在高温或低温的环境中充电,否则不利于电池的寿命,同时会对电池造成安全隐患。

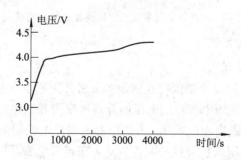

图4-23 锂离子蓄电池的充电特性曲线

**4. 镍氢蓄电池的充电特性**

在常温(20℃)下,采用1C、0.2C和0.5C充电速率时,电池电压随充入电量的变化规律如图4-24所示。镍氢蓄电池开始充电时,电池电压出现很小负增量,充足电后,电压基本上保持不变。通常采用1C充电速率时,70 min以内,镍氢蓄电池可以充足电;采用0.2C充电速率时,充电时间约为7 h。

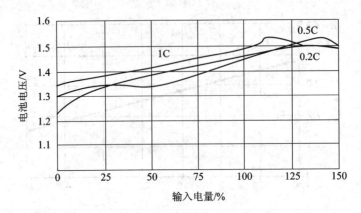

图 4-24 镍氢蓄电池的充电特性曲线

镍氢蓄电池的快速充电特性曲线如图 4-25 所示。充足电后，电池电压开始下降，电池的温度和内部压力迅速上升。为了保证电池充足电又不过充，可以采用定时控制、电压控制和温度控制等多种方法。

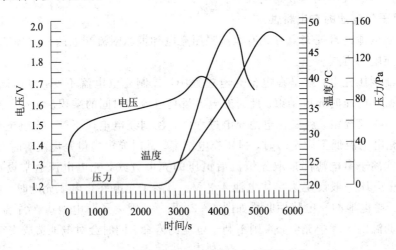

图 4-25 镍氢蓄电池的快速充电特性曲线

**5. 超级电容器的充电特性**

1) 超级电容器的充电方式

为了充分利用超级电容器的储能特性，通常采用灵活的组合充电方式，即在低压时采用大电流恒流充电，随着超级电容器端电压的升高改变为递减恒流充电或恒压限流等充电方式，直至超级电容器的最高额定电压。蓄电池的一些充电控制方法，如恒功率充电方式、电压负增量控制方式、电压二次导数控制等方式，在超级电容器的充电储能控制中也可以借鉴。

2) 超级电容器的恒流充电特性曲线

对于超级电容器，由于等效内阻的存在，必然在充、放电过程中存在能耗问题。采用恒流充电时，充电电流与时间、效率的关系曲线分别如图 4-26 和图 4-27 所示。

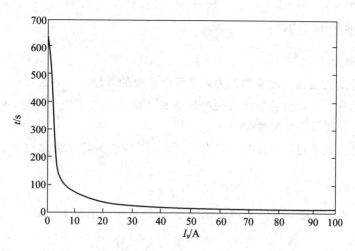

图 4-26 不同充电电流与充电时间的关系曲线

图 4-26 和图 4-27 的条件是：超级电容 $C_F=2400F$，等效电阻 $R_{ES}=0.001\ \Omega$，电容器并联等效电阻 $R_{EP}=300\ \Omega$，超级电容初始端电压 $U_{CS}=0\ V$，充电结束时超级电容端电压 $u(t)=2.7\ V$。

图 4-26 所示的关系曲线表明：

(1) 随着超级电容器的充电电流的不断加大，充电时间逐渐减少。

(2) 充电电流大于一定数值后，充电时间减少的速度逐渐变缓。

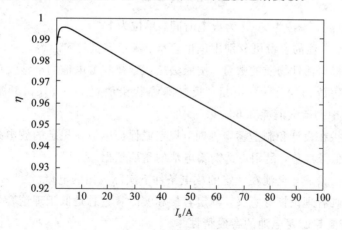

图 4-27 充电电流与效率的关系曲线

由图 4-27 可见，超级电容器的最高充电效率是在充电电流为 3 A 左右处获得的，恒流充电电流值较小时，效率接近于 1。总体上随着充电电流的增大，充电效率降低，但是在 1~100 A 之内充电效率都比较高。

充电曲线的获得对于超级电容器的各种应用具有理论上的指导意义。充电效率曲线充分考虑了由于充电电流不同，充电时间不同，进而功率损耗、能量损耗不同的特性。从能量守恒的观点出发，可得出广泛使用的超级电容器恒流充电的理想化能效公式。这样可以总结出超级电容器充电电流的选择原则为：满足系统时间要求的条件下，充电能效越高越好，在相同能效的情况下，充电电流越小，则功率变换电路中的电流应力越低。

## 4.3.3 蓄电池的容量特性

### 1. 容量的概念

蓄电池的容量就是指它的蓄电能力,是其最重要的性能之一,通常用充足电的蓄电池在一定的放电条件下,放电至电池的端电压达到规定的放电终止电压时,可以从电池中获得的总电量表示,其单位为安时(A·h)。

如果蓄电池恒流放电,即放电电流为一恒定值,则它的容量为放电电流与放电时间的乘积,即

$$C = I \cdot t \tag{4-12}$$

式中,$C$ 为蓄电池的容量,单位为 A·h;$I$ 为放电电流,单位为 A;$t$ 为放电时间,单位为 h。

如果放电电流不是恒定值,而是在不同的放电阶段分别采用不同的放电电流放电,则蓄电池的容量为各个阶段放电电流与放电时间的乘积之和,即

$$C = \sum_{i=1}^{n} I_i t_i \tag{4-13}$$

式中,$I_i$ 为第 $i$ 个阶段的放电电流,单位为 A;$t_i$ 为第 $i$ 个阶段的放电时间,单位为 h。

如果放电电流随放电时间不断变化,则蓄电池的容量要通过积分来计算,即

$$C = \int_0^t I \, dt \tag{4-14}$$

式中,$I$ 为放电电流,单位为 A;$t$ 为放电时间,单位为 h。

根据需要,蓄电池的容量可分别用理论容量、额定容量与实际容量表示。

理论容量是根据活性物质的数量,按照法拉第定律和蓄电池的电池反应通过计算求得的。铅酸蓄电池每放出 1 A·h 电量,负极海绵状铅消耗 3.866 g,正极二氧化铅消耗 4.463 g,电解液中的硫酸消耗 3.660 g。

额定容量是指在设计和制造蓄电池时,规定或保证电池在规定的放电条件下放出的电量应该达到的最低限度值,是用户选购蓄电池的重要依据。

实际容量是指铅酸蓄电池在一定的放电条件下实际放出的电量。

理论容量只具有理论指导意义,额定容量和实际容量总是低于理论容量。

### 2. 阀控式密封铅酸蓄电池的容量特性

1) 电解液温度与蓄电池容量的关系

蓄电池放电时电解液的温度对其容量有较大的影响,从 27 ℃降低至-40 ℃会使容量平均减少到原来的 1/3 左右。表 4-7 说明了在不同放电电流下蓄电池容量与温度的关系。

当电解液温度升高时,硫酸电解液的黏度降低,扩散速度增大,电阻值减小,渗透能力增强;在放电至终止电压前,极板深层的活性物质可以比较充分地参加电化学反应,因此蓄电池电极的活性物质的利用率提高,使得电池的容量升高。与此相反,当电解液温度降低时,其黏度增大,扩散速度减慢,电阻值增大,离子的运动受到较大的阻力,电化学反应速度大为减慢,所以电池的容量降低。特别是在低温时,硫酸的黏度随温度的降低显著增加(在-50 ℃时约为常温时的 30 倍),而电阻值亦随温度的降低明显增大(密度为

1.250 kg/L 的硫酸溶液在 -40 ℃ 时的电阻值约为常温时的 7 倍），将造成电池容量的显著下降。

表 4-7  不同放电电流下蓄电池容量与温度的关系

| 温度/℃ | 电池容量/(V·A) | | | | |
|---|---|---|---|---|---|
| | $I=20$ A | $I=40$ A | $I=60$ A | $I=80$ A | $I=100$ A |
| 50 | — | 94 | 86 | 81 | 77 |
| 27 | 100 | 87 | 80 | 75 | 70 |
| 0 | 90 | 76 | 66 | 62 | 59 |
| -20 | 64 | 57 | 50 | 46 | 42 |
| -40 | 33 | 28 | 25 | 23 | 21 |

注：表中 $I$ 表示放电电流。

由以上分析可以看出，电解液温度升高有利于电池给出更大的容量，但是电解液的温度也不能升得太高。当温度超过一定界限时，容易造成正极板弯曲并减少负极板的容量，同时会增加蓄电池的自放电。所以各制造厂商都在使用说明书上规定了电解液的最高温度。当电解液的温度有超过规定的最高温度的趋势时，应采用水冷或风冷等措施进行冷却。

一般情况下，蓄电池的温度与容量的关系可以用如下经验公式表示：

$$C_{t2} = \frac{C_{t1}}{1+K(t_1-t_2)} \tag{4-15}$$

式中，$C_{t1}$ 为温度在 $t_1$ ℃时的容量，单位为 A·h；$C_{t2}$ 为温度为 $t_2$ ℃时的容量，单位为 A·h；$t_1$、$t_2$ 分别为电解液的温度，单位为℃；$K$ 为容量的温度系数。

容量的温度系数是指温度变化 1℃时蓄电池容量变化的量。

在铅酸蓄电池中往往规定某一温度作为其额定容量的标准温度，如启动用铅酸蓄电池额定容量的标准温度为 25℃，牵引用铅酸蓄电池额定容量的标准温度为 30℃。在实际测量蓄电池容量时，如果电池中电解液的温度不等于标准温度，则应按照式(4-15)将测量得到的容量换算为标准温度下的容量。

在实际使用式(4-15)进行容量换算时，应注意以下几个问题：

(1) 标准中应严格规定容量的温度系数的值，但温度系数实际上不是一个常数。对于不同的铅酸蓄电池，它有不同的规定值。

(2) 铅酸蓄电池实际放电时，电解液的温度并不是定值，而是不断变化的。为了统一，标准中往往规定放电初始或放电终止时的电解液温度作为容量换算时的计算温度。

(3) 有些铅酸蓄电池标准中规定进行容量换算时，首先按照下式将实际测得的放电时间校正为标准温度下的放电时间：

$$T_0 = \frac{T}{1+K(t-t_0)} \tag{4-16}$$

式中，$T_0$ 为标准温度下的放电时间，单位为 h；$T$ 为测得的放电时间，单位为 h；$K$ 为容量的温度系数；$t$ 为测得的电解液温度，单位为℃；$t_0$ 为电解液的标准温度，单位为℃。

然后按照下式求得标准温度下的放电容量：

$$C_0 = I \times T_0 \tag{4-17}$$

式中，$C_0$ 为标准温度下的容量，单位为 A·h；$I$ 为标准放电率下的放电电流，单位为 A；$T_0$ 为标准温度下的放电时间，单位为 h。

2) 蓄电池自放电对容量的影响

蓄电池无论工作或不工作，其内部都有放电现象，这无疑会消耗能量，此种现象称为自放电作用。产生自放电的原因有如下几个：

(1) 负极产生的自放电。由于负极的活性物质铅为活泼的金属粉末，因此在硫酸溶液中电极电位比氢低，可以发生置换氢气的反应，通常把这种现象叫作铅自溶。

影响铅自溶速度的原因如下：

① 硫酸电解液浓度及温度的影响。铅自溶速度随硫酸浓度的增加及电解液温度的升高而增大。

② 负极表面金属杂质的影响。蓄电池负极表面有各种金属杂质存在，当某种金属杂质的氢超电势值（氢析出的超电势）较低时，就能与负极活性物质形成腐蚀微电池，从而加速了铅的自溶速度。

③ 正极析出氧气的影响。

④ 隔板、电解液中杂质的影响。

(2) 正极产生的自放电。正极自放电的产生其原因主要有五个方面：

① 正极板栅中金属的氧化。

② 极板孔隙深处和极板外表面硫酸浓度之差会引起自放电，这种自放电随着充电后搁置时间的延长而逐渐减小。

③ 负极产生氢气的影响。

④ 隔板电解液中杂质的影响。

⑤ 正极活性物质中铁离子的影响。

(3) 蓄电池局部放电。尽管我们采用的电解液是纯净的浓硫酸和纯水配制的，但还是含有少量的杂质，这些杂质构成无数细小的短路的局部电池，进行自放电，白白消耗了蓄电池的能量。在高温和长久储存时，这种自放电的影响很大；在正常使用时影响较小，可以忽略。铅酸蓄电池局部放电其原因主要有以下几种：

① 在电解液中有其他杂质存在。

② 极板本身组成部分存在不同电位差。例如，活性物质和极板间或异性极板的铅渣沉淀在极板微孔内。

③ 极板处于上、下不同浓度的电解液层，产生不同的电位差。

正常情况下，由于自放电作用，一昼夜约损失全部容量的 1%～2%。在温度和比重增高，或电解液杂质较多时，自放电作用将增大，一昼夜内损失的容量可能增至全部容量的 3%～5%。自放电的速度并不是匀速的，在开始时较快，损失的容量也较大，以后逐渐减慢，损失容量也随着减少，这是由于局部放电生成的硫酸铅起阻止电化作用的缘故。

为了防止局部放电，在安装和维护工作中要选用化验合格的浓硫酸和纯水，不要使电解液温度过高，防止任何杂质落入电池内。

## 3. 锂离子蓄电池的容量特性

1) 放电容量随放电倍率的变化特性

蓄电池在不同放电倍率下，其容量有较大的差别。图 4-28 所示为在不同倍率(0.2C、0.5C、1C、1.5C、2C、2.5C)条件下的放电曲线。图 4-29 所示为以不同倍率放电时，电池容量和容量保持率的变化曲线。

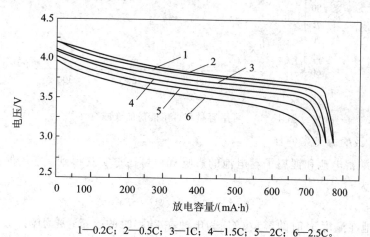

1—0.2C；2—0.5C；3—1C；4—1.5C；5—2C；6—2.5C。

图 4-28　锂离子蓄电池在不同倍率条件下的放电曲线

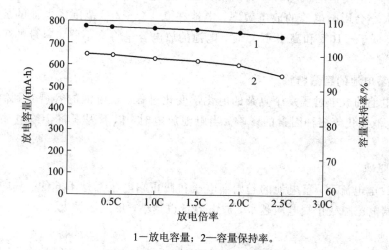

1—放电容量；2—容量保持率。

图 4-29　以不同倍率放电时电池容量和容量保持率的变化曲线

由图 4-29 可知，随着放电倍率的增大，电池放电平台明显降低，放电容量减少。在锂离子蓄电池反应中，除了锂离子脱嵌时发生氧化还原反应外，还存在大量的副反应，如电解液分解与还原、正负极活性物质溶解及金属锂沉积等，这些都是造成锂离子蓄电池性能衰减的原因。

2) 放电容量的变化特性

容量特性用来描述随着放电电流的不同可用容量的变化情况。图 4-30 所示为电池可用容量和可用能量的衰减情况。从图 4-30 可知，即使对于 300A 这样的大电流，电池的可用容量仍超过额定容量的 93%，可用能量超过额定能量的 80%，可用容量的衰减程度很低。

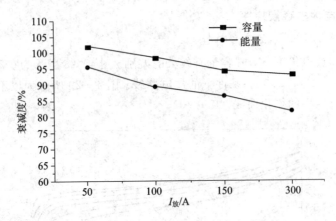

图 4-30 可用容量和可用能量的衰减特性

3) 容量随温度的变化特性

温度对铅酸蓄电池和锂离子蓄电池的影响规律可通过实验得到。常用的描述容量随温度变化的模型为

$$C = C_{25}[1 - \alpha(C_{25} - T)] \qquad (4-18)$$

式中，$C$ 为电池在温度 $T$ 时的容量；$C_{25}$ 为电池在 25℃时的容量；$\alpha$ 为温度系数，在不同温度区间，$\alpha$ 不同；$T$ 为当前电池温度。

温度对蓄电池的荷电状态的影响比较突出，电池放电应在 -10~45℃ 的环境温度下。放电电流的大小会影响电池的放电效率，电池在 0.1 C~2 C 范围内电池的放电效率比较理想。在温度低于 -10℃ 和高于 45℃ 时，电池的放电容量将会下降，容量的下降会导致电池性能降低。

**4. 镍氢蓄电池的容量特性**

镍氢蓄电池的放电过程是个复杂的电化学变化过程。蓄电池的容量受到温度、放电电流、充电、电池退化等多种因素的影响。当电池放电时，以下因素将会给电池的实际容量带来影响。

1) 放电电流

不同的放电电流下，蓄电池的起始端电压和截止端电压都是不同的。其中放电电流越大，则起始端电压和截止端电压越小，放电容量也越小，反之则越大。

2) 放电截止电压

放电截止电压指当电池放电、电池的电压降到某点时，如果继续放电，则电池电压会急剧下降，若持续放电会对电池造成损害。

3) 温度

温度对镍氢蓄电池的影响和锂离子电池大致相同，电池放电应在 -10~45℃ 的环境温度下，放电电流的大小将影响电池的放电效率。在 0.1 C~2 C 范围内电池的放电效率比较理想。在温度低于 -10℃ 和高于 45℃ 时，电池的放电容量将会下降，容量的下降会导致电池性能降低。

4) 老化

老化是指电池容量随着电池循环次数的增加而衰减的现象。蓄电池在使用一段时间后,它的额定容量会有一定的变化,一开始会有所增加,大约增幅为5%~20%,接下来的一段时间,电池的容量维持不变。然后其容量会逐步减少,当电池的容量达到额定容量的80%时,可以认为电池的寿命结束。

5) 电池的不均衡性

电池的不均衡性指电池单元之间的质量不同,所造成的容量的差异,在一组电池单元中,所能放出的容量,将由实际容量最小的电池单元决定。

**5. 超级电容器的容量特性**

1) 电容 $C$ 与充电电流的关系

对于用多孔碳材料制作极化电极的超级电容器,其存储电荷的电容 $C$ 与碳材料的表面性质紧密相关。其中,多孔碳电极的比表面积和微观孔径尺寸分布是影响超级电容器双电层容量的重要因素。在充电过程中,充电电流密度影响着电极极化反应的比表面积与微孔传输反应粒子和离子电荷的速度,并因充电电流增大,碳电极的有效反应表面和微孔利用率减小,会导致容量降低。

图 4-31 直观地描述了不同充放电电流水平下,超级电容器的电容值 $C$ 随充电电流的递增而减小的函数关系。

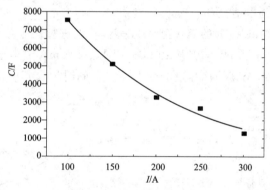

图 4-31 电容和充放电电流关系

2) 电能储量随充放电电流的变化特性

超级电容器的电能储量 $Q(A \cdot h)$ 与充电电流、工作电压范围、环境温度等因素有关。图 4-32 描述了室温条件下,两单体串联组件的电能储量与充电电流之间的函数变化关系,

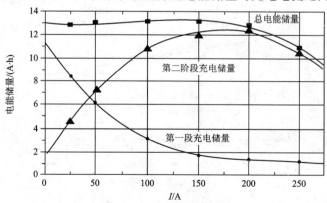

图 4-32 电能储量与充电电流之间的关系曲线

即小电流(小于 50 A)和中等程度电流(50~150 A)充电,获得的电能储量比较接近,只有少许的上升趋势,可以说基本保持恒定,但随着充放电电流的增大(大于 200 A),其电能储量逐渐下降,下降梯度陡峭。

### 4.3.4 蓄电池的寿命特性

电池寿命是衡量免维护蓄电池性能的一个重要参数。在一定的充放电制度下,电池容量降至某一规定值之前电池所能承受的循环次数,称为蓄电池的循环寿命(使用寿命)。蓄电池的寿命特性是指蓄电池寿命和循环次数的关系、寿命和放电深度的关系、温度和寿命的关系。

**1. 寿命和循环次数的关系**

各种蓄电池的使用寿命是有差异的。通常的 Cd-Ni 电池和 MH-Ni 电池的循环寿命可达 500~1000 次,有的甚至几千次,启动型铅酸蓄电池的循环寿命一般为 300~500 次。

在电池寿命的测试中,电池的容量不是唯一衡量电池循环寿命的指标,还应综合考虑其电压特性、内阻的变化等。具有良好的循环特性的电池,在经过若干循环后,不仅要求容量衰减不超过规定值,其电压特性也应无大的衰减。电池容量的检测:通常在一定的充放电条件下进行循环,然后检测电池容量的衰减,当放电容量衰减到初始容量的 80% 左右时,计算循环次数,即为电池循环寿命。

对标称容量为 1200 mA·h 的 AA 型 MH-Ni 电池进行快速循环寿命测试,其循环条件为:1200 mA 恒流充电 75 min,搁置 10 min,再以 1200 mA 放电至 1.0 V,搁置 10 min,反复循环,直至容量衰减至其标称容量的 80% 为止,同时记录其中值电压。其测试结果如图 4-33 所示。

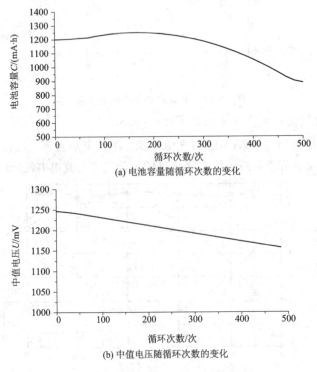

(a) 电池容量随循环次数的变化

(b) 中值电压随循环次数的变化

图 4-33 MH-Ni 电池的循环性能

由图 4-33 可知，在蓄电池的使用初期，随着使用时间的增加，其放电容量也增加并逐渐达到最大值，之后随着充放电次数的增加，放电容量减少。蓄电池达到规定的使用寿命时，对容量有一定的要求。例如，牵引用蓄电池的容量不低于额定容量的 80%，启动电压不低于额定电压的 70%。由于规定的实验方法不同，得出的蓄电池的寿命也不同。不同国家和不同类型的蓄电池标准中都规定了具体的试验方法和相应的寿命。

**2. 寿命和放电深度的关系**

放电深度是指蓄电池使用过程中放电到何种程度开始充电。80% 放电深度 (80%DOD) 指放出全部容量的 80%。铅酸蓄电池的寿命受放电深度的影响较大。图 4-34～图 4-36 给出了不同放电深度的循环寿命曲线。

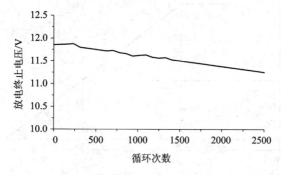

图 4-34　20%DOD 循环寿命

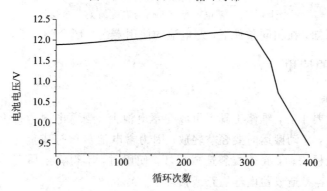

图 4-35　80%DOD 循环寿命

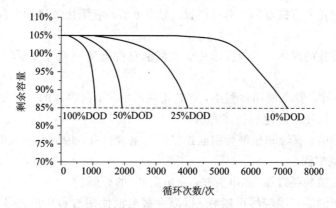

图 4-36　不同放电深度下的蓄电池寿命

由图4-36可知,蓄电池的循环寿命与电池的放电深度有密切关系,放电越深,寿命越短。因此在使用中应尽可能减少蓄电池的放电深度和过放电次数,尽量不要将蓄电池使用至完全没电了再充电,尽量在蓄电池每次使用后立即进行充电,这样既有利于延长寿命,又可缩短充电时间。

**3. 寿命和温度的关系**

蓄电池的寿命还受到温度变化的影响。图4-37给出了蓄电池浮充寿命随温度变化的曲线。

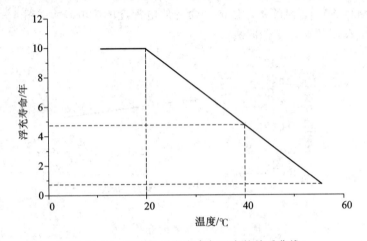

图4-37 蓄电池浮充寿命与温度的关系曲线

由图4-37可知,在相同条件下,蓄电池的使用寿命一般会随环境温度的升高而缩短。

### 4.3.5 蓄电池的使用

**1. 运输和安装**

(1) 拆卸搬运要小心,维修工具不可放在蓄电池上。当蓄电池电桩上的螺丝锈蚀难拧时,不可用力敲打,移动搬运时要轻拿轻放。因为蓄电池被敲打或重摔后会造成极板上的活性物质脱落,极柱松动,壳体震裂造成损坏。使用时,不得将金属工具等金属物放在蓄电池上,否则,很容易造成蓄电池短路或损坏。

(2) 正确放置。使用和存放蓄电池时,不得靠近明火,不得将蓄电池抛在火中或浸没在水中,禁止在阳光下直接曝晒,不可倒置。对充电器,应防止液体和金属屑粒渗入内部,防止跌落及撞击。

(3) 蓄电池码放的时候,一般要求中、大型密封蓄电池不超过4层,小型密封蓄电池不超过6层。

(4) 蓄电池在串、并联使用过程中,严禁不同厂家、不同容量的一起使用,应尽量保证蓄电池的均衡性,保证蓄电池的使用寿命。

(5) 连接件污染、腐蚀和松散会引起连接的蓄电池打火,因此在安装时要检查连接线,确保连接处清洁且牢固。

(6) 使用的连接线要遵循"多串少并,先串后并"的原则。

(7) 蓄电池间的连接线应尽可能短,以减少蓄电池使用过程中的电压降。蓄电池在恒功率输出下,其提供给负载的电压越高,输出的电流就会越小,对蓄电池的寿命就越有利。

连接线越长,在连接线上的压降就会越大,提供给负载的电压就会越低,这样不利于蓄电池的使用。同理,相同长度的连线,应选电阻小的导线,这就要求连接线应尽量选用铜芯电线。因为铜的电导率远远高于铁、铝以及其他合金。铜连接件的横截面积越大,电导性越佳,连接件上的压降越小。

一般要求蓄电池两极柱根部的电压降在 1 h 率大电流放电时为 10 mV。决定连接线电阻的因素有三个,分别是电阻率、长度和截面积。当导线的电阻和长度选定后,截面积可依据下式选择:

$$S_e = \frac{I \times \rho \times L}{\Delta U} \tag{4-19}$$

式中,$S_e$ 为连接线的截面积,单位为 $mm^2$;$I$ 为 1 h 率放电电流,单位为 A;$\rho$ 为金属电阻率,单位为 $\Omega \cdot mm^2/m$;$L$ 为蓄电池两极柱中心距,单位为 m;$\Delta U$ 为 0.01 V。

**2. 安装环境**

(1) 蓄电池应储存在温度为 5~40℃ 的干燥、清洁且通风良好的仓库内。温度过高会加大蓄电池的自放电,干燥、清洁的环境可以避免外在因素引起的蓄电池自放电。同时,应尽量保证蓄电池的接线端子不被腐蚀。

(2) 蓄电池的工作场合不能有剧烈的震动或碰撞冲击。

(3) 蓄电池应在良好的通风环境内工作,避免在密闭的设备内工作。蓄电池在过充电过程中会产生氢气和氧气,若在密闭的环境中充电,则由于氢气和氧气的富集,会造成安全隐患。

(4) 蓄电池不得倒置以及卧放,不得受任何机械冲击或重压。蓄电池虽然为贫液设计,但仍然存在少量的游离酸,倒置或者卧放都会造成这部分电解液溢出,腐蚀环境,影响电池性能。

(5) 蓄电池应避免阳光直射,且应远离热源。在储存以及使用过程中,不能将蓄电池置于存在大量放射性物质、红外线辐射、紫外线辐射、有机溶剂气体和腐蚀性气体的环境中。蓄电池壳体由塑料浇铸而成,长时间日晒以及离热源较近,会使塑料变脆、易碎等,同时也会加大蓄电池的自放电。

**3. 阀控式密封铅酸充电设备的选择以及正确的充电方法**

(1) 充电设备的选择。应选用优质充电器。充电器必须有足够的精度和稳压稳流性能,严禁使用质次、价低、耐老化性能差的充电器,否则将损坏蓄电池。因为充电器输出电压的高低对免维护蓄电池的电解液消耗率影响较大。当充电电压过高时,蓄电池在充电过程中,充电电流过大,会增加析气,由此会引起蓄电池电解液消耗过快,电解液温度高,活性物质脱落,容量下降快等;当充电电压过低时,又会造成蓄电池充电不足,使蓄电池容量不足和引起硫化。

① 对于浮充使用的充电设备,要求其具有如下功能:自动稳压,自动稳流,恒压限流,高温报警,波纹系数不大于 5%,故障报警,温度补偿。

② 对于常用的充电设备,应尽量选用与蓄电池生产厂家提供参数相符的产品。

(2) 正确的充电方法。蓄电池应尽量选择生产厂家提供的充电方法,严禁长时间大电流放电。通常应在保证充电量的前提下尽可能使蓄电池的充电电压低于 14.7 V。目前的蓄电池绝大多数是以恒流、恒压方式或恒压限流方式进行充电的,在充电过程中存在当温度过高时有可能将蓄电池充过,而在温度较低时充电不足的问题。这些都会影响蓄电池的使用寿命。

① 根据季节温度适当调整充电电压,或采用温度检测,对充电端电压进行温度补偿。最佳充电环境温度为 15~30 ℃。

② 在端电压保持不变时应继续充电,要不断检测充电电流的变化。如果在 2 h 内充电电流变化量不足 2%,则表示达到蓄电池的有效容量,可停止充电。

③ 正常情况下,蓄电池放电结束后,最好及时进行充电,严禁蓄电池以放电状态搁置。若放电后的蓄电池搁置时间过长,则即使再充电也不能恢复其原有的容量,因为蓄电池放电后会生成硫酸铅,若充电不及时,则放电生成的小颗粒硫酸铅结晶会聚集成大颗粒的硫酸铅晶体,这种晶体在一般的充电模式下不能很好地转化成铅和二氧化铅,会直接影响蓄电池的容量,这样时间一长蓄电池就会因硫酸的盐化而终结寿命。

④ 对于放电程度不清楚的蓄电池,应以 0.2C A 的电流放电至 10 V 左右,再进行充电。

⑤ 对于新电池,若蓄电池出厂时间较短,则用户可以直接安装使用。如果出厂时间较长(一个月以上),则为了补充在储存和运输中的容量损失,用户应在使用前补充充电。充电时,要在充电器转为绿灯亮后再充 4~5 h。由于蓄电池从出厂到用户使用一般会超过一个月,所以,使用前要先充电。

⑥ 如果蓄电池的充电采用恒压限流的方法,以单体 2.35 V 均充,电流限定在 $0.25C_{10}$ 以下,则充电末期整组蓄电池的电流值达到 $0.006 C_{10}$ 时,3 h 不变就认为蓄电池已经充足了。

⑦ 在充电过程中,条件许可的情况下可定期用万用表校准充电设备的输出电压以及电流,保证充电数据的真实性和准确性。

**4. 铅酸蓄电池的使用要点**

(1) 定期检查观察窗颜色。大多数车辆使用的免维护蓄电池装有温度补偿型比重计,可以指示蓄电池的存放电状态和电解液液位的高度。当比重计的指示灯呈绿色时,表明已充足电,蓄电池正常;当指示灯呈深绿色或黑色时,表明蓄电池需要充电;当指示灯显示淡黄色时,表明蓄电池内部有故障(如过充电严重,电解液过低等),应查明原因,予以修复或更换。

(2) 绝不准向电池内添加硫酸。

(3) 电池放电不要超过规定的极限值,充电电流也不应超过限度,否则易使极板弯曲硬化甚至龟裂脱落。

(4) 如果蓄电池长时间休止或迁移他处,为保护电池,将电池充电后再以 10 小时率完全放电至 1.8 V 为止,小心地将木隔板及极板群取出后,在流动的清水中冲洗 24 h,然后进行干燥或强通风自然干燥后保存。重新安装使用时,按充电方法处理。

(5) 电池在放电时,如有某单位电池电压显著下降或过低,则可将该单位电池摘出,检查原因并进行处理。

(6) 电池不得长期处于放电状态或充电不足的状态,否则将影响电池的容量和使用时间。

(7) 应尽量避免长时间新、旧电池的混合使用,短时间替代是可以的。蓄电池的使用合理与否，与蓄电池的使用期限关系甚大。

**5. 铅酸蓄电池的错误操作**

（1）拧开蓄电池的排气阀，使空气进入蓄电池 24 h 以上，甚至更长时间，将导致蓄电池容量下降以及恢复困难。

（2）蓄电池深度放电后，超过 72 h 才补充电将导致蓄电池容量恢复困难。

（3）蓄电池的排气阀打开时，如有少量醋酸进入，则会使蓄电池的自放电增加，短期就会引起容量下降，满足不了容量的要求。

（4）蓄电池排气阀打开时，如有铁丝导电物质进入蓄电池内，则将引起蓄电池自放电严重，甚至短路，蓄电池深度放电后，在充电期间由于停电，这种频繁的未充足容量而又放电的现象在短时间内将使蓄电池失去部分容量，严重时会出现早期容量损失而报废。

（5）浮充电压设置过高、温度过高都将导致蓄电池的寿命缩短。

（6）搬运时蓄电池跌落，将使蓄电池破损而需要更换。

（7）均充频繁的蓄电池将在 3～4 年内因失水和板栅腐蚀而容量下降，引起蓄电池报废。

**6. 锂离子蓄电池的使用要点**

根据锂离子蓄电池自身的特点，用户在使用锂离子蓄电池时应注意以下几点：

（1）锂离子蓄电池最好使用专用的充电器，充电时不要同时使用充电设备，否则会在一定程度上损坏电池，影响其使用寿命。

（2）锂离子蓄电池没有记忆功能，所以每次充电不像镍氢蓄电池和镍铬蓄电池一样需要放电，它可以随时随地进行充放电。

（3）如果锂离子蓄电池长时间不使用，那么最好充入 40％左右的电量，在 10～30℃ 的温度下保存，并每半年左右补一次电。

（4）充电时不得高于最大充电电压，锂离子蓄电池任何形式的过充都会导致蓄电池性能受到严重破坏，甚至爆炸。锂离子蓄电池在充电过程必须避免对蓄电池产生过充。充电时应该在室内常温环境下进行，冬季不要在室外充电。

（5）无论任何时间锂离子蓄电池都必须保持在最小工作电压以上，低电压的过放电或自放电反应会导致锂离子活性物质分解破坏，并不一定可以还原。

（6）不要经常深放电、深充电。不过每经历约 30 个充电周期后，电量检测芯片会自动执行一次深放电、深充电，以准确评估蓄电池的状态。

（7）避免高温，否则轻则缩短寿命，严重者可引发爆炸。如有条件，可储存于冰箱。笔记本电脑如果正在使用交流电，请拔除锂离子蓄电池条，以免受到电脑所产生热量的影响。

（8）避免冻结。多数锂离子蓄电池电解质溶液的冰点在 -40 ℃，不容易冻结。如果长期不用，应以 40％～60％ 的充电量储存。电量过低时，可能因自放电导致过放电。

（9）锂离子蓄电池的充电制式通常为恒流、恒压两段式，不适合长期浮充电使用。

（10）电器长时间不用，要将蓄电池卸下单独存放。存放时蓄电池应保持在 1/4 电态至 1/2 电态（荷电状态），不要长时间满电搁置。

（11）禁止将锂离子蓄电池投入火中，禁止用重物挤压或碾压蓄电池，禁止以导电尖锐物刺入蓄电池壳体，禁止儿童、宠物咬蓄电池单体。

（12）由于锂离子蓄电池不使用时也会自然衰老，因此，购买时应根据实际需要量选购，不宜过多购入。长期不用的蓄电池需定期进行维护和保养。

#### 7. 镍氢蓄电池的使用要点

日常使用时，镍氢蓄电池应注意以下几点：

（1）一般情况下，新的镍氢蓄电池只含有少量的电量，购买后要先进行充电，然后再使用。但如果蓄电池出厂时间比较短，则电量很足，推荐先使用，然后再充电。

（2）虽然镍氢蓄电池的记忆效应小，但应尽量每次使用完后再充电，并且是一次性充满，不要充一会儿用一会儿然后再充。

（3）当蓄电池不使用时，应把它从装置上取下，置于干燥的环境中，可以避免蓄电池短路。

（4）尽量不要对镍氢蓄电池过放电，过放电会导致充电失败，这样做的危害远远大于镍氢蓄电池本身的记忆效应。

（5）使用之前应充电，并应使用镍氢蓄电池专用充电器。

（6）经过长时间存放，蓄电池应每三个月进行一次充放电。

（7）不要将新旧蓄电池混用，否则可能会导致过放电。

（8）蓄电池使用后，如果电池发热，则再次充电前应在通风环境中冷却。

（9）不要将蓄电池外部短路。若蓄电池内还有残余容量，则外部短路会产生大量热量，甚至有可能引起火灾。

（10）即使放置不用，镍氢蓄电池也会自然放电，从而使可使用时间变短。

（11）镍氢蓄电池具有有限的使用寿命。即使对蓄电池反复进行放电、充电，若仍然只能使用很短的时间，则表明该蓄电池可能已到达使用寿命。蓄电池在正确使用的条件下可循环使用 500 次以上。当蓄电池的使用时间变得极短时，表明蓄电池寿命已到。在寿命末期，蓄电池内阻会升高，或蓄电池会发生内部短路。一般地，蓄电池不发生过充或过放电且在合适的条件下使用，寿命可达 3 至 5 年。不过，实际使用过程中的充电、放电、温度或其他因素均会影响蓄电池的使用条件，进而导致蓄电池寿命变短，性能恶化，发生泄漏等。

（12）禁止加热或拆解蓄电池，更不要把蓄电池投入水中、火中。应将镍氢蓄电池储存在干燥、无腐蚀性气体、温度为 $-20\sim+45℃$ 的地方。如果将蓄电池储存在湿度很大或温度低于 $-20℃$ 或高于 $+45℃$ 的地方，则蓄电池内部的部件会膨胀或缩小，造成蓄电池泄漏。当长期储存后第一次充电时，由于活性物质的钝化，充电电压会升高，蓄电池容量会减小。重复充放电几次后，蓄电池会恢复到原有水平。当蓄电池储存超过一年时，最好一年充一次电，以免蓄电池泄漏或自放电造成蓄电池性能恶化。

（13）如发现蓄电池有异常情况，如气味难闻、漏液、蓄电池外壳破裂、变形等，应立刻停止使用。

（14）日常使用中做好蓄电池的维护工作。其主要作用有三个：恢复容量和功率输出能力，甄别和剔除失效蓄电池，补充蓄电池中损失的电解质溶液。

#### 8. 超级电容器的使用要点

（1）超级电容器具有固定的极性，在使用前，应确认极性。

(2) 超级电容器应在标称电压下使用。当电容器电压超过标称电压时,将会导致电解液分解,同时电容器会发热,容量下降,而且内阻增加,寿命缩短,在某些情况下甚至会导致电容器性能崩溃。

(3) 超级电容器不可应用于高频率充放电的电路中。高频率的快速充放电会导致电容器内部发热,容量衰减,内阻增加,在某些情况下会导致电容器性能崩溃。

(4) 外界环境温度对于超级电容器的寿命有着重要的影响。电容器应尽量远离热源。

(5) 由于超级电容器具有内阻较大的特点,因此在放电的瞬间存在电压降,$\Delta U = IR$。

(6) 超级电容器不能置于高温、高湿的环境中,应在温度$-30 \sim +50$℃、相对湿度小于60%的环境下储存,避免温度骤升和骤降,因为这样会导致产品损坏。

(7) 当把电容器焊接在线路板上时,不可将电容器壳体接触到线路板上,否则焊接物会渗入至电容器穿线孔内,对电容器性能产生影响。

(8) 安装超级电容器后,不可强行倾斜或扭动电容器,否则会使得电容器引线松动,导致性能劣化。

(9) 在焊接过程中避免使电容器过热,因为若在焊接中使电容器出现过热现象,则会缩短电容器的使用寿命。如果使用厚度为1.6 mm的印刷线路板,则焊接过程应为260 ℃,时间不超过5 s。

(10) 在电容器经过焊接后,线路板及电容器需要经过清洗,因为某些杂质可能会导致电容器短路。

(11) 当超级电容器串联使用时,存在单体间的电压均衡问题,单纯的串联会导致某个或几个单体电容器过压,从而损坏这些电容器,整体性能受到影响,故在电容器串联使用时,需得到厂家的技术支持。

(12) 若在使用超级电容器的过程中出现其他应用上的问题,可向生产厂家咨询或参照超级电容器使用说明的相关技术资料执行。

## 4.3.6 蓄电池(GFM系列)的维护

**1. 日常维护**

免维护蓄电池是阀控式密封铅酸蓄电池的简称,它与传统的铅酸蓄电池相比较具有体积小、重量轻、无流动性电解液、无腐蚀性气体溢出污染环境、自放电小、寿命长、使用方便、安全可靠等优良特点,但并不是无需一切正常的维护工作。下面对阀控式密封铅酸蓄电池的维护作一些简单介绍,以延长其使用寿命。

1) 清洗

要保持蓄电池外部的清洁,定期清除沉积在蓄电池表面的污染物,对于极桩及连接电缆表面的腐蚀物也应及时清理。清洗时可用肥皂水或清水,不可使用化学清洗剂,以免腐蚀蓄电池的极耳或者造成不必要的放电。

2) 安全检查

(1) 要保证蓄电池与设备的牢固连接,以避免由于振动而带来的蓄电池损伤,同时也要保证极桩与电缆的牢固连接,以确保蓄电池与电网的导通。

(2) 对于少维护蓄电池，应定期检查电解液液面高度及密度变化，以判定蓄电池技术状况；对于免维护蓄电池，则需注意观察密度计的显色反应。

(3) 检查电解液有无溢漏，排气孔有无气体外溢，温度是否过高（高于 45 ℃），若出现上述现象，应查明原因。

3）存放

蓄电池安装使用前应存放在 5~40℃ 的环境温度下，存放的地点必须通风、清洁。蓄电池的存放不得超过 6 个月，超过 6 个月的蓄电池应进行补充电。若蓄电池长时间不用，则应充足电储存，并且定期进行一次补充电，以避免蓄电池硫酸盐化的发生。

**2. 运行时的维护**

对于长期浮充运行的阀控式密封铅酸蓄电池，需要严格控制其充电方式和充电电压。阀控式密封铅酸蓄电池其免维护主要是指不加水和调节电解液密度的维护操作。通常通过加强对蓄电池进行定期记录来提高阀控式铅酸蓄电池在运行时的使用寿命。

IEEE1188-2005 中详细规定了对阀控式密封铅酸蓄电池的维护要进行月、季、年度的检查并记录。

(1) 月度检查包括：

① 在蓄电池端子测量全部浮充电压。

② 充电器输出电流和电压。

③ 环境温度。

④ 通风和监测设备状况。

⑤ 电池或单元的外观检查，包括：

a. 电池或单元的端子、连接、电池架或电池柜的锈蚀。

b. 蓄电池柜、架及其周围的清洁。

c. 电池或单元表面的裂缝或电解液渗漏。

(2) 季度检查（检查记录应和初始检查比较）包括：

① 电池或单元的内阻。

② 每个电池或单元的负极端子温度。

③ 每个电池或单元的电压。

(3) 年度和初始安装应包括 (1)、(2) 并检查和记录以下内容：

① 整个蓄电池各电池端子之间的连接电阻。

② 施加到蓄电池上的纹波电流和纹波电压。

另外，IEEE1188-2005 还规定：如果蓄电池经历了非正常状况（如过度放电、过度充电、过高的环境温度），则应进行检查以保证蓄电池没有损坏。

**3. 核对性放电试验**

1）蓄电池组 40% 容量放电检查

蓄电池组 40% 容量放电检查是指每年一次以 10 h 放电率进行一次 4 h 的核对性放电试验，放出额定容量的 40%。蓄电池放电试验主要采用以下两种方式：一是利用实际负载进行核对性放电试验；二是利用传统电阻箱进行放电试验。采用传统电阻箱进行放电试验时，蓄电池组必须脱离系统，利用电阻箱对电池组进行放电试验，经过数小时后，可以找出最落后的一到几节电池，以落后电池到达终止电压时的放电时间与放电电流来估算其容量，并以此容量作为整组电池的容量。核对放电试验具有容量测试准确可靠的优点，因此它仍然是目前世界上检测电池性能的最可靠方法，同时由于核对放电试验本身可以对电池起到一定的维护作用，所以其他方式暂时还不能替代该方式。

2) 蓄电池组10%容量放电检查

根据现场情况，可采用以下方法进行检查：将蓄电池组从直流母线上断开，蓄电池外接负载，在其回路中串接一个直流电流表，由蓄电池直接对负载放电，按10 h放电率放电，放电1 h，放出蓄电池容量的10%。容量检查一般3年1次为好。由于容量检查放电时间长，可改变运行方式，将运行的蓄电池组退出，外接负载放电，并每小时测量1次电池的电压，因此通过测定电池的电压数值，可判断电池是否正常。在相应放电容量下，若其单体电池电压实测值等于或大于相应电压值，则电池容量正常。电池组放电后，应进行加速充电。

**4. 维护注意事项**

1) 蓄电池的使用环境

阀控式密封铅酸蓄电池应安装在远离热源和不易产生火花的地方，最好在清洁的环境中使用。建议电池室温在15~35℃时，最好安装空调，控制温度在25℃左右。潮湿、通风不畅、太阳照射等环境必然会使阀控式密封铅酸蓄电池的寿命缩短（如果温度为35℃，则电池寿命将折半）。因此，清洁的环境、良好的通风条件、适宜的环境温度以及无太阳照射是十分必要的。另外，为了方便蓄电池的维护，选择机房时要留有适当的维护空间。

2) 蓄电池的内阻

应利用电池内阻测试仪，在每次巡检时对蓄电池的内阻进行检测，并进行存档、分析和比较。内阻测试仪能准确查出完全失效的电池。大量的实验分析及研究结果证明，电池的容量降低到50%以后，内阻或者电导会有较大变化，降低到40%以后，内阻或电导会有明显变化。这种情况一般是先联系相关厂家对蓄电池进行活化处理，若容量还不能恢复，就要进行更换。根据电池电导值或者内阻值，可以在一定程度上确定电池的性能。这种做法虽然测试工作比较简单，但是由于内阻与容量线性关系不好，所以测试结果不能很好地反映蓄电池的真实健康状况。

3) 开关电源的参数设置

开关电源的参数（如浮充电压、均充电压、均充时间和频率、转均充判据、转浮充判据、环境温度、温度补偿系数、直流过压告警、欠压告警、充电限流值等）要与蓄电池厂家沟通后再确定具体参数。

4) 蓄电池设备的容量配置

在巡检过程中发现，有些机房的蓄电池容量配置偏小，有的甚至只有蓄电池额定容量的2 h率放电，频繁的大电流放电会使蓄电池使用寿命缩短，每个机房的蓄电池配置容量最好在8~10 h率。

5) 蓄电池的电压

对于有些机房，蓄电池电压有偏差，这是因为有些厂家的新生产的蓄电池采用了厚极板设计，使蓄电池的寿命得到提高，但这样对于蓄电池电压的均匀性就较难控制，一般需要运行两年以上电压才会逐渐均匀。此外，若蓄电池电压偏低，则还可以对整组蓄电池进行浅放电，看该蓄电池的放电电压是否也明显偏低，若是则要联系相关厂家进行更换。

6) 蓄电池放电时的注意事项

在蓄电池放电时，应先检查整组蓄电池的连接是否拧紧，再根据放电率来确定放电记录的时间间隔。对于已开通的机房，一般使用假负载进行单组电池的放电，在另一组蓄电池放电前，应先对已放电的蓄电池进行充电，而后才能对另一组蓄电池进行放电。放电时应紧密注意性能异常的蓄电池，以防某个铅酸蓄电池发生过放电。

## 4.3.7 蓄电池的更换

蓄电池每经一次充电和放电过程就叫作一次循环，它"一生"中可以承受的充放电循环次数称为循环寿命，简称为寿命。延长蓄电池的寿命，降低其使用成本，是蓄电池用户的重要目标之一，许多蓄电池工作者为此做了大量的工作。简单地考虑，蓄电池放电后，通过充电使正负两极的活性物质各自恢复到原来的活性状态，又可以继续放电，如此循环，似乎是可以无限期地使用下去，但实际上是不可能的。蓄电池在使用过程中，初期容量随循环次数的增加而增加，逐步达到容量的高峰值；接着保持一段时间的稳定，在其寿命末期容量逐渐下降。当容量降低为额定容量的 $75\% \sim 80\%$ 时，就认为该蓄电池不能再继续使用，所以称为寿命终止。蓄电池在使用过程中达不到用户要求时，就需要更换蓄电池。为保证运行的可靠性，需要密切关注蓄电池的运行状况，及时更换蓄电池。

**1. 蓄电池寿命终止的判断**

1) 根据使用时间判断

蓄电池正常可以使用 1 年多，用户应根据使用的具体条件及运行状况确定是否报废。一般情况下，放电深度较大的使用寿命在 1 年左右，放电深度在 $50\% \sim 70\%$ 的蓄电池其寿命在 1 年半左右。个别厂家生产的蓄电池其寿命可以达到 2 年以上。

2) 根据时间容量判断

蓄电池实际放电容量低于额定容量的 $70\%$ 左右时，若经维护无法明显上升，则可以确定报废。这是由于蓄电池在使用过程中容量衰减到 $60\%$ 左右后性能会大幅衰减，各部件都基本达到恶化的状况，这种衰减有逐渐加快的趋势，很快就会彻底失去充放电能力。

3) 根据外观判断

工程人员可以通过目测电池的外观是否有严重变形，极气阀、密封盖是否有漏液，连接点条是否被氧化和腐蚀等，经过测量电池的开路电压来判断电池的好坏。以 12 V 电池为例，若开路电压高于 12.5 V，则表示电池储能还有 $80\%$ 以上；若开路电压低于 12.5 V，则应该立刻进行补充充电；若开路电压低于 12 V，则表示电池存储电能不到 $20\%$，电池有不堪使用之虞。

免维护电池由于采用吸收式电解液系统，因此在正常使用时不会产生任何气体，但是如果用户使用不当，则会造成电池过充电，产生气体，此时电池内压就会增大，将电池上的压力阀顶开，严重的会使电池鼓胀、变形、漏液甚至破裂。这些现象都可以从外观上判断出来，如发现上述情况应立即更换电池。

4) 根据充电时发热情况判断

蓄电池到寿命终止时，正极会严重软化（主要失效模式），活性物质脱落，内阻增加，而且极板中杂质元素不断溶出，使其充电时析气率加大，效率变差，发热量增加。这时如果打开蓄电池安全阀检查，会看到电解液"发黑"，严重失效时无法修复。这种情况下，蓄电池自放电很快，有时充电后很快就没电了。

5) 根据性能判断

寿命终止的蓄电池其各种性能大幅度下降，且性能极不稳定，有可能引起不良后果，如充电发热变形，产生短路、断路，甚至发生爆炸危险。因此，蓄电池达到寿命终止时应及时更换新的蓄电池。

**2. 蓄电池的更换原则**

可更换的蓄电池有铅酸蓄电池、镍系列电池、锂电池及其组合型的二次电池。蓄电池的更换原则如下：

（1）当蓄电池出现短路、断路、特别严重的极板不可逆硫化、严重的变形、电解液严重渗漏、活性物质脱落或软化严重（电解液已发黑）、使用寿命正常终止（寿命期到，容量已经达不到要求）等情况时，已不能通过维护来改善，需要更换蓄电池。

（2）由于蓄电池制造水平存在着差别，各生产厂制造工艺也各有特点，不同厂家的蓄电池可能存在微小差别，而这些差别往往与相关的匹配器有关，因此，应优先选用原配厂家的蓄电池进行更换。随着蓄电池工艺的不断改进，蓄电池的许多性能也不断改变，即使是同一个厂家生产的蓄电池，可能在不同时间生产的蓄电池其性能也存在差别，因此需要按使用说明书的要求检查配套件是否与蓄电池性能配套，若不符合的，则需要进行调整，直到达到使用要求为止。

（3）新蓄电池必须与原蓄电池类别、规格、型号完全一致，除电压以外，容量、功率、充电制式必须与原蓄电池一致，并且原蓄电池组应处于寿命初期，不应当处于蓄电池寿命后期。如果整组蓄电池处于寿命后期，那么再进行个别单体蓄电池的更换，就已经没有意义了，最好等整组蓄电池寿命终结后，全部更换。无论整组更换还是个体更换，均应与原充电器、控制器相匹配。更换后的蓄电池在运行初期应特别注意其同与之匹配的充电器、控制器的匹配情况，若发现异常，应查找原因，并及时解决处理。

（4）若蓄电池类别有改变，则控制器和充电器的特性都必须与蓄电池的特点相一致。应选择开路电压及放电容量接近的蓄电池进行配组。

**3. 蓄电池的更换方法**

（1）拆卸蓄电池。先将蓄电池连同蓄电池盒一块取下，置于工作台上，卸下锁紧螺钉等。小心将蓄电池盒打开，用50 W电烙铁将蓄电池连线从蓄电池端子上烫下，并立刻用绝缘胶带将蓄电池端子包住，以防发生短路事故。焊接蓄电池之间的连线时，可以焊下一个头，拿住接头，再焊另一个接头，焊下后将连线立即放到规定的地方，以防止连线使蓄电池短路。有些蓄电池在安装时使用黏接剂等将蓄电池与蓄电池盒黏牢（一般采用不干胶），需要用力拉蓄电池才能取出（但不得用力过猛）。若操作有困难，可对蓄电池略为加热，或用酒精等溶剂将黏接剂溶下，然后将蓄电池取出。最后应将残余的垫片或黏接剂等清除干净，准备安装新蓄电池。

（2）检查。检查所有连线质量，同时检查保险座、充电插座，以及蓄电池引出线接触是否正常可靠,并紧固所有连接件。需要更换的应更换,并应重点考查其可靠性,不可靠者一律更换(包括蓄电池盒等)。

(3) 安装。按新蓄电池包装箱内的说明书要求进行安装。

(4) 试用。经数次充放电使用考核正常后,方可投入正常运行。

蓄电池在 UPS 中的常见更换方法如下:

(1) 用手抓住面板上部、弧圈下凹处,向前拉使面板与前板脱离,把面板翻到 UPS 顶部。

(2) 拧下连接前板与电池夹板的两个螺钉,向前轻拉前板并取下,搁在旁边。

(3) 小心将电池线拔出,把两个黑接头和两个红接头解开。注意不要让红黑接头对接,否则可能引起短路。

(4) 抓住电池两侧的丝带,把电池从 UPS 中拔出。

(5) 确认新电池与旧电池具有同样的数量、容量、型号,然后进行下一步,否则请与经销商联系。

(6) 将新电池滑入空腔,注意黄色丝带朝外,之后接上电池线接头。在接电池线时,在接头处会轻微打火,这属于正常现象,不用担心对人身安全和 UPS 造成危害。

(7) 将前板装上,即将前板的两个金属插片插入电池底部槽口,并把它推上顶部合上,旋紧螺丝。

(8) 将面板上的夹柱对准前板卡孔,用力压进。

请小心处理废弃的电池,使其远离火苗。特别注意:唯有熟悉电池维护的人员,才可以执行安装的工作。

## 4.4 蓄电池的正确使用

### 4.4.1 蓄电池容量的选择

**1. 容量换算法**

阀控式铅酸蓄电池的额定容量一般指 10 h 率或者 20 h 率放电容量。电池放电电流过大,则达不到额定容量。因此,应根据设备负载、电压大小等因素来选择容量合适的蓄电池。蓄电池总容量可以按照下式来进行计算:

$$C \geqslant \frac{KIT}{\{\rho[1+\alpha(t-25)]\}} \tag{4-20}$$

式中:$C$ 为选择的蓄电池容量,单位为 $A \cdot h$;$K$ 为安全系数,一般取 1.25;$I$ 为负荷电流,单位为 A;$T$ 为最大放电时间,单位为 h;$\rho$ 为放电容量系数,一般取 0.6~0.8;$t$ 为实际电池所在的环境温度值,当所在地有采暖设备时按 15℃考虑,当无采暖设备时按 5℃考虑;$\alpha$ 为电池温度系数,单位为 1/℃,当放电小时率<1 时,$\alpha=0.01$,当 1<放电小时率<10 时,$\alpha=0.008$,当放电小时率>10 时,$\alpha=0.006$。

**2. 蓄电池容量的选择方法**

蓄电池容量选择计算的基本要求包括以下两点:① 变电站交流站用电事故停电时间一般按 1 h 计算;② 对于远离市区的系统终端——无人值守变电站,按 8 h 计算。

蓄电池容量选择计算的条件应满足变电站停电时间内放电容量的要求,应计及事故初期直流电动机启动电流和其他冲击负荷电流，并应计及蓄电池持续放电时间内的随机负荷电流。

确定蓄电池容量后，应按最严重的事故放电阶段校验直流母线的实际水平。

根据《火力发电厂、变电站直流系统设计技术规定》的推荐，蓄电池容量的计算方法有两种：一种是电压控制法；另一种是阶梯负荷计算法。这两种计算方法没有本质区别，其计算结果相差不大。

下面以 GM 型阀控式密封铅酸蓄电池为例，采用阶梯负荷计算法说明直流系统设计中蓄电池容量的计算。

阶梯负荷计算法是按照 HOXIE 公式的基本原理转化而来的，是目前国内外常用的蓄电池容量的计算方法之一。

阶梯负荷计算法的要点是：直流事故负荷是一个由高到低呈阶梯形的曲线，尤其在事故放电的起始瞬间有一个很大的冲击放电电流，这是不能忽视的。

蓄电池放电过程是一个由化学能转化为电能的过程。当蓄电池以大电流放电时，极板中的酸会很快被消耗掉，极板中由化学反应而产生的水来不及被酸置换掉，导致由容差而引起内阻急剧增加，端电压迅速下降。但是，如果让蓄电池在大电流放电后休止一段时间或以较小的电流放电，那么极板中酸的密度由于电解液中酸的扩散作用会得到部分恢复，从而使容差内阻下降，端电压上升，形成一个额外容量。也可以理解为，大电流放电时，为维持一定电压下的放电电流，所需要的蓄电池容量并不真正完全消耗掉，随着放电条件的改善，这些不被消耗掉的容量可得到部分恢复。

按负荷曲线进行计算，其计算结果保证了各事故放电阶段的母线电压。根据蓄电池的化学反应原理，蓄电池的端电压在整个放电过程中随着放电电流及时间在变化，蓄电池的最低放电电压可能出现在初期或中期放电阶段。另外，该计算公式可根据各事故放电阶段不同的终止电压和母线电压要求进行计算。

阶梯负荷计算法的基本公式如下：

$$C_{cn} = K_k \left[ I_1 + \frac{1}{K_{c1}}(I_1 - I_2) + \frac{1}{K_{c2}}(I_2 - I_3) + \cdots + \frac{1}{K_n}(I_n - I_{n+1}) \right] \quad (4-21)$$

式中：$C_{cn}$ 为各个事故放电阶段的计算容量；$K_k$ 为可靠系数，一般取 1.40；$K_{cn}$ 为各个事故放电阶段的容量换算系数；$I_n$ 为各个事故放电阶段的电流。

例如，图 4-38 中，$I_1$ 为事故初期负荷，$I_2$、$I_3$ 分别为第二、第三阶段事故持续电流，$I_R$ 是一个随机负荷。

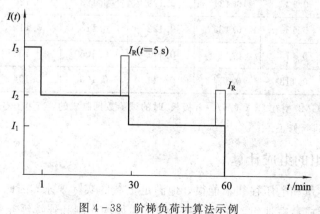

图 4-38 阶梯负荷计算法示例

计算方法是：按照上述负荷曲线分段予以计算，随机负荷叠加在第二或第三阶段中计算容量较大的一个阶段，然后与第一阶段的计算容量比较，取其大者。

在计算过程中要注意：对于不同型号、不同终止电压以及不同放电时间的蓄电池，$K_c$ 值是不同的。

表 4-8 是 GM 型阀控式密封铅酸蓄电池在不同放电时间和不同终止电压下的容量换算系数。

**表 4-8　GM 型阀控式密封铅酸蓄电池在不同放电时间以及不同终止电压下的容量换算系数**

| 放电时间/min | 终止电压/V | | | | | |
| --- | --- | --- | --- | --- | --- | --- |
| | 1.75 | 1.80 | 1.83 | 1.87 | 1.90 | 1.93 |
| 1 | 1.22 | 1.05 | 0.94 | 0.80 | 0.67 | 0.55 |
| 29 | 0.701 | 0.639 | 0.587 | 0.521 | 0.463 | 0.406 |
| 30 | 0.680 | 0.620 | 0.570 | 0.506 | 0.450 | 0.395 |
| 59 | 0.523 | 0.478 | 0.441 | 0.395 | 0.355 | 0.304 |
| 60 | 0.516 | 0.472 | 0.435 | 0.390 | 0.350 | 0.300 |
| 89 | 0.379 | 0.360 | 0.336 | 0.316 | 0.292 | 0.269 |
| 90 | 0.376 | 0.357 | 0.333 | 0.314 | 0.290 | 0.367 |
| 120 | 0.310 | 0.396 | 0.275 | 0.260 | 0.243 | 0.229 |
| 150 | 0.270 | 0.259 | 0.240 | 0.220 | 0.216 | 0.206 |
| 179 | 0.243 | 0.230 | 0.214 | 0.204 | 0.195 | 0.181 |
| 180 | 0.242 | 0.229 | 0.214 | 0.204 | 0.195 | 0.181 |
| 240 | 0.194 | 0.185 | 0.177 | 0.170 | 0.162 | 0.153 |
| 300 | 0.166 | 0.160 | 0.154 | 0.148 | 0.142 | 0.136 |
| 360 | 0.144 | 0.140 | 0.136 | 0.131 | 0.126 | 0.121 |
| 390 | 0.137 | 0.131 | 0.129 | 0.123 | 0.120 | 0.115 |
| 420 | 0.130 | 0.125 | 0.122 | 0.118 | 0.114 | 0.109 |
| 479 | 0.118 | 0.114 | 0.111 | 0.106 | 0.104 | 0.098 |
| 480 | 0.118 | 0.114 | 0.111 | 0.106 | 0.104 | 0.098 |

注：本表是按 GM2 型在 25 ℃(75A·h 极板)时的试验数据制成的，当用于 GM1(45 A·h 极板)蓄电池时要进行修正。

### 4.4.2　蓄电池组的组成计算

单体电池的容量和电压往往不能很好地满足负载的实际要求，因此，很多情况下要将若干只蓄电池组合成蓄电池组，按不同的工作方式如均充制和连续浮充制（又称全浮充制）

进行供电,以适用各种不同实际用电器的需要。由于各局、站的市电供给、设备容量和负载情况不同,因此采用哪种工作方式必须按照实际情况决定。

蓄电池的体积有大有小,极板有多有少,有开口的也有封闭的,在外形上有很大区别,但每只铅蓄电池的电势都是相同的,均为 2 伏。极板的大小和多少与蓄电池的容量有关,极板大而多,则电池的容量大,反之则容量小,但它们的电势是相等的。一般用电器的电源都是几十伏甚至几百伏,这就要求把若干只电池串接起来组成蓄电池组。根据用电器所需电压和电流不同,可将同型号蓄电池接成串联、并联或串并联来组成电池组。

**1. 蓄电池组串联组合时电压和容量的计算**

采用同型号的蓄电池若干只,将第一只蓄电池的负极与第二只蓄电池的正极相连(焊接),第二只蓄电池的负极与第三只蓄电池的正极相连,如此继续,直至连接完毕。将第一只蓄电池的正极接出一根导线,就是该串联蓄电池组的正极(+),最后一只蓄电池的负极接出一根导线,就是该蓄电池组的负极(-),把正、负导线引至电力室的配电屏即可运用。蓄电池组的串联接线图如图 4-39 所示。

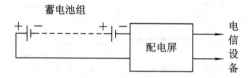

图 4-39 蓄电池组的串联接线图

蓄电池串联方式通常用于满足高电压的工作需要。蓄电池串联使用时,蓄电池组电压($U$)等于蓄电池串联的个数($N$)与单只蓄电池的电势($E$)的乘积,即

$$U = E \cdot N \tag{4-22}$$

例如,通信机械所需电压为 24 伏,则需要串联蓄电池个数 $N=24/2=12$。又如,蓄电池车上的电动机需要的额定直流电压为 40 伏,则需要 20 个蓄电池串联成蓄电池组,$U=20 \times 2 = 40$ V。

蓄电池组的额定容量为单体蓄电池的额定容量,若蓄电池组中单体电池的容量不均匀,则蓄电池组的额定容量取决于单体蓄电池中容量最低者。串联时蓄电池组的内阻理论上为单体蓄电池的 $N$ 倍,但通常都稍大于这一数值。

**2. 蓄电池组并联组合时电压和容量的计算**

采用同型号的蓄电池若干只,将第一只蓄电池的正极与第二只蓄电池的正极相连(焊接),第一只蓄电池的负极与第二只蓄电池的负极相连,如此继续,直至连接完毕。将第一只蓄电池的正极接出一根导线,就是该并联蓄电池组的正极(+),将第一只蓄电池的负极接出一根导线,就是该蓄电池组的负极(-),把正、负导线引至电力室的配电屏即可运用。蓄电池组的并联接线图如图 4-40 所示。

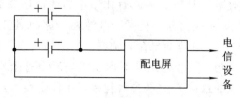

图 4-40 蓄电池组的并联接线图

并联电池组的标称电压为单体电池的标称电压,若并联电池组中的单体电池的电压不均匀,则电池组的额定电压取决于单体电池中电压最低者。

电池并联方式通常用于满足大电流的工作需要。蓄电池并联使用时,蓄电池组容量($C_并$)等于蓄电池并联的只数($N$)与单只蓄电池容量($C$)的乘积,即

$$C_并 = C \cdot N \tag{4-23}$$

例如,单体蓄电池的容量为 12 A·h,则 2 只并联蓄电池的容量为 24 A·h。蓄电池组的内阻理论上为单体蓄电池的 $1/N$,但通常都大于这一数值。

**3. 蓄电池串并联组合时电压和电流的计算**

蓄电池串并联组合就是要求蓄电池组满足既提供高电压又有电流放电的工作条件。一般串并联组合有两种方式,即先串后并、先并后串,分别如图 4-41、4-42 所示,具体选用哪一种,取决于蓄电池的实际需求,通常情况下并联的可靠性高于串联。蓄电池组电压、容量的计算方法与上面介绍的相同。

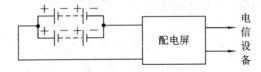

图 4-41 蓄电池先串后并组合示意图

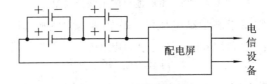

图 4-42 蓄电池先并后串组合示意图

### 4.4.3 蓄电池(GFM 系列)使用寿命的延长

**1. 影响蓄电池使用寿命的内在因素及应采取的相应措施**

1)正极板栅腐蚀变形

近代蓄电池为了提高其比能量,多采用薄型极板,使板栅容易因腐蚀而损坏,所以正极板栅腐蚀变形成为近代蓄电池寿命终止的主要因素。

正极板中,正板栅的栅筋虽然被活性物质二氧化铅所覆盖,但活性物质中有大量的微孔,所以正板栅的栅筋实际上是浸渍在硫酸电解液中的。电池开路存放时,因为板栅与活性物质二氧化铅直接接触,且它们共同浸渍在硫酸电解液中,所以正板栅中的铅和锑可分别与二氧化铅构成局部短路电池,二氧化铅成为其正极,而板栅中的铅和锑则成为其负极。这种局部短路电池的放电使其正极的二氧化铅不断地被还原成硫酸铅,此时其负极板(即板栅中的铅和锑)也不断地被溶解。显然,电池在开路时其正板栅的腐蚀既使板栅变薄,又损失了活性物质,缩短了电池的寿命,损耗了电池的容量。在充放电过程中,正板栅在遭受腐蚀的同时又发生变形,其线性尺寸有所增大,甚至有个别肋条断裂,最终导致整个电池被损坏。正板栅腐蚀的最终产物是二氧化铅,在板栅表面形成一层致密的二氧化铅膜,这层腐蚀薄膜在腐蚀产物与金属的界面上向着被腐蚀的金属方向生长。由于二氧化铅

的比容大于金属铅的比容,再加上这层薄膜又有一定的孔隙,所以腐蚀产物的体积会大大超过形成它的金属铅的体积。随着充放电过程中物质发生转变,这层腐蚀薄膜逐渐增厚,体积逐渐增大。当腐蚀薄膜具有足够强度时,会向基体金属施加一个径向压力,促使板栅筋条沿着纵向方向伸长。同时,腐蚀薄膜的压力使板栅处于应力状态下,造成正板栅的应力腐蚀,加剧正板栅的腐蚀。这种腐蚀和变形的相互促进,最终会造成正板栅的破坏,从而危害到蓄电池的寿命。

改变板栅腐蚀的相应措施有如下两个:
(1) 加厚板栅。
(2) 使用耐腐合金和合适的板栅制造工艺。

2) 不可逆硫酸盐化

在正常情况下,蓄电池放电时会生成硫酸铅晶体,在充电时又会还原为铅和二氧化铅。如果电池使用和维护不当,如经常过放电或放电搁置时间过长,就会在极板上生成一种坚硬的硫酸铅。这种物质几乎不溶解,用一般的充电方法很难使它转为活性物质,从而减少了蓄电池的容量,最终会缩短蓄电池的使用寿命。以上现象称为蓄电池的不可逆硫酸盐化。

改变不可逆硫酸盐化的相应措施如下:
(1) 必须对蓄电池及时充电,不可过放电。
(2) 可用高压脉冲小电流或富液大电流过充方法来修复不可逆硫酸盐化。

3) 热破坏

蓄电池充电时,如果充电电压过高,充电电流过大,就会在极板上产生过充电,进而在正极板发生析氧反应。氧在化合过程中会使蓄电池产生热量,产生的热量将使蓄电池电解液升温,内阻下降,而内阻下降又将引起充电电流的增大。电池升温和充电电流过大相互加强,最终难以控制,将使蓄电池外壳鼓胀,装配压力变小,水分散失,造成电池容量减少,最终导致电池失效。

为杜绝热失控的发生,要采取如下措施:
(1) 单体电池容量不可过大,将适当容量的电池并联成大容量,有利于散热。
(2) 蓄电池要设置在通风良好的位置,排列不可过于紧密,单体电池之间间距为5~10 mm,并要注意控制电池温度。
(3) 充电设备要有温度补偿功能及预限流功能。
(4) 严格控制安全阀质量,避免失灵,以保证电池内部气体正常排出。

4) 电解液干涸

阀控式铅酸蓄电池排出氢气、氧气、水蒸气、酸雾,都是电池失水的方式和干涸的原因。干涸造成蓄电池失效这一因素是铅酸蓄电池所特有的。

阀控式密封铅酸蓄电池属于贫液式蓄电池,其中的电解液量受到严重的限制,并且其电解液是在出厂前一次性加注的,一旦减少便很难恢复。因此,当电解液中水分减少到一定程度时,就会引起蓄电池失效。一般情况下,阀控式密封铅酸蓄电池隔膜中电解液的饱和度应大于95%。有资料表明,如果有25%的板栅被腐蚀,则阀控式密封铅酸蓄电池隔膜中电解液的饱和度将由95%降至85%,从而使阀控式密封铅酸蓄电池容量降低20%以上。按照现行工业标准,容量降低20%便标志着阀控式密封铅酸蓄电池的工作寿命已终结。阀控式密封铅酸蓄电池失水的原因多种多样，一般来说有以下几个方面：

（1）气体再化合的效率低。气体再化合效率与选择的浮充电压关系很大。选择的电压过低，则虽然氧气析出少，复合效率高，但个别蓄电池会因长期充电不足造成负极盐化而失效，使蓄电池的寿命减少。若浮充电压过高，则气体析出量增加，气体再化合效率低，虽然避免了负极盐化，但安全阀频繁开启，失水多，正极板栅也有腐蚀，影响蓄电池的使用寿命。

（2）从电池壳体渗水。ABS材料的壳体水蒸气相对渗透率较大。电池壳体的渗透率除取决于壳体的材料外，还与其壁厚、壳体内外间水蒸气压差有关。

（3）板栅腐蚀。板栅腐蚀也会造成水分的损失，其反应为

$$Pb + 2H_2O \longrightarrow PbO_2 + 4H^+ + 4e^- \tag{4-24}$$

（4）自放电。正极自放电析出的氧气可以在负极上化合而不至于失水，但是负极析出的氢气不能在正极复合，而会从安全阀排除，进而失水，尤其是蓄电池在较高温度下储存时，自放电加剧，使失水速度增加，从而加速干涸，使蓄电池失效。

为避免因干涸造成蓄电池失效，应采取以下措施：

（1）采用合适的浮充电压。

（2）使用金属壳或金属涂覆的壳体。

（3）使用耐腐材料、超低锑或无锑合金。

（4）环境的温度和湿度合适。长期在高温环境下使用时，应采取降温措施，以延长电池寿命。

**2. 影响蓄电池使用寿命的不良操作方式及应采取的相应措施**

蓄电池经长期使用后，由于板栅腐蚀变形及内部失水，使极板孔眼减小，容量降低，电池寿命也逐渐缩短。一般情况下，当电池容量降低到额定容量的70%以后，就不再使用了。

蓄电池的寿命固然与制造质量有关，但与使用和维护也有很大关系。实践证明，同一额定容量的蓄电池如经常采用大电流放电，则到后期实际容量要比较小电流放电的容量小，这是极板的活性物质不能被充分利用的结果。除此之外，充电和放电之间相隔过久，对电池容量的影响也较大。现行使用的蓄电池如经常采用充放电工作方式工作，则会使正极板在使用过程中逐渐增减由于充电不足而产生的难以还原的硫酸铅，使蓄电池的容量和寿命受损，但负极板却不易硬化。采用全浮充制运行的蓄电池，虽正极硫化比充放电制运行的蓄电池轻得多，但负极容易硬化，从而也会使电池容量和寿命受损。如果能将这两种工作方式相结合，注意到正负极板的利害关系，则会延长蓄电池的使用寿命。所以，只要合理使用和维护蓄电池，加强管理，就可以适当延长蓄电池寿命。

1）采用非专用充电器

蓄电池的一个工作循环为一次充电与放电过程，因此充电过程也是影响蓄电池寿命的重要因素。从对部分用户调查结果的分析来看，采用非专用充电器和有故障充电器导致充电效果不佳的占一定比例。当前为了追求快速充电，有些充电器将充电电流增加至$0.3C\sim0.5C$，这样可达到减少充电时间的目的，但同时也增加了蓄电池损坏的机会。

因此，为了延长蓄电池的使用寿命，应采用先进合理的充电器，充电器的参数应与蓄电池的参数相匹配，充电电压低于大量析氢电压，最好在大量析氧电压和大量析氢电压之

间，这样才能减少因充电不当而对蓄电池的损害机会。通常最好采用专用充电器，因为它具有稳流、稳压、脉冲、短路保护和工作状态指示等功能，充电电压和电流可自动调整，电化学能转化效率高，充电时间短。给串联蓄电池充电时，各节电池的电压值不同，且差值将随充电次数增加而变大，会出现转极和漏电情况，因此应采用串联互补平衡方式进行充电，这样可使各节电池不会过充和欠充，电压差值小于 0.1 V。因此采用专用充电器是提高蓄电池寿命的前提条件之一。

2）大电流放电

电池制造商都进行过 1 C 充电 70%，2 C 放电 60% 的循环寿命实验，因此可达到充放电循环 350 次寿命的电池很多，但是实际使用的效果相差甚远。这是因为大电流放电增加了 50% 的放电深度，电池会加速硫化，而有些机房的蓄电池容量配置偏小，频繁的大电流放电会使蓄电池的使用寿命缩短，对蓄电池造成伤害。

因此要想获得较好的蓄电池实际使用寿命，就要尽可能地选择容量较大的蓄电池，在放电条件一定的情况下使蓄电池的放电电流与放电容量相对较小。

3）过放电

在正常使用情况下，蓄电池不宜放电过度，否则将会使和活性物质混在一起的细小硫酸铅晶体结成较大的晶体，这不仅增加了极板的电阻，而且在充电时很难使它再还原，会直接影响蓄电池的容量和寿命。

因此要想获得较长的使用寿命，应尽可能提高蓄电池的放电终止电压，严防蓄电池过放电。蓄电池 10 h 率放电过程中，放电终止电压到 11.0 V 与放电终止电压到 10.5 V 相比，放电时仅仅增加 0.5 h 左右，但蓄电池的寿命将增加一倍以上。

**3. 影响蓄电池使用寿命的环境条件**

1）机房的供电情况

为保证蓄电池的使用寿命，最好不要使蓄电池发生过放电。稳定的市电以及油机配备是蓄电池使用寿命长的良好保证，而且油机最好每月启动一次，检查其能否正常工作。

2）蓄电池的使用环境

阀控式蓄电池应安装在环境清洁、良好的通风条件、环境温度合适以及无太阳照射的环境中。

3）完善的售后服务检修体系

对蓄电池进行定期检修，缓解和消除蓄电池缺陷扩大化的现象。

# 本 章 小 结

本章主要讨论了蓄电池的基本工作原理，具体内容包括：常见蓄电池的规格及主要参数、免维护蓄电池结构及工作原理、蓄电池技术特性分析、蓄电池的正确使用方法。

# 习 题

1. 分析铅酸蓄电池产品型号的编制方法。

2. 容量为 288 A·h 的蓄电池应有多少片正负极板？
3. 镍氢蓄电池如何标识？
4. 分析阀控式密封铅酸蓄电池的结构。
5. 超级电容器有哪些特点？
6. 分析铅酸蓄电池充电过程的电化学反应。
7. 什么是蓄电池的放电容量？
8. 蓄电池的充电方式有哪些？
9. 蓄电池的容量如何计算？
10. 分析蓄电池的寿命特性。
11. 分析蓄电池的维护原则。
12. 阐述蓄电池组容量选择计算的基本要求。

# 第五章 太阳能供电系统

随着现代工业和文明的发展，全球能源危机和大气污染问题日益突出，面对这些问题各国政府制定了一系列政策和措施来缓解矛盾。调整能源结构，大力发展新型能源，减少传统能源的比重是解决这一问题的重要途径。"十二五"规划纲要提出推动能源生产和利用方式变革，加快新能源开发。水电、核电、风电、光伏发电、生物质发电等可再生能源的利用在"十二五"期间将全面发展。在这几种新能源的利用中，风力发电和太阳能发电是所有可再生能源中最有前景的，它们具有零污染、低辐射、永不枯竭等诸多不可取代的优点。

太阳能(Solar)是太阳内部连续不断的核聚变反应过程产生的能量，是各种可再生能源中最重要的基本能源，也是人类可利用的最丰富的能源。太阳每年投射到地面上的辐射能高达 $1.05\times10^{18}$ 千瓦时，相当于 $1.3\times10^{6}$ 亿吨标准煤，大约为全世界目前一年耗能的一万多倍。按目前太阳的质量消耗速率计，可维持 $6\times10^{10}$ 年，可以说它是"取之不尽，用之不竭"的能源。通过转换装置把太阳辐射能转换成热能利用的是太阳能热利用技术，再利用热能进行发电称为太阳能热发电；通过转换装置把太阳辐射能转换成电能利用的是太阳能光发电技术，光电转换装置通常利用半导体器件的光伏效应原理进行光电转换，因此又称太阳能光伏技术。本章将介绍太阳能光伏发电技术的相关内容。

## 5.1 太阳能光伏发电系统概述

太阳能光伏技术(Photovoltaic)是将太阳能转化为电力的技术，其核心是可释放电子的半导体物质。最常用的半导体材料是硅。太阳能光伏电池有两层半导体：一层为正极，另一层为负极。阳光照射在半导体上时，两极交界处产生电流。阳光强度越大，电流就越强。太阳能光伏发电系统不仅可在强烈阳光下运转，在阴天也能发电。其优点有：燃料免费，没有会磨损、毁坏或需替换的活动部件，保持系统运转仅需很少的维护，系统为组件，可在任何地方快速安装，无噪声，无有害排放和污染气体等。

### 5.1.1 太阳能光伏发电

**1. 太阳能光伏发电的原理**

太阳能光伏发电的基本原理是利用太阳能电池的光伏效应直接把太阳的辐射能转换为电能。太阳能光伏发电的能量转换器就是太阳能电池，也叫光伏电池。当太阳光照射到由P、N两种不同导电类型的同质半导体材料构成的太阳能电池上时，其中一部分光线被反射，一部分光线被吸收，还有一部分光线透过电池片。被吸收的光能激发被束缚的高能级状态的电子，产生电子-空穴对，在PN结的内建电场的作用下，电子、空穴相互运动，N区的空穴向P区运动，P区的电子向N区运动，使太阳能电池的受光面有大量负电荷的积累，而在电池的背面有大量正电荷积累。若在电池两端接上负载，负载上就有电流流过，当光线一直照射时，负载上将源源不断地有电流流过。单片太阳能电池就是一个薄片状的半导体 PN 结，标准光照条件下其额定输出电压为 0.48 V。图 5-1 所示为晶体硅太阳能光伏电池的工作原理。

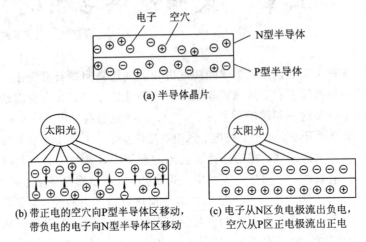

图 5-1 晶体硅太阳能光伏电池的工作原理

在实际应用时，常常要根据功率需要，将多个光伏单体电池经串联、并联组织起来，并封装在透明的外壳内（既可防止外界对它的损害，延长其寿命，又便于安装使用），组成一个可以单独作为电源使用的最小单元，即光伏电池组件。光伏电池组件一般由 36 个单体电池组成，可产生 12~16 V 的电压，功率为零点几瓦到几百瓦不等。还可把多个电池组件再串、并联起来装在支架上，组成光伏电池阵列（多为矩形，因此也称为光伏方阵）。图 5-2 所示为光伏电池的单体（或称单片）、组件和阵列示意图。

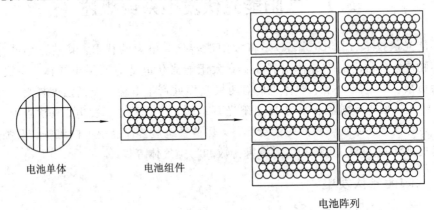

图 5-2 光伏电池的单体、组件和阵列示意图

将单体电池连接起来主要有串联和并联两种方式，也可以同时采用这种方式而形成串、并联混合连接方式，如图 5-3 所示。

如果每个单体电池的性能是一致的，则多个单体电池的串联连接可在不改变输出电流的情况下使输出电压成比例增加，并联连接方式可在不改变输出电压的情况下使输出电流成比例增加，而串、并联混合连接方式既可增加组件的输出电压，又可增加组件的输出电流。

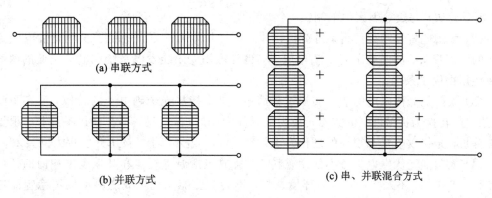

图 5-3 太阳能电池的连接方式

## 2. 太阳能电池

目前太阳能电池基本上以高纯度硅料作为主要原材料,简称硅基太阳能电池。硅基太阳能电池又分为晶体硅太阳能电池与非晶硅太阳能电池。晶体硅太阳能电池一直是主流产品。其中,多晶硅太阳能电池自 1998 年开始成为世界光伏市场的主角。图 5-4 所示为太阳能电池的分类及市场份额。

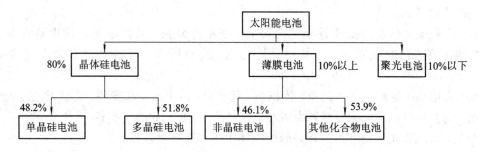

图 5-4 太阳能电池的分类及市场份额示意图

目前在用的光伏发电技术主要有三种:晶体硅太阳能电池、薄膜太阳能电池和聚光太阳能电池。其中,晶体硅电池的应用最广泛,占 80% 以上;薄膜电池近年增长迅速,占 10% 以上;聚光太阳能电池只有少量应用。在这三种光伏发电技术中,晶体硅电池的优点是转换效率较高,占地面积小,缺点是硅耗大,成本高,比较适于城市地区;薄膜电池的优点是硅耗小,成本低,缺点是转换效率低,投资大,衰减大,占地面积大,比较适于偏僻地区的并网电站和建筑光伏一体化;聚光电池的优点是转换效率高,缺点是不能使用分散的阳光,必须用跟踪器将系统调整到与太阳精确相对,目前主要用于航天航空。预计未来光伏发电将呈现多种技术并存、共同努力降低成本的局面。

## 3. 太阳能光伏发电的特点

对于太阳能发电来说,其发电过程没有机械转动部件,也不消耗燃料,并且不排放包括温室气体在内的任何物质,具有无噪声、无污染的特点,而且太阳能资源没有地域限制,分布广泛且取之不尽,用之不竭,因此,与其他新型发电技术(风力发电与生物质能发电等)相比,太阳能光伏发电是一种具有可持续发展理想特征(最丰富的资源和最洁净的发电过程)的可再生能源发电技术。其主要优点有以下几点:

(1) 太阳能资源取之不尽,用之不竭,照射到地球上的太阳能要比人类目前消耗的能量大 6000 倍,而且太阳能在地球上分布广泛,只要有光照的地方就可以使用光伏发电系统，不受地域、海拔等因素的限制。

（2）太阳能资源随处可得，可就近供电，不必长距离输送，避免了长距离输电线路所造成的电能损失，同时也节省了输电成本，也为家用太阳能发电系统在输电不便的西部大规模使用提供了条件。

（3）太阳能光伏发电的能量转换过程简单，是直接从光子到电子的转换，没有中间过程（如热能转换为机械能，机械能转换为电磁能等）和机械运动，不存在机械磨损。根据热力学分析，光伏发电具有很高的理论发电效率，可达80%以上，技术开发潜力巨大。

（4）太阳能光伏发电本身不使用燃料，不排放包括温室气体和其他废气在内的任何物质，不污染空气，不产生噪声，对环境友好，不会遭受能源危机或燃料市场不稳定而造成的冲击，是真正绿色环保的新型可再生能源。

（5）太阳能光伏发电过程不需要冷却水，发电系统可以安装在没有水的荒漠或戈壁中。光伏发电还可以很方便地与建筑物结合，构成光伏建筑一体化发电系统，不需要单独占地，可节省宝贵的土地资源。

（6）太阳能光伏发电无机械传动部件，操作、维护简单，运行稳定可靠。一套光伏发电系统只要有太阳能电池组件就能发电，加之自动控制技术的广泛采用，基本上可实现无人值守，维护成本低。

（7）太阳能光伏发电工作性能稳定可靠，使用寿命长。晶体硅太阳能电池寿命可达20～35年。在光伏发电系统中，只要设计合理，造型适当，蓄电池的寿命也可达10～15年。

（8）太阳能电池组件结构简单，体积小，重量轻，便于运输和安装。光伏发电系统建设周期短，而且根据用电负荷容量可大可小，方便灵活，极易组合、扩容。

但是，太阳能光伏发电作为新兴的产业技术还存在有很多不足之处。

（1）能量密度低。尽管太阳能投向地球能量的总和极其大，但由于地球的表面积也很大，而且大部分被海洋覆盖，因此真正能够到达陆地表面的太阳能只有到达地球范围辐射能量的10%左右，致使在陆地单位面积上能够直接获得的太阳能能量较少。陆地单位面积获得的能量通常以太阳辐射度来表示，地球表面最高值约为$1.2(kW \cdot h)/m^2$，而且绝大多数地区和大多数时间都低于$1(kW \cdot h)/m^2$。太阳能的利用实际上是低能量密度的收集、利用。

（2）占地面积大。由于太阳能能量密度低，这就使得光伏发电系统的占地面积会很大，每10 kW光伏发电功率占地约需$100 m^2$，平均每平方米面积发电功率为100 W。随着光伏建筑一体化发电技术的成熟和发展，越来越多的光伏发电系统可以利用建筑物、构筑物的屋顶和立面，将逐渐克服光伏发电占地面积大的不足。

（3）转换效率低。光伏发电的最基本单元是太阳能电池组件。光伏发电的转换效率指的是光能转换为电能的比率。目前晶体硅光伏电池的转换效率为13%～17%，非晶硅光伏电池的转换效率只有6%～8%。由于光电转换效率太低，使得光伏发电功率密度低，难以形成高功率发电系统，太阳能电池的转换效率低是阻碍光伏发电大面积推广的瓶颈。

（4）间歇性工作。在地球表面，光伏发电系统只能在白天发电，晚上不能发电，除非在太空中没有昼夜之分的情况下，太阳能电池才可以连续发电，这和人们的用电需求不符。

（5）受气候环境因素影响大。太阳能光伏发电的能源直接来源于太阳光的照射，而地球表面上的太阳照射受气候的影响很大,长期的雨雪天、阴天、雾天甚至云层的变化都会严重影响系统的发电状态。另外,环境因素的影响也很大,比较突出的一点是,空气中的颗粒物(如灰尘)等降落在太阳能电池组件的表面,阻挡了部分光线的照射,这样会使电池组件转换效率降低,从而造成发电量减少。

(6) 地域依赖性强。地理位置不同,气候不同,使得各地区日照资源相差很大。光伏发电系统只有应用在太阳能资源丰富的地区其效果才会好。

(7) 系统成本高。由于太阳能光伏发电的效率较低,因此到目前为止,光伏发电的成本仍然是其他常规发电方式(如火力和水力发电)的几倍,这是制约其广泛应用的最主要因素。但是我们也应看到,随着太阳能电池产能的不断扩大及电池片光电转换效率的不断提高,光伏发电系统的成本也下降得非常快。

(8) 晶体硅电池的制造过程高污染、高能耗。晶体硅电池的主要原料是纯净的硅。硅是地球上含量仅次于氧的元素,主要存在形式是沙子(二氧化硅)。从沙子一步步变成含量为99.9999%以上纯净的晶体硅,期间要经过多道化学和物理工序的处理,不仅要消耗大量能源,还会造成一定的环境污染。

尽管太阳能光伏发电有着其自身的制约因素,但其重要意义和对能源结构的改变作用使其走上了大规模正规化的生产和建设道路,也将改变人类的生活和工作。

**4. 太阳能光伏发电的现状**

在2001年至2008年期间,全球光伏发电新增容量持续快速增长,年均增速达50.2%,2008年全球新增光伏发电容量为5.95 GW,同比增长110%左右。2000年至2008年,全球太阳能电池产量年均复合增长率为47%,2008年产量达到6.4 GW。同期,以欧美为主的全球太阳能光伏发电应用市场也以45%的年均复合增长率快速增长。2008年全球累计装机总量已接近15 GW。

德国、美国、日本三个国家是主要的利用太阳能的国家。德国太阳能装机容量在2007年达到1328 MW,占世界新增容量的47%,是目前全球最大的太阳能发电市场。西班牙2007年新增太阳能光伏发电装机容量640 MW,同比增长480%,成为全球新的第二大市场,是增长最快的市场之一。美国市场新增220 MW,同比增长57%,而日本在政府取消了一定的政策补贴后增速下降了22%。表5-1所示为主要国家光伏发展中长期规划累计装机量。

**表5-1 主要国家光伏发展中长期规划累计装机量** 单位:GW

| 年份 | 日本 | 欧洲 | 美国 | 中国 | 其他 |
|---|---|---|---|---|---|
| 2008 | 1.97 | | | 0.14 | |
| 2010 | 8 | 10 | 5 | 0.25 | 4.75 |
| 2020 | 30 | 41 | 36 | 1.6 | 89.8 |
| 2030 | 205 | 200 | 200 | 50 | 1195 |

我国的光伏发电市场需求发展速度一直较慢,在2008年全球新装机容量中的比例和累计装机容量中的比例都很低,2008年累计装机容量仅占世界总容量的1%,新装机容量在2%左右。我国传统电价较低,使用光伏产品发电的经济性相对不足。在财政部补贴政策公布之前,我国针对光伏产业的扶持政策主要是《可再生能源法》中间接提到过的一些。

2009年年初,为了进一步加大减排力度,同时帮助两头在外的国内光伏产业健康发展,我国政府出台了具有历史意义的国内光伏补贴计划。此计划出台后我国的光伏产业走上了康庄大道,相继在各地区建立了大型光伏发电站,装机量也一路攀升。图5-5所示为2000—2008年我国光伏系统安装量及增速示意图。

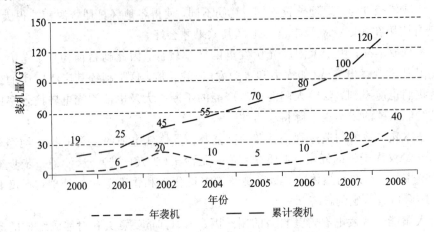

图5-5 我国光伏系统安装量及增速示意图

在国家政策出台以来我国的光伏发电系统的建设逐步增多。例如,2009年3月,当时国内规模最大的太阳能电站——甘肃敦煌10 MW并网太阳能发电厂的"发电示范工程特许权项目"招标,招标价格将为国家大规模推广并网光伏发电的基准价格提供参考。作为国内第三个(前两个分别是鄂尔多斯和崇明岛)也是迄今为止最大的光伏项目,敦煌10 MW光伏项目招标吸引了众多参与者。2009年4月,国内首座大型太阳能光伏高压并网电站(位于西宁市经济技术开发区)建成发电。被称为中国"光伏三峡"的项目在安徽省合肥市高新区正式启动,2011年我国最大、技术水平最先进的环保太阳能项目以千亿资金开启了光伏太阳能产业的新发展。

由上述可见,我国的光伏产业正在健康发展,并且光伏发电系统已经广泛应用到了工业、农业、科技、国防及人们的日常生活的方方面面,预计到21世纪中叶,太阳能光伏发电将成为重要的发电方式,在可再生能源中占有一定的份额。太阳能光伏发电主要有以下几方面的应用:

(1) 通信领域的应用:主要包括无人值守微波中继站,光缆通信系统及维护站,移动通信基站,广播、通信、无线寻呼电源系统,卫星通信和卫星电视接收系统,农村程控电话、载波电话光伏系统,小型通信机,部队通信系统,士兵GPS供电等。

(2) 公路、铁路、航运等交通领域的应用:如铁路信号灯,公路警示灯、标志灯、信号灯,公路太阳能路灯,太阳能道钉灯,高空障碍灯,高速公路监控系统,高速公路、铁路无线电话亭,无人值守道班供电,航标灯塔和航标灯电源等。

(3) 石油、海洋、气象领域的应用:如石油管道阴极保护和水库闸门阴极保护太阳能电源系统、石油钻井平台生活及应急电源、海洋监测设备、气象和水文观测设备、观测站电源系统等。

(4) 农村和边远无电地区的应用:在高原、海岛、牧区、边防哨所等农村和边远无电地区应用太阳能光伏户用系统、小型风光互补发电系统解决日常生活问题,如照明、电视、DVD、卫星接收机等的用电，也解决了为手机、MP3 等随身小电器充电的问题；应用 1～5 kW 的独立光伏系统或并网发电系统作为村庄、学校、医院、商店等地的供电系统；应用太阳能水泵，解决了无电地区的深水井饮用、农田灌溉等用电问题。另外，还有太阳能喷雾器、太阳能围栏、太阳能黑光灭虫灯等应用。

（5）太阳能光伏照明方面的应用：包括太阳能路灯、庭院灯、草坪灯、太阳能景观灯、太阳能路灯标牌、信号指示、广告灯箱照明、家庭照明灯具、手提灯、野营灯、登山灯、节能灯、手电等。

（6）大型光伏发电系统的应用：包括 10 kW～50 MW 的地面独立或并网光伏发电、风光柴互补电站、各种大型停车场充电站等。

（7）太阳能光伏建筑一体化并网发电系统（BIPV）：将太阳能发电与建筑材料结合，充分利用建筑的屋顶和外立面，使得大型建筑能实现电力自给、并网发电。这将是今后的一大发展方向。

（8）太阳能电子商品及玩具的应用：包括太阳能收音机、太阳能钟、太阳能帽、太阳能充电器、太阳能手电、太阳能计算器、太阳能玩具等。

（9）其他领域的应用：包括太阳能电动车，太阳能游艇，太阳能充电设备，太阳能汽车空调、换气扇、冷饮箱以及太阳能制氢加燃料电池的再发电系统，海水淡化设备供电，太阳能空间电站等。

图 5-6 所示是太阳能光伏发电在实际应用中的部分实例图。

(a) 太阳能光伏发电站

(b) 小型太阳能供电系统

(c) 光伏建筑一体化供电系统

图 5-6 光伏发电系统的应用形式

## 5.1.2 太阳能光伏发电系统的构成、工作原理及分类

### 1. 太阳能光伏发电系统的构成

太阳能光伏发电系统是利用光伏效应原理制成的太阳能电池,是将太阳辐射能直接转换成电能的发电系统,也叫太阳能电池发电系统。尽管太阳能光伏发电系统的应用形式多种多样,应用规模大小不一,小到太阳能手电、太阳能庭院灯,大到兆瓦级的光伏发电系统,但这些光伏发电系统的结构组成和工作原理都基本一致。太阳能光伏发电系统由太阳能电池方阵、控制器、蓄电池组、直流/交流逆变器(DC/AC 逆变器)等部分组成,如图 5-7 所示。

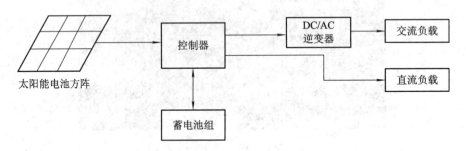

图 5-7 太阳能光伏发电系统示意图

1) 太阳能电池方阵

太阳能电池单体是光电转换的最小单元,尺寸一般为 4 cm² 到 100 cm² 不等。太阳能电池单体的工作电压约为 0.5 V,工作电流约为 20~25 mA/cm²,一般不能单独作为电源使用。将太阳能电池单体进行串、并联封装后,就成为太阳能电池组件,其功率一般为几瓦至几十瓦,是可以单独作为电源使用的最小单元。太阳能电池组件再经过串、并联组合安装在支架上,就构成了太阳能电池方阵,它可以满足负载所要求的输出功率。

一个太阳能电池组件上,太阳能电池的标准数量是 36 片(10 cm×10 cm),这意味着一个太阳能电池组件大约能产生 17 V 的电压,正好能为一个额定电压为 12 V 的蓄电池进行有效充电。

太阳能电池的可靠性在很大程度上取决于其防腐、防风、防雹、防雨等的能力。其潜在的质量问题是边沿的密封以及组件背面的接线盒。太阳能电池组件的前面是玻璃板，背面是一层合金薄片。合金薄片的主要功能是防潮、防污。太阳能电池也被镶嵌在一层聚合物中。在太阳能电池组件中，电池与接线盒之间可直接用导线连接。

如果太阳能电池组件被其他物体（如鸟粪、树荫等）长时间遮挡，则被遮挡的太阳能电池组件会严重发热，这就是"热斑效应"。这种效应对太阳能电池会造成很严重的破坏作用。有光照的电池所产生的部分能量或所有的能量，都可能被遮蔽的电池所消耗。为了防止太阳能电池由于热斑效应而被破坏，需要在太阳能电池组件的正、负极间并联一个旁通二极管，以避免光照组件所产生的能量被遮蔽的组件所消耗。

2）蓄电池组

蓄电池的作用是储存太阳能电池方阵受光照时所发出的电能并随时向负载供电。太阳能电池发电系统对所用蓄电池组的基本要求是：自放电率低，使用寿命长，深放电能力强，充电效率高，少维护或免维护，工作温度范围宽，价格低廉且维护次数少。蓄电池分为铅酸蓄电池、镍镉蓄电池、镍氢蓄电池、锂电池和超级电容器。目前我国与太阳能电池发电系统配套使用的蓄电池主要是铅酸蓄电池和镍镉蓄电池。配套 200 A·h 以上的铅酸蓄电池，一般选用固定式或工业密封免维护铅酸蓄电池；配套 200 A·h 以下的铅酸蓄电池，一般选用小型密封免维护铅酸蓄电池。当需要大容量储能时，就需要将多只蓄电池串、并联构成蓄电池组来使用。

3）控制器

控制器是太阳能光伏发电系统的核心部件之一。控制器的作用是控制整个系统的工作状态，其功能主要有：防蓄电池过充电保护，防蓄电池过放电保护，系统短路保护，系统极性防反接保护，夜间防反充保护等。在温差较大的地方，控制器还应具有温度补偿功能。另外，控制器还有光控开关、时控开关等模式，并具有充电状态、蓄电池电量等各种工作状态的显示功能。

光伏发电系统在控制器的管理下运行。控制器可以采用多种技术方式实现其控制功能。比较常见的有逻辑控制和计算机控制两种方式。智能控制器多采用计算机控制方式。一般控制器还可分为小功率控制器、中功率控制器、大功率控制器和互补型控制器。

4）DC/AC 逆变器

DC/AC 逆变器是将直流电变换成交流电的电子设备。由于太阳能电池和蓄电池发出的是直流电，因此当负载是交流负载时，逆变器是不可缺少的。逆变器按运行方式可分为独立运行逆变器和并网逆变器。独立运行逆变器用于独立运行的太阳能电池发电系统，为独立负载供电。并网逆变器用于并网运行的太阳能电池发电系统，将发出的电能馈入电网。逆变器按输出波形又可分为方波逆变器和正弦波逆变器。方波逆变器电路简单，造价低，但谐波分量大，一般用于几百瓦以下和对谐波要求不高的系统。正弦波逆变器成本高，但适用于各种负载。从长远来看，脉宽调制正弦波逆变器 SPWM 将成为发展的主流。

除此之外，在光伏发电系统中还有一些测试、监控、防护等附属设施。这些设施包括直流配电系统、交流配电系统、运行监控和检测系统、防雷和接地系统等。其中，测量设备在不同规模的光伏发电系统中其作用也不尽相同。小型太阳能光伏发电系统只要求进行简单的测量,如蓄电池电压和充放电电流,测量所用的电压表和电流表一般装在控制器面板上。对于太阳能通信电源系统、阴极保护系统等工业电源系统和大型太阳能发电站,往往要求对更多的参数进行测量,如太阳能辐射量、环境温度、充放电电量等,有时甚至要求具有远程数据传输、数据打印和遥控功能,这时要求为太阳能电池发电系统配备智能化的数据采集系统和微机监控系统。

**2. 太阳能光伏发电系统的工作原理及分类**

太阳能光伏发电的基本原理是在太阳光的照射下,将太阳电池组件产生的电流通过控制器供给蓄电池或者在满足负载要求的情况下直接给负载供电,如果日照不足或者在阴雨天气则由蓄电池在控制器的控制下给直流负载供电,或者通过逆变器将直流电转换为交流电供给交流负载使用。光伏系统的应用形式较多,但其原理基本相同,只是对于不同的特定系统其基本原理略有不同。太阳能光伏供电系统从大类上可分为独立(离网)光伏发电系统和并网光伏发电系统两大类。

图 5-8 是独立太阳能光伏发电系统的工作原理示意图。太阳能光伏发电的动力来源是太阳能电池方阵,它将太阳光的光能直接转换为电能,并通过控制器把太阳能电池方阵产生的电能存储于蓄电池中。当负载用电时,蓄电池中的电能通过控制器合理地分配到各个负载上。太阳能电池方阵产生的电流为直流电,可以直接以直流电的形式利用,也可以通过 DC/AC 逆变器将其转变成为交流电供交流负载使用。太阳能电池方阵发出的电能可以即发即用,也可以由蓄电池或超级电容器等储能装置将电能储存起来在阴天或夜晚需要时使用。

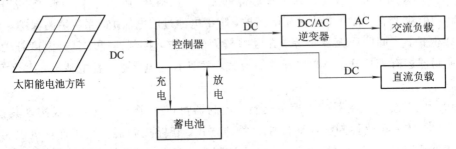

图 5-8 独立太阳能光伏发电系统的工作原理示意图

图 5-9 是并网太阳能光伏发电系统的工作原理示意图。并网光伏发电系统由太阳能电池方阵将光能转换为电能,并经过直流配电箱进入并网逆变器。有些并网光伏系统还要配置蓄电池组存储直流电能。并网逆变器由充放电控制、功率调节、交流逆变、并网保护等部分构成。经逆变器输出的交流电供负载使用,多余的电能通过电力变压器等设备馈入公共电网(相当于卖电)。当并网光伏发电系统因天气原因发电不足或自身用电量偏大时,可由公共电网向交流负载供电(相当于买电)。系统还配置有监控、测试和显示系统,用于对整个系统工作状态的监控、检测及电量数据的统计,还可以利用计算机网络系统远程传输控制和显示数据。

太阳能光伏发电系统的具体分类及用途参见表 5-2。

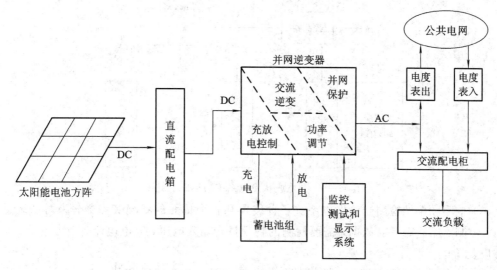

图 5-9 并网太阳能光伏发电系统工作原理示意图

表 5-2 太阳能光伏发电系统的具体分类及用途

| 类 型 | 分 类 | 具 体 应 用 |
| --- | --- | --- |
| 独立光伏发电系统 | 无蓄电池的直流光伏发电系统 | 直流光伏水泵，充电器，太阳能风扇帽 |
| | 有蓄电池的直流光伏发电系统 | 太阳能手电，太阳能手机电池充电器，太阳能草坪灯、庭院灯、路灯、交通标志灯、杀虫灯、航标灯，直流户用系统，高速公路监控系统，无电地区微波中继站、移动通信基站等 |
| 并网光伏发电系统 | 可逆流并网光伏发电系统 | 一般建筑物，光伏建筑一体化 |
| | 不可逆流并网光伏发电系统 | 一般建筑物，光伏建筑一体化 |

## 5.1.3 独立光伏发电系统

独立光伏发电系统也称为离网光伏发电系统。该系统根据用电负载的特点可分为直流系统、交流系统和交直流混合系统等几种。其主要区别是系统中是否带有逆变器。一般来说，独立光伏发电系统主要由太阳能电池方阵、控制器、蓄电池组、直流/交流逆变器等部分组成。独立光伏发电系统的组成框图如图 5-10 所示。

独立光伏发电系统的组成在具体的电路应用中有特定的要求，如在电路中应有防反充二极管，对于控制器和逆变器也有其特定的要求。

防反充二极管又称阻塞二极管。其作用是避免由于太阳能电池方阵在阴雨天和夜晚不发电时或出现短路故障时，蓄电池组通过太阳能电池方阵放电。它串联在太阳能电池方阵电路中，起单向导通作用。要求其能承受足够大的电流，而且正向电压降要小，反向饱和电流要小。一般可选用合适的整流二极管。

独立光伏发电系统中的控制器除了 5.1.2 节所述的大致功能外还应具有以下功能：

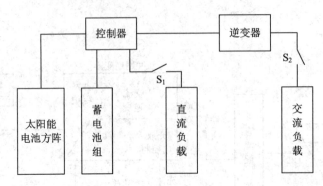

图 5-10 独立光伏发电系统的组成示意图

（1）信号检测。检测光伏发电系统各种装置和各个单元的状况和参数，为对系统进行判断、控制、保护等提供依据。需要检测的物理量有输入电压、充电电流、输出电压、输出电流以及蓄电池温升等。

（2）蓄电池最优充电控制。控制器根据当前太阳能资源情况和蓄电池荷电状态，确定最佳充电方式，以实现高效、快速地充电，并充分考虑充电方式对蓄电池寿命的影响。

（3）蓄电池放电管理。控制器还应对蓄电池放电过程进行管理，如负载控制自动开关机、实现软启动、防止负载接入时蓄电池端电压突降而导致的错误保护等。

（4）设备保护。光伏系统所连接的用电设备在有些情况下需要由控制器来提供保护，如系统中因逆变电路故障而出现过电压和因负载短路而出现过电流时如不及时加以控制，就有可能导致光伏系统或用电设备损坏。

（5）故障诊断定位。当光伏系统发生故障时，可自动检测故障类型，指示故障位置，为对系统进行维护提供方便。

（6）运行状态指示。通过指示灯、显示器等方式指示光伏系统的运行状态和故障信息。

独立光伏发电系统对于逆变器的要求如下：

（1）能输出一个电压稳定的交流电。无论是输入电压出现波动，还是负载发生变化，它都要达到一定的电压稳定精度，静态时一般为±2%。

（2）能输出一个频率稳定的交流电。要求该交流电能达到一定的频率稳定精度，静态时一般为±0.5%。

（3）输出的电压及其频率在一定范围内可以调节。一般输出电压可调范围为±5%，输出频率可调范围为±2 Hz。

（4）具有一定的过载能力。一般能过载125%～150%。当过载150%时，应能持续30 s；当过载125%时，应能持续1 min及以上。

（5）输出电压波形含谐波成分应尽量小。一般输出波形的失真率应控制在7%以内，以利于缩小滤波器的体积。

（6）具有短路、过载、过热、过电压、欠电压等保护功能和报警功能。

（7）启动平稳，启动电流小，运行稳定可靠。

（8）换流损失小，逆变频率高，一般在85%以上。

（9）具有快速的动态响应。

我国近些年来实施了"光明工程""送电到乡"等多项光伏工程，在这些工程中主要是以独立光伏发电系统为主的,主要解决边远无电网覆盖地区的生活和工业用电问题。

## 5.1.4 并网光伏发电系统

**1. 并网光伏发电系统的分类**

并网光伏发电系统是将太阳能光伏电池产生的直流电经过并网逆变器转换成符合市电电网要求的交流电之后直接接入公共电网的供电系统。并网光伏发电系统可分为集中式大型并网光伏系统(简称为大型并网光伏电站)和分散式小型并网光伏系统(简称住宅并网光伏系统)两大类型。大型并网光伏电站的主要特点是所发电能被直接输送到电网上,由电网统一调配向用户供电。建设这种大型联网光伏电站,投资巨大,建设期长,需要复杂的控制和配电设备,并要占用大片土地,同时其发电成本目前要比市电贵数倍,因而发展不快。最近几年我国相继建立了几个示范型大型电站。住宅并网光伏系统的主要特点是:所发的电能直接分配到住宅(用户)的用电负载上,多余或不足的电力通过连接电网来调节。住宅并网光伏系统,特别是与建筑结合的住宅屋顶并网光伏系统,由于具有建设容易,投资不大,占地面积小等优点而备受青睐。目前住宅并网光伏系统主要有建筑附着光伏系统(BAPV)和建筑一体化光伏系统(BIPV)两种。目前我国已经有近百座 BAPV 和 BIPV,其中兆瓦级并网光伏系统有四个:浙江义乌商贸城 1.295 MW,深圳园博园 1 MW,上海崇明岛 1 MW,上海太阳工程中心 1 MW。我国的分散式小型并网光伏系统具有很大的发展潜力。

根据是否允许通过供电区变压器向主电网馈电,并网光伏系统分为可逆流与不可逆流系统。可逆流系统在光伏系统产生剩余电力时将该电能送入电网,由于同电网的供电方向相反,所以称为逆流,如图 5-11 所示。这种系统一般是因为光伏系统的发电能力大于负载或发电时间同负荷用电时间不相匹配而设计的。住宅系统由于输出的电量受天气和季节的制约,而用电又有时间的区分,因此为保证电力平衡,一般均设计成可逆流系统。不可逆流系统是指光伏系统的发电量始终小于或等于负荷的用电量,电量不够时由电网提供,即光伏系统与电网形成并联向负载供电。这种系统即使当光伏系统由于某种特殊原因产生剩余电能时,也只能通过某种手段加以处理或放弃。由于不会出现光伏系统向电网输电的情况,所以称为不可逆流系统。不可逆流系统示意图如图 5-12 所示。

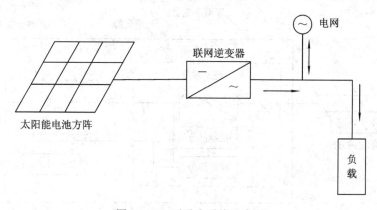

图 5-11 可逆流系统示意图

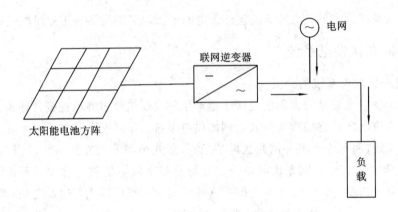

图 5-12　不可逆流系统示意图

根据是否配置储能装置,并网光伏系统分为有储能装置的并网光伏发电系统(简称有储能系统)和无储能装置的并网光伏发电系统(简称无储能系统)。配置少量蓄电池的系统称为有储能系统。不配置蓄电池的系统称为无储能系统。有储能系统主动性较强,当出现电网限电、掉电、停电等情况时仍可正常供电。

**2. 并网光伏发电系统的组成**

并网光伏发电系统主要由太阳能电池方阵、并网逆变器和监控检测系统等设备组成。

1)太阳能电池方阵

太阳能电池方阵是并网光伏发电系统的主要部件,用于将接收到的太阳光能直接转换为电能。目前光伏发电系统中太阳能电池方阵还主要采用以晶体硅为材料的组件,同时辅以部分成熟的薄膜太阳能电池组件及跟踪组件和聚光组件等。它们是整个并网光伏发电系统的核心部件,也是投资最高的部件,因此选择合乎系统需要的光伏组件对于整个系统都有重要影响。在选择组件时,首先要求具有非常好的耐气候性,能在室外严酷的天气条件下长时间可靠稳定运行,同时具有较高的转换率且廉价。另外,任何厂家生产的光伏组件都必须经过国内常规检测或国际著名机构的认证。

2)并网逆变器

并网逆变器主要由逆变器和联网保护器两大部分构成,如图 5-13 所示。

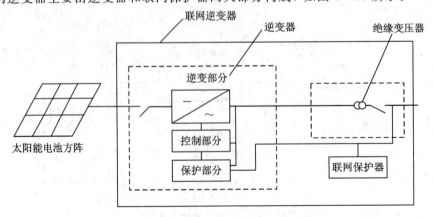

图 5-13　并网逆变器的构成(绝缘变压器方式)

逆变器包括 3 个部分：逆变部分，其功能是采用大功率晶体管将直流高速切割，并转换为交流；控制部分，由电子回路构成，其功能是控制逆变部分；保护部分，也由电子回路构成，其功能是在逆变器内部发生故障时起安全保护作用。

联网保护器是一种安全装置，主要用于频率上下波动、过欠电压和电网停电等的监测。通过监测如发现问题，应及时停止逆变器运转，把光伏系统与电网断开，以确保安全。它一般装在逆变器中，但也有单独设置的。

并网逆变器是并网光伏发电系统的核心部件和技术关键。并网逆变器与独立逆变器的不同之处是：它不仅可将太阳能电池方阵发出的直流电转换为交流电，还可对转换的交流电的频率、电压、电流、相位、有功与无功、同步、电能品质（电压波动、高次谐波）等进行控制。

并网逆变器具有如下功能：

(1) 自动开关。根据从日出到日落的日照条件，尽量发挥太阳能电池方阵输出功率的潜力，在此范围内实现自动开始和停止。

(2) 最大功率点跟踪(MTTP)控制。对跟随太阳能电池方阵表面温度变化和太阳辐照度变化而产生出的输出电压与电流的变化进行跟踪控制，使太阳能电池方阵经常保持在最大输出的工作状态，以获得最大的功率输出。具体实现是：每隔一定时间让并网逆变器的直流工作电压变动一次，测定此时太阳能电池方阵的输出功率，并同上次进行比较，使并网逆变器的直流电压始终沿功率变大的方向变化。

(3) 防止单独运行。若系统所在地发生停电，则当负荷电力与逆变器输出电力相同时，逆变器的输出电压不会发生变化，难以察觉停电，因而有通过系统向所在地供电的可能，这种情况叫作单独运转。在这种情况下，本应停电的配电线中又有了电，这对于保安检查人员是危险的，因此要设置防止单独运行功能。

(4) 自动电压调整。在剩余电力逆向流入电网时，会导致送电点电压上升，有可能超过商用电网的运行范围，因此为保持系统的电压正常，运转过程中要能够自动防止电压上升。

(5) 异常情况排解与停止运行。当系统所在地电网或逆变器发生故障时，及时查出异常，安全加以排解，并控制逆变器停止运行。

光伏阵列输出特性具有非线性特征，并且其输出受日照强度、环境温度和负载情况影响。在一定的日照强度和环境温度下，光伏阵列可以工作在不同的输出电压，但是只有在某一输出电压值时，光伏阵列的输出功率才能达到最大值，这时光伏阵列的工作点就达到了输出功率电压曲线的最高点，称为最大功率点(MPP, Maximum Power Point)。因此，在光伏发电系统中，要提高系统的整体效率，一个重要的途径就是实时调整光伏阵列的工作点，使之始终工作在最大功率点附近，这一过程就称为最大功率点跟踪(MPPT, Maximum Power Point Tracking)。MPPT 控制原理示意图如图 5-14 所示。

目前，光伏阵列最大功率点跟踪(MPPT)控制技术在国内外均有一定程度的研究，也有很多控制方法，常用的有恒电压跟踪方法(CVT)、干扰观察法(P&Q, Perturbation and Observation)、增量电导法(Incremental Conductance)等。

3) 监控检测系统

并网光伏发电系统中的控制检测系统通常与逆变器在一起,通过电子装置与外部计算机系统相连接,可以对整个电站的运行状况进行实时监测和监控。由于监控检测系统的存在可以对系统起到控制及并网保护的作用,因此在设计时应明确受天气变化影响。太阳能电池的输出功率情况,使其具有最大功率跟踪控制功能,并具有自动运行、停止等功能。另外,太阳能光伏发电系统的监控检测系统还可以监视整个系统运行状态,掌握发电量,收集评价系统性能的数据。

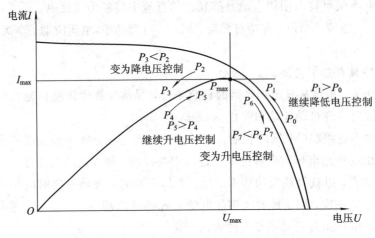

图 5-14 MPPT 控制原理示意图

4) 其他

并网光伏发电系统除了以上主要硬件设施外,还包括配电系统以及系统的基础建设等。上述设备在设计和选取过程中要综合考虑系统所在地的实际情况、系统的规模、客户的要求等因素,并参考国家相关标准作出合理的判断。

因为太阳能电池方阵的面积比较大且安装在室外,因此容易受到雷电引起的过高压影响。为了保证电力系统的安全运行和光伏发电系统及附属设施的安全,大型并网光伏电站必须有良好的避雷、防雷及接地保护装置。

## 5.2 太阳能光伏发电系统的控制器和逆变器

### 5.2.1 控制器

控制器是太阳能光伏发电系统的核心部件之一,也是平衡系统能量的主要组成部分。不论是大型还是小型光伏发电系统,都有控制器的存在,但其所起的作用却各有差别。在小型系统中,控制器主要用来保护蓄电池。在大型系统中,控制器担负着平衡系统的能量、保护蓄电池及整个系统正常工作和显示工作状态等重要作用。有时看到的光伏发电系统中没有控制器,而只有逆变器,实际上这是控制器和逆变器合二为一的做法。图 5-15 所示为国内外常见的控制器。

在独立运行的太阳能光伏发电系统和风光混合发电系统中，必须配备储能蓄电池，蓄电池起着储存和调节电能的作用。当日照充足或风力很大而产生的电能过剩时，蓄电池将多余的电能储存起来；当系统发电量不足或负载用电量大时，蓄电池向负载补充电能，并保持供电电压的稳定。光伏发电系统中的控制器主要针对蓄电池的充放电进行控制。

(a) 德国施德Solarix系列控制器

(b) 德国伏科PL系列控制器

(c) 合肥阳光控制器

(d) 南京冠亚控制器

图 5-15 国内外常见控制器

**1. 蓄电池控制的基本原理**

铅酸蓄电池的充电特性曲线如图 5-16 所示。由充电曲线可以看出，蓄电池充电过程有三个阶段：初期（OA），电压快速上升；中期（AC），电压缓慢上升，延续较长时间；C 点为充电末期，电化学反应接近结束，电压开始迅速上升，接近 D 点时，负极析出氢气，正极析出氧气，水被分解。

上述现象表明，D 点电压标志着蓄电池已充满电，应停止充电，否则将损坏铅酸蓄电池。通过对铅酸蓄电池充电特性进行分析可知，在蓄电池充电过程中，当充电到相当于 D 点的电压出现时，就标志着该蓄电池已充满。依据这一原理，在控制器中设置电压测量和电压比较电路，通过对 D 点电压值的监测，即可判断蓄电池是否应结束充电。对于开口固定式铅酸蓄电池，标准状态下的充电终了电压（D 点电压）约为 2.5 V；对于阀控式密封铅酸蓄电池，标准状态下的充电终了电压约为 2.35 V。在控制器中比较器设置的 D 点电压称为门限电压或电压阈值。由于太阳能光伏发电系统的充电率一般都小于 0.1C，因此蓄电池的充满点一般设定在 2.45~2.5 V（固定式铅酸蓄电池）和 2.3~2.35 V（阀控式密封铅酸蓄电池）。

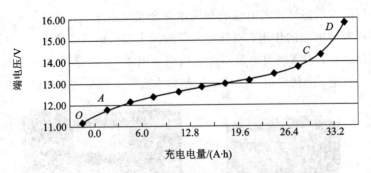

图 5-16　铅酸蓄电池的充电特性曲线

蓄电池充电控制的目的是在保证蓄电池被充满的前提下尽量避免电解水。蓄电池充电过程的氧化还原反应和水的电解反应都与温度有关。温度升高，氧化还原反应和水的分解都变得容易，其电化学电位下降，此时应当降低蓄电池的充满门限电压，以防止水的分解；温度降低，氧化还原反应和水的分解都变得困难，其电化学反应电位升高，此时应当提高蓄电池的充满门限电压，以保证将蓄电池充满，同时又不会发生水的大量分解。在太阳能光伏发电系统和风光混合发电系统中，蓄电池的电解液温度有季节性的周期变化，也有因受局部环境影响的波动，因此要求控制器具有对蓄电池充满门限电压进行自动温度补偿的功能。温度系数一般为单只电池 $-5\sim-3$ mV/℃（25℃时），即当电解液温度（或环境温度）偏离标准条件时，每升高 1 ℃，每只电池的门限电压向下调整 3~5 mV，每下降 1 ℃，向上调整 3~5 mV。蓄电池的温度补偿系数可查阅蓄电池技术说明书或向生产厂家查询。对于蓄电池的过放电保护门限电压，一般不作温度补偿。

铅酸蓄电池的放电特性曲线如图 5-17 所示。由放电曲线可以看出，蓄电池放电过程有三个阶段：开始（$OE$）阶段，电压下降较快；中期（$EG$），电压缓慢下降，延续较长时间；$G$ 点后，放电电压急剧下降。

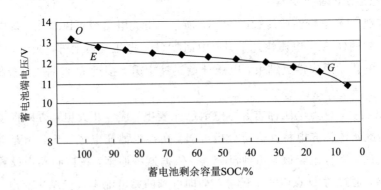

图 5-17　铅酸蓄电池的放电特性曲线

电压随放电过程不断下降的原因主要有三个：

(1) 随着蓄电池放电，酸浓度降低，引起电动势降低。

(2) 活性物质不断消耗，反应面积减小，使极化不断增加。

(3) 由于硫酸铅的不断生成，使电池内阻不断增加，内阻压降增大。$G$ 点电压标志着蓄电池已接近放电终了，应立即停止放电，否则将给蓄电池带来不可逆转的损坏。

控制器的功能有以下几方面：防止蓄电池过充电和过放电，延长蓄电池寿命；防止太阳能电池方阵和蓄电池极性接反；防止负载、控制器、逆变器和其他设备内部短路；具有防雷击引起的击穿保护功能；具有温度补偿功能；显示光伏发电系统的各种工作状态，包括蓄电池（组）电压、负载状态、电池方阵工作状态、辅助电源状态、环境温度状态、故障报警等。

**2. 控制器的基本电路**

图 5-18 所示为控制器的基本电路示意图。在图 5-18 中，太阳能电池方阵、蓄电池、控制器和负载组成了一个基本的光伏应用系统。图中，$S_1$、$S_2$ 分别为充电开关和放电开关，它们均属于控制电路的一部分，其开合由控制电路根据系统充放电状态来决定：当蓄电池充满时断开充电 $S_1$，否则闭合；当蓄电池过放时，断开放电 $S_2$，否则闭合。$S_1$、$S_2$ 是广义上的开关，包括各种开关元件，如电子开关、机械开关等。电子开关有小功率三极管、达林顿管、功率场效应管、晶闸管等；机械开关有继电器、交直流接触器等。实际中可根据不同的系统要求选用不同的开关元件。

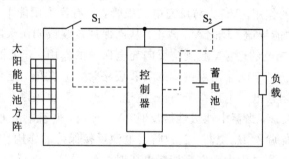

图 5-18  控制器的基本电路示意图

图 5-18 所示的电路是一个广义的控制电路，它只是控制电路的核心。通常可以由各种形式的电路来担当控制电路角色。例如，应用在太阳能草坪灯上的控制器就是用几只三极管、电阻、电容、电感构成的电压比较升压充放电控制电路、光控电路；应用在太阳能路灯或移动电源上的控制电路则用集成运放构成的滞回比较器电路来充当控制核心，或采用单片机作为控制核心；在更大的系统中，如太阳能光伏发电站，其控制器的核心就是高级单片机或数字信号处理（DSP）芯片，甚至是工业控制计算机或可编程逻辑控制器（PLC）等，除了基本的充放电功能外，还有友好的人机界面、遥控遥测遥信功能和复杂的控制算法等。

**3. 控制器的分类及其工作原理**

光伏发电系统的控制器大体可分为并联型控制器、串联型控制器、脉宽调制型控制器、多路控制器、智能型控制器和最大功率跟踪型控制器等六类。

1）并联型控制器

并联型控制器在蓄电池充满时，利用电子部件把太阳能电池方阵的输出分流到内部并联的电阻器或功率模块上，然后以热的形式消耗掉。因为这种方式消耗热能，所以一般用于小型、低功率系统，如电压在 12 V/20 A 以内的系统。这类控制器很可靠，没有继电器之类的机械部件。

并联型（也叫旁路型）控制器的原理图如图 5-19 所示。

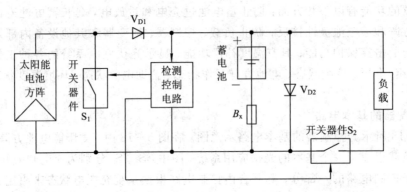

图 5-19 并联型控制器的原理图

并联型控制器充电回路中的开关器件 $S_1$ 并联在太阳能电池方阵的输出端,当蓄电池电压大于"充满切离电压"时,开关器件 $S_1$ 导通,同时二极管 $V_{D1}$ 截止,则太阳能电池方阵的输出电流直接通过 $S_1$ 旁路泄放,不再对蓄电池进行充电,从而保证蓄电池不会出现过充电,起到过充电保护的作用。$V_{D1}$ 为防反充电二极管,只有当太阳能电池方阵输出电压大于蓄电池电压时,$V_{D1}$ 才能导通,反之 $V_{D1}$ 截止,从而保证夜晚或阴雨天时不会出现蓄电池向太阳能电池方阵反向充电的现象,起到防反向充电保护的作用。开关器件 $S_2$ 为蓄电池放电开关,当负载电流大于额定电流出现过载或负载短路时,$S_2$ 关断,起到输出过载保护和输出短路保护的作用。当蓄电池电压小于"过放电电压"时,$S_2$ 也关断,进行过放电保护。

$V_{D2}$ 为防反接二极管,当蓄电池极性接反时,$V_{D2}$ 导通,使蓄电池通过 $V_{D2}$ 短路放电,产生很大电流,快速将保险丝 $B_x$ 烧断,起到防蓄电池反接保护的作用。检测控制电路随时对蓄电池电压进行检测,当电压大于充满切断电压时,$V_1$ 导通,进行过充电保护;当电压小于过放电电压时,$V_2$ 关断,进行过放电保护。

2) 串联型控制器

这种控制器利用机械继电器控制充电过程,开关串接在太阳能电池方阵和蓄电池之间,当蓄电池充满时断开充电回路,并在夜间切断太阳能电池方阵。这种控制器一般用于较高功率的系统,继电器的容量决定控制器的功率等级。

串联型控制器的基本电路原理图如图 5-20 所示。

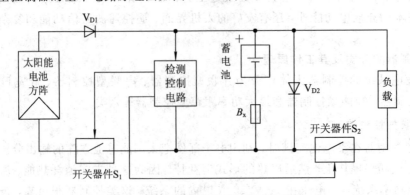

图 5-20 串联型控制器的基本电路图

串联型控制器和并联型控制器电路结构相似,唯一区别在于开关器件 $S_1$ 的接法不同,并联型控制器中 $S_1$ 并联在太阳能电池方阵输出端,而串联型控制器中 $S_1$ 串联在充电回路中。当蓄电池电压大于"充满切断电压"时，$S_1$ 关断，使太阳能电池方阵不再对蓄电池进行充电，起到过充电保护作用。并联型控制器中其他元件的作用和串联型控制器相同，此处不再赘述。

3）脉宽调制型控制器

脉宽调制型控制器以 PWM 脉冲方式控制光伏阵列的输入。用于实现脉宽调制功能的开关器件，可以串联在太阳能电池方阵和蓄电池之间，也可与太阳能电池方阵并联，形成旁路控制。按照美国桑地亚国家实验室的研究，PWM 调制方式的充电过程形成较完整的充电状态，它能增加光伏系统中蓄电池的总循环寿命。

脉宽调制型控制器的电路原理图如图 5-21 所示。

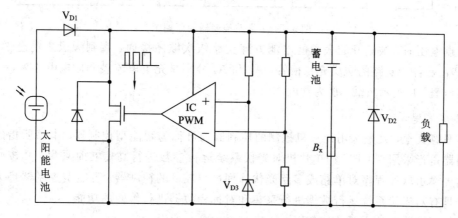

图 5-21　脉宽调制型控制器的电路原理图

脉宽调制型控制器的基本原理是：当蓄电池逐渐趋向充满时，随着其端电压的逐步升高，PWM 电路输出脉冲的频率和时间都发生变化，使开关器件的导通时间延长，间隔缩短，充电电流逐渐趋近于零；当蓄电池电压由充满点下降时，充电电流又会逐渐增大。用这种充电方式能形成较完整的充电状态，其平均充电电流的瞬时变化符合蓄电池当前的充电状况，能够增加光伏系统的充电效率并延长蓄电池的总循环寿命。脉宽调制型控制器的缺点是控制器自身有 4%～8% 的功率损耗。

4）多路控制器

多路控制器一般用于数千瓦以上的大功率系统，太阳能电池方阵分成多个支路接入控制器。当蓄电池充满时，控制器将太阳能电池方阵逐路断开；当蓄电池电压回落到一定值时，控制器再将太阳能电池方阵逐路接通，实现对蓄电池充电电压和电流的调节。这种控制方式属于增量控制法，可以近似达到脉宽调制型控制器的效果，路数越多，增幅越小，越接近线性调节。但路数越多，成本也越高，因此确定太阳能电池方阵路数时，要综合考虑控制效果和控制器的成本。

多路控制器的原理图如图 5-22 所示。

多路控制器的基本原理是：当蓄电池充满时，控制电路将控制机械或电子开关 $S_1$ 至 $S_n$ 顺序断开太阳能电池方阵支路 $P_1$ 至 $P_n$。当第 1 路 $P_1$ 断开后，如果蓄电池电压已经低于设定值，则控制电路等待，直到蓄电池电压再次上升到设定值，再断开第 2 路 $P_2$，再等待。如果蓄电池电压不再上升到设定值，则其他支路保持接通充电状态。当蓄电池电压低

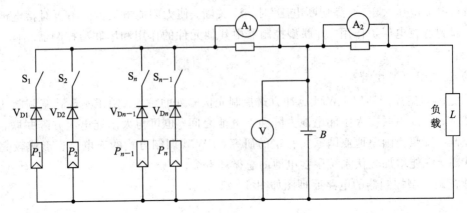

图 5-22 多路控制器的原理图

于恢复点电压时,被断开的太阳能电池方阵支路依次顺序接通,直到天黑之前全部接通。$V_{D1}$至$V_{Dn}$是各个支路的防反充二极管,$A_1$和$A_2$分别是充电电流表和放电电流表,V 为蓄电池电压表,L 表示负载,B 为蓄电池组。

5) 智能型控制器

一般意义上,凡是采用计算机控制的控制器均可称为智能型控制器。本书所指的智能型控制器是指采用带 CPU 的单片机对光伏系统运行参数进行高速实时采集,并按照一定的控制规律由软件程序对单路或多路光伏阵列进行控制的控制器。智能型控制器最大的优势在于具有对光伏系统运行数据进行采集和对远程数据进行传输的功能。

智能型控制器的主要功能如下:

(1) 蓄电池充电控制。采用先进的"强充(BOOST)/递减(TAPER)/浮充(FLOAT)自动转化充电方法"依据蓄电池组端电压的变化趋势自动调整充电电流或控制多路太阳能电池方阵的依次接通或切断,既可以充分利用太阳能电池资源,又能保证蓄电池组安全可靠地工作。

(2) 蓄电池放电控制。当蓄电池过放电时,自动切断负载以保护蓄电池。

(3) 数据采集和存储。采用符合系统设计要求的单片机(MCU)可以对系统的运行状态和数据进行采集和存储,并利用相应的算法实现对系统的控制,而且可利用显示器显示运行参数。

(4) 通信功能。主站和每台控制器可以进行远距离数据传输。

以下选取太阳能照明产品中的控制系统做一阐述。目前大部分控制器中存在以下问题:不能设置工作方式,或设置方式不方便;不能随着季节差别修正开灯照明时间,造成能源浪费;对输出的控制采用较为简单的方式,不是最佳节能的方法等。为此采取一种智能型控制器解决这些问题。

智能化光伏控制器(见图 5-23 所示)可最大限度提高光伏电源的充电利用率,提高蓄电池的转换效率,延长蓄电池的使用寿命,提高光伏系统设备的可靠性和稳定性。

该控制器采用软件和硬件电路相结合的方式,充电回路采用双回路 PWM 全程控制方式,储能采用主/备双蓄电池方式,输出采用双回路轮流交替输出方式,电源管理由常规控制器(充电-储能-放电)$1×1×1$ 模式变为$(2×2×2)$ 8 倍控制模式,可优化电源管理,提高智能化程度。对蓄电池采用脉冲调制技术充电;主蓄电池维持电源系统的正常运行与平衡,

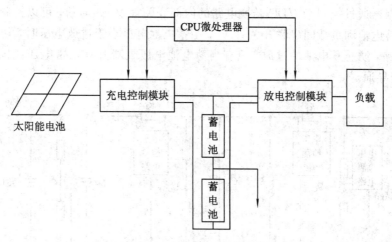

图 5-23　智能化光伏控制器

备用蓄电池吸收多余电能；输出时，双蓄电池交替轮流输出，高电位蓄电池组优先输出，对光伏整个供电系统的蓄电池来说，循环次数减少 50%，并增大了蓄电池在高电位循环的概率。因此该控制系统可大幅降低单组电池长时间放电产生的电池板极化和硫化，延长蓄电池的使用寿命，提高光伏系统设备的可靠性和稳定性，从而减小能量损耗，达到降低光伏系统成本的目的。该技术已获两项国家发明专利，属国内首创。

新型智能化控制器改变原有太阳能控制器的控制结构和体系，采用了 PWM 脉宽调制技术，根据太阳电池、蓄电池的物理特性，研发了新型控制结构和控制体系，提高太阳能利用效率和蓄电池转换效率。

新型智能化太阳能控制器一方面为系统集成商降低了工程成本和维护成本，另一方面也为用户降低了运营成本，因此具有很高的经济价值和应用价值。

6）最大功率跟踪型控制器

最大功率跟踪型控制器是由太阳能电池方阵的输出电压和电流相乘得到的功率，判断太阳能电池方阵此时的输出功率是否达到最大，若不在最大功率点运行，则调整脉宽，调制输出占空比，改变充电电流，再次进行实时采样，并作出是否改变占空比的判断。通过这样的寻优过程，可保证太阳能电池方阵始终运行在最大功率点。这种类型的控制器可使太阳能电池方阵始终保持在最大功率点状态，以充分利用太阳能电池方阵的输出能量。同时，采用 PWM 调制方式，可使充电电流成为脉冲电流，以减少蓄电池的极化，提高充电效率。

图 5-24 所示为最大功率跟踪型控制器的主电路图。该电路采用微控制器 MC9S08QG8 作为核心控制单元，使用 MOS 管作为充放电控制管和保护管，减少了系统功耗，提高了开关工作速度。为可靠地检测到太阳能电池方阵的输出电压和电流、DC/DC 转换电路的输出电流，主电路中采用直流侧电压检测电路，转换电路的输出电压和蓄电池的端电压用电阻分压法进行采集，且采集到的五个模拟电压信号通过 A/D 端口送入微控制器。由于肖特基二极管比普通二极管具有管压降低、功耗小、电荷储能效应小等特点，所以电路中采用肖特基二极管 $V_{D2}$ 作为防反充二极管，以防止蓄电池向太阳能电池方阵反

向充电。控制器通过控制 DC/DC 转换电路的内部开关管 $V_1$ 的通断，可以控制蓄电池的充电过程；在蓄电池和负载间串联开关管 $V_2$，当蓄电池电压小于过放电压时，切断蓄电池与负载间的回路，防止蓄电池的过放，只有当蓄电池电压重新升到正常电压范围内，开关管 $V_2$ 才会重新导通。

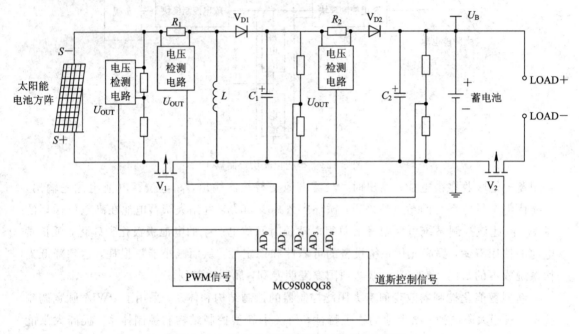

图 5-24　最大功率跟踪型控制器的主电路图

### 4. 控制器的主要性能特点

目前小功率控制器的特点是：大部分都采用低损耗、长寿命的 MOSFET 场效应管等电子开关元件作为控制器的主要开关器件；运用脉冲宽度调制（PWM）控制技术对蓄电池进行快速充电和浮充充电，使太阳能发电能量得以充分利用；具有单路、双路负载输出和多种工作模式，其主要工作模式有普通开/关工作模式（即不受光控和时控的工作模式）、光控开/时控关工作模式；双路负载控制器关闭的时间长短可分别设置；具有多种保护功能，包括蓄电池和太阳能电池接反、蓄电池开路、蓄电池过充电和过放电、负载过压、夜间防反充电、控制器温度过高等保护功能；用 LED 指示灯对工作状态、充电状况、蓄电池电量等进行显示，并通过 LED 指示灯颜色的变化显示系统工作状况和蓄电池剩余电量等的变化；具有温度补偿功能，其作用是在不同的工作环境温度下能够对蓄电池设置更为合理的充电电压，防止因过充电和欠充电而造成电池充放电容量过早下降甚至过早报废。

一般把额定负载电流大于 15A 的控制器划分为中功率控制器，其主要性能特点如下：

(1) 采用 LCD 液晶屏显示工作状态和充放电等各种重要信息，如电池电压、充电电流、放电电流、工作模式、系统参数、系统状态等。

(2) 具有自动/手动/夜间功能。可编制程序设定负载的控制方式为自动或手动方式。设定为手动方式时，负载可手动开启或关闭。当选择夜间功能时，控制器在白天关闭负载；检测到夜晚时，延迟一段时间后自动开启负载，定时时间到，又自动关闭负载。延迟时间和定时时间可编程设定。

（3）具有蓄电池过充电、过放电、输出过载、过压、温度过高等多种保护功能。

（4）具有浮充电压温度补偿功能。

（5）具有快速充电功能。当电池电压达到理想值时，开始快速充电倒计时程序，定时时间到后退出快速充电状态，以达到充分利用太阳能的目的。

（6）具有普通开关工作模式（即不受光控和时控的工作模式）、光控开/光控关工作模式、光控开/时控关工作模式等。

**5. 控制器的配置选型**

控制器的配置选型要根据整个系统的各项技术指标并参考厂家提供的产品样本手册来确定。一般要考虑下列几项技术指标：

1）系统工作电压

系统工作电压指太阳能发电系统中蓄电池组的工作电压。这个电压要根据直流负载的工作电压或交流逆变器的配置造型确定，一般有 12 V、24 V、48 V、110 V 和 220 V 等。

2）控制器的额定输入电流和输入路数

控制器的额定输入电流取决于太阳能电池方阵的输入电流，一般情况下控制器的额定输入电流应等于或大于太阳能电池方阵的输入电流。控制器的输入路数要多于或等于太阳能电池方阵的设计输入路数。小功率控制器一般只有一路太阳能电池方阵输入，大功率控制器通常采用多路输入，每路输入的最大电流等于额定输入电流除以输入路数，因此，各路电池方阵的输出电流应小于或等于控制器每路允许输入的最大电流值。

3）控制器的额定负载电流

控制器的额定负载电流也就是控制器输出到直流负载或逆变器的直流输出电流。该数据要满足负载或逆变器的输入要求。

除上述主要技术数据要满足设计要求以外，使用环境温度、海拔高度、防护等级和外形尺寸等参数以及生产厂家和品牌也是控制器配置造型时要考虑的因素。

## 5.2.2 逆变器

逆变器也称逆变电源，是将直流电能转变成交流电能的变流装置，是太阳能光伏发电系统、风力发电系统中的一个重要部件。随着微电子技术与电力电子技术的迅速发展，逆变技术从交直流发电机的旋转逆变技术，发展到 20 世纪 60—70 年代的晶闸管逆变技术，而 21 世纪的逆变技术多数采用 MOSFET、GTO、IGCT、MCT 等多种先进且易于控制的功率器件，控制电路也从模拟集成电路发展到单片机控制甚至采用数字信号处理器（DSP）控制，各种现代控制理论（如自适应控制、自学习控制、模糊逻辑控制、神经网络控制等）和算法也大量应用于逆变领域。其应用领域也达到了前所未有的范围，从毫瓦级的液晶背光板逆变电路到百兆瓦级的高压直流输电换流站，从日常生活的变频空调、变频冰箱到航空领域的机载设备，从使用常规化石能源发电的火力发电设备到使用可再生能源发电的太阳能、风力发电设备，都少不了逆变电源。毋庸，随着计算机技术和各种新型功率器件的发展，逆变电源也将向着体积更小、效率更高、性能指标更优越的方向发展。

逆变器有着广泛的用途，可用于各类交通工具，如汽车、各类舰船以及飞行器，在太阳能及风能发电领域，逆变器也有着不可替代的作用。

**1. 逆变器的基本原理**

逆变器在电力电子技术中的发展较为成熟，随着近年来电子技术的发展其电路结构也发生了很大的变化。逆变器有多种形式。不同种类的逆变器其具体工作原理会有差别，但其基本的工作过程却是相同的，即都是使用具有开关特性的功率器件，通过一定的逻辑开关控制，由主控电路周期性地对功率器件不断地发出开关控制信号，从而使直流电源变成交变信号，再经过变压器耦合升（或降）压、整形得到所需要的交流电源。图 5-25(a)所示为 DC-AC 逆变电路。

图 5-25 中，$E$ 为输入的直流电压，$R$ 为逆变器所接纯电阻性负载，$S_1$、$S_2$、$S_3$、$S_4$ 为电子开关。当开关 $S_1$、$S_3$ 接通而 $S_2$、$S_4$ 断开时，电流流经 $S_1$、$R$ 和 $S_3$，负载上的电压极性为左正右负。同样地，当 $S_2$ 和 $S_4$ 接通而 $S_1$ 和 $S_3$ 断开时，电流流经 $S_2$、$R$ 和 $S_4$，负载上的电压极性为左负右正。若两组开关以一定的频率 $f$ 交替变换通断，则在负载上便得到一定交变频率的交流电压，其电压波形如图 5-25(b)所示。因为图中逆变时只是开关信号，而没有对其波形进行修正，所以逆变后的波形为矩形波。在实际应用过程中，逆变器还需要加上其他附属电路来进行波形修正和升压。图 5-25(a)中，开关 $S_1$、$S_2$、$S_3$、$S_4$ 是形式上的电子开关，实际上可以是半导体电子开关，如功率晶体管、场效应管等，也可以是机械开关。图 5-25(a)只是逆变器的原理示意图，在实际应用中还需加入其他电路来构成完整的逆变电路。

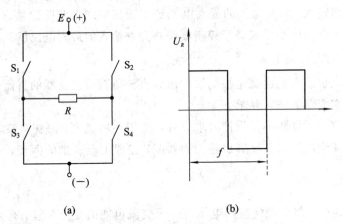

图 5-25 DC-AC 逆变电路及电压波形

一个完整的逆变器其基本电路构成如图 5-26 所示，由输入电路、输出电路、主逆变电路、控制电路、辅助电路和保护电路等构成。

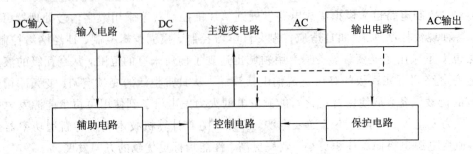

图 5-26 逆变器基本电路构成示意图

各电路的作用如下所述。

(1) 输入电路。输入电路的主要作用是为主逆变电路提供可确保其正常工作的直流工作电压。

(2) 主逆变电路。主逆变电路是逆变器的核心，它的作用是通过半导体开关器件的导通和关断完成逆变功能。主逆变电路分为隔离式和非隔离式两大类。

(3) 输出电路。输出电路主要对主逆变电路输出的交流电的波形、频率、电压、电流的幅度和相位进行修正、补偿、调整，使之满足使用要求。

(4) 控制电路。控制电路主要为主逆变电路提供一系列控制脉冲来控制逆变开关器件的导通与关断，配合主逆变电路完成逆变功能。

(5) 辅助电路。辅助电路主要将输入电压变换成适合控制电路工作的直流电压。辅助电路还包含了多种检测电路。

(6) 保护电路。保护电路主要包括输入过压、欠压保护，输出过压、欠压保护，过载保护，过流和短路保护，过热保护等。

**2. 逆变器的分类**

逆变器的分类如下：

(1) 按输出电压波形分类，可分为方波逆变器、正弦波逆变器、阶梯波逆变器。

(2) 按输出交流电相数分类，可分为单相逆变器、三相逆变器、多相逆变器。

(3) 按输入直流电源性质分类，可分为电压源逆变器、电流源逆变器。

(4) 按主电路拓扑结构分类，可分为推挽式逆变器、半桥式逆变器、全桥式逆变器。

(5) 按功率流动方向分类，可分为单向逆变器、双向逆变器。

(6) 按负载是否有源分类，可分为有源逆变器、无源逆变器。

(7) 按输出交流电的频率分类，可分为低频逆变器、工频逆变器、中频逆变器和高频逆变器。

(8) 按直流环节特性分类，可分为低频环节逆变器、高频环节逆变器。

电压源逆变器按照控制电压的方式将直流电能转变为交流电能，是逆变技术中最为常见和简单的一种。单相逆变器有推挽式、半桥式、全桥式三种电路拓扑结构。下面首先就单相电压源逆变器做一介绍。

(1) 推挽式逆变电路。图 5 - 27 是单相推挽式逆变器的拓扑结构。该电路由 2 只共负极的功率开关元件和 1 个初级带有中心抽头的升压变压器组成，若交流负载为纯阻性负

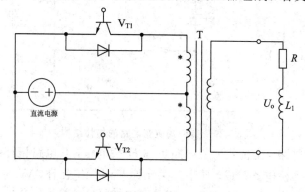

图 5 - 27 单相推挽式逆变器的拓扑结构

载,则当 $t_1 \leq t \leq t_2$ 时 $V_{T1}$ 功率管加上栅极驱动信号 $U_{g1}$, $V_{T1}$ 导通, $V_{T2}$ 截止,变压器输出端感应出正电压,当 $t_3 \leq t \leq t_4$ 时, $V_{T2}$ 功率管加上栅极驱动信号 $U_{g2}$, $V_{T2}$ 导通, $V_{T1}$ 截止,变压器输出端感应出负电压,其波形如图 5-28 所示。

若负载为感性负载,则变压器内的电流波形连续。推挽式逆变器的输出只有 $+U_o$ 和 $-U_o$ 两种状态,实质上是双极性调制,通过调节 $V_{T1}$ 和 $V_{T2}$ 的占空比来调节输出电压。推挽式逆变器的电路拓扑结构简单,两个功率管可共同驱动,但功率管承受的开关电压为直流电压的 2 倍,因此适用于直流母线电压较低的场合。另外,变压器的利用率较低,驱动感性负载困难。

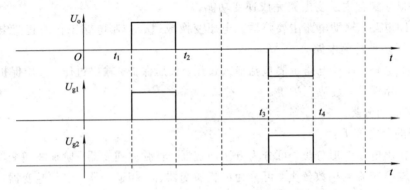

图 5-28 推挽式逆变电路的波形

(2) 半桥式逆变电路。半桥式逆变电路的拓扑结构如图 5-29 所示。图中,两只串联电容的中点作为参考点,当开关元件 $V_{T1}$ 导通时,电容 $C_1$ 上的能量释放到负载 $R_L$ 上,而当 $V_{T2}$ 导通时,电容 $C_2$ 上的能量释放到负载 $R_L$ 上,这样 $V_{T1}$ 和 $V_{T2}$ 轮流导通时在负载两端即可获得交流电能。半桥式逆变电路在功率开关元件不导通时承受直流电源电压 $U_d$,由于电容 $C_1$ 和 $C_2$ 两端的电压均为 $U_d/2$(假设 $C_1 = C_2$),因此功率元件 $V_{T1}$ 和 $V_{T2}$ 承受的电流为 $2I_d$。实质上,单相半桥式电路和单相推挽式电路在电路结构上是对偶的。

半桥式逆变电路结构简单,由于两只串联电容的作用,不会产生磁偏或直流分量,非常适合后级带动变压器负载。当该电路工作在工频(50 Hz 或者 60Hz)时,电容必须选取较大的容量,这样会使电路的成本上升,因此该电路主要用于高频逆变场合。

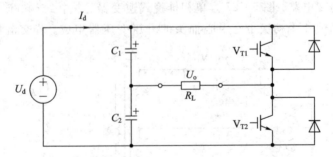

图 5-29 半桥式逆变电路的拓扑结构

(3) 全桥式逆变电路。全桥式逆变电路也称 H 桥电路,其电路拓扑结构如图 5-30 所示。这种电路由两个半桥电路组成,功率开关元件 $V_1$ 与 $V_4$ 互补, $V_2$ 与 $V_3$ 互补,当 $V_1$ 与 $V_3$ 同时导通时,负载电压 $U_o = +U_d$,当 $V_2$ 与 $V_4$ 同时导通时,负载两端 $U_o = -U_d$,这样

当 $V_1$、$V_3$ 和 $V_2$、$V_4$ 轮流导通时，负载两端就可得到交流电能。

假设负载具有一定电感，即负载电流落后于电压 $\varphi$ 角度，在 $V_1$、$V_3$ 功率管栅极加上驱动信号时，由于电流的滞后，此时 $V_{D1}$、$V_{D3}$ 仍处于导通续流阶段，再经过 $\gamma$ 电角度后，电流过零，电源向负载输送有功功率，同样当 $V_2$、$V_4$ 加上栅极驱动信号时，$V_{D2}$、$V_{D4}$ 仍处于续流状态，此时能量从负载馈送回直流侧，再经过 $\gamma$ 电角度后，$V_2$、$V4$ 才真正流过电流。

全桥式逆变电路中，$V_1$、$V_3$ 和 $V_2$、$V_4$ 分别工作半个周期，其输出电压波形为 $180°$ 的方波。事实上，这种控制方式并不实用，因为在实际的逆变电源中输出电压是需要可以控制和调节的。

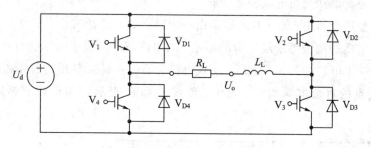

图 5-30　全桥式逆变电路的拓扑结构

上述几种电路都是逆变器的最基本电路，在实际应用中，除了小功率光伏逆变器主电路采用这种单级（DC-AC）转换电路外，中、大功率逆变器主电路都采用两级（DC-DC-AC）或三级（DC-AC-DC-AC）的电路结构形式。一般来说，中、小功率光伏系统的太阳能电池组件或方阵输出的直流电压都不太高，而且功率开关管的额定耐压值也都比较低，因此逆变电压也比较低，要得到 220V 或者 380V 的交流电，无论是推挽式还是全桥式逆变电路，其输出都必须加工频升压变压器。由于工频升压变压器体积大，效率低，分量重，因此只能在小功率场合应用。

随着电力电子技术的发展，新型逆变器都采用高频开关技术和软开关技术来实现高功率密度的多级逆变。这种逆变电路的前级升压电路采用推挽式逆变电路结构，但工作频率都在 20 kHz 以上，升压变压器采用高频磁性材料做铁芯，因而体积小，重量轻。低电压直流电经过高频逆变后变成了高频高压交流电，又经过高频整流滤波电路后得到高压直流电（一般均在 300 V 以上），再通过工频逆变电路实现逆变即得到 220 V 或者 380 V 的交流电，整个系统的逆变效率可达到 90% 以上。目前大多数正弦波逆变器都采用这种三级电路结构，如图 5-31 所示。

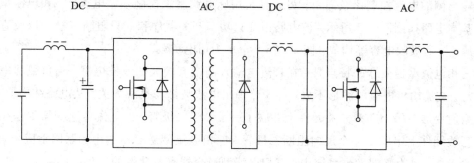

图 5-31　逆变器的三级结构原理示意图

其具体工作过程是：首先将太阳能电池方阵输出的直流电(如 24 V、48 V、110 V 和 220 V 等)通过高频逆变电路逆变成波形为方波的交流电，逆变频率一般在几千赫兹到几十千赫兹，再通过工频升压变压器整流滤波后变为高压直流电，之后经过第三级 DC - AC 逆变为所需要的 220 V 或 380 V 工频交流电。

以上所述的都是单相逆变器，由于其受到功率器件容量、零线(中性线)电流、电网负载平衡要求和用电负载性质(如三相交流异步电动机等)的限制，因此容量一般都在 100 kV·A 以下。大容量的逆变电路多采用三相形式。三相逆变器按照直流电源的性质分为三相电压型逆变器和三相电流型逆变器。

三相电压型逆变器中，输入直流能量由一个稳定的电压源提供，其特点是逆变器在脉宽调制时输出电压的幅值等于电压源的幅值，而电流波形取决于实际的负载阻抗。三相电压型逆变器的基本电路如图 5-32 所示。该电路主要由 6 只功率开关器件和 6 只续流二极管以及带中性点的直流电源构成。图中，负载 $L$ 和 $R$ 表示三相负载的各路相电感和相电阻。

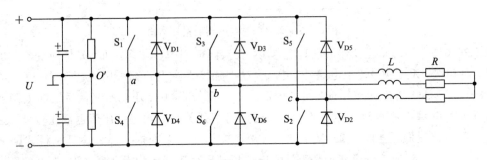

图 5-32 三相电压型逆变器的基本电路

功率开关器件 $S_1 \sim S_6$ 在控制电路的作用下，当控制信号为三相互差 120°的脉冲信号时，可以控制每个功率开关器件导通 180°或 120°，相邻两个开关器件的导通时间互差 60°。逆变器三个桥臂中上部和下部开关元件以 180°间隔交替开通和关断，$S_1 \sim S_6$ 以 60°的电位差依次开通和关断，在逆变器输出端形成 $a$、$b$、$c$ 三相电压。

三相电流型逆变器的直流输入电源是一个恒定的直流电流源，需要调制的是电流，若一个矩形电流注入负载，则电压波形是在负载阻抗的作用下生成的。在三相电流型逆变器中，控制基波电流幅值的方法有两种：一种是直流电流源的幅值变化法，这种方法使得交流电输出侧的电流控制比较简单；另一种是用脉宽调制来控制基波电流。三相电流型逆变器的基本电路如图 5-33 所示。该电路由 6 只功率开关器件和 6 只阻断二极管以及直流恒流电源、浪涌吸收电容等构成。图 5-33 中，$R$ 为用电负载。

三相电流型逆变器的特点是：在直流电输入侧接有较大的滤波电感，当负载功率因数变化时，交流输出电流的波形不变，即交流输出电流波形与负载无关。从电路结构上来看，电压型逆变器在每个功率开关元件上并联了一个续流二极管，而电流型逆变器则是在每个功率开关元件上串联了一个反向阻断二极管。三相电流型逆变器适用于联网型应用，特别是在太阳能、风力联网发电系统中，三相电流型逆变器有着独特的优势。

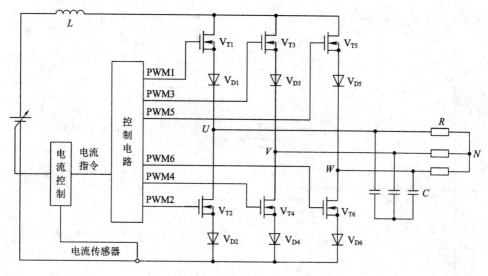

图 5-33 三相电流型逆变器的基本电路

**3. 并网逆变器**

并网逆变器是并网光伏发电系统的核心部件。与独立光伏发电系统中的逆变器相比，并网逆变器不仅要将太阳能电池方阵发出的直流电转换为交流电，还要对交流电的电压、电流、频率、相位与同步等进行控制，解决对电网的电磁干扰、自我保护、单独运行和孤岛效应以及最大功率跟踪等技术问题，因此对并网逆变器要有更高的技术要求。图 5-34 是并网逆变器的结构示意图。

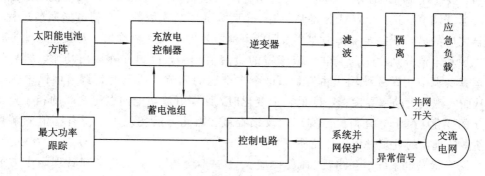

图 5-34 并网逆变器的结构示意图

由于并网光伏发电系统一般都是大型电站，所以并网逆变器一般都应用于工业用电。以下就以三相并网逆变器为例说明其工作原理。三相并网逆变器输出电压一般为交流 380 V 或更高电压，频率为 50/60 Hz，其中 50 Hz 为中国和欧洲标准，60 Hz 为美国和日本标准。三相并网逆变器多用于容量较大的光伏发电系统，输出波形为标准正弦波，功率因数接近 1.0。

三相并网逆变器的电路原理示意图如图 5-35 所示。电路分为主电路和微处理器电路两部分。其中，主电路主要完成 DC-DC-AC 的转换和逆变过程；微处理器电路主要完成系统并网的控制过程。系统并网控制的目的是使逆变器输出的交流电压值、波形、相位等维持在规定的范围内，因此，微处理器控制电路要完成相位实时检测、电流相位反馈控制、太阳能电池方阵最大功率跟踪以及实时正弦波脉宽调制信号发生等功能。

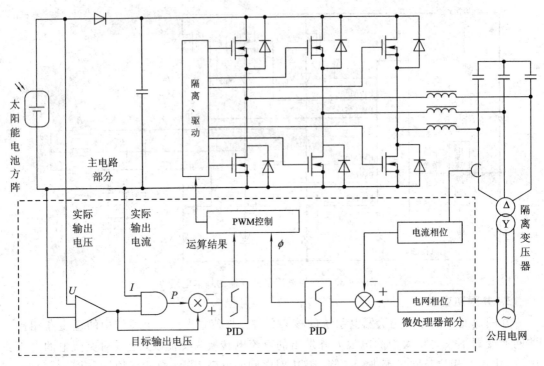

图 5-35 三相并网逆变器的电路原理示意图

具体工作过程如下：公用电网的电压和相位经过霍尔电压传感器送给微处理器的 A/D 转换器，微处理器将回馈电流的相位与公用电网的电压相位做比较，其误差信号通过 PID 运算器运算调节后送给 PWM 脉宽调制器，这就完成了功率因数为 1 的电能回馈过程。微处理器完成的另一项主要工作是计算太阳能电池方阵的最大功率输出。太阳能电池方阵的输出电压和电流分别由电压、电流传感器的检测值相乘，得到方阵输出功率，然后经由 PID 运算后调节 PWM 波输出占空比。这个占空比的调节实质上就是调节回馈电压的大小，从而实现最大功率寻优。当 $U$ 的幅值变化时，回馈电流与电网电压之间的相位角也将有一定的变化。由于电流相位已实现了反馈控制，因此自然实现了相位有幅值的解耦控制，使微处理器的处理过程更加简便。

并网光伏发电系统中会出现"孤岛效应"，解决这一问题要从技术和管理两个方面出发。其中，从技术方面解决的一种方法就是在逆变器中添加运行检测单元。运行检测单元用于检测太阳能光伏系统的运行状态，并将太阳能光伏系统与电力系统自动分离，以此来防止"孤岛效应"。运行检测单元分为被动式检测和主动式检测两种方式。

（1）被动式检测方式。被动式检测方式是通过实时监视电网系统的电压、频率、相位的变化，检测因电网电力系统停电向单独运行过渡时的电压波动、相位跳动、频率变化等参数变化，从而检测出光伏发电系统处于单独运行状态的方法。

被动式检测方式有电压相位跳跃检测法、频率变化率检测法、电压谐波检测法、输出功率变化率检测法等。其中，电压相位跳跃检测法较为常用。

电压相位跳跃检测法的原理图如图 5-36 所示，其检测过程是：测出逆变器的交流电压的周期，如果周期的偏移超过某设定值，则可判定为单独运行状态，此时使逆变器停止运行或脱离电网运行。通常与电力系统并网的逆变器在功率因数为 1（即电力系统电压与逆变器的输出电流同相）的情况下运行，逆变器不向负载供给无功功率，而由电力系统供给无功功率。但单独运行时电力系统无法供给无功功率，逆变器不得不向负载供给无功功率，其结果是使电压的相位发生骤变。检测电路检测出电压相位的变化，即可判定光伏发电系统处于单独运行状态。

（2）主动式检测方式。主动式检测方式是指由逆变器的输出端主动向系统发出电压、频率或输出功率等变化量的扰动信号，并观察电网是否受到影响，根据参数变化检测出光伏发电系统是否处于单独运行状态。

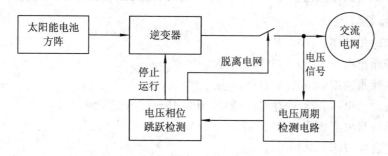

图 5-36　电压相位跳跃检测法的原理图

主动式检测方式有频率偏移方式、有功功率变动方式、无功功率变动方式以及负载变动方式等。其中，较常用的是频率偏移方式。

频率偏移方式的工作原理图如图 5-37 所示。该方式根据单独运行中的负荷状况，使太阳能光伏发电系统输出的交流电频率在允许的变化范围内变化，再根据系统是否跟随其变化来判断光伏发电系统是否处于单独运行状态。例如，使逆变器的输出频率相对于系统频率做 $\pm 0.1\,\text{Hz}$ 的波动，在与系统并网时，此频率的波动会被系统吸收，所以系统的频率不会改变。当系统处于单独运行状态时，此频率的波动会引起系统频率的变化，则根据检测出的频率即可判断光伏发电系统处于单独运行状态。一般当频率波动持续 0.5s 以上时，逆变器会停止运行或与电力电网脱离。

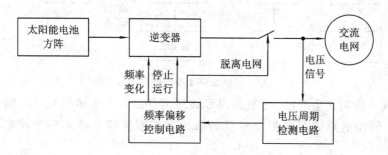

图 5-37　频率偏移方式的工作原理图

**4. 逆变器的实际应用——JKSN-1000 型正弦波逆变器**

JKSN-1000 型正弦波逆变器是一种将蓄电池 48 V 直流电转换成 220 V 正弦波单相交流电的电子设备，广泛应用于邮电、电力、铁路、石油及部队等部门，用来给各种 220 V 交流供电的仪器、仪表、计算机及程控交换机等通信设备提供高质量而又不允许中断的供电电源。

1) 功能及特点

(1) 欠压保护功能。当蓄电池电压低于43 V时，为避免蓄电池过放电，延长蓄电池寿命，本机应立即关机。

(2) 短路和过载保护功能。当逆变器输出发生过载或短路时，机器会发出声音警告信号或自动断开电源空气开关。

(3) 逆变器输出谐波很少的纯净正弦波，以保证用电设备的严格要求。

(4) 机器采用无接点的功率 MOS 模块，以提高逆变器的逆变转换效率。

2) 技术指标

(1) 额定输出功率：1000 W。

(2) 逆变输出电压：$220 \times (1 \pm 10\%)$ V。

(3) 逆变输出频率：$(50 \pm 1)$ Hz。

(4) 直流输入电压：48 V 直流（一般范围为 43~57 V 直流）。

(5) 输出波形失真度：<5%。

(6) 逆变转换效率：≥80%。

(7) 环境温度：0~+50 ℃。

(8) 环境湿度：<90%。

3) 硬件结构和工作原理

图 5-38 所示为该逆变器的硬件结构框图。该正弦波逆变器由 SPWM 波形产生电路、驱动电路、逆变电路、输出变压器、高频滤波器、交流稳压电路及保护电路等环节组成。

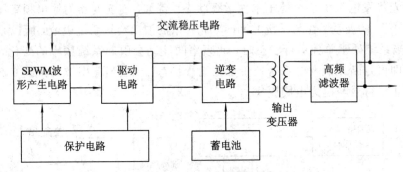

图 5-38　正弦波逆变器的硬件结构框图

(1) SPWM 波形产生电器。本机采用 SA838 专用芯片产生单相 50 Hz SPWM 正弦脉宽调制波形，倒相后形成两路相位相反的脉冲来控制逆变全桥的四个功率器件导通和截止。

(2) 驱动电路。由于全桥功率转换电路上、下半桥供电电源不共地，所以驱动电路必须采用悬浮地电位的独立直流电源供电。SPWM 信号也应采用光电耦合器隔离传送，以保证逆变电路的正确驱动和供电。若逆变电路采用 MOSFET 功率模块，则设计驱动电路时还要考虑开通和关断时栅极电压应有足够快的上升和下降速度，要用小内阻的驱动源对栅极电容充电，以提高功率模块的开通速度，关断时要提供低电阻放电回路，使 MOSFET 快速关断。因为 MOS 器件对电荷积累特别敏感，所以驱动电路必须保持放电回路畅通，确保功率模块安全工作。

(3) 逆变电路。本机采用四管全桥式逆变电路，具有较强的驱动和过载能力。若功率管选用适当，则电路可承受 5~7 倍的冲击电流，而且变压器初级只需一个绕组，所以尤其适用于驱动电冰箱、水泵等感性负载。

(4) 高频滤波器。要将逆变器主电路产生的 SPWM 脉宽调制信号转换为逆变器输出的正弦交流电压，必须接入专门设计的高频滤波器，以滤除 SPWM 信号中的高频开关频率，并使逆变器输出的正弦交流电压中高次谐波降低到指标允许的范围内。

(5) 保护电路。为了防止逆变器输出过载产生大电流而烧坏功率开关器件，本机设计有直流过流、交流过流、交流过压等多种保护电路。采用先进的霍尔电量传感器检测各种被保护参数，经过保护电路处理后，一旦主电路出现超出设定值的大电流，立即驱动继电器接点或无触点开关，断开功率转换电路或有关部件，以保证逆变器安全、可靠工作。

## 5.2.3 逆变器的技术参数与配置选型

逆变器的主要技术参数和性能指标如下所述。

(1) 额定输出电压。在规定的输入直流电压允许的波动范围内，额定输出电压表示逆变器应能输出的额定电压值。对输出额定电压值的稳定精度，有如下规定：

① 在稳态运行时，电压波动范围应有一个限定，如其偏差不超过额定值的 $\pm 3\%$ 或 $\pm 5\%$。

② 在负载突变或有其他干扰因素影响的情况下，其输出电压偏差不应超过额定值的 $\pm 8\%$ 或 $\pm 10\%$。

(2) 额定输出容量。选用逆变器时，首先要考虑具有足够的额定容量，以满足最大负荷下设备对电功率的需求，额定输出容量表征逆变器向负载供电的能力。额定输出容量高的逆变器可带更多的用电负载。但当逆变器的负载不是纯阻性时，也就是输出功率因数小于 1 时，逆变器的负载能力将小于所给出的额定输出容量。

(3) 输出电压稳定度。在独立光伏发电系统中均以蓄电池为储能设备。当标称电压为 12 V 的蓄电池处于浮充电状态时，端电压可达 13.5 V，短时间过充状态可达 15 V。蓄电池带负荷放电终了时端电压可降至 10.5 V 或更低。蓄电池端电压的起伏可达标称电压的 30% 左右。这就要求逆变器具有较好的调压性能，才能保证光伏发电系统以稳定的交流电压供电。

输出电压稳定度表征逆变器输出电压的稳压能力。多数逆变器产品给出的是输入直流电压在允许波动范围内时该逆变器输出电压的偏差百分数，通常称为电压调整率。高性能的逆变器应同时给出当负载由 0% 到 100% 变化时该逆变器输出电压的偏差百分数，通常称为负载调整率。性能良好的逆变器其电压调整率应小于等于 $\pm 3\%$，负载调整率应小于等于 $\pm 6\%$。

(4) 输出电压的波形失真度。当逆变器输出电压为正弦波时，应规定允许的最大波形失真度(或谐波含量)，通常以输出电压的总波形失真度表示，其值不应超过 5%。

(5) 额定输出频率。逆变器输出交流电压的频率应是一个相对稳定的值，通常为工频 50 Hz。正常工作条件下其偏差应在 $\pm 1\%$ 以内。

(6) 负载功率因数。负载功率因数表征逆变器带感性负载或容性负载的能力。在正弦波条件下，负载功率因数为 0.7~0.9，额定值为 0.9。

(7) 额定输出电流(或额定输出容量)。额定输出电流表示在规定的负载功率因数范围内逆变器的额定输出电流。有些逆变器产品给出的是额定输出容量，其单位以 V·A 或 kV·A 表示。逆变器的额定输出容量是当输出功率因数为 1(即纯阻性负载)时，额定输出电压与额定输出电流的乘积。

(8) 额定逆变输出效率。整机逆变效率高是光伏发电系统的逆变器区别于通用型逆变器的一个显著特点。10千瓦级的通用型逆变器其实际效率只有 70%～80%，将其用于光伏发电系统时将带来总发电量 20%～30% 的电能损耗。光伏发电系统的逆变器在设计时应特别注意减少自身功率损耗，提高整机效率。这是提高光伏发电系统经济指标的一项重要措施。

在整机效率方面对光伏发电系统的逆变器的要求是：千瓦级以下逆变器额定负荷效率大于等于 80%～85%，低负荷效率大于等于 65%～75%；10千瓦级逆变器额定负荷效率大于等于 85%～90%，低负荷效率大于等于 70%～80%。

(9) 保护功能。光伏发电系统正常运行过程中，因负载故障、人员误操作及外界干扰等原因而引起的供电系统过流或短路是完全可能的。逆变器对外部电路的过电流及短路现象最为敏感，是光伏发电系统中的薄弱环节。因此，在选用逆变器时，必须要求具有良好的对过电流及短路的自我保护功能。这是目前提高光伏发电系统可靠性的关键所在。

① 过电压保护。对于没有电压稳定措施的逆变器，应有输出过电压的防护措施，以使负载免受输出过电压的损害。

② 过电流保护。逆变器的过电流保护应能保证在负载发生短路或电流超过允许值时及时动作，使其免受浪涌电流的损伤。

(10) 启动特性。启动特性表征逆变器带负载启动的能力和动态工作时的性能。逆变器应保证在额定负载下可靠启动。高性能的逆变器可做到连续多次满负荷启动而不损坏功率器件。小型逆变器为了自身安全，有时采用软启动或限流启动。

(11) 噪声。电力电子设备中的变压器、滤波电感、电磁开关及风扇等部件均会产生噪声。逆变器正常运行时，其噪声应不超过 65 dB。

(12) 使用环境条件。

① 工作温度。逆变器的工作温度会直接影响到逆变器的输出电压、波形、频率、相位等许多重要特性，而工作温度又与环境温度、海拔高度、相对湿度以及工作状态有关。

② 工作环境。对于高频高压型逆变器，其工作特性和工作环境、工作状态有关。在高海拔地区，空气稀薄，容易出现电路极间放电，影响工作；在高湿度地区则容易结露，造成局部短路。因此，逆变器都规定了适用的工作范围。

逆变器的正常使用条件为：环境温度 −20～+50 ℃，海拔≤5500 m，相对湿度≤93%，且无凝露。当工作环境和工作温度超出上述范围时，要考虑降低容量使用或重新设计定制。

逆变器的配置除了要根据整个光伏发电系统的各项技术指标并参考生产厂家提供的产品样本手册来确定外，一般还要重点考虑下列几项技术指标：

(1) 额定输出功率。额定输出功率表示逆变器向负载供电的能力。额定输出功率高的逆变器可以带更多的用电负载。选用逆变器时应首先考虑具有足够的额定输出功率，以满足最大负荷下设备对电功率的要求，以及系统的扩容及一些临时负载的接入。当用电设备以纯电阻性负载为主或功率因数大于 0.9 时，一般选取逆变器的额定输出功率比用电设备总功率大 10%～15%。

（2）输出电压的调整性能。输出电压的调整性能表示逆变器输出电压的稳压能力。一般逆变器产品都给出了当直流输入电压在允许波动范围变动时，该逆变器输出电压的波动偏差的百分率，通常称为电压调整率。高性能的逆变器应同时给出当负载由 0 向 100% 变化时，该逆变器输出电压的偏差百分率，通常称为负载调整率。性能优良的逆变器的电压调整率应小于等于 ±3%，负载调整率应小于等于 ±6%。

（3）整机效率。整机效率表示逆变器自身功率损耗的大小。容量较大的逆变器还要给出满负荷工作和低负荷工作下的效率值。一般 kW 级以下的逆变器的效率应为 80%～85%；10 kW 级的效率应为 85%～90%；更大功率的效率必须在 90%～95% 以上。逆变器效率的高低对光伏发电系统提高有效发电量和降低发电成本有重要影响，因此选用逆变器时要尽量进行比较，选择整机效率高一些的产品。

（4）启动性能。逆变器应保证在额定负载下可靠启动。高性能的逆变器可以做到连续多次满负荷启动而不损坏功率开关器件及其他电路。小型逆变器为了自身安全，有时采用软启动或限流启动措施或电路。

## 5.3　太阳能光伏发电系统的容量设计

光伏发电系统的设计包括两个方面：容量设计和硬件设计。

光伏发电系统容量设计的主要目的就是要计算出系统在全年内能够可靠工作所需的太阳能电池组件和蓄电池的数量，同时协调系统工作的最大可靠性和系统成本两者之间的关系，在满足系统工作的最大可靠性的基础上尽量减少系统成本。

光伏发电系统硬件设计的主要目的是根据实际情况选择合适的硬件设备，包括太阳能电池组件的选型、支架设计、逆变器的选择、电缆的选择、控制测量系统的设计、防雷设计和配电系统设计等。在进行系统设计时要综合考虑系统的软件和硬件两个方面。

本节重点讨论太阳能光伏发电系统的容量设计，主要讲述太阳能光伏发电系统容量设计的原则、步骤和内容，以及设计中应该考虑的各种因素和技术条件等。

### 5.3.1　设计原则、步骤和内容

光伏发电系统的设计要本着合理性、实用性、高可靠性和高性价比（低成本）的原则，做到既能保证光伏发电系统的长期可靠运行，充分满足负载的用电需要，同时又能使系统的配置最合理、最经济，特别是确定使用最少的太阳能电池组件功率和蓄电池容量，协调整个系统工作的最大可靠性和系统成本之间的关系，在保证质量的前提下节省投资，达到最好的经济效益。

光伏发电系统的容量设计主要包括负载用电量的估算、太阳电池组件数量和蓄电池容量的计算以及太阳能电池组件最佳安装倾角的计算。其设计步骤和内容可按图 5-39 所示进行。

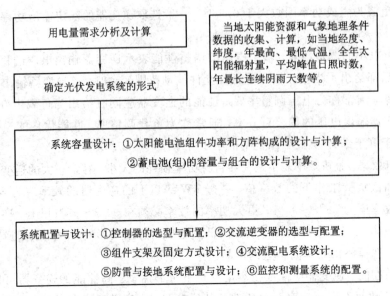

图 5-39 太阳能光伏发电系统的设计步骤与内容

## 5.3.2 与设计相关的因素和技术条件

在设计光伏发电系统时,应依照能量守恒的原则,综合考虑下列各种因素和技术条件。

**1. 系统用电负载的特性**

在设计太阳能光伏发电系统和进行系统设备的配置、选型之前,要充分了解用电负载的特性,如负载是直流负载还是交流负载,负载的工作电压是多少,是冲击性负载还是非冲击性负载,是电阻性负载、电感性负载还是电力电子类负载等。其中,电阻性负载(如白炽灯泡、电子节能灯、电熨斗、电热水器等)在使用中无冲击电流,而电感性负载和电力电子类负载(如日光灯、电动机、电冰箱、电视机、水泵等)启动时都有冲击电流,且冲击电流往往是其额定工作电流的 5~10 倍。因此,在容量设计和设备选型时,往往都要留下合理余量。

用电负载按全天使用时间可分为仅白天使用的负载、仅晚上使用的负载及白天晚上连续使用的负载。对于仅白天使用的负载,多数可以由光伏电池板直接供电,不需要考虑蓄电池的配备。另外,系统每天需要供电的时间有多长,要求系统能正常供电几个阴雨天等,都需要在设计前了解。

**2. 当地的太阳能辐射资源及气象地理条件**

由于太阳能光伏发电系统的发电量与太阳光的辐射强度、大气层厚度(即大气质量)、地理位置、所在地的气候和气象、地形地物等因素和条件有着直接的关系和影响,因此在设计太阳能光伏发电系统时,应考虑的太阳能辐射资源及气象地理条件有太阳能电池组件(方阵)的方位角和倾斜角、平均日照时数、峰值日照时数、全年辐射总量、最长连续阴雨天数及温度等。

1) 全年辐射总量

在设计太阳能光伏发电系统容量时,当地全年太阳能辐射总量是一个重要的参考数据。应通过气象部门了解当地近几年甚至 8~10 年的太阳能辐射总量的年平均值。气象部门提供的是水平面上的太阳能辐射量,而太阳能电池一般都是倾斜安装,因此还需要将水平面上的太阳能辐射量换算成倾斜面上的辐射量。

我国太阳能资源分布,西部高于东部,而且基本上南部低于北部(除西藏、新疆外),与通常随纬度变化的规律并不一致,纬度小的地区反而低于纬度大的地区。这主要是由大气云量以及山脉分布的影响造成的。例如,我国南方云量明显比北方大,而青藏高原地区平均海拔高度在 4000 m 以上,大气层薄而清洁,透明度好,日照时间长,因此太阳能资源最丰富,最高值达 920 kJ/($cm^2$·年)。有关专家根据 20 世纪末的太阳能分布数据,将我国陆地划分为 4 个太阳能资源带。各太阳能资源带的全年太阳能辐射总量见表 5-3。

**表 5-3　我国陆地 4 个太阳能资源带的全年辐射总量**

| 资源带号 | 资源带分类 | 年辐射量/(MJ/$m^2$) |
|---|---|---|
| Ⅰ | 资源丰富带 | ≥6700 |
| Ⅱ | 资源较丰富带 | 5400~6700 |
| Ⅲ | 资源一般带 | 4200~5400 |
| Ⅳ | 资源缺乏带 | <4200 |

2) 太阳能电池组件(方阵)的方位角与倾斜角

太阳能电池组件(方阵)的方位角与倾斜角的选定是太阳能光伏系统设计时最重要的因素之一。所谓方位角,一般是指东西南北方向的角度。对于太阳能光伏发电系统来说,方位角以正南为 0°,由南向东向北为负角度,由南向西向北为正角度。例如,太阳在正东方时方位角为 -90°,在正西方时方位角为 90°。方位角决定了阳光的入射方向,决定了各个方向的山坡或不同朝向建筑物的采光状况。倾斜角是地平面(水平面)与太阳能电池组件之间的夹角。倾斜角为 0°时表示太阳能电池组件为水平设置,倾斜角为 90°时表示太阳能电池组件为垂直设置。

在我国,太阳能电池的方位角一般都选择正南方向,以使太阳能电池单位容量的发电量最大。如果受太阳能电池设置场所(如屋顶、土坡、山地)和建筑物结构及阴影等的限制,则应考虑与它们的方位角一致,以求充分利用现有地形和有效面积,并尽量避开周围建筑物、构筑物或树木等产生的阴影。只要在正南±20°之内,都不会对发电量有太大影响。如果条件允许,则应尽可能偏西南 20°之内,使太阳能发电量的峰值出现在中午稍过后某时,这样有利于冬季多发电。有些太阳能光伏建筑一体化发电系统在设计时,若正南方向太阳能电池铺设面积不够,则也可将太阳能电池铺设在正东、正西方向。

最理想的倾斜角是使太阳能电池年发电量尽可能大,而冬季和夏季发电量差异尽可能小时的倾斜角。一般取当地纬度或当地纬度加上几度作为当地太阳能电池组件安装的倾斜角。当然如果能够采用计算机辅助设计软件,进行太阳能电池倾斜角的优化计算,使两者能够兼顾就更好了,这对于高纬度地区尤为重要。高纬度地区的冬季和夏季水平面太阳辐射量差异非常大,如我国黑龙江省相差约 5 倍。如果按照水平面辐射量参数进行设计,则蓄电池冬季存储量过大,会造成蓄电池的设计容量和投资都加大。选择最佳倾斜角后,太阳能电池面上冬季和夏季辐射量之差变小,蓄电池的容量也可以减少,这样可以求得一个均衡,使系统造价降低,设计更为合理。

目前计算倾斜方阵面上太阳能辐射量的计算机辅助设计软件有很多，如北京市计科能源新技术开发公司根据太阳能辐射模型开发的 PVCAD，上海电力学院开发的辐射量计算软件以及世界上广泛流行的加拿大环境资源署和美国宇航局（NASA）共同开发的光伏系统设计软件 RetScreen。通过这些软件可以方便地计算固定倾角、地面坐标东西向跟踪、赤道坐标极轴跟踪以及双轴精确跟踪等多种运行方式下太阳能方阵面上所接收到的太阳能辐射量。

3）平均日照时数和峰值日照时数

要了解平均日照时数和峰值日照时数，首先要知道日照时间和日照时数的概念。日照时间是指太阳光在一天当中从日出到日落实际的照射时间。日照时数是指在某个地点一天当中太阳光达到一定的辐照度（一般以气象台测定的 $120\ W/m^2$ 为标准）时一直到小于此辐照度所经过的时间。日照时数小于日照时间。平均日照时数是指某地的一年或若干年的日照时数总和的平均值。例如，某地 1985 年到 1995 年实际测量的年平均日照时数是 2053.6 h，日平均日照时数就是 5.63 h。

峰值日照时数是将当地的太阳能辐射量折算成标准测试条件（辐照度为 $1000\ W/m^2$）下的时数。因此，在计算太阳能光伏发电系统的发电量时一般都采用峰值日照时数作为参考值。

4）最长连续阴雨天数

所谓最长连续阴雨天数，也就是需要蓄电池向负载维持供电的天数，从发电系统本身的角度来说，也叫系统自给天数。通常如果有几天连续阴雨天，太阳能电池方阵就几乎不能发电，只能靠蓄电池来供电，而蓄电池深度放电后又需尽快地将其补充好。连续阴雨天数可参考当地年平均连续阴雨天数的数据。对于不太重要的负载（如太阳能路灯等），也可根据经验或需要在 3～7 天内选取。在考虑连续阴雨天因素时，还要考虑两段连续阴雨天之间的间隔天数，以防止第一个连续阴雨天到来使蓄电池放电后，还没有来得及补充，就又来了第二个连续阴雨天，使系统在第二个连续阴雨天内根本无法正常供电。因此，在连续阴雨天比较多的南方地区，设计时要把太阳能电池和蓄电池的容量都考虑得稍微大一些。

5）温度

在太阳能电池温度升高时，其开路电压要下降，输出功率会减少。所以有些设计方法在最后确定方阵容量时，会加上太阳能电池温度的影响，从而增大了容量。然而，这相当于把方阵当作全年都处于最高温度下工作，显然是个保守的方法。实际上，现在常用的 36 片太阳能串联的标准组件，其工作电压大致是 17 V，对 12 V 蓄电池充电，已经考虑到了温度升高对系统的影响，而且夏天太阳辐射强度大，方阵发电常有多余，完全可以弥补由于温度升高所减少的电能。但在特殊的环境下，如非洲等热带地区，设计光伏发电系统时，一般只增加系统的安全系数即可。在极端天气下，同时要考虑到对蓄电池的保护，使其不致在低温下受到损坏。

### 5.3.3 容量设计及其相关计算

太阳能光伏发电系统容量设计与计算主要包括：①太阳能电池组件功率和方阵构成的设计与计算；②蓄电池（组）的设计与计算。

设计的基本思路为：太阳能电池组件要满足平均天气条件(太阳能辐射量)下负载每日用电量的需求，即太阳能电池组件的全年发电量要等于负载全年用电量。因为天气条件有低于和高于平均值的情况，所以，设计太阳能电池组件要满足光照最差、太阳能辐射量最小的季节的需要。如果只按平均值去设计，则势必造成在占全年时间的三分之一的光照最差季节蓄电池连续亏电。蓄电池长时间处于亏电状态将造成蓄电池的极板硫酸盐化，使蓄电池的使用寿命和性能受到很大影响，整个系统的后续运行费用也将大幅度增加。设计时也不能为了给蓄电池尽可能快地充满电而将太阳能电池组件设计得过大，否则在一年中的绝大部分时间里太阳能电池的发电量会远远大于负载的用电量，造成太阳能电池组件的浪费和系统整体成本的过高。因此，太阳能电池组件设计的最好办法就是使太阳能电池组件能基本满足光照最差季节的需要，也就是在光照最差的季节蓄电池也能够基本上天天充满电。

在有些地区，最差季节的光照度远远低于全年平均值，如果还按最差情况设计太阳能电池组件的功率，那么在一年中的其他时候发电量就会远远超过实际所需，造成浪费。这时只能考虑适当加大蓄电池的设计容量，增加电能储存，使蓄电池处于浅放电状态，弥补光照最差季节发电量的不足对蓄电池造成的伤害。有条件的地方还可以考虑采取风力发电与太阳能发电互相补充(简称风光互补)及市电互补等措施，以达到系统整体综合成本和效益的最佳。

**1. 太阳能电池组件的设计**

1) 基本公式

太阳能电池组件设计的基本思想就是满足年平均日负载的用电需求。计算太阳能电池组件的基本方法是：用负载平均每天所需要的能量(安时数)除以一块太阳能电池组件在一天中可以产生的能量(安时数)，这样就可以算出系统需要并联的太阳能电池组件数，将这些组件并联就可以产生系统负载所需要的电流，将系统的标称电压除以太阳能电池组件的标称电压，就可以得到太阳能电池组件需要串联的太阳能电池组件数，将这些太阳能电池组件串联就可以产生系统负载所需要的电压。基本计算公式如下：

$$电池组件的并联数 = \frac{负载日平均用电量(A \cdot h)}{组件日平均用电量(A \cdot h)}$$

其中，组件日平均发电量＝组件峰值工作电流(A)×峰值日照时数(h)。

$$电池组件的串联数 = \frac{系统工作电压(V) \times 1.43}{组件峰值工作电压(V)}$$

其中，系数1.43是太阳能电池组件峰值工作电压与系统工作电压的比值。例如，给工作电压为12 V的系统供电或充电的太阳能电池组件的峰值电压是17～17.5 V，给工作电压为24 V的系统供电或充电的太阳能电池组件的峰值电压为34～34.5 V。因此，为方便计算，用系统工作电压乘以1.43就是该组件或整个方阵的峰值工作电压的近似值。例如，假设某光伏发电系统工作电压为48 V，选择了峰值工作电压为17.0 V的电池组件，则电池组件的串联数＝48 V×1.43/17.0 V＝4.03≈4(块)。

有了电池组件的并联数和串联数后，就可以很方便地计算出这个电池组件或方阵的总功率，计算公式是：

电池组件(方阵)的总功率(W)＝组件并联数×组件串联数×选定组件的峰值输出功率(W)

2) 设计修正

太阳能电池组件的输出会受到一些外在因素的影响而降低，根据上述基本公式计算出的太阳能电池组件在实际情况下通常不能满足光伏发电系统的用电需求，因此为了得到更加正确的结果，有必要对上述基本公式进行修正。

(1) 将太阳能电池组件输出降低10%。在实际情况工作下，太阳能电池组件的输出会受到外在环境的影响而降低。泥土、灰尘的覆盖和组件性能的慢慢衰变都会降低太阳能电池组件的输出。通常的做法就是在计算的时候减少太阳能电池组件的输出的10%来解决上述不可预知和不可量化的因素，这可以看成是光伏发电系统设计时需要考虑的工程上的安全系数。光伏发电系统的运行还依赖于天气状况，所以有必要对这些因素进行评估和技术估计，通常在设计上留有一定余量以使系统可以年复一年地长期正常使用。

(2) 将负载增加10%以应付蓄电池的库仑效率。在蓄电池的充放电过程中，铅酸蓄电池会电解水，产生气体逸出，即太阳能电池组件产生的电流中将有一部分不能转化并储存起来，而是会耗散掉。所以，可以认为必须有一小部分电流用来补偿损失。通常用蓄电池的库仑效率来评估这种电流损失。不同的蓄电池其库仑效率不同，通常可以认为有5%～10%的损失，所以保守设计中有必要将太阳能电池组件的功率增加10%，以抵消蓄电池的耗散损失。

3) 完整的设计与计算

考虑到上述因素，必须修正简单的太阳能电池组件的设计公式，将每天的负载除以蓄电池的库仑效率，这样就增加了每天的负载，实际上给出了太阳能电池组件需要负担的真正负载，将衰减因子乘以太阳能电池组件的日输出，这样就考虑了环境因素和组件自身衰减造成的太阳能电池组件日输出的减少，给出了一个在实际情况下太阳能电池组件输出的保守估计值。

综合考虑以上因素，可以得到下面的计算公式：

$$电池组件的并联数 = \frac{负载日平均用电量(A \cdot h)}{组件日平均发电量(A \cdot h) \times 充电效率系数 \times 组件损耗系数 \times 逆变器的转换效率系数}$$

$$电池组件的串联数 = \frac{系统工作电压(V) \times 1.43}{组件峰值工作电压(V)}$$

利用上述公式进行太阳能电池组件的设计和计算时，还要注意以下问题。

(1) 考虑季节变化对光伏发电系统输出的影响，逐月进行设计和计算。对于全年负载不变的情况，太阳能电池组件的设计和计算基于辐照最低的月份。如果负载的工作情况是变化的，即每个月份的负载对电力的需求是不一样的，那么在设计时采取的最好方法就是按照不同的季节或者每个月份分别来进行计算，计算出的最大太阳能电池组件数目就是所求的值。通常在夏季、春季和秋季，太阳能电池组件的电能输出相对较多，而冬季相对较少，但是负载的需求也可能在夏季比较大，所以在这种情况下只是用年平均或者某一个月份进行设计和计算是不准确的。因为为了满足每个月份负载需求而需要的太阳能电池组件数是不同的，所以就必须按照每个月所需要的负载算出该月所必需的太阳能电池组件，其中的最大值就是一年中所需要的太阳能电池组件数目。例如，可能计算出在冬季需要的太阳能电池组件数是10块，在夏季可能只需要5块，但是为了保证系统全年的正常运行，就不得不安装较大数量的太阳能电池组件(即 10 块组件)来满足全年的负载的需要。

(2) 根据太阳能电池组件中电池片的串联数量选择合适的太阳能电池组件。太阳能电池组件的日输出与太阳能电池组件中电池片的串联数量有关。太阳能电池在光照下的电压会随着温度的升高而降低,从而会导致太阳能电池组件的电压随着温度的升高而降低。根据这一物理现象,太阳能电池组件生产商根据太阳能电池组件工作的不同气候条件,设计了不同的组件,即 36 片串联组件与 33 片串联组件。

(3) 使用峰值小时数的方法估算太阳能电池组件的输出。因为太阳能电池组件的输出是在标准状态下标定的,但在实际使用中,日照条件以及太阳能电池组件的环境条件是不可能与标准状态完全相同的,所以有必要找出一种可以利用太阳能电池组件额定输出和气象数据来估算实际情况下太阳能电池组件输出的方法,我们可以使用峰值小时数的方法估算太阳能电池组件的日输出。该方法是:将实际的倾斜面上的太阳能辐射转换成等同的利用标准太阳能辐射 $1000\ W/m^2$ 照射的小时数,将该小时数乘以太阳能电池组件的峰值输出就可以估算出太阳能电池组件每天输出的安时数,则太阳能电池组件的输出为峰值小时数×峰值功率。总的来说,在已知本地倾斜面上太阳能辐射数据的情况下,峰值小时数估计方法是一种很有效的对太阳能电池组件输出进行快速估算的方法。

例如,某地建设一个移动通信基站的太阳能光伏发电系统。该系统采用直流负载,负载工作电压为 48 V,用电量为每天 150 A·h。该地区最低的光照辐射是 1 月份,其倾斜面峰值日照时数是 3.5 h。选定 125 W 太阳能电池组件,其主要参数为:峰值功率 125 W,峰值工作电压 34.2 V,峰值工作电流 3.65A。计算太阳能电池组件使用数量及太阳能电池方阵的组合设计。

根据上述条件,并确定组件损耗系数为 0.9,充电效率系数也为 0.9。因为该系统是直流系统,所以不考虑逆变器的转换效率系数。

计算如下:

$$电池组件的并联数 = \frac{150\ A \cdot h}{(3.65 \times 3.5\ h) \times 0.9 \times 0.9} = 14.49$$

$$电池组件的串联数 = \frac{48\ V \times 1.43}{34.2\ V} = 2$$

根据以上计算数据,采用就高不就低的原则,确定电池组件的并联数是 15 块,串联数是 2 块。也就是说,每 2 块电池组件串联连接,15 串电池组件再并联连接,共需要 30 块 125W 电池组件构成电池方阵,连接示意图如图 5-40 所示。该电池方阵总功率 = $15 \times 2 \times 125\ W = 3750\ W$。

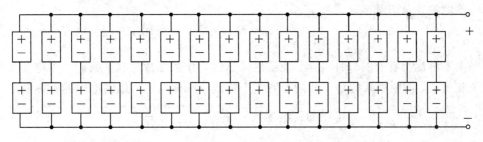

图 5-40 太阳能电池方阵串并联示意图

**2. 蓄电池(组)的设计**

蓄电池的设计思想是保证在太阳光照连续低于平均值的情况下负载仍可以正常工作。我们可以设想蓄电池是充满电的，在光照度低于平均值的情况下，太阳能电池组件产生的电能不能完全填满由于负载从蓄电池中消耗能量而产生的空缺，这样在第一天结束的时候，蓄电池就会处于未充满状态。如果第二天光照度仍然低于平均值，则蓄电池仍然要放电以供给负载的需要，蓄电池的荷电状态继续下降。也许接下来的第三天、第四天会有同样的情况发生。但是为了避免蓄电池的损坏，这样的放电过程只能够允许持续一定的时间，直到蓄电池的荷电状态达到指定的危险值。为了量化和评估这种太阳光照连续低于平均值的情况，在进行蓄电池设计时，我们需要引入一个不可缺少的参数——自给天数，即系统在没有任何外来能源的情况下负载仍能正常工作的天数。这个参数为系统设计者选择所需使用的蓄电池容量大小提供了参考。

一般来讲，自给天数的确定与两个因素有关：① 负载对电源的要求程度；② 光伏发电系统安装地点的气象条件，即最大连续阴雨天数。通常可以将光伏发电系统安装地点的最大连续阴雨天数作为系统设计中使用的自给天数，但还要综合考虑负载对电源的要求。对于负载对电源要求不是很严格的光伏应用系统，我们在设计中通常取自给天数为 3～5 天；对于负载要求很严格的光伏应用系统，我们在设计中通常取自给天数为 7～14 天。对负载要求不严格的系统通常是指用户可以稍微调节一下负载需求，从而适应恶劣天气带来的不便，而严格系统指的是用电负载比较重要的系统，如常用于通信、导航的系统或者重要的健康设施(如医院、诊所等)。此外还要考虑光伏发电系统的安装地点，如果在很偏远的地区，则必须设计较大的蓄电池容量，因为维护人员到达现场需要花费很长时间。

光伏发电系统中使用的蓄电池有镍氢、镍镉电池和铅酸蓄电池，但是在较大的系统中考虑到技术成熟性和成本等因素，通常使用铅酸蓄电池。蓄电池的设计包括蓄电池容量的设计和计算与蓄电池(组)的串并联设计。

1) 基本公式

将每天负载需要的用电量乘以根据实际情况确定的自给天数就可以得到初步的蓄电池容量，再将第一步得到的蓄电池容量除以蓄电池的允许最大放电深度，即得到所需要的蓄电池容量。因为不能让蓄电池在自给天数中完全放电，所以需要除以最大放电深度。最大放电深度的选择需要参考光伏发电系统中选择使用的蓄电池的性能参数，可以从蓄电池供应商得到详细的有关该蓄电池最大放电深度的资料。通常情况下，如果使用的是深循环型蓄电池，推荐使用 80% 放电深度(DOD)；如果使用的是浅循环蓄电池，推荐使用 50% DOD。蓄电池容量的基本公式如下：

$$\text{蓄电池容量} = \frac{\text{自给天数} \times \text{负载日平均用电量}}{\text{最大放电深度}}$$

每个蓄电池都有它的标称电压。为了达到负载工作的标称电压，我们将蓄电池串联起来给负载供电，需要串联的蓄电池的个数等于负载的标称电压除以蓄电池的标称电压，即

$$\text{串联的蓄电池数} = \frac{\text{负载标称电压}}{\text{蓄电池标称电压}}$$

2) 设计修正

以上给出的只是蓄电池容量的基本估算方法，在实际情况中还有很多性能参数会对蓄

电池容量和使用寿命产生很大的影响。为了得到正确的蓄电池容量,必须对上面的基本方程加以修正。

蓄电池的容量不是一成不变的。蓄电池的容量与两个重要因素相关:蓄电池的放电率和环境温度。

蓄电池的容量随着放电率的改变而改变,随着放电率的降低,蓄电池的容量会相应增加。这样就会对蓄电池的容量设计产生影响。在进行光伏发电系统设计时要为所设计的系统选择在恰当的放电率下的蓄电池容量。通常生产厂家提供的是蓄电池额定容量时放电率为 10 h 下的蓄电池容量。但是在光伏发电系统中,因为蓄电池中存储的能量主要是为了自给天数中的负载需要,所以蓄电池的放电率通常较慢。光伏发电系统中蓄电池典型的放电率为 100~200 h。在设计时我们要用到在蓄电池技术中常用的平均放电率的概念。光伏发电系统的平均放电率的计算公式如下:

$$平均放电率 = \frac{自给天数 \times 负载工作时间}{最大放电深度}$$

上式中的负载工作时间可以用下述方法估计:对于只有单个负载的光伏发电系统,负载工作时间就是实际负载平均每天工作的小时数;对于有多个不同负载的光伏发电系统,负载工作时间为加权的平均负载工作时间。

根据以上所述就可以计算出光伏发电系统的实际平均放电率,再根据蓄电池生产商提供的该型号电池在不同放电率下的蓄电池容量,就可以对蓄电池的容量进行修正。

蓄电池的容量还会随着蓄电池温度的变化而变化,当蓄电池温度下降时,蓄电池的容量也会下降。通常铅酸蓄电池的容量是在 25 ℃时标定的。随着温度的降低,0 ℃时的容量大约下降到额定容量的 90%,而在 −20 ℃的时候大约下降到额定容量的 80%,所以必须考虑蓄电池的环境温度对其容量的影响。

如果光伏发电系统安装地点的气温很低,则意味着按照额定容量设计的蓄电池容量在该地区的实际使用容量会降低,即无法满足系统负载的用电需求。在实际工作中会导致蓄电池的过放电,缩短蓄电池的使用寿命,增加维护成本。这样在设计时需要的蓄电池容量比根据标准情况(25 ℃)下蓄电池参数计算出来的容量要大,只有选择相对于 25 ℃时计算容量多的容量,才能够保证蓄电池在温度低于 25 ℃的情况下依然能完全提供所需的能量。

由于温度的影响,在设计时必须考虑修正蓄电池的最大放电深度,以防止蓄电池在低温下凝固失效,造成蓄电池的永久损坏。因为随着蓄电池的放电,蓄电池中不断生成的水稀释电解液,导致蓄电池电解液的凝结点不断上升,直到纯水的 0 ℃,在寒冷的气候条件下,如果蓄电池放电过多,则随着电解液凝结点的上升,电解液就可能凝结,从而损坏蓄电池。即使系统中使用的是深循环工业用蓄电池,其最大放电深度也不要超过 80%。

3)完整的设计与计算

考虑到以上所有的修正因子,我们可以得到蓄电池容量的最终计算公式如下:

$$蓄电池容量 = \frac{自给天数 \times 负载日平均用电量 \times 指定放电率}{最大放电深度 \times 温度修正系数}$$

下面对上式中的每个参数进行分析。

(1)最大放电深度。一般而言,浅循环蓄电池的最大放电深度为 50%,而深循环蓄电池的最大放电深度为 80%。如果在严寒地区,就要考虑到低温防冻问题,对此进行必要的修正。设计时可以适当地减小这个值，扩大蓄电池的容量，以延长蓄电池的使用寿命。例如，如果使用深循环蓄电池，则进行设计时，将使用的蓄电池容量最大可用百分比定为60%，而不是80%，这样既可以延长蓄电池的使用寿命，减少蓄电池系统的维护费用，同时对系统的初始成本不会有太大的冲击。

（2）温度修正系数。当温度降低的时候，蓄电池的容量将会减少。温度修正系数的作用就是保证安装的蓄电池容量要大于按照25℃标准情况算出来的容量值，从而使得设计的蓄电池容量能够满足实际负载的用电需求。

（3）指定放电率。考虑到慢的放电率将会从蓄电池得到更多的容量，蓄电池容量的计算公式中加入了指定放大率这个参数。使用供应商提供的数据，可以选择适于系统设计的在指定放电率下的合适的蓄电池容量。如果没有详细的有关容量-放电率的资料，则可以粗略地估计认为，在慢放电率的情况下，蓄电池的容量要比标准状态多30%。

在基本公式中给出的是串联的蓄电池数，从理论上讲，选择串联和并联都可以满足工程要求，但是在实际应用中，应尽量减少并联的数目。也就是说，最好选择大容量的蓄电池，以减少所需要的并联数目。这样做的目的就是尽量减少蓄电池之间的不平衡所造成的影响。因为一些蓄电池在充放电的时候可能会和与之并联的蓄电池发生不平衡。并联的组数越多，发生不平衡的可能性就越大。一般而言，建议并联的数目不要超过4组。

目前，很多光伏发电系统采用的是两组并联模式。这样如果有一组蓄电池出现故障，不能正常工作，就可以将该组蓄电池断开进行维修，而使用另外一组正常的蓄电池，虽然电流有所下降，但系统还能保持在标称电压状态下正常工作。总之，蓄电池（组）的并联设计需要考虑不同的实际情况，根据不同的需要作出不同的选择。

以下就以一个移动通信基站的光伏发电系统实例来说明蓄电池的设计。某地建设一个移动通信基站的太阳能光伏发电系统，该系统采用直流负载，负载工作电压为48V，该系统有两套设备负载，一套设备工作电流为1.5A，每天工作24h，另一套设备工作电流为4.5A，每天工作12h。该地区的最低气温是−20℃，最大连续阴雨天数为6天，选用深循环蓄电池，计算蓄电池组的容量和串并联数量及连接方式。

根据上述条件，确定最大放电深度为0.6，低温修正系数为0.7。

为求得放电率修正系数，先计算该系统的平均放电率。由于

$$\text{加权的平均负载工作时间} = \frac{(1.5\text{A} \times 24\text{h}) + (4.5\text{A} \times 12\text{h})}{(1.5\text{A} + 4.5\text{A})} = 15\text{ h}$$

因此

$$\text{平均放电率} = 6 \times 15 / 0.6 = 150 \text{ 小时率}$$

150小时率属于慢放电率，在此可以根据蓄电池生产厂商提供的资料查出该型号蓄电池在150h放电率下的蓄电池容量并进行修正，也可以按照经验进行估算，即150h放电率下的蓄电池容量会比标称容量增加15%左右。在此确定放电率修正系数为0.85。带入公式计算得：

$$\text{负载日平均用电量} = (1.5\text{ A} \times 24\text{ h}) + (4.5\text{ A} \times 12\text{ h}) = 90 \text{ A} \cdot \text{h}$$

$$\text{蓄电池容量} = \frac{90\text{A} \cdot \text{h} \times 6 \times 0.85}{0.6 \times 0.7} = 1092.86 \text{ A} \cdot \text{h}$$

根据计算结果和蓄电池手册中的参数资料，可选择2 V/600 A·h型蓄电池或2 V/1200 A·h

型蓄电池，这里选择 2 V/600 A·h 型。

蓄电池串联数＝48 V/2 V＝24

蓄电池并联数＝1092.86 A·h/600 A·h＝1.82≈2

蓄电池组总块数＝24×2＝48

根据以上计算结果，共需要 48 块 2V/600A·h 型蓄电池构成蓄电池组，其中每 24 块串联后 2 串并联，如图 5-41 所示。

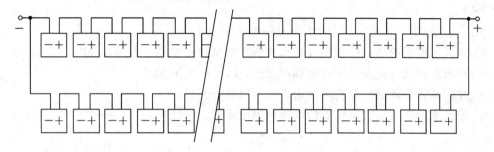

图 5-41 蓄电池组串并联示意图

以上介绍的是独立光伏发电系统容量的总体设计思路和方法，但光伏发电系统的容量设计基本都是遵循此方法和设计理论的，只是在具体的光伏发电系统中要考虑的因素不尽相同。下面对并网光伏发电系统的设计做一简单介绍。

并网光伏发电系统是目前发展最为迅速也是以后将大力推广的太阳能光伏应用方式。随着光伏建筑一体化的飞速发展，各种各样的光伏并网发电技术都得到了广泛的应用。并网光伏发电系统具有与独立光伏发电系统不同的特点，在有太阳光照射时光伏发电系统向电网发电，而在阴雨天或夜晚光伏发电系统不能满足负载需要时又从电网买电。这样就不存在因倾斜角的选择不当而造成夏季发电量浪费、冬季对负载供电不足的问题。在并网光伏发电系统中，唯一需要关心的问题就是如何选择最佳的倾斜角，使太阳能电池组件全年的发电量最大。通常该倾斜角为当地的纬度值。

对于并网光伏发电系统，最佳倾斜角的选择需要根据实际情况进行考虑，需要考虑太阳能电池组件安装地点的限制，尤其对于现在发展迅速的光伏建筑一体化（BIPV）工程，组件倾斜角的选择还要考虑建筑的美观度，需要根据实际情况对倾斜角进行小范围调整，而这种调整不会导致太阳能辐射量的大幅降低。纯并网光伏发电系统中没有蓄电池，太阳能电池组件产生的电能直接并入电网，系统直接给电网提供电力，系统采用的并网逆变器是单向逆变器，因此系统不存在太阳能电池组件和蓄电池容量的设计问题。

# 本 章 小 结

太阳能光伏发电是一项新能源应用技术，由于太阳能储量大且可再生，所以可利用太阳能电池的光生伏特效应将产生的电能经储能设备、逆变设备送至负载端或电网进行电能利用。光伏发电系统可分为独立型和并网型。控制器为光伏发电系统的核心，控制着能量的分配并对蓄电池进行保护；逆变器用来将产生的直流电变换为符合要求的交流电并送至交流负载。对于光伏发电系统的设计，要综合考虑太阳能资源分布及系统的限制因素，从硬件和容量两个方面出发，才能设计出性能稳定的太阳能光伏发电系统。

## 习　　题

1. 太阳能光伏发电的基本原理是什么？
2. 太阳能光伏发电系统主要由哪些设备构成？每部分都具有什么功能？
3. 独立光伏发电系统和并网光伏发电系统有什么区别？各有什么优点？各自应用在哪些场合？
4. 什么是 MPPT 控制？MPPT 都有哪些控制技术？
5. 光伏发电系统中的控制器有什么功能？常见的控制器分为哪几类？
6. 画出并网光伏逆变系统的结构示意图，试述其工作原理。
7. 什么是孤岛效应？在技术层面怎么解决这一问题？
8. 简述太阳能光伏发电系统的设计内容与步骤。

# 第六章 风力发电系统

在新能源发电技术中，风力发电是最接近实用和最易于推广的一种。风力发电系统是一个综合性较强的系统，涉及空气动力学、机械、电机和控制技术等领域。

风力发电是在大量利用风力提水的基础上发展起来的，它起源于丹麦，目前丹麦已成为世界上生产风力发电设备的大国。20世纪70年代世界连续出现石油危机，随之而来的环境问题迫使人们考虑可再生能源的利用问题，风力发电很快被重新提上了议事日程。风力发电是近期最具开发利用前景的可再生能源，也将是21世纪发展最快的一种可再生能源。

## 6.1 风力发电概述

### 6.1.1 风与风能

地球被一个数十千米厚的空气层包围着，地球上的气候变化是由大气对流引起的。大气对流层相应的宽度约12 km，由于密度不同或气压不同，因而造成了空气对流运动。垂直运动的空气形成了气流，而水平运动的空气就是风。空气流动形成的动能称为风能。风能是太阳能的一种转化形式。

按照形成原因，风有信风、海陆风和山谷风等数种。一般来说，在晴朗而且温差较大的沿海地区，白天吹的是海风，晚上则有陆风吹向海上。大湖泊附近也有类似的情况。在山区，白天谷风从谷底吹向山上，晚上山风从山上向山下吹。大陆和海洋的热容量差别还会形成季节性的气压变化。以我国华北地区为例，冬季内陆气温低，多形成高气压区，空气流向东南方向的海洋低气压区，所以在冬季多刮西北风，而夏季正好相反，我国大部分地区常刮东南风。

风向和风速是描述风特性的两个重要参数。风向是指风吹来的方向。如果风从北方吹来，就称为北风；风从东方吹来，就称为东风。现在气象台（站）把风向分为16个方位进行观测，包括东、东南东、南东、南南东、南、南南西等。观测风向的仪器中，使用最多的是风向标，它可以在转轴上自由转动，头部总是指向风的来向。风速表示风移动的速度，即单位时间空气流动所经过的距离。通常所说的风速是指一段时间内风速的算术平均值。离地面高度不同，风速也不一样。一般在几千米高度范围内，随着高度的增加，风会逐渐增大。在日常生活中，经常用风级来描述风的大小。1805年英国海军上将蒲福拟定了风速等级，这就是国际著名的"蒲福风级"。天气预报中常听到的几级风的说法，实际上是指离地面10 m高度的风速等级。

风能（风中流动空气所具有的能量）可以由下式计算：

$$E = \frac{1}{2}mv^2 = \frac{1}{2}\rho S v^3 \tag{6-1}$$

式中，$\rho$ 为空气密度，常温标准大气压下取 $1.225 \text{ kg/m}^3$；$S$ 为气流通过的面积；$v$ 为风速；$E$ 为风能。可见，风能的大小与气流通过面积、空气密度和风速的立方成正比。例如，风速增大 1 倍，风能即可增大至原来的 8 倍。

风能密度就是单位面积上流过的风能，可以由下式计算：

$$W = \frac{E}{S} = \frac{1}{2}\rho v^3 \tag{6-2}$$

蕴含着能量的风是一种可利用的清洁型可再生资源。由于风是由太阳辐射所引起的，所以风能也是太阳能的一种表现形式。到达地球的太阳能，大约有 2% 转化为风能，但其总能量是相当可观的。有专家估计，地球上的风能大约是全世界能源总消耗量的 100 倍，相当于 1.08 亿吨煤蕴藏的能量。

据世界气象组织估计，全球大气中蕴藏的总的风能功率（即单位时间内获得的风能）约为 $10^{14}$ MW，其中被开发利用的风能约为 35 亿 MW。全球风能折算为电能，相当于 2.74 亿万千瓦时的电量，其中可利用的风能相当于 200 亿千瓦时电量，比地球上可开发利用的水电总量大 10 倍。

世界风能资源分布表见表 6-1。

表 6-1 世界风能资源分布表

| 地　区 | 陆地面积/km² | 风力为 3~7 级的面积/km² | 风力为 3~7 级的面积占陆地面积的比例/% |
| --- | --- | --- | --- |
| 北美 | 19 339 | 7876 | 41 |
| 拉丁美洲和加勒比 | 18 482 | 3310 | 18 |
| 西欧 | 4742 | 1968 | 42 |
| 东欧和独联体 | 23 049 | 6783 | 29 |
| 中东和北非 | 8142 | 2566 | 32 |
| 撒哈拉以南非洲 | 7255 | 2209 | 30 |
| 太平洋地区 | 21 354 | 4188 | 20 |
| 中国 | 9597 | 1056 | 11 |
| 中亚和南亚 | 4299 | 243 | 6 |

世界能源理事会的有关资料显示，风能资源不但极为丰富，而且几乎分布在所有的地区和国家。从全球来看，西北欧西岸、非洲中部、阿留申群岛、美国西部沿海、南亚、东南亚、我国西北内陆及沿海地区，风能资源比较丰富。

我国幅员辽阔，海岸线长，风能资源比较丰富。根据全国 900 多个气象站在陆地上离地 10 m 高度统计的资料进行估算，全国平均风功率密度为 $100 \text{ W/m}^2$，风能资源总储量约 32.26 亿 kW，可开发和利用的陆地上风能储量有 2.53 亿 kW，近海可开发和利用的风能储量有 7.5 亿 kW，共计约 10 亿 kW。如果陆上风电年上网电量按等效满负荷 2000 小时计，每年可提供 5000 亿千瓦时电量，如果海上风电年上网电量按等效满负荷 2500 小时计，则每年可提供 1.8 万亿千瓦时电量，合计 2.3 万亿千瓦时电量。

我国面积广大，地形条件复杂，风能资源状况及分布特点随地形、地理位置不同而有所不同。风能资源丰富的地区主要分布在东南沿海及附近岛屿以及北部地区。另外，内陆也有个别风能丰富点,海上风能资源也非常丰富。

我国风能资源丰富和较丰富的地区主要分布如下:

(1) 三北(东北、华北、西北)地区丰富带。风能功率密度在 200~300 W/m² 以上,有的可达 500 W/m² 以上,如阿拉山口、达坂城、辉腾锡勒、锡林浩特的灰腾梁等。可利用的小时数在 5000 小时以上,有的可达 7000 小时以上。这一风能丰富带的形成主要与三北地区处于中高纬度的地理位置有关。

(2) 沿海及其岛屿地区丰富带。年有效风能功率密度在 200 W/m² 以上,风能功率密度线平行于海岸线,沿海岛屿风能功率密度在 500 W/m² 以上,如台山、平潭、东山、南鹿、大陈、嵊泗、南澳、马祖、马公、东沙等,可利用小时数为 7000~8000 小时。这一地区特别是东南沿海,由海岸向内陆丘陵连绵,所以风能丰富地区仅在海岸 50 km 之内。再向内陆不但不是风能丰富区,反而成为全国最小风能区,风能功率密度仅 50 W/m² 左右,基本上是风能不能利用的地区。

(3) 内陆风能丰富地区。除两个风能丰富带之外,风能功率密度一般在 100 W/m² 以下,可以利用的小时数在 3000 小时以下。但是在一些地区由于湖泊和特殊地形的影响,风能也较丰富,如鄱阳湖附近较周围地区风能就大,湖南衡山、安徽黄山、云南太华山等较平地风能也大。但是这些只限于很小范围之内,不像两大带面积那样大。

(4) 海上风能资源。10 m 高度可利用的风能资源约 7.5 亿千瓦,海上风速高,很少有静风期,可以有效利用风电机组的发电容量。海水表面粗糙度低,风速随高度的变化小,可以降低风电机组的塔架高度。海上风的湍流强度低,没有复杂地形对气流的影响,可减少风电机组的疲劳载荷,延长使用寿命。一般估计海上风速比平原沿岸高 20%,发电量增加 70%,在陆上设计寿命 20 年的风电机组在海上寿命为 25~30 年,而且海上风电场距离电力负荷中心很近。随着海上风电场技术的发展,在不久的将来海上风能资源必然会成为重要的可持续能源。

## 6.1.2 风力发电现状

21 世纪以来,世界风电市场持续增长。根据世界风能协会的《2009 年世界风能报告》,截至 2009 年年底,世界累计装机容量已突破 1.59 亿 kW,当年新增装机容量 3831 万 kW,比 2008 年增长了 31.7%。在 2009 年,全球已有 82 个国家对风力发电进行了商业化运行。按国别统计,至 2009 年年底,美国以累计装机 3516 万 kW 位居榜首,占世界总装机容量的 22.1%;中国的装机容量达到 2593 万 kW,占世界总装机容量的 16.3%,并以微弱优势首次超越德国,名列第二;德国以 2578 万 kW 装机容量降至第三位,占世界总装机容量的 16.2%;西班牙和印度分列第四位和第五位;第六至第十位都为欧洲国家。按国别排序,中国新增装机容量 1300 万 kW,占世界新增装机容量的 36%,居世界首位;美国新增装机容量 935 万 kW,占世界新增装机容量的 25.9%,位居次席;西班牙新增装机容量 231 万 kW,占世界新增装机容量的 6.4%,名列第三;德国和印度新增装机容量分别为 192 万 kW 和 127 万 kW,居世界第四和第五位;欧盟新增装机容量 1056 万 kW,同比增长 17%。

随着单机容量的增长,风电机组技术也不断发展:风力发电机从失速控制到变桨调节控制,发电机从定速运行到变速恒频,驱动链从齿轮箱传动到直驱和混合驱动传动。目前,世界各国的风电设备制造业正在积极研发更大容量、更加可靠、更具智能性的新一代风电机组，通过完善系统设计，采用更高强度的材料、先进的监测控制系统及更智能的并网技术，从而提高发电效率、可靠性和安全性。

2005年《可再生能源法》颁布后，在其他激励政策的支持下，我国的风电产业发展迅速：2009年当年的装机容量已超过欧洲各国，名列世界第二；2010年我国（不包括台湾地区）新增安装风电机组12 904台，装机容量18 927.99 MW，年同比增长37.1%，累计安装风电机组34 485台，装机容量44 733.29 MW，年同比增长73.3%。图6-1所示为我国截至2010年累计装机和新增装机容量示意图。

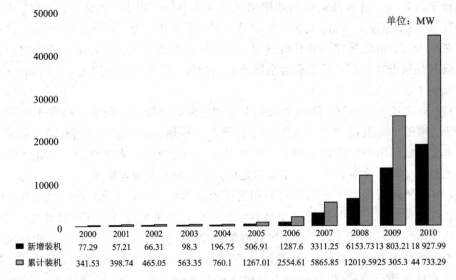

图6-1 我国截至2010年风机装机容量情况示意图

图6-2所示为我国2005—2010年各地区风机装机容量示意图。由图6-2可得，我国在风电上，发展最为迅速的地区为华北地区，而西南地区装机量较少，这是由于风力资源的限制，在风力资源相对较丰富的西北地区的装机量也较少。

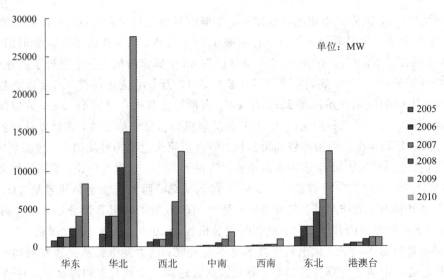

图6-2 我国2005—2010年各地区风机装机容量示意图（2010年台湾装机数据暂缺）

2005年7月,国家发改委《关于风电建设管理有关要求的通知》中明确规定:风电设备国产化率要达到70%以上。实现风力发电技术装备国产化的目的是提高中国风力发电装备的制造能力和技术水平,降低风力发电成本,提高市场竞争能力,为推动中国风力发电技术大规模商业化发展奠定基础。在这样的号召下,我国风电制造业大体上都通过"引进技术—消化吸收—自主创新"三步策略来发展壮大。随着MW级风机成为我国风电市场的主流产品,各大主要风电制造企业也从开始的购买生产许可证转变为联合设计及自主研发。

2008年12月,国内首台3 MW双馈异步海上风电机组在华锐下线。2010年7月,国内首台3.6 MW双馈异步海上风力发电机组在上海电气下线。2010年10月13日,华锐风电宣布国内首台5 MW海上风力发电机组已于10月12日正式下线。2010年10月21日,国内首台5 MW永磁直驱海上风力发电机组在湘电集团下线。这一系列纪录的突破,说明了我国企业已初步具备MW级风机的自主研发能力,并已取得了一定成果。

目前国内生产风电整机的企业已达80家,按生产能力和市场份额来分,大致可分为三个梯队:第一梯队包括华锐、金风、东汽三家,在2009年的产量都超过了2000 MW;第二梯队包括年产量为500 MW左右的10家企业;第三梯队则是尚处于小批量生产阶段的其他企业。表6-2所示为我国2010年新增风电装机前20机组制造商。

表6-2　2010年中国新增风电装机前20机组制造商

| 序号 | 制造商 | 装机容量/GW | 市场份额 |
| --- | --- | --- | --- |
| 1 | 华锐 | 4386 | 23.2% |
| 2 | 金风 | 3735 | 19.7% |
| 3 | 东汽 | 2623.5 | 13.9% |
| 4 | 联合动力 | 1643 | 8.7% |
| 5 | 明阳 | 1050 | 5.5% |
| 6 | Vestas | 892.1 | 4.7% |
| 7 | 上海电气 | 597.85 | 3.2% |
| 8 | Gamesa | 595.55 | 3.1% |
| 9 | 湘电风能 | 507 | 2.7% |
| 10 | 华创风能 | 486 | 2.6% |
| 11 | 重庆海装 | 383.15 | 2.0% |
| 12 | 南车时代 | 334.95 | 1.8% |
| 13 | 远景能源 | 250.5 | 1.3% |
| 14 | GE | 210 | 1.1% |
| 15 | Suzlon | 199.85 | 1.1% |
| 16 | 华仪 | 161.64 | 0.9% |
| 17 | 银星 | 154 | 0.8% |
| 18 | 运达 | 129 | 0.7% |
| 19 | 三一电气 | 106 | 0.6% |
| 20 | 长星风能 | 100 | 0.5% |
|  | 其他 | 382.9 | 2.0% |
|  | 总计 | 18 927.99 | 100% |

中国海上风电资源丰富,在国家发改委2005年的《可再生能源产业发展指导目录》中,

近海风电技术的研发被优先支持。在国家一系列的政策驱动下，沿海各省也都相继出台了海上风电规划。

2009年3月，在上海东海大桥海上风电场首台由华锐研制的3MW机组吊装成功，标志着中国的海上风电开发正式拉开序幕。2010年，全部34台3MW机组并网发电。这个风电示范项目是除欧洲以外，世界范围内建立起的第一个大规模海上风电场。2010年10月，中国首轮100万kW的4个海上风电特许权项目中标结果公布，这4个项目分别是江苏滨海30万kW、江苏射阳30万kW、江苏大丰20万kW及江苏东台20万kW。

中国的海上风电虽然有了一定发展，但从技术上看，仍处于追赶欧洲的状态。从整体来说，中国的海上风电发展尚处于起步阶段。根据世界风电的发展及我国海上风电的情况，规模化发展已成为趋势。但是由于缺乏海上风电资源的系统化评估和分析，各省市在海上风电的规划上仍处于估算阶段，有待进一步研究。尽管中国已掌握大量陆上风电开发经验，但是海上风电才刚刚取得零的突破。因此，海上风电主机设计、控制策略、系统集成、防腐技术、远程监控、接入技术、基础设计、海底桩基、海上吊装、海上运输、运营维护等方面都不成熟。一旦在上述问题取得突破，中国的海上风电必将势如破竹，进入大发展阶段。

虽然我国近年来在风电方面的发展取得了很大的进步，装机量与日俱增，但是在风电的发展方面依然存在一些问题。只有不断地完善系统，解决问题，我国的风电才能走出束缚，才能更好地在能源结构中起到其最大的作用。以下就目前风电存在的问题做一简单论述。

(1) 风电机组的核心设计技术。2009年中国向国外购买的风电技术专利、生产许可、技术咨询服务等费用总计4.5亿美元。尽管国内几个主要的设备制造企业已初步具备了联合设计及自主研发的能力，但设计应用软件(包括数据库和源代码)都是购买国外产品。因此，符合中国风况的设计应用软件(包括数据库、源代码)及整个设计体系亟待建立。

(2) 风电机组的核心制造技术。尽管中国已成为风机制造大国，但只是数量上的概念，风电机组的核心制造技术依旧没有完全掌握，仍依赖进口，如控制系统、逆变系统等，一些关键部件，如轴承、齿轮箱、叶片等，尽管国内已可以制造，但由于材料、热加工等工艺技术没有达到国外先进水平，其质量、使用寿命及可靠性仍需进一步提高。

(3) 标准规范体系的建立。目前国内的风电制造行业中，对于整机设计及部件的检测技术、检测手段等主要采用欧洲的标准。由于欧洲的环境条件与中国的差异较大，因此亟待建立符合中国国情的标准规范体系。另外，国内的认证机构也需进一步建立、健全和壮大，深入研究从风机整机设计到变桨系统、偏航系统、液压系统、变流器、制动系统、电气系统、冷却系统等系统功能的检测技术及标准。

(4) 电网瓶颈。由于中国风电场主要集中在西北、华北、东北，而这些地区的电网消纳能力有限，因此作为一种间歇性电源，在电网调节能力较弱的地区，只有通过向能源消纳中心地区输电，才能解决并网困难的问题。目前国内的电网建设已落后于风电的建设速度，电力机制陈旧，市场和行政的调节手段尚不成熟。由于并网难的问题涉及电网公司、能源开发商、设备制造企业等的利益，因此，风电场与电网之间的关系亟须国家层面的行业标准或国家标准予以规范。

### 6.1.3 风力发电的基本原理及系统组成

风力发电的基本工作原理是：首先风力机吸收风能，将其转变为机械能，然后通过增速齿轮箱,将机械能传递给发电机,最后发电机将机械能转化为电能。风力机将风能吸收并转化为机械能,为整个风力发电系统提供动力,所以风力机是风力发电系统在能量转换过程中的首要部件。风力发电机组(简称风电机组)是将风能转化为电能的机械设备。风力发电机组直接影响这个转换过程的性能、效率和供电质量,还影响前一个转换过程的运行方式、效率和装置结构。因此,研制和选用适合于风电转换的风力发电机组也是风力发电技术的一个重要部分。风力发电机组结构示意图如图 6-3 所示。

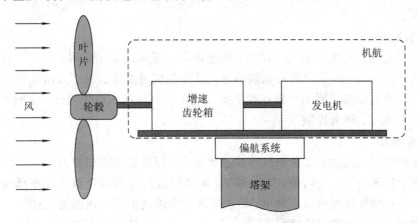

图 6-3 风力发电机组结构示意图(上风向、水平轴式)

从能量的角度看,风力发电是将风能转化为机械能,再将机械能转化为风能的能量变化过程。风力发电机组一般由风轮、增速齿轮箱、发电机、偏航系统、刹车系统、控制系统及塔架等几大部分组成。新型的风力发电系统还包括电力电子转换控制器、计算机、可改善单机运行性能的蓄电池以及与电网并联运行的传输和并列装置。

由于风力发电机组的风轮具有很大的惯性,因此风力机的启动、正常运行时速度的控制以及停止是非常具有挑战性的设计。在紧急情况下或需要维护时可采用涡轮或其他刹车装置来停止风力机的运行。在多台风机运行的风电场,每一台风机都有自己的可实现系统正常运行和安全功能的控制系统。关于控制系统及其所涉及的具体情况将在 6.2 节中讲述,以下对各组成部分做一介绍。

**1. 风轮**

风轮是把风能转化为机械能的部件,它是风力机的主要动力部件。风轮由叶片和轮毂组成。为了在高风速时控制风轮的转速和输出功率,叶片可分为失速型叶片和变桨型叶片两种类型。失速型叶片属于固定叶片,即叶片与轮毂的连接是固定的,桨距角固定不变,当风速超过额定风速后,它利用桨叶翼型本身的失速特性,维持发电机组的输出功率在额定值附近。变桨型叶片属于叶片桨距可调的叶片,通过对叶片桨距角的调节来控制从风中获取多少的能量。变桨距调节是指当风速改变时,叶片通过变桨距系统改变叶片桨距角的大小来控制风力发电机组的输出功率。当风力机达到额定输出功率时,风轮叶片就进入恒定功率调节状态;当风速进一步增大时,风力机的输出功率还是被控制在额定值附近。

**2. 增速齿轮箱**

增速齿轮箱有两个主要功能:① 将风轮吸收的风能传递给发电机;② 使叶片的转速达到发电机所需的同步转速。因为使风轮的转速达到发电机的同步转速需要非常大的风速,所以为了在低风速时使风轮转速能与发电机转速相匹配,驱动发电机发电,我们在风轮与发电机之间安装一个增速齿轮箱，增速箱的低速轴接叶片，高速轴接发电机。

**3. 发电机**

发电机用来把风轮吸收的风能转化为电能。它不仅直接影响整个系统的性能、效率和供电质量，而且也影响风能吸收装置的运行方式、效率和结构。独立运行的风力发电机组主要使用直流发电机、永磁式交流发电机和电容式自励异步发电机。并网运行的风力发电机组主要使用同步发电机、异步发电机、双馈异步发电机、低速交流发电机以及无刷双馈异步发电机。

**4. 偏航系统**

为了使风轮获得最大风能利用因数，偏航系统根据风向标采集风向信号，从而确定风向，然后根据测得的风向信息驱动偏航马达，以改变机舱对准方向。为防止机舱因为对风偏航，朝同一方向偏转多圈而导致连接机舱和塔下控制设备的电缆扭断，偏航系统在必要时要进行展开电缆、解缆控制。

**5. 刹车系统**

刹车系统在风速过大、紧急偏航等紧急状况下，可以让风力机停止转动以防止风力发电设备损坏。刹车系统分为两种：气动刹车，即通过液压设备将调整叶片平面与风向方向平行，使风力机捕获风能的效率最小；机械刹车，即通过机械抱闸的方式使旋转的动能转化为热能消耗，将风力机转速降到零。

**6. 控制系统**

控制系统由偏航控制系统、变桨距控制系统、液压系统、传动系统以及温控系统组成。控制系统根据这些子控制系统所输出的信号，分析信号，了解风电机组的运行状态，采取相应的控制措施。控制系统的控制目标是：使风电机组获取能量最大化，使风电系统运行稳定，保护风电机组的安全运行。

**7. 塔架**

塔架是起支撑作用的，它使风力发电机组能在一个风况较好的高度中运行。

## 6.1.4 风力发电系统的分类

风力发电系统按照不同的标准有不同的分类，下面就风力发电机组的分类予以介绍。

(1) 按风轮桨叶片可分为以下两类：

① 失速型：高风速时，因桨叶形状或叶尖处的扰流器动作，限制风力机的输出转矩与功率。

② 变桨型：高风速时通过调整桨距角，限制输出转矩与功率。

(2) 按风轮转速可分为以下两类：

① 定速型：风轮保持一定转速运行，风能转换率较低，与恒速发电机对应。

② 变速型：

　a. 双速型：可在两个设定转速间运行，改善风能转换率，与双速型发电机对应。

　b. 连续变速型：在一段转速范围内连续可调，可捕捉最大风能功率，与变速型发电机对应。

(3) 按风轮轴的安装形式可分为以下两类：

① 水平轴风力发电机组。

② 垂直轴风力发电机组。
(4) 按传动机构可分为以下两类：
① 齿轮箱升速型：用齿轮箱连接低速风力机和高速发电机(减小发电机体积重量，降低电气系统成本)。
② 直驱型：直接连接低速风力机和低速发电机(避免齿轮箱故障)。
(5) 按发电机可分为以下两类：
① 异步型：
a. 笼型单速异步发电机；
b. 笼型双速变极异步发电机；
c. 绕线式双馈异步发电机；
② 同步型：
a. 电励磁同步发电机；
b. 永磁同步发电机。
(6) 按并网方式可分为以下两类：
① 并网型：并入电网，可省却储能环节。
② 离网型：一般需配蓄电池等直流储能环节，可带交、直流负载，或与柴油发电机、光伏电池并联运行。
(7) 按照风机的调节技术可分为以下四类：
① 定桨距失速调节型风力发电机组。
② 变桨距调节型风力发电机组。
③ 主动失速调节型风力发电机组。
④ 变速恒频风力发电机组。

风力发电系统涉及的内容比较多，其分类方式也比较繁杂，根据其中一项技术可衍生出不同的分类方式。所以，以上只是分类方式中的一部分，读者可自己翻阅其他资料了解风电系统更为详细的分类。

## 6.1.5　风力发电系统的并网运行

风力发电系统通常分为两类，一类是离网型风电系统，单机容量一般为 100 W～10 kW 的小型风电机组；另一类是并网型风电系统，单机容量一般在 200 kW 以上，既可以单独并网，也可以由多台甚至成百上千台组成风力发电场。

离网型风电系统主要建造在电网不易到达的边远地区或虽有电网但供电不正常的地区，在解决边远地区居住分散人口的用电问题上发挥了重要的作用。目前大型风力发电机主要采用并网运行方式。所谓并网，就是指将风力发电机组的电能传送至大电网消纳吸收。现在投入运行的并网型风力发电系统大都采用定转速技术。风力机的风轮通过齿轮箱与发电机相连接，发电机通过电气接口与电网连接。为保证机组正常运行，控制系统是非常必要的。电气接口有各种结构形式，典型的结构包括软启动器、电容组和变压器。变压器的作用是将发电机发出的电压提高并传输至大电网。

目前在国内和国外大量采用的是交流异步发电机，其并网方法也根据电机的容量和控制方式不同而变化。异步发电机并网运行时，是靠滑差率来调整负荷的，其输出的功率与转速近乎成线性关系，因此对机组的调速要求不高，可直接并网，也可通过晶闸管调压装置与电网相连接。但异步发电机并网也存在着一些问题，比如直接并网时在并网瞬间会出现较大的冲击电流，使电网电压瞬时下降，过大的冲击电流可能使发电机与电网连接的主回路中的自动开关断开，而电网电压的较大幅度下降则可能使电压保护回路动作，从而导致异步发电机不能并网。当前在风力发电系统中采用的异步发电机的并网方法有以下几种：

（1）直接并网。这种并网方式只要在发电机转速接近同步转速时即可进行，比同步发电机的准同步并网简单、容易，但直接并网时会出现较大的冲击电流，使电网电压瞬间严重下降，因此这种并网方式只适用于异步发电机容量在百千瓦级以下或电网容量较大的情况。中国最早引进的 55 kW 风力发电机组及自行研制的 50 kW 风力发电机组都采用这种并网方式。

（2）准同期并网。与同步发电机准同步并网方式相同，在转速接近同步转速时，先用电容励磁，建立额定电压，然后对已励磁建立的发电机电压和频率进行调节和校正，使其与系统同步。当发电机的电压、频率、相位与系统一致时，将发电机投入电网运行。该并网方式的优点是合闸瞬间冲击电流很小，对系统电压影响极小，适合于电网容量比风力发电机组大不了几倍的地方使用，缺点是若按传统的步骤经整步到同步并网，则需要高精度的调速器和整步、同期设备，不仅要增加机组的造价，而且从整步达到准同步并网所花费的时间很长。

（3）降压并网。这种并网方式是在异步电机与电网之间串接电阻或电抗，或者接入自耦变压器，以达到抑制并网合闸瞬间的冲击电流、降低电网电压下降幅度的目的，并网后稳定运行时，再将其短接。这种并网方式适用于百千瓦级以上容量较大的机组，但因为电阻、电抗等元件要消耗功率，所以经济性较差。中国引进的 200 kW 异步风力发电机组就采用这种并网方式，并网时发电机每相绕组与电网之间皆串接有大功率电阻。

（4）软并网。这种并网方法是在异步发电机定子与电网之间每相均由双向晶闸管控制，将发电机并网瞬间的冲击电流控制在允许的限度内。其并网过程是：先检查发电机的相序与电网的相序是否一致，若相序一致，则由微处理机向风力发电机组发出开始启动的命令。当发电机转速接近同步转速时，发电机输出端的短路器闭合，双向晶闸管的控制角同时打开，异步发电机即通过晶闸管平稳地并入电网。随着发电机转速继续升高，电机的滑差率逐渐趋于零，当滑差率为零时，并网自动开关动作，双向晶闸管被短接，异步发电机的输出电流通过已闭合的自动开关直接流入电网。在发电机并网后，应立即在发电机端并入补偿电容，将发电机的功率因数提高到 0.95 以上。这种并网方式通过控制晶闸管的导通角，将发电机并网瞬间的冲击电流限定在额定电流的 1.5 倍以内，从而得到一个比较平滑的并网过程。它是目前比较先进的、国内外中型及大型风力发电机组中普遍采用的并网方式，中国引进和自行开发研制生产的 250 kW、300 kW、600 kW 的并网型异步风力发电机组都采用这种并网技术。

随着并网运行风电机组的增加，风力发电对电网的影响也越来越受到人们的关注。风力发电原动力的出力大小因风速大小的不同而不同，是不可控的，使得风电机组的输出功率具有波动性。从电网的角度看，并网运行的风电机组相当于一个具有随机性的扰动源，会对电网电能质量和稳定性等方面造成影响。

(1) 电压波动与闪变。电压波动和闪变是风力发电机组对电网电能质量的主要负面影响之一。虽然风力发电机组大多采用软并网方式，但是在启动时仍然会产生较大的冲击电流。当风速低于切出风速时，风机会从额定出力状态自动退出运行。如果整个风电场所有风机几乎同时动作，则这种冲击对配电网的影响十分明显，容易造成电压闪变与电压波动。

(2) 谐波污染。风电系统中谐波产生的途径主要有两种：一种是风机本身配备的电力电子装置可能带来谐波问题。直接和电网相连的恒速风机在软启动阶段要通过电力电子装置与电网相连，会产生一定谐波，不过过程很短。变速风机是通过整流和逆变装置接入系统的，如果电力电子装置的切换频率恰好在产生谐波的范围内，则会产生比较严重的谐波问题，但随着电力电子器件的不断改进，这个问题也在逐步得到解决。另一种是风机的并联补偿电容器可能和线路电抗发生谐振，有可能在风电场出口变压器的低压侧产生大量谐波。与闪变问题相比，风电并网带来的谐波问题并不是很严重。

(3) 电网稳定性。在风电领域经常遇到的难题是：薄弱的电网、电压的波动和风力发电机的频繁掉线。随着越来越多的大型风电机组并入电网，这些难题对电网的影响也更加显著。在过去，风电场主要采用感应发电机，装机规模较小，与配电网直接相连，对系统的影响主要表现在电能质量上。但随着电力电子技术的发展，大量新型大容量风力发电机组投入运行，风电场装机规模几乎和常规机组相当，直接接入电网，与风电场并网有关的有功调度、无功控制、静态稳定和动态稳定等问题越来越突出。这就需要对电力系统的稳定性进行计算和评估，要根据电网结构、负荷情况，决定最大的发电量和系统在发生故障时的稳定性。风电场大多采用感应发电机，风电系统在向电网注入功率的同时需要从电网吸收大量的无功功率，否则有可能导致小型电网的电压失稳。若采用异步发电机，则有必要采取预防措施，如动态无功补偿，否则会造成线损增加，送电距离远的末端用户其电压降低。在电网稳定性降低的情况下，若发生三相接地故障，则将导致全网的电压崩溃。由于大型电网具有足够的备用容量和调节能力，一般不考虑风电进入引起频率稳定性的问题，但是对于孤立运行的小型电网，风电带来的频率偏移和稳定性问题是不容忽视的。

## 6.2 风力发电技术

风的特性是随机的，风向、风速大小都是随时在变化的，因此风能发电就有区别于常规发电的不同特点，如功率调节、变速运行、变速/恒频问题、变流问题和低电压穿越问题等。本节将专门介绍风力发电系统的这些结构和运行特点，并对各种应用于风电系统的技术做一介绍。

### 6.2.1 功率调节

功率调节是风力发电机组的关键技术之一。风力发电机组在超过额定风速（一般为 $12\sim16$ m/s）以后，由于受机械强度和设备等物理性能的限制，必须降低风轮的能量捕获，使功率输出仍保持在额定值附近。这样也同时限制了叶片承受的负荷和整个风力机受到的冲击，从而保证了风力机不受损害。功率调节方式主要有定桨距失速调节、变桨距调节和主动失速调节三种。

(1) 定桨距失速调节。定桨距失速调节将翼剖面气动失速原理成功地应用到叶片，即利用叶片的气动外形来实现功率控制，在低风速区受叶片逆流现象的控制，在高风速区受叶片失速性能的限制。定桨距是指桨叶与轮毂的连接是固定的，因此桨距角是固定不变的，当风速变化时，桨叶的迎风角度不能随之变化。失速型是桨叶翼型本身所具有的失速特性。当风速高于额定风速时，气流的攻角增大到失速条件，在桨叶的表面产生涡流来降低效率，限制发电机的功率输出。

定桨距失速调节的优点是失速调节简单可靠，由风速变化引起的输出功率的控制只通过桨叶的变动失速调节实现，没有功率反馈系统和变桨距机构，使控制系统大为简化，整机结构简单，部件小，造价低；其缺点是叶片重量大，成形工艺复杂，桨叶、轮毂、塔架等部件受力较大，机组的整体效率较低。

定桨距风力发电机组在低速运行时，因风力机的转速不能随风速的变化而调整，使风轮在低风速时的效率降低，若低风速时的效率设计过高，则会使桨叶过早地进入失速状态，同时发电机本身也存在低负载时的效率问题。为解决这些问题，定桨距风力发电机组一般采用 4/6 极双速发电机，6 极发电机的额定功率设计为 4 极发电机功率的 $1/6 \sim 1/4$，称为大小发电机。双速风力发电机在低速时使用小发电机，不仅可以使桨叶具有较高的气动效率，发电机的输出功率也能保持在较高的水平，高速时切换成大发电机可以大大提高发电机的输出功率。

(2) 变桨距调节。变桨距调节是指安装在轮毂上的叶片通过控制改变其桨距角的大小，使叶片剖面的攻角发生变化来迎合风速变化。这种方式在低风速时能够更充分地利用风能，具有较好的气动输出性能，而在高风速时，又可通过改变攻角的变化来降低叶片的气动性能，使高风速区叶片功率降低，达到调速限功的目的。其调节方法为：当风电机组达到运行条件时，控制系统命令调节桨距角到 45°，当转速达到一定时，再将桨距角调到 0°，直到风力机达到额定转速并网发电。在运行过程中，当输出功率小于额定值时，桨距角保持在 0°位置不变；当发电机输出功率达到额定值以后，调节系统根据输出功率的变化调整桨距角的大小，使发电机的输出功率保持在额定值。

变桨距调节的优点是桨叶受力较小，桨叶做得较为轻巧，风轮承受的载荷小，桨距角可以随风速的大小而进行自动调节，因而能够尽可能多地吸收风能，将其转化为电能，启动性好，额定点以前功率输出饱满，额定点以后输出功率平稳；其缺点是变距机构增加了额外的复杂性，设计要求高，故障率相对较高，造价和维护费用高。

随着并网机组向大型化方向发展，桨叶转动惯量巨大（大型风机的单个叶片重达数吨，有的风轮直径达一百多米），仅采用桨距角控制难以适应风速的快速变化。为了有效控制快速变化的风速引起的功率波动，近年来出现了采用转子电流控制（RCC）技术以调整绕线型异步发电机转差率的新型变桨距控制系统，其原理框图如图 6-4 所示。

图 6-4 中，速度控制器的输出由桨距给定，桨距控制器为非线性比例控制器，其输出控制液压伺服系统，使桨距角变化。速度控制器 A 在发电机并网前工作，即在机组进入待机状态或从待机状态重新启动时投入工作，通过调节桨距角，使发电机以一定的加速度升速，当发电机在同步转速（50 Hz 时 1500 r/min）内持续 1 s（可调）时发电机将切入电网，并切换为速度控制器 B 和功率控制器工作。

速度控制系统 B 的输入为速度偏差和风速，在达到额定值前，速度给定随功率给定按比例增加。若风速和功率输出一直低于额定值，则将根据风速输出最佳的桨距给定，以优化叶尖速比；若风速超出额定值，则通过改变桨距角使发电机转速跟踪速度给定，将输出功率稳定在额定值。图 6-4 中，风速信号经低通滤波器后参与桨距控制，桨距控制对瞬变风速并不响应。在瞬变风速下维持输出功率稳定是通过功率控制器进行的。

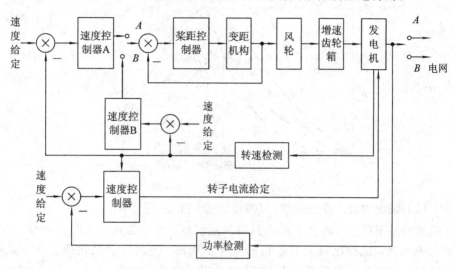

图 6-4 带转差率调节的变桨距控制系统的原理框图

（3）主动失速调节。主动失速调节将定桨距失速调节与变桨距调节两种方式相结合，充分吸取了被动失速和桨距调节的优点，桨叶具有失速特性，同时调节系统采用变桨距调节方式。在低风速时，将桨叶节距调节到可获取最大功率的位置，通过调节桨距角来优化机组功率输出。当风力机发出的功率超过额定功率后，桨叶节距主动向失速方向调节，将功率调整在额定值以下，限制机组最大功率输出。随着风速的不断变化，桨叶仅需要微调即可维持失速状态。制动刹车时，调节桨叶相当于气动刹车，这很大程度上减少了机械刹车对传动系统的冲击。

主动失速调节的优点是其吸取了定桨距失速调节的特点，并在此基础上进行变桨距调节，提高了机组的运行效率，减弱了机械刹车对传动系统的冲击，控制较为容易，输出功率较平稳。机组的叶片设计采用变桨距结构，在启动阶段，通过调节变桨距系统来控制发电机转速，使其保持在同步转速附近，然后寻找最佳并网时机以平稳并网；在额定风速以下时，主要通过调节发电机反力转矩使转速跟随风速变化而变化，从而保持最佳叶尖速比，以获取最大风能；在额定风速以上时，则采用变速与桨叶节距双重调节，通过变桨距调节方式限制风力机获取能量，保证发电机功率输出的稳定性，以获取良好的动态特性；变速调节主要用来响应快速变化的风速，减轻桨距调节的频繁动作，提高传动系统的柔性。

以上所述的方法是在风速变化时为了获得最大的风能利用效率和保护风力机而对风力机中桨叶和桨距角调节的方法，除此之外，还可以采用变速运行（使风轮跟随风速的变化相应地改变其转速）来获得最大输出功率。图 6-5 所示为最大风能追踪原理图。

从图 6-5 中可以看出，在同一风速下，不同的转速会使风力机输出不同的功率，为了追踪最佳功率曲线，必须在风速变化时及时调整转速 $\omega_{nw}$，保持最佳叶尖速比，以 $P_n(opt)$ 为指令调节发电机输出功率，即可实现最大功率俘获的目的。最大风能追踪的过程可以理解为风力机的转速调节过程,转速调节的性能决定了最大风能追踪的效果。

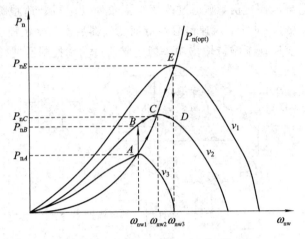

图 6-5 最大风能追踪原理图

目前,风力发电中最大功率跟踪(MPPT)主要有以下两种方法:

(1) 风速信号跟踪法。该方法首先测出风速信号,用它与风力机的转速信号相比较,组成闭环控制系统,以控制风力发电机的电功率输出。使风力机的转速正比于风速而变化,当转速与风速的关系偏离设定比例时,产生误差信号,得到误差量,经过 PI 调节器给出发电机可控参数的值,调节发电机的输出电流大小,最终实现发电机的输出功率法调节,直到满足设定的比例关系为止,从而实现最佳叶尖速比控制运行。

该方法的主要问题在于难以准确测定风速信号,而且要增加系统的硬件投入,加大了投资。即便利用风速传感器取得风速信号,还必须反映风力机跟踪风向的偏差,否则又会造成误差。

(2) 功率信号跟踪法。由于采用风速信号跟踪法增加了小型风力发电机组的复杂性和造价,因此实际电路中可以以发电机输出的电功率来代替机械功率信号。图 6-6 所示为风力发电机的 $P$-$U$ 特性曲线。功率信号跟踪法是通过测量风力发电机组直流侧的电压和电流来计算输出功率,并以改变直流电压的方式间接调整转速达到最大功率点跟踪。相应的跟踪方法有恒电压法、扰动观测法、电导增量法、爬山法、间歇扫描法、滞环比较法、最优梯度法、模糊控制法等。

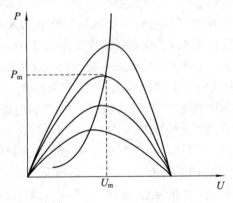

图 6-6 风力发电机的 $P$-$U$ 特性曲线

## 6.2.2 发电机变速恒频技术

对于并网运行的风力发电机组,要求发电机的输出频率必须与电网频率一致。保持发电机输出频率恒定的方法有两种:①采用恒速恒频系统,即采取失速调节或者混合调节的风力发电机以恒转速运行,主要适用于异步感应发电机;②采用变速恒频系统,即用电力电子变频器将发电机发出的频率变化的电能转化成频率恒定的电能。前面已经提到了恒速恒频发电系统和变速恒频系统,本节着重讨论发电机的变速恒频技术。

到目前为止,国内外许多风力发电专家和研究机构已提出多种变速恒频风力发电方案,这些变速恒频风力发电方案中有的是通过发电机与电力电子装置相结合实现变速恒频的,有的是通过改造发电机本身结构来实现变速恒频的。下面选择几种具有代表性的变速恒频风力发电机组进行介绍。

**1. 鼠笼式异步发电机变速恒频风力发电系统**

鼠笼式异步发电机变速恒频风力发电系统的主电路拓扑如图 6-7 所示,其变速恒频策略在定子电路中实现。由于风速的不断变化,导致风力机以及发电机的转速也是变化的,所以实际上鼠笼式风力发电系统发出的电其频率是变化的,即为变频的,它通过定子绕组与电网之间的变频器把频率变化的电能转换为与电网频率相同的恒频电能。这方案实现了变速恒频控制,且具有以下优点:① 鼠笼型异步发电机结实,无电刷,可靠,经济且普遍;② 整流器可产生用于电机的可调励磁;③ 瞬态响应快。

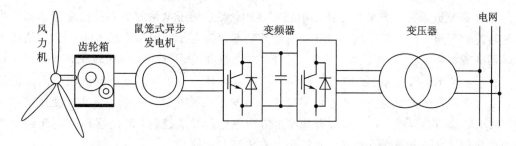

图 6-7 鼠笼式异步发电机变速恒频风力发电系统的主电路拓扑

但由于变频器在定子侧,因此变频器的容量要与发电机的容量相同,会使整个系统的成本和重量显著增加,这在大容量风力发电系统中难以实现。此外,采用异步发电机的发电系统需要从电网吸收滞后的无功功率,需要额外的无功补偿装置,同时它的系统控制比较复杂,其性能依靠对于电机参数的了解(电机参数是随温度和频率而变化的)。

**2. 交流励磁双馈发电机变速恒频风力发电系统**

交流励磁双馈发电机变速恒频风力发电系统的主电路拓扑如图 6-8 所示。其结构与绕线式异步电机类似,不同之处在于转子上需要 3 个或 4 个滑环。馈电方式和双馈发电机或异步发电机超同步串级调速系统相似,即定子绕组通过变压器接电网,转子绕组则由交-直-交变频器提供频率、相位、幅值都可调节的电源。当风速变化引起发电机转速 $n$ 变化时,控制转子电流的频率 $f_2$,可使定子电流的频率 $f_1$ 恒定,即应满足:

$$f_1 = pf_m \pm f_2 \qquad (6-3)$$

其中:$f_1$ 为定子电流频率,与电网频率相同;$f_2$ 为转子电流频率;$f_m$ 为转子机械频率,$f_m = n/60$;$p$ 为电机的极对数。

当发电机的转速 $n$ 大于定子旋转磁场的转速 $n_1$，即 $n_1 < n$ 时，处于亚同步状态，此时变频器向发电机转子提供交流励磁，发电机由定子发出电能向电网供电，式(6-3)取正号；当 $n_1 > n$ 时，处于超同步状态，此时发电机同时由定子和转子发出电能向电网供电，变频器的能量流向为逆向，式(6-3)取负号；当 $n_1 = n$ 时，处于同步状态，此时发电机作为同步电机运行，$f_2 = 0$，变频器向转子提供直流励磁。由式(6-3)可知，当发电机的转速 $n$ 变化，即 $pf_m$ 变化时，若控制 $f_2$ 相应变化，可使 $f_1$ 保持恒定不变，即与电网频率保持一致，实现了变速恒频控制。

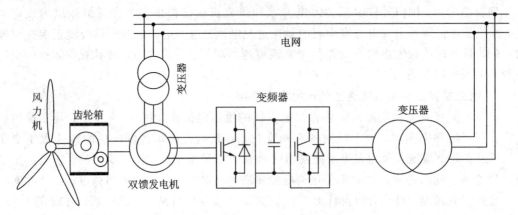

图 6-8　交流励磁双馈发电机变速恒频风力发电系统的主电路拓扑

这种变速恒频控制方案是在转子电路实现的，流过转子电路的功率是由交流励磁发电机的转速运行范围所决定的转差功率，该转差功率仅为定子额定功率的 1/4～1/3，这使得变频器的成本以及控制难度大大降低。另外，发电机变速运行的范围比较宽，可超同步运行，也可亚同步运行，而定子输出电压和频率可以维持不变，在调节电网的功率因数的同时，可以提高系统的稳定性。这种采用交流励磁发电机的控制方案除了可实现变速恒频控制、减小变频器的容量外，还能对有功、无功功率进行灵活控制，对电网而言可起到无功补偿的作用。其缺点是交流励磁发电机仍然有滑环和电刷。

**3. 无刷双馈发电机变速恒频风力发电系统**

无刷双馈发电机变速恒频风力发电系统的主电路拓扑如图 6-9 所示。

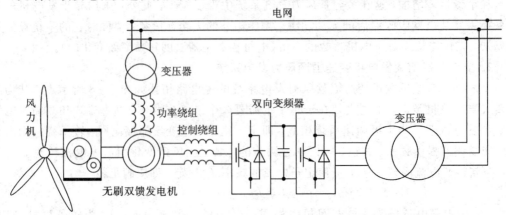

图 6-9　无刷双馈发电机变速恒频风力发电系统的主电路拓扑

无刷双馈发电机定子有两套极数不等的绕组：一个称为功率绕组，通过变压器接电网；另一个称为控制绕组，通过双向变频器接电网。对于无刷双馈发电机，有：

$$f_p \pm f_c = (P_p + P_c) \cdot f_m \tag{6-4}$$

其中，$f_p$ 为定子功率绕组电流频率，由于与电网相连，因此它与电网频率相同；$f_c$ 为定子控制绕组电流频率；$f_m$ 为转子机械频率；$P_p$ 为定子功率绕组极对数；$P_c$ 为定子控制绕组的极对数。

超同步时，式(6-4)取正号；亚同步时，式(6-4)取负号。由式(6-4)可知，当发电机的转速 $n$ 变化，即 $f_m$ 变化时，若控制 $f_c$ 相应变化，可使 $f_p$ 保持恒定不变，即与电网频率保持一致，也就实现了变速恒频控制。

尽管这种变速恒频控制方案是在定子电路中实现的，但流过定子控制绕组的功率仅为无刷双馈发电机总功率的一小部分，这是由于控制绕组的功率为功率绕组功率的 $P_c/(P_c+P_p)$，因此双向变频器的容量也仅为发电机容量的一小部分。这种控制方案既可实现变速恒频控制，降低变频器的容量，又可实现有功、无功功率的灵活控制，能对电网起到无功补偿的作用。由于发电机本身没有滑环和电刷，因此提高了系统运行的可靠性。无刷发电机可以在不同的风速下运行，转速可以随风速的变化而变化，这可使风力机的运行处于最佳工况，提高了机组效率。其主要缺点是需要两套定子绕组，增加了系统的复杂性和成本，实现起来较为困难。

**4. 永磁同步直驱式变速恒频风力发电系统**

永磁同步直驱式变速恒频风力发电系统的一种主电路拓扑如图6-10所示。风力机与永磁同步发电机直接相连，将风能转化为频率变化、幅值变化的交流电，经过整流之后变为直流电，经过 Boost 电路升压后，再经过三相逆变器变换为三相恒幅交流电，之后连接到电网。通过中间电力电子变化环节，可对系统有功功率和无功功率进行控制，实现最大功率跟踪，最大效率地利用风能。

这种风力发电系统采用多极发电机与叶轮直接连接进行驱动的方式，免去了齿轮箱这一传统部件，为直接驱动式结构，这样可大大减小系统运行噪声，提高可靠性。其主要缺点是尽管实现了直接耦合，但是永磁发电机的转速很低，使发电机的体积大，成本高，不过由于它省去了价格较高的齿轮箱，因而使整个系统的成本还是降低了。这种风力发电系统在今后有很大的发展空间。

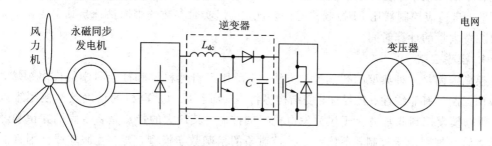

图6-10 永磁同步直驱式变速恒频风力发电系统的主电路拓扑

上述几种变速恒频发电系统尽管各具优点，但也存在一些问题。总的来说，发电机控制系统除了控制发电机获取"最大能量"外，还要使发电机向电网提供高品质的电能。因此要求发电机控制系统：① 尽可能产生较低的谐波电流；② 能够控制功率因数；③ 使发电机输出电压适应电网电压的变化;④ 向电网提供稳定的功率。

目前国内外兆瓦级以上技术较先进的、有发展前景的风力发电机组主要是双馈风力发电机组和永磁直驱式风力发电机组,二者各有优缺点。双馈风力发电机组控制回路多,控制复杂,但控制灵活,尤其是对有功、无功的控制,而且逆变器容量小得多。单从控制系统本身来讲,永磁直驱式风力发电机组控制回路少,控制简单,但要求逆变器容量大。

### 6.2.3 发电机控制技术

风力发电控制技术的目的是使风电机组在不断变化的风速下获取风能最大化,使风电系统运行稳定,保护风电机组的安全运行。风力发电控制技术分为传统控制方法和现代控制方法。传统控制方法是基于数学模型的线性控制方法。当风速变化时,通过调节发电机电磁转矩或桨叶节距角来使叶尖速比保持最优值,从而实现风能的最大捕获。传统控制方法的缺点是:对于快速变化的风速,调节相对滞后,只能保证在线性化工作点附近的控制效果,对于多干扰、随机扰动大、不确定因素多、非线性严重的风电系统并不适用。

现代控制方法具有非线性、自寻优、变结构等特点,十分适用于风力发电系统的控制。现代控制方法主要包括滑模变结构控制、鲁棒控制、自适应控制、模糊控制等。现代控制方法可以很好地解决风力发电系统的多变量、随机性、非线性等问题,所以近年来现代控制方法得到了长足的发展。

**1. 滑模变结构控制**

滑模变结构控制是一种不连续的开关型控制,它要求频繁、快速地切换系统的控制状态。因为风力发电机经常工作于正常与失速两种状态,而滑模变结构控制具有快速响应、对系统参数变化不敏感、设计简单和易于实现等优点,所以滑模变结构控制在风电系统中得到了广泛应用。

**2. 鲁棒控制**

鲁棒控制具有处理多变量问题的功能,对于具有建模误差、参数不准确和干扰位置系统的控制问题,在强稳定性的鲁棒控制中可直接解决。

**3. 自适应控制**

在自适应控制器中,通过建立参考模型,测量系统的输入、输出值,可实时估计出控制过程中的参数,并适时地修正参数来降低不确定性对系统的影响。在遇到干扰和电网不稳定时,自适应控制器比 PI 控制器有许多优点,但实时参数的难以估计是其主要缺点,因为要耗费大量的计算时间。

**4. 模糊控制**

模糊控制是一种典型的智能控制方法,广泛用于自然科学和社会科学的许多领域。因为模糊控制具有非线性、自寻优、变结构等特点,而且风力发电机的精确数学模型难以建立,所以模糊控制非常适合于风力发电机组的控制。其最大的特点是将专家的知识和经验表示为语言规则用于控制,不依赖于被控对象的精确数学模型,能够克服非线性因素的影响,对被调节对象有较强的鲁棒性。近年来模糊控制越来越受到风电研究人员的重视。

广义上说,基于以上控制方法和理论所提出的各种保证风力发电机组安全可靠运行、获取最大能量、提供良好的电力质量的技术都是风力发电的控制技术。所以 6.2.1 节和 6.2.2 节中所涉及的功率调节、变速恒频技术等都是风力发电的控制技术,而基于这些控制技术所搭建的平台则是控制系统。图6-11所示为基于DCS技术的大型风电机组控制系统总体结构框图。

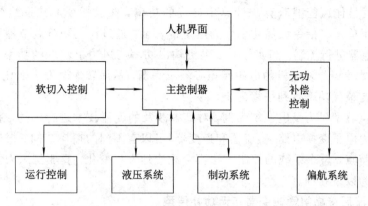

图6-11 基于DCS技术的大型风电机组控制系统总体结构框图

一般的控制系统主要包括各种传感器、变距系统、运行主控制器、功率输出单元、无功补偿单元、并网控制单元、安全保护单元、通信接口电路、监控单元。具体控制内容有：信号的数据采集和处理、变桨控制、转速控制、自动最大功率点跟踪控制、功率因数控制、偏航控制、自动解缆、并网和解列控制、停机制动控制、安全保护系统、就地监控、远程监控。当然，对于不同类型的风力发电机组，控制单元会有所不同。

目前绝大多数风力发电机组的控制系统都采用集散型（或称分布式控制系统，DCS）工业控制计算机。采用分布式控制的最大优点是许多控制功能模块可以直接布置在控制对象的位置，就地进行采集、控制、处理，避免了各类传感器、信号线与主控制器之间的连接。同时，DCS现场适应性强，便于控制程序现场调试，在机组运行时可随时修改控制参数，并与其他功能模块保持通信，发出各种控制指令。目前计算机技术突飞猛进，更多新的技术被应用到了DCS之中。PLC是一种针对顺序逻辑控制发展起来的电子设备，目前功能上有较大提高。很多厂家也开始采用PLC构成控制系统。现场总线技术（FCS）在进入20世纪90年代中期以后发展也十分迅猛，以至于有些人已做出预测：基于现场总线的FCS将取代DCS成为控制系统的主角。

## 6.2.4 变流技术

变流技术是一种电力变换技术，相对于电力电子器件制造技术而言，是一种电力电子器件的应用技术，它的理论基础是电路理论。变流技术主要包括：用电力电子器件构成各种电力变换的电路，对电路进行控制以及用这些技术构成更为复杂的电力电子装置和系统。通常所说的"变流"是指：交流电变直流电（整流），直流电变交流电（逆变），直流电变直流电（斩波）和交流电变交流电（变频）。其中，在风力发电系统中变流技术主要用于发电机组与电网的接口处。发电机发出的交流电是不能直接并上电网的，需要经过变流装置将变压变频的交流电转化为与电网相位、频率一致的交流电，然后通过升压变压器接入电网，在这样的过程中就需要用到基于变流技术的各种变流器。

在风力发电系统的启动阶段，变流器控制单元首先要完成风力机的并网工作。6.1.5节中提到的软并网方式是目前风力发电机组普遍采用的方式，其特点是可以得到一个平稳的并网过渡过程,而不会出现冲击电流,对电网影响小。当风力机软并网成功后,变流器控制单元就切换到正常工作方式,即最佳风能捕获方式。此时机组主控制器检测发电机的转速和风速,根据最佳风能捕获算法计算出最优的功率,并以指令形式发给变流器控制单元,变流器控制单元将指令最优功率作为给定输入量,通过比例积分调节器得出参考有功电流,以对变流器进行控制。当实际的发电机输出功率与风力机获取的功率不相等时,其风力机输出机械转矩与发电机的电磁转矩必然不平衡,从而转速会发生变化,直到发电机实际输出功率与最优功率达到平衡为止。

本节将以直驱型风力发电系统为例,对其中涉及的变流技术进行阐述。直驱型风力发电系统中的电力电子变换电路(整流器和逆变器)可以有不同的拓扑结构。根据每种电力电子变换拓扑的特点,整个系统的控制方法都会相应地发生变化。直驱型风力发电系统的拓扑结构主要分为以下几种。

**1. 不控整流后接晶闸管逆变器和无功补偿型**

不控整流后接晶闸管逆变器和无功补偿型拓扑结构如图 6-12 所示。与自关断型开关器件(如 IGBT)相比,晶闸管技术成熟,成本低,功率等级高,可靠性高。在过去的几十年中,相控强迫换流变流器(SCR)主要用于高压直流输电系统和变速驱动系统中。早期的并网风机基本都采用晶闸管变换技术。但是,晶闸管逆变器工作时需要吸收无功功率,并且在电网侧会产生很大的谐波电流。为了满足电网谐波的要求,必须对系统进行补偿。由于变速恒频风力发电机输入功率变化范围很大,因此补偿的无功功率变化范围也比较大。传统的投切电容方式不够灵活,系统需要容量可调、响应快速的无功补偿装置。通过检测逆变器输入端电压、电流以及电网的电压值可以计算出补偿系统的触发角。

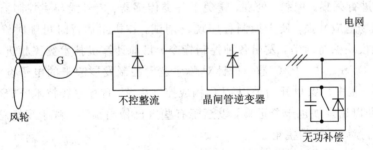

图 6-12 不控整流后接晶闸管逆变器和无功补偿型拓扑结构

晶闸管逆变器成本低,输入电网电流的谐波含量高,为了消除输入电网的谐波电流,可以加入补偿系统。补偿系统的控制比较复杂,但是容量比较大,这会增加系统成本。为了更好地消除谐波,可以采用多脉冲晶闸管等方法,但是会使系统成本有所增加。

**2. 不控整流后接直流侧电压变化的 PWM 电压源型逆变器型**

这种拓扑结构的特点是将频率和幅值都变化的交流电经过不控整流桥变为直流后,直接通过 PWM 电压源型逆变器并入电网。PWM 电压源型逆变器与晶闸管逆变器相比,由于提高了开关频率,因此对电网的谐波污染大大减少,而且可以通过控制逆变器的输出调制电压的幅值和相位来灵活地调节系统输出的有功功率和无功功率,从而调节直驱式发电机的转速,使其工作在最佳叶尖速状态,并且捕获最大的风能。

由于逆变器输入电压为不控整流桥的输出,而电机在不同转速下输出电压不同,因此逆变器输入侧的直流电压一直在变化。PWM 逆变器可以通过改变调制比来实现并网电压的频率、幅值恒定。当风速较低时，PWM 逆变器输入电压很低，为了并网，必须提高逆变器的调制深度。这会导致逆变器运行效率低，开关利用率低，峰值电流高，传导损耗大。可以通过采用 SVPWM 调制方法或谐波注入技术来提高直流母线电压利用率。这种方法只能有限地改善系统性能，不能解决实质问题。

**3. 不控整流后接直流侧电压稳定的 PWM 电压源型逆变器型**

图 6-13 所示为不控整流后接直流侧电压稳定的 PWM 电压源型逆变器型拓扑结构。通过增加这个环节，可以解决 PWM 逆变器输入电压很低时 PWM 逆变器运行特性差的缺点。它通过 Boost 升压环节提高了逆变器直流母线电压并将其稳定在合适的范围，使逆变器的调制深度范围变好，提高了运行效率，减小了损耗。同时，Boost 电路还可以对永磁同步发电机输出侧进行功率因数校正。由于不控整流桥的非线性特性，整流桥输入侧电流特性畸变很严重，谐波含量比较大，会使发电机功率因数降低，发电机转矩发生振荡。可以通过功率因数校正技术(PFC)改变开关器件的占空比，使发电机输出电流保持正弦波形并保持与输出电压同步。

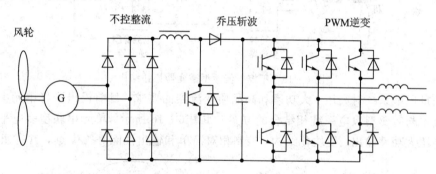

图 6-13 不控整流后接直流侧电压稳定的 PWM 电压源型拓扑结构

可以看出，整个系统通过增加一级 Boost 升压电路将直流输入电压等级提高，系统控制简单，控制方法灵活，开关器件利用率高，逆变器具有输入电压稳定、逆变效果好、谐波含量低、经济性好的优点。

**4. 双 PWM 型变流系统拓扑结构**

图 6-14 所示为双 PWM 型变流系统拓扑结构。前面提到，不控整流桥的非线性特性会使整流桥输入侧的电流特性畸变很严重，因此，可以采用 PWM 整流技术将频率和幅值变化的交流电整流成恒定直流。此时，一个 Boost 型 PWM 整流器可以同时实现整流和升压的作用。

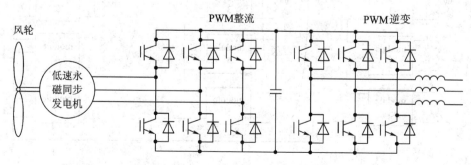

图 6-14 双 PWM 型变流系统拓扑结构

由 PWM 整流器的特点可知,通过解耦控制可以实现电机的单位功率因数输出。同时,通过矢量控制技术来控制电机在不同运行环境下,可以实现对电机的最大转矩、最大效率、最小损耗控制。因此,整个系统控制方法灵活,可以有针对性地提高系统的运行特性。

### 5. 不控电流源型逆变器型

单个单元结构图如图 6-15 所示。不控电流源型逆变器型拓扑结构采用了与前面几种电压源型逆变器不一样的电流源型逆变器。与电压源型逆变器相比,电流源型逆变器具有能在四象限运行、系统更可靠、不存在击穿故障等优点,但是也存在逆变器和负载之间的相互影响较多、必须对称承压、不易实现带多个负载或者并联、动态响应慢等缺点。因此,综合成本、效率和暂态响应来看,电压源型 PWM 逆变器更具有优势。目前这种拓扑结构还没有得到应用。

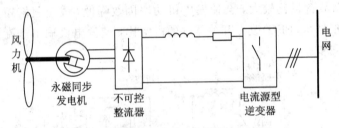

图 6-15  不控电流源型逆变器拓扑结构

为满足风电系统对高压、大功率和高品质变流器的要求,目前提出了将单元串联型多电平变流器与直驱型风电系统相结合的方案,如图 6-16 所示。单元串联型多电平变流器因具有高压大功率输出、模块化结构、控制相对简单和输出性能好等优点,具有很大的发

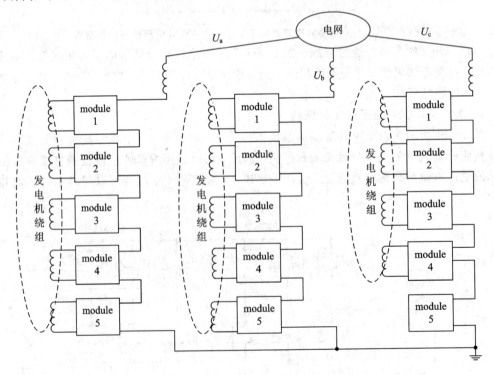

图 6-16  新型并网变流拓扑结构

展前景,在高压大功率变流电路中的应用技术已经成熟。单元串联型多电平变流器工作的前提是存在足够个数的独立隔离电源。因而,传统的单元串联型变流器不能直接应用在风力发电系统上。针对这个问题,提出了如图6-17所示的结构。图6-17中,变流装置每相由五个低压功率单元串联组成,三相之间接成星形。因此,变流器与直驱型风力发电机直接耦合,利用低速多相永磁同步发电机内部各个绝缘的绕组为各个串联单元提供独立的电源,整个风电系统不仅保留了直驱型风电系统原有的结构简单、效率高、可靠性高等优点,还结合了单元串联型多电平变流器高压、大功率、高品质的输出特点,具有很好的实用价值。

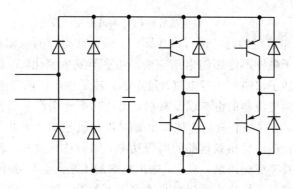

图6-17 单个单元结构图

这种方案同前面几种方案相比具有如下优点:

(1)可以直接输出高压,省去了笨重、昂贵、耗电的升压变压器,使系统结构更加简单、可靠。

(2)多电平变流器可以使输出电压十分逼近正弦波,输出谐波大大减小,简化了后续滤波器的设计难度。

(3)可以增加风速的利用范围。由于单个单元输出低压,因此增加了可利用的风速范围,提高了系统的效率。

(4)每个功率单元结构相同,给模块化设计和制造带来了方便,装配简单,组合灵活。

(5)系统可靠性高,某一功率单元发生故障时可将其旁路掉,其他单元仍可正常工作。

(6)减少了输电线路上的电功率损耗,节省了输电导线所用材料。

## 6.2.5 低电压穿越技术

低电压穿越技术是指当电网故障或扰动引起风电场并网点的电压跌落时,风机能够保持并网,甚至向电网提供一定的无功功率,支持电网恢复,直到电网恢复正常,从而"穿越"这个低电压时间(区域)。风电装机比例较低时,可以允许风电场在电网故障及扰动时切除,不会引起严重的后果。风机装机比例较高时,高风速期间,输电网故障引起的大量风电切除会导致系统潮流的大幅变化甚至引起大面积的停电,进而带来频率的稳定问题。基于电网有功功率平衡的考虑,风力发电机组有必要具备低电压穿越特性。

电压跌落是电网中最为常见的故障之一,有单相对地故障、两相对地故障、相间故障和三相故障等类型,其比例为:单相对地故障70%,两相对地故障15%,相间故障10%,三相故障5%。电压跌落还可以分为对称故障和不对称故障。大部分电压跌落故障属于不对称故障。图6-18所示为发生故障时的并网风力发电系统。

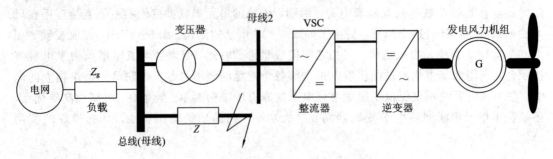

图6-18 发生故障时的并网风力发电系统

电网故障会对风电机组的稳定运行造成影响。以目前流行的双馈机组为例，在电压瞬间跌落的情况下，定子磁链不能跟随电压突变，几乎不发生变化，而转子继续旋转，会产生较大的转差，导致转子回路产生过电流、过电压，转子侧电流的迅速增加又会导致直流侧电压升高，发电机侧变流器的电流以及有功、无功功率都会产生振荡。对于直驱机组来说，电压瞬间跌落时，常规控制策略会使得永磁同步电机输出功率几乎不发生变化，而网侧电压跌落时，若电机依旧输出跌落前的同等功率，则会造成过流。若对输出电流进行限制，则输送到电网的功率受到限制，输入、输出功率的不平衡会导致中间直流侧电压上升。可见，电网电压跌落瞬间会给风力机组带来诸多不利影响，故在风电装机容量较小时，通常采用的方式是电网故障下将机组切出系统，等待电网恢复正常后再重新并网，但当风电装机容量较大时，这样的做法可能导致整个电网潮流的较大变化，甚至会引发电网电压和频率的崩溃。

目前，世界上各主要风电技术成熟的国家都已经推出了有关风力发电机组具备电网故障运行能力的强制性标准。其中，德国的E.ON标准是影响最大的标准之一，它不但规定了风力发电系统低电压运行能力的范围，还对电网电压跌落时风力发电系统需要提供的无功电流进行了规定。图6-19所示为E.ON标准中规定的风力发电低电压运行能力曲线。

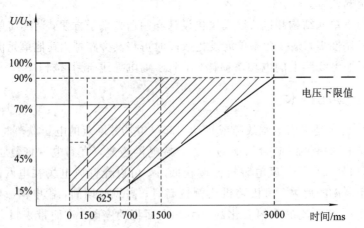

图6-19 E.ON标准中规定的风力发电低电压运行能力曲线

E.ON标准要求电压跌落到网压15%时，应能保持并网625 ms。只有当电力系统出现如图6-19中曲线下方区域所示的故障时，才允许风机脱离电网。当电压跌落到网压的

90%及以上时,需要风机一直保持并网运行。在图6-19所示的阴影区域,还要求风力机组具备无功补偿能力。目前,国外的研究机构和整机厂商已经掌握了风力发电机组的故障运行特性,并开始关注于电网的不对称故障运行能力的研究。

在新安装的变速恒频风力发电机中,双馈感应发电机(DFIG, Doubly-Fed Induction Generator)占到了很大比重,所以下面对双馈感应风力发电系统的低电压穿越技术进行阐述。

目前MW级以上的双馈感应风力发电机组主要采用转子短路保护技术(即通常所说的"Crowbar"技术)来实现电网故障期间发电机的不间断运行。该技术在电网发生故障时切除发电机励磁电源,利用转子旁路保护电阻释放能量以减少转子产生过电流,保护转子励磁回路的大功率器件,之后配合双PWM变流器在故障期间运行,向电网输送一定的无功功率,协助稳定电网电压,即实现了发电机的不脱网运行。Crowbar电路目前有很多种结构,具体可分为两大类:被动式Crowbar电路结构和主动式Crowbar电路结构。

被动式Crowbar电路结构有两种典型结构,如图6-20所示。图6-20(a)是采用两相交流开关构成的保护电路,其中交流开关由晶闸管反向并联构成,当发生电网电压跌落故障时通过交流开关将转子绕组短路,进而起到保护变流器的作用。然而采用这种电路时,由于故障发生时转子电流中通常会存在较大的直流分量,这样就使得晶闸管过零关断的特性不再适用,进而可能会造成保护电路的拒动。另外,晶闸管吸收电路的设计也是比较困难的。图6-20(b)是由二极管整流桥和晶闸管构成的保护电路。这种电路以直流侧电压为参考信号,当直流侧电压达到最大值时,通过触发晶闸管导通实现对转子绕组的短路,同时断开转子绕组与转子侧变流器的连接,而使保护电路与转子绕组保持连接,直到主电路开关将定子侧彻底与电网断开为止。这种电路控制较为简单,但是晶闸管不能自行关断,因此当故障消除后,系统不能自动恢复正常运行,必须重新并网。

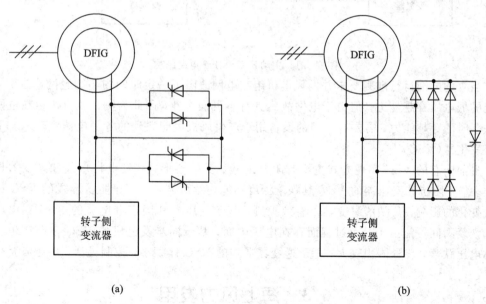

图6-20 被动式Crowbar电路结构

主动式Crowbar电路结构主要也有两种,如图6-21所示。图6-21(a)是采用三相交流开关和旁路电阻构成的保护电路,为故障期间转子侧出现的过电流提供通路。采用这种电路,当电网电压跌落发生及恢复正常时,转子侧变流器可以与转子保持连接,并保持同步运行;当故障消除后,可切除旁路电阻使系统快速恢复正常运行。图 6-21(a)中,旁路电阻的取值比较关键,既要避免变流器直流侧产生过电压,又要有效抑制转子侧过电流。

为了尽可能快地切除保护电路,现在设计出了采用全控型器件——绝缘栅双极型晶体管(IGBT)的主动式 Crowbar 电路结构,如图 6-21(b)所示。这种电路在二极管整流桥后采用由 IGBT 和电阻构成的斩波器。这种保护电路使转子侧变流器在电网故障时可以和转子保持连接,当故障消除后通过切除保护电路使风力发电机组快速恢复正常运行,因而具有更大的灵活性。

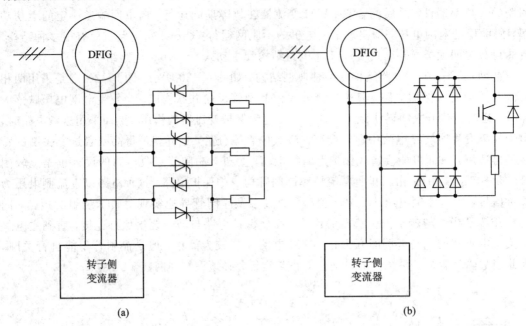

图 6-21 主动式 Crowbar 电路结构

当今的电网运行准则要求并网风电机组在电网故障下一定时间内不能脱网,必须具备一定的低电压穿越能力。但由于电网故障具有不可操作性,因此为测试风电机组在电网电压跌落时的穿越能力,需要有专门的设备用于产生风机可能遇到的各种电压跌落——电压跌落发生器(VSG)。

目前已有的 VSG 实现方式主要有阻抗形式、变压器形式、发电机形式和逆变器形式四类。基于阻抗和变压器的 VSG 其跌落深度不能连续可调,且基于阻抗形式的 VSG 还受负载变化的影响,其跌落深度难以有效控制;基于变压器和固态继电器的 VSG 在电压跌落和恢复瞬间可能由于开关过程而存在电压中断;基于同步发电机的 VSG 仅能产生三相对称电压跌落,装置体积较大;基于逆变器形式的 VSG 体积小,控制灵活,功能强大。

## 6.3 海上风力发电

海上风力发电由于具有资源丰富、风速稳定、不与其他发展项目争地、可以大规模开发等优势,一直受到开发商的关注。海上风力发电场通常在水深 50 m 以内、距海岸线 50 km,

以内的近海大陆架区域建设,与大陆相比,其建设成本高,技术难度大,但不占宝贵的土地资源,基本不受地形、地貌影响,风速更高,风能资源更为丰富,而且运输和吊装条件优越,风力发电机组单机容量更大,年利用小时数更高。目前,海上风力发电机组的单机容量多为 3~5 MW,年利用小时数一般在 3000 h 以上,有的高达 4000 h。

## 6.3.1 海上风力发电资源与现状

海上风能的开发应首先考虑海洋的气象水文状况、地理状况和海底地质条件等,参照目前的最新技术,应具备经济和技术的可行性。此外,还应评估生态和经济因素,这两点在取得开发许可的步骤中至关重要。

一般来说,海上年平均风速明显大于陆地。研究表明,离岸 10 km 的海上风速比岸上高 25% 以上。以渤海为例,其平均最大风速可达到 23.3 m/s。根据测风塔 43.6 m 高度资料分析,渤海 5—8 月风速较小,10—4 月风速较大,冬季发电比较理想,全年平均风速为 7.56 m/s,全年平均风功率密度为 552.2 W/m$^2$。

湍流度描述的是风速相对于其平均值的瞬时变化情况,可以表示为风速的标准偏差除以一段时间风速的平均值。自由风的湍流度对风机的疲劳载荷大小影响很大。由于海上大气的湍流度较陆地低,所以风机转动产生的扰动恢复慢,下游风机与上游风机需要较大的间隔距离,即海上风场效应较大。通常岸上湍流度为 10%,海上为 8%。海上风的湍流度在开始时随风速增加而降低,随后由于风速增大,海浪增高导致其逐步增加。

水深和海浪是影响海上风电场发展的两个重要的自然因素。水深不仅直接影响塔基尺寸和质量,而且影响海浪产生载荷。海浪随水深而增高,水深同时使海面到塔基的塔杆增加,从而导致塔基受到很大的翻滚力矩。国外研究表明,浪高随风速增加基本呈线性增加,当风速大于 20 m/s 后,海浪达到极限值,大约为 4 m,这是因为较浅的水深限制的缘故。浪高的极限值受水深的制约,而不受风速的制约。

欧洲的海上风力发电场主要位于北海、波罗的海及爱尔兰海的近海海域,这些地区也是世界上首先开发利用海上风能的区域。北海海面 100 m 高度处的年平均风速在 8~12 m/s 之间,北海地区的南部离北海海岸 10 km 的水域外,在 60 m 高度时的年平均风速超过了 8 m/s,北部地区的风速约为 9 m/s,波罗的海海面的平均风速略小于北海风速。

我国东南沿海及附近岛屿是风能资源丰富的地区,有效风能密度不小于 200 W/m$^2$ 的等值线平行于海岸线,沿海岛屿有效风能密度在 300 W/m$^2$ 以上,全年中风速不小于 3 m/s 的时数为 7000~8000 h,不小于 6 m/s 的时数为 4000 h,东部沿海水深 5~20 m 的海域面积辽阔,按照与陆上风能资源同样的方法估测,10 m 高度可利用的风能资源约为陆上的 3 倍,约 750 GW,这意味着我国海上风力发电的发展前景广阔。

自 1991 年丹麦兴建世界上第一座海上风电厂以来,欧洲海上风电装机容量不断增加,风电技术水平不断提高。1991—1997 年,丹麦、荷兰和瑞典通过对样机的试验,首次获得了海上风力发电机组的工作经验。2002 年,5 个新的海上风电场建设完成,功率为 1.5~2 MW 的风力发电机组向公共电网输送电力,开启了海上风电的新阶段。2006 年英国完成了 2 座海上风电场建设,总装机容量达 100 MW。截至 2008 年年底,全世界海上风电的总装机容量约 1473 MW,约占世界总风电容量的 1%。根据欧洲风能协会预测,今后 15 年的海上风力发电将成为风力发电发展的重要方向;到 2015 年欧洲海上风力发电规划装机量将达到 37 441.83 MW。国际相关环保组织对欧洲海上风力发电的发展前景估计乐观，预计到 2020 年，欧洲海上风力发电装机量可达到 240 GW，将满足欧洲用电量的 1/3。

我国的海上风电虽然起步较晚，但是发展前景喜人。2007 年年底，中国首个海上风电项目——100 MW 上海东海大桥海上风电场（如图 6-22 所示）开工建设。该风电场由 34 台国内最大单机容量的风电机组组成，总装机容量为 102 MW，设计年发电利用小时数为 2600 h，年上网电量为 $2.67 \times 10^8$ kW·h。

图 6-22　东海大桥海上风力发电场

目前我国沿海各省市正在着手编制海上风力发电发展规划，其中规模最大的为江苏省近海千万千瓦海上风力发电基地。根据江苏省海上风力发电发展规划的研究成果，江苏省海上风力发电可开发量约为 18 GW，其中潮间带可开发 2.5 GW，近海可开发 15.85 GW。预计到 2020 年，江苏省在潮间带和近海将建成约 7 GW 的海上风力发电场，千万千瓦级风力发电基地将基本形成。

浙江省也确定了 14.9 GW 装机容量的海上风力发电发展规划，其中潮间带 500 MW，近海（5~30 m 水深）7.35 GW，中深海域（30~50 m 水深）7.05 GW，并计划到 2020 年，建成 3.55 GW 近海风力发电场。根据浙江省海上风力发电场工程规划，装机主要集中在杭州湾、舟山、宁波、台州与温州 5 个百万千瓦级风力发电场，目前这些风力发电场规划成 58 个建设项目，从 2012 年起分期实施。

## 6.3.2　海上风力发电技术

海上风力发电技术包括基础结构设计、场址选择、风资源测量、海上风电机组设计和安装、电气传输技术、电网系统接入与稳定运行等方面。

**1. 基础结构设计**

海上风电基础结构复杂，设计难度大，投入成本高，严重制约着海上风电的发展。设计海上风电基础结构时，需综合考虑水动力、空气动力的双重载荷作用，兼顾风及波浪载荷、支撑结构、风电机组机头的动力学特性以及风电机组控制系统的响应等因素，以提高机组的可靠性、易安装性和易操作性来降低相应的成本。

海上风电机组的基础平台由油气工业中的海上采油平台形式发展而来。目前海上风力发电机组的基础结构有单桩、三脚架、导管架式基础、重力基础、负压桶基础和浮动平台结构等几种。每种基础结构都有其各自的优缺点，适应不同的海况条件。当设计开发大型海上风电场时,设计一种适合海上风机特殊要求和特定海况条件的基础结构能够节省前期投入。国外在基础结构设计方面有很多成功经验,但是国内缺乏这方面的经验。海上风机基础结构设计研究对推动我国海上风力技术的发展将起到至关重要的作用。

目前近海风电场普遍采用各种贯穿桩结构(如重力基础、单桩基础或多脚架基础)固定在海底的做法,建场成本昂贵是存在的重要问题。为此,在深水区将风力机安装在浮体平台上——海上(离岸)漂浮式风力机是当前非常有效的解决方案,其已成为海上风力发电研究的前沿与热点。海上漂浮式风力机的最大特点就是能够克服在海床底部安装基础结构受水深影响的缺点,使海上风电场的建设可以向深水区发展,充分利用我国广阔的海洋国土资源,这是解决我国东部发达地区能源消耗严重紧缺的一个非常有前景的方法。

**2. 场址选择**

近海风电场址的选择是一项非常复杂的工作。在近海风电项目的初期阶段,必须大量收集场址周围的相关信息以便做出正确的项目决策。在选择近海风电场址时,除了需要考虑风能资源、水深和海底地质条件以外,在总体规划时对海上油田、军事设施、轮船航道、渔业生产和海生动物的生态环境等因素也应有所考虑,以保证将来风电场的稳定正常运行。近海风电场场址选择一般考虑以下内容:

(1) 风能资源调查。可以利用长期的沿海陆地气象观测数据和短期海上观测资料,进行海陆风速的相关分析;借助气象站、石油钻井平台以及卫星、船只的观测资料来进行风资源的初步评价,初步估算发电量;还可以在场址安装测风塔或浮标等测风设备。对浮标测得的长期数据和测风塔测得的短期数据进行相关性分析,可大大减少风能资源评估中的不确定性,降低风电项目投资的风险性。

(2) 现场勘查。勘查内容包括地理信息、地质信息、区域水深、波浪、潮汐等。这有助于分析风电项目的技术性和经济的可行性。

(3) 气象灾害统计。影响风电场安全运营的气象灾害主要为热带气旋、台风、低温等。在中国东部沿海建设海上风电场,要特别考虑台风对风机的影响,因此,有些风能资源良好的位置要舍弃。

(4) 电网因素。应综合考虑当地陆地变电站的位置、电压等级、可接入的最大容量以及电网规划等。

**3. 海上风电机组设计和安装**

风机是风力发电的核心部分,主要由转子、风速计、控制器、发电机、变速器等部分组成。目前,海上风机的设计有两个主要发展趋势:对原有陆上风机的设计进行修正,如采用较大容量的发电机,增大参数,提高部件冗余度等;开发新的风机结构形式,这需要理论和工程上的突破。

现有海上风电场安装的风电机组基本上是由陆地风机改装而成的。早期的海上风电场使用的是中小型风电机组,单机容量为 220~600 kW。近期的大型海上风电场示范工程主要采用 MW 级风电机组,MW 级风电机组在尺寸、功率和风的捕获能力等方面有很大的提高。已投入商业运行的大型海上风电机组的容量为 1.5~2.5 MW,风轮直径范围为 65~80 m,最大的叶尖转速可达 80 m/s。正在研制的风机单机容量可以达到 5 MW,甚至达到 10 MW,风轮直径范围为 80~120 m。

### 4. 电气传输技术

海上风电机组按一定的规律排布，串联在一起形成若干个独立的组，分别与海上升压变电站相连接。例如，在某风电场，风电机组排布为 10 排，每排为 8 台风电机组，共 80 台，每相邻 2 排风电机组串联在一起，形成一组。

### 5. 电网系统接入与稳定运行

海上风电场接入电网有两种主要方式：

（1）交流输电并网方式。当海上风电场的规模相对较小且离海岸较近时，风电机组一般采用加 STATCOM 的交流电缆的输电方式接入陆上电网。采用交流输电并网方式的特点主要是电力传输系统结构简单，成本低，但由于交流电缆充电电流的影响，传输容量和传输距离会受到限制。

（2）高压直流输电（HVDC）并网方式。对于超长距离输电采用高压直流输电并网方式时，要依靠直流换流器。

## 6.3.3 我国海上风力发电的制约因素

海上风电开发虽然潜力巨大，但其运行环境相比陆地风电更复杂，技术要求更高，施工难度更大。我国海上风力发电的制约因素如下：

（1）现阶段海上风电机组的成本是海上风电开发成功与否的关键。由于盐雾腐蚀、海浪及潮流冲击等，海上风电场对机组要求很高。欧洲海上风电场投资成本在 1700～2000 欧元/kW（陆地风电场的投资成本约 1000 欧元/kW）。随着风机尺寸和风机布置规模的不断扩大，大功率风机的研制开发及安装运输技术的逐渐成熟，其海上风电的成本也将不断下降，为今后海上风电的大规模开发和应用提供了可能。

（2）海上风电机组的安装是一个难题。目前我国还没有用于海上风电施工的专用船只。另外，海上风电机组的运行维护也是难点，当海上风速过大时，维修人员乘坐的汽艇就无法靠近。

（3）自然条件有限制，北怕浮冰南怕台风。如果在中国北方建立海上风电场，那么每年冬季海上的浮冰将会是风机安全的最大威胁。在中国南方，台风又成为风电场安全的"第一杀手"。台风对风电场的影响是破坏性的。一般来说，当风力超过 10 级时，对风电的破坏性很大，可以直接摧毁外部设备，也可能因转速过快导致机器烧毁。2006 年，当"桑美"台风登陆浙江省苍南县时，就对苍南风电场造成了毁灭性的打击。因此，中国必须加快海上风力资源和台风灾害的调查统计，选择合适的海上风电场场址，以有效利用海上风能资源。

（4）产业技术发展相对落后。中国海上风电起步较晚，技术发展和人才储备都很薄弱。国产风机最大单机容量为 3 MW，此款机型可用于海上风电场，但还没有正式批量生产，而国际上已开发出 3.6 MW、4 MW、5 MW 和 6 MW 的海上风电机组，并示范成功。由此可见，中国大型海上风机制造技术的落后，将会成为中国海上风电发展的重要制约因素。因此，加快大型海上风机的开发研制已是中国发展海上风电的当务之急。

（5）风电接入电网受到制约。目前中国风电场并网的研究还不成熟，没有统一的标准，风电还没有完全纳入电网建设规划，且缺少必要的管理办法和技术规定以确保大规模风电的可靠输送和电网的安全稳定运行。

## 6.4 风能与其他能源的互补发电

考虑到新能源发电技术的多样性,以及它们的变化规律并不相同,在大电网难以到达的边远地区或隐蔽山区,一般可以采用多种电源联合运行,让各种发电方式在一个系统内互为补充,通过它们的协调配合来提供稳定可靠的、电能质量合格的电力。这样在明显提高可再生能源可靠性的同时,还能提高能源的综合利用率。这种多种电源联合运行的方式就称为互补发电。

可再生新能源互补发电具有明显的优点,总结起来,至少包含以下几个方面。

(1) 既能充分发挥可再生能源的优势,又能克服可再生能源本身的不足。风能、太阳能、生物质能等可再生新能源具有的取自天然、分布广泛、清洁环保等优点在互补运行中仍能继续体现,而其季节性、气候性变动造成的能量波动可以在很大程度上通过协调配合而相互减弱,从而实现整体的平稳输出。

(2) 对多种能源协调利用,可以提高能源的综合利用率。发电是为用电服务的,保障用户用电的连续可靠是最基本的要求。单一的发电方式在一次能源充沛(例如风速较高或日照充足)的情况下,可能由于用电量的限制而不得不减额输出,使很多能够转换为电能的能量被轻易放弃,在一次能源减少(例如风速很低,阴雨天光照弱或夜晚没有光照)时又会造成供电不足;多种能源的协调配合,可以很好地利用各种新能源的差异性,最大限度地利用各自的能量,提高多种能源的综合利用率。

(3) 电源供电质量的提高会使对补偿设备的要求降低。单一的发电方式其功率的波动性和间歇性明显,为了连续、可靠地向用户供电,可能需要配备大量昂贵的储能装置或补偿装置;互补运行的多种新能源发电其间歇性和波动性已经通过相互抵消而大大削弱,因此需要的储能或功率补偿要求都明显降低。

(4) 合理布局和配置,可以充分利用土地和空间。如果同时有多种电源可以利用,则通过合理的布局和配置,可以在有限的土地面积和空间内最大限度地提高能源的获取量,反过来看,获取所需的能量需要占用的土地面积和空间就大大减少。

(5) 多种电源共用变电设备和运行管理人员,可以降低成本,提高运行效率。多种能源互补发电,一方面将多个分散的电源进行统一输配和集中管理,可以通过共用设备和运行管理人员,减少建设和运行成本;另一方面,总的发电能力增加了,也可降低平均的运行维护成本。

互补发电具有广泛的推广应用价值,是能源结构中一个崭新的增长点。理论上,只要资源允许,任何新能源发电方式都可以互补应用。然而由于各种各样的条件限制,目前新能源互补发电方式中,实际应用较多的是风能-水能(简称风水)互补发电、风能-太阳能(简称风光)互补发电等。

### 6.4.1 风光互补供电系统

风力发电成本较低,但随机性大,不易储存,供电可靠性差;太阳能发电稳定可靠,但目前成本较高。二者在转换过程中会受到地理分布、季节变化、昼夜交替等多种因素的共同制约。太阳能与风能在时间上和地域上都有天然的资源互补性,白天太阳光强时,风力很弱，晚上太阳落山后，光照减弱，地表温差变化大时风能加强，在夏季，太阳光照强而风小，在冬季，太阳光照弱而风大。如将两者结合起来，可实现昼夜发电。在合适的气象资源条件下，风光互补发电系统可提高系统供电的连续性、稳定性和可靠性，有利于发电与用电的平衡，减小储能装置的容量要求，降低发电成本。所以，风光互补发电系统是一种具有较高性价比，符合我国可持续发展战略、环境保护及新能源开发利用的要求，在资源上具有最佳的匹配性的新型独立电源系统。分布式风光互补发电系统具有设备小型化、模块化、投资小、应用灵活等优点，在国内外很多地区应用较为广泛。

2009年9月，西藏自治区单机容量最大的风光互补发电站投入使用（见图6-23）。该电站位于那曲县香茂乡一村，总投资210万元，由20套1 kW的户用型风力发电系统和20 kW风光互补型集中供电系统组成，总功率为40 kW。单台风机功率为10 kW和5 kW，是目前在西藏自治区应用的功率最大的风机。该电站户用系统分别采用400 W光伏、600 W风能和300 W光伏、700 W风能两组风光互补组合体，在投入使用后解决了该村58户近400人的用电问题。

图6-23 风光互补发电站实例图

**1. 风光互补发电系统的结构和配置**

目前典型的风光互补发电系统的主要设备包括：太阳能光伏阵列、风力发电机组、蓄电池组、卸荷负载、风力互补控制器、逆变器、直流负载、交流负载。其典型结构如图6-24所示。

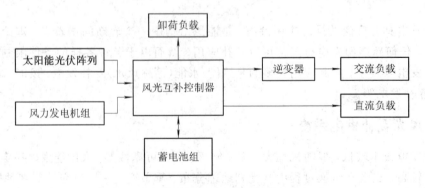

图6-24 典型风光互补发电系统的结构框图

风力发电部分利用风力机捕获风能并将其转换为机械能,然后通过风力发电机组将机械能转换为电能,再通过风力互补控制器对蓄电池组进行充电,可直接对直流负载供电,也可经过逆变器对交流负载供电。

光伏发电部分利用太阳能光伏阵列的光伏效应将光能转换为电能,然后对蓄电池组充电,可直接对直流负载供电,也通过逆变器将直流电转换为交流电对交流负载供电。

逆变器部分的作用是将风光互补发电系统所发出的直流电能转换成交流电能。在很多场合,都需要提供 AC 220 V、AC 110 V 的交流电源。由于蓄电池组的直接输出一般都是 DC 12 V、DC 24 V、DC 48 V,因此为能向 AC 220 V 的电器提供电能,需要使用 DC/AC 逆变器。同时,逆变器部分还具有自动稳压功能,可改善风光互补发电系统的供电质量。

控制器部分根据日照强度、风力大小及负载的变化,协调风力发电机组、太阳能光伏阵列的最大功率跟踪,并实现对蓄电池组的充放电控制、过充过放保护等功能。它不断对蓄电池组的工作状态进行切换和调节,一方面把调整后的电能直接送往直流或交流负载;另一方面把多余的电能送往蓄电池组存储起来。当发电量不能满足负载需要时,控制器把蓄电池的电能送往负载,从而保证了整个系统工作的连续性和稳定性。

蓄电池部分由多块蓄电池组成,在风光互补发电系统中同时起能量调节和平衡负载两大作用。它将光伏发电系统和风力发电系统输出的电能转化为化学能并储存起来,以备供电不足时使用,从而保证了负载工作的连续性和稳定性。

除了上述各部分外,目前部分风光互补发电系统还包括监控系统。例如,在大电网覆盖不到的偏远地区所建的风光互补发电站就应用了无人值守远程监控系统。监控系统可对基站内设备进行统一监测、管理和控制,与监控中心调度自动化系统进行实时、有效的信息交换共享,优化操作,提高供电系统的安全稳定运行水平。监控系统的基本功能为:数据采集、运行检测与控制、继电保护、数据通信等。基站自动化技术是实现基站由有人值守向无人值守转化的关键。该技术将各个子系统通过计算机网络互连在一起,进行科学合理的控制设计,相互交换信息、共享数据,并对基站运行进行监视、管理、协调和控制,使基站的运行更为稳定可靠,切实解决发电基站较为偏远的问题,同时可以减少运行人员和占地面积,降低运行维护成本,提高发电系统的经济效益。

**2. 风光互补发电系统的控制技术**

控制器是风光互补发电系统的核心,它控制着整个系统使其合理稳定地运行。控制器的主要功能是对蓄电池组进行充电放电控制、保护、调节,以及分配系统输入输出电量和执行监控。所以研究风光互补供电系统的控制技术是使其系统稳定运行的基础,而其控制策略在第四章及前节有所叙述,即最大功率点跟踪(MPPT)控制,在此不再赘述。以下就其具体的应用做一介绍。

对于风光互补发电系统,从理论上来讲,要想获得最佳的最大功率点跟踪效果,应该分别对风电和光电进行最大功率点跟踪。如图 6-25 所示,风力发电机和太阳能电池分别经过一个 DC/DC 的充电控制器实现最大功率点跟踪控制,对蓄电池组充电。蓄电池组输出的直流电能通过逆变装置供给交流负载应用。其中各个环节中的控制均由一个单片机完成。但是这种控制方案的成本很高,对于功率为千瓦级以内的风光互补电源来说很不经济。

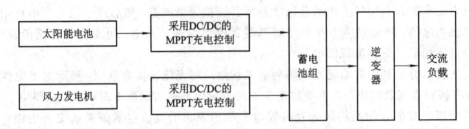

图 6-25 风电、光电同时进行 MPPT 控制示意图

如果风力发电机和太阳能电池经过同一个 DC/DC 充电控制环节（见图 6-26），则可大大降低成本，并使得控制简单化。但是用同一个 DC/DC 变换器去跟踪风电和光电总的最大功率点，这个点可能并非是光电和风电的最佳工作点。然而对于千瓦级以内的小系统来说，经济和简易还是很重要的。另一方面，由于在一般情况下，风力资源通常在早晚大，中午小，而太阳能正好相反，它们具有很强的互补性，在早晚时，最大功率点跟踪的主要是风电，而在中午主要是光电，在夜间则完全是风电，所以该方法是有其科学性的。

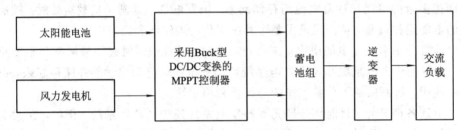

图 6-26 采用同一个 MPPT 控制器风光互补电源示意图

**3. 风光互补发电系统的应用**

为推动我国节能环保事业的发展，促进资源节约型和环境友好型社会的建设，政府不断推出扶持政策来支持风光互补发电系统的发展。随着光伏发电技术、风力发电技术的日趋成熟及实用化进程中产品的不断完善，风光互补发电系统的应用越来越广泛。

（1）无电农村的生活、生产用电。中国现有 9 亿人口生活在农村，其中 5% 左右目前还未能用上电。在中国，无电乡村往往位于风能和太阳能蕴藏量丰富的地区，因此利用风光互补发电系统解决用电问题的潜力很大。

（2）半导体室外照明中的应用。目前已被开发应用的新能源、新光源室外照明工程有：风光互补 LED 智能化路灯（见图 6-27）工程、风光互补 LED 小区道路照明工程、风光互补 LED 景观照明工程、风光互补 LED 智能化隧道照明工程等。

（3）航标上的应用。风光互补发电系统在航标上的应用具备季节性和气候性的特点。事实证明，其应用可行，效果明显。

（4）监控摄像机电源中的应用。应用风光互补发电系统为道路监控摄像机提供电源，不仅节能，而且不需要铺设线缆，减少了被盗的可能，可以有效防盗。

（5）通信基站中的应用。目前国内许多海岛、山区等地远离电网，但当地旅游、渔业、航海等行业又有通信需要，需要建立通信基站。海岛风光互补发电系统是可靠性、经济性较好的独立电源系统，适合用于为通信基站供电（见图 6-28）。

（6）抽水蓄能电站中的应用。风光互补抽水蓄能电站利用风能和太阳能发电，不经蓄电池而直接带动抽水机抽水蓄能，然后利用储存的水能实现稳定的发电。

图 6-27 风光互补 LED 智能化路灯

图 6-28 海岛风光互补发电系统应用于移动基站

## 6.4.2 其他风能的互补发电系统

**1. 风能水能互补发电系统**

风能具有明显的波动特性，在一天甚至一个小时内都可能有很大的差异。如果风力发电规模较小，则这种短时间内的能量波动可以用太阳能光伏发电进行一定程度的弥补，即风光互补发电；如果风力发电的规模较大，则在现有的经济技术条件下，用光伏发电进行互补其效果就很有限了。若考虑风能变化的季节性，则在某些地区可以用水力发电进行互补。在我国西北、华北、东北等内陆风区，大多是冬春季风大、夏秋季风小，与水能资源的夏秋季丰水、冬春季枯水分布正好形成互补特性，这是构建风能水能互补发电系统的基础条件。在这样的地区，经过详细调研，进行合理的发电容量配置，可以充分发挥风能和水力资源的各自优势，可通过两种可再生能源的互补，在一定程度上解决新能源发电的间歇性和波动性问题。

风水互补发电系统是风力发电系统与水力发电系统的有机结合与调度，当风电场对电网的出力随机波动时，水电站可快速调节发电机的出力，对风电场出力进行补偿。另外，在资源分布上，二者有着天然的时间互补性。在我国的大部分地区，夏秋季节风速小，风电场的出力较低，而这时候正是雨量充沛的时候，水电站可多承担相应的负荷；到了冬春时节，水库的水位较低，水电站的出力不足，而这时风电场的风速较大，能够承担更多的负荷。实验证明，这种互补方式提高了风电输送容量，突破了传统风电装机容量不能超出电网容量5%～10%的限制。由于风能和水能都有间歇性的特点，因此利用风水互补发电是一种比单一风力或水力发电更经济更有效的发电方式。由于风能水能互补发电系统非常复杂，因此利用传统的控制理论与方法进行分析是非常困难的，必须使用先进的仿真平台对风能水能互补发电系统进行完善分析，以提高发电系统的可靠性和稳定性。另外，还需要不断研究风水互补发电系统的关键技术，以促进这种互补发电系统的长足发展。

**2. 风光柴互补发电系统**

目前，在很多边远或孤立地区，柴油发电机组是提供必要生活和生产用电的常用发电设备。不过，柴油价格高，运输不便，有时还供应紧张，因而柴油机发电的成本很高，往往不能保证电力供应的可靠性。在高山和海岛，太阳能和风能资源往往比较丰富，可以因地制宜地用这些可再生新能源与柴油机联合发电。

风电或光伏发电与柴油发电机组并联运行，一方面可以节省燃料柴油，降低发电成本；另一方面，还可以充分利用可再生能源，减轻发电可能造成的环境污染，并保证供电的连续性和可靠性。光柴互补发电系统同风柴联合发电系统的设计思想和基本特点是类似的。不过，其中光伏发电系统对逆变器的要求较高，既要有较高的效率和可靠性，还要能适应因光照变化造成的直流电压变化。光柴互补发电系统的发展在一定程度上取决于光伏逆变器的技术水平和成本。

风光柴互补发电系统可由直流母线系统和交流母线发电系统组成，交直流母线间通过整流器和逆变器完成能量的交换。整个系统由能量产生环节、能量存储环节、能量消耗环节三部分组成。能量产生环节又分为风力发电和光伏发电部分，分别将风能、太阳能资源转化为高品质的电力能源；能量存储环节由蓄电池来承担，引入蓄电池是为了尽量消除由于天气等原因引起能量供应和需求的不平衡，在整个系统中起到能量调节和平衡负载的作用；能量消耗环节就是各种用电负载，可分为直流负载和交流负载两类，交流负载连入电路时需要逆变器。另外，为了增强系统供电的不间断性，还可以考虑引入后备柴油机。后备柴油机的选配在很大程度上还是根据当地的风力、日照资源条件来确定的。

风光柴互补发电系统具有的优点主要有：资源利用率高，与独立系统相比更充分地利用了太阳能、风能这两种可再生资源；在保证供电的情况下，可以大大减少储能蓄电池的容量，减少了用户在蓄电池上的大量投资；基本可满足用户的用电需求。

# 本 章 小 结

近年来风力发电技术的成熟带动了风力发电市场的繁荣发展，装机量的逐年增加显现出了风力发电的无限优势与潜力。风力发电利用了自然界中最普遍的风能，通过风力发电机组将风能转化为电能以供使用。风力发电系统可分为离网型与并网型，现今存在形式最多、规模最大的为并网型风力发电。然而在风能转化为电能的同时涉及很多技术问题，诸如功率调节、变速恒频技术、控制技术、变流技术、低电压穿越技术等。本章对于上述技术做了相应的介绍。风力发电随着技术的发展形成了不同的应用形式：海上风力发电是潜力最大的项目，而风光互补等与其他形式的互补发电也体现了风力发电的优势。以后综合应用各种新能源发电将是一个趋势。

## 习 题

1. 结合自己的了解,简述当今风电领域存在的问题。
2. 风力发电的基本原理是什么?风力发电系统由哪些部分组成?
3. 风力发电中最大功率跟踪(MPPT)主要有哪些方法?
4. 保持发电机输出频率恒定的方法有几种?简述两种变速恒频风力发电机组。
5. 什么是低电压穿越技术?画出被动式 Crowbar 电路的两种典型结构。
6. 海上风力发电技术包括哪些?
7. 可再生新能源互补发电有哪些明显优点?
8. 试述风光互补发电系统的构成及其主要的控制技术。

# 第七章 电动汽车充电电源

## 7.1 电动汽车与电动汽车充电电源概述

### 7.1.1 电动汽车简介

**1. 电动汽车概况**

电动汽车是 21 世纪清洁、高效和可持续运行的交通工具,是一种电力驱动的道路交通工具。从环境方面考虑,在城市交通中使用电动汽车可实现零排放或极低排放。即使考虑到给这些电动汽车提供能量的发电厂的排放,仍能显著减少全球的空气污染。电池是电动汽车的动力源泉,也是一直制约电动汽车发展的关键因素。现在,零排放纯电动汽车的技术已经逐渐成熟,并已开始商品化(见图 7-1),一次充电即可基本满足市区交通的要求。电动汽车大规模应用的主要问题是初始成本高和续驶里程不理想,而通过开发快速充电系统,可实现随时随地方便及时地对动力电池进行充电,有效延长电动汽车的续驶里程,将更有利于电动汽车的推广。

图 7-1 纯电动汽车

**2. 国内外发展现状及趋势**

1) 国外发展现状及趋势

电动汽车的研究始于 19 世纪初,在 100 多年前欧美等国家就出现过电动汽车,但由于受到蓄电池技术的限制,其比能量低,续驶里程短,使用费用高,因此电动汽车的发展处于停顿状态。随着石油资源的日渐枯竭和燃油汽车排放造成的环境污染日益加剧,人们才又开始把注意力集中到电动汽车的研发上。从 20 世纪 70 年代起,世界发达国家均投入巨资进行电动汽车商业化开发和应用。例如,美、日、德、法等国都相继推出了混合动力式电动汽车、电动轿车、电动客车等。1997 年,日本丰田推出了世界上第一款批量生产的混合动力汽车,其后又在 2001 年相继推出了混合动力面包车和皇冠轿车,运用了先进的混合动力系统(THS)电子控制装置与电动四轮驱动及四轮驱动力/制动力综合控制系统,在普及混合动力系统的低燃耗、低排放和改进行驶性能方面处于世界前沿。

近年来，美、日、德等汽车工业强国先后发布了关于推动包括电动汽车在内的新能源汽车产业发展的国家计划。美国奥巴马政府实施绿色新政，计划到2015年普及100万辆插电式混合动力电动汽车（PHEV）。日本把发展新能源汽车作为"低碳革命"的核心内容，并计划到2020年普及包括混合动力汽车在内的"下一代汽车"达到1350万辆。为完成这一目标，日本计划到2020年开发出至少38款混合动力车、17款纯电动汽车。德国政府在2008年11月提出未来10年普及100万辆插电式混合动力汽车和纯电动汽车，并宣称该计划的实施标志着德国将进入新能源汽车时代。

各国政府加大了政策支持力度，全力推进包括混合动力汽车在内的新能源汽车产业化。美国对PHEV实施税收优惠，减税额度在2500美元和15 000美元之间，同时美国政府对电动汽车生产予以贷款资助。2009年6月23日，福特、日产北美公司和Tesla汽车公司获得80亿美元的贷款，主要用于混合动力和纯电动汽车的生产。日本从2009年4月1日起实施新的"绿色税制"，对包括混合动力车、纯电动汽车等低排放且燃油消耗量低的车辆给予税赋优惠，一年的减税规模约为2100亿日元，是现行优惠办法减税额的10倍。法国对购买低排放汽车的消费者给予最高5000欧元的奖励，对高排放汽车进行最高2600欧元的惩罚。此外，美国新的汽车燃油经济性法规和欧盟关于新车平均二氧化碳排放的法规，对汽车的技术要求大幅提高，如果不发展新能源汽车技术，汽车制造商将很难达到新法规的要求。

2）我国电动汽车发展现状

经过10多年的努力，我国电动汽车自主创新取得了重要突破，自主开发的产品开始批量化进入市场，发展环境逐步改善，产业发展具备了较好基础，具有了加快发展的有利条件和优势。

（1）自主创新取得重大突破，形成了较强的产品开发能力。我国政府着眼长远，超前部署，长期以来积极组织开展电动汽车的自主创新。"九五"期间，电动汽车列入国家重大科技产业工程。"十五""十一五"期间电动汽车列入国家863计划。在自主创新过程中，坚持了政府支持，以核心技术、关键部件和系统集成为重点的原则，确立了以混合动力汽车、纯电动汽车、燃料电池汽车为"三纵"，以整车控制系统、电机驱动系统、动力蓄电池/燃料电池为"三横"的研发布局，通过产学研紧密合作，我国电动汽车自主创新取得了重大进展。

电动汽车的核心是动力系统电气化。我国电动汽车开发起点高，围绕重点目标和核心技术，建立起了纯电动、混合动力和燃料电池三类汽车动力系统技术平台和产学研合作研发体系，取得了一系列突破性成果，为整车开发奠定了坚实的基础。2002—2008年，我国在电动汽车领域已获得专利1796项，其中发明专利达940项。

我国自主研制出的容量为6～100 A·h的镍氢和锂离子动力电池系列产品，其能量密度和功率密度接近国际水平，同时突破了安全技术瓶颈，在世界上首次规模应用于城市公交大客车；自主开发的200 kW以下永磁无刷电机、交流异步电机和开关磁阻电机，其电机重量比功率超过1300 W/kg，电机系统最高效率达到93%。

（2）示范运行持续深入，电动汽车开始进入市场。从2003年起，北京、天津、武汉、深圳等7个城市及国家电网公司先后开展了新能源汽车小规模示范运行考核，累计投入运营车辆超过500辆，运营里程超过1500万公里，平均故障间隔里程为3500公里以上，出勤率为95%以上。

在2008年北京奥运期间，集中投入了595辆自主研发的混合动力汽车、纯电动汽车及燃料电池汽车，累计运行370多万公里，运送乘客440多万人次，实现了奥运史上最大规模的电动汽车示范运行。图7-2所示为由北京理工大学、京华客车等单位研制的奥运用纯电动客车。该车采用新型锂离子动力电池、分散式快速更换方案，集成交流电机和自动变速系统的一体化电力驱动系统提高了电机使用效率和电池使用寿命，实现了整车信息共享，三路CAN总线分别对整车低压电气、高压电气和电池组进行通信与控制。该车已获得国家汽车产品公告，奥运会期间有50辆这种车型在奥运村内环线等三条线路上提供服务。

图7-2 奥运用纯电动客车

2010年6月，财政部等多部委联合发布《关于开展私人购买新能源汽车补贴试点的通知》（简称《通知》），确定在上海、长春、深圳、杭州、合肥等5个城市启动私人购买新能源汽车补贴试点工作。《通知》明确规定，中央财政对试点城市私人购买、登记注册和使用的插电式混合动力乘用车和纯电动乘用车给予一次性补贴。补贴标准根据动力电池组的能量确定，对满足支持条件的新能源汽车按3000元/千瓦时给予补贴。插电式混合动力乘用车每辆最高补贴5万元，纯电动乘用车每辆最高补贴6万元。

**3. 我国发展电动汽车的重要意义**

(1) 实现交通能源的多元化，维护国家的能源安全。我国从1994年开始成为石油的纯进口国，2000年我国进口石油7000万吨，成品油3000万吨。据国际石油组织（IEA）和中国能源研究所预测，我国到2050年石油需求量为5.0亿吨，需进口石油4.0亿吨，石油产量减到1亿吨。可见，我国的石油资源将会在不久的将来枯竭。进口石油数量的激增需要我们认真考虑在交通方面的能源结构多样化，以维护我国的能源安全。

(2) 降低汽车的排放污染，促进社会的可持续发展。据联合国调查，世界上污染最严重的10个城市中，有7个在中国。近年来随着国民经济的发展和汽车保有量的持续快速增长，我国城市的大气污染已经非常严重了，如果将来继续沿用目前的传统内燃机技术发展汽车，将会对我国城市的大气造成更为严重的污染后果。

(3) 增强我国汽车工业的自身竞争力。电动汽车作为信息技术、电子技术、新能源、新材料、先进制造技术等现代高科技的综合集成，是典型的高科技产品。汽车工业具有很强的关联带动性，电动汽车的产业化不仅是高新技术的典范，而且是用高新技术改造传统产业，用信息化带动工业化的突破口。业内专家普遍认为，发展电动汽车是一项复杂的系统工程，需要官、产、学、研协调配合，大力协同，应尽快建立开放、竞争、规范的运行机制和管理体制，调动社会各方面力量，共同推进电动汽车的产业化。

### 4. 电动汽车的关键技术

1) 电动汽车的"心脏"——电动机

电力驱动及控制系统是电动车辆的核心，也是区别于内燃机车辆的最大不同点。电力驱动及控制系统由驱动电动机、电池组和电动机的调速控制装置等组成。电动车的其他装置则基本与内燃机车辆相同。纯电动汽车是完全用电动机来取代发动机驱动的。不少人认为电动机的动力没有发动机好，然而在先进的交流电机的驱动下，现代电动汽车的动力性甚至远远超过了不少大排量内燃机，电动机可以在相当宽广的速度范围内高效地产生转矩，这意味着电动车甚至只需要单级减速齿轮就可以驱动车辆。图7-3所示为电动汽车的心脏——电动机。

图7-3 电动汽车的"心脏"

2) 电动车汽车的"油箱"——电池组

制约电动汽车发展的主要问题集中于电池成本较高，充电时间长，续驶里程较短。近年来，不少汽车公司和研究机构的最新研究正在逐渐弥补电动汽车的这些先天缺陷。目前镍氢电池和锂电池为不少电动汽车和混合动力汽车所使用。其中，镍氢电池可快速充电，循环寿命长，同时它不存在重金属污染，也被称为"绿色电池"，但是比能量没有锂电池高。锂电池有很多种类，如锂离子电池、锂熔盐电池、锂聚合物电池等，其具备较高的能量密度，等比功率大，比能量高，非常适合作为电动汽车车载电池。近年来，锂电池的研究使其在寿命和稳定性方面有大幅提升，因此锂电池很可能成为未来电动汽车的主力电池类型。图7-4所示为电动汽车的"油箱"——电池组。

图7-4 电动汽车的"油箱"

3) 电动车的"神经中枢"——电力驱动及控制系统

电力驱动及控制系统是电动车的神经中枢，它将电动机、电池和其他辅助系统互为连接并且加以控制。电力驱动及控制系统按工作原理可划分为车载电源模块、电力驱动主模块和辅助模块三大部分。

车载电源模块主要由电池电源、能源管理系统和充电控制器三部分组成。由于电动机驱动所需的电压往往与辅助装置的电压要求不一致，辅助装置所要求的一般为 12 V 或 24 V 的低压电源，而电动机驱动一般要求为高压电源，并且所采用的电动机类型不同，其要求的电压等级也不同，因此为满足该要求，可以用多个 12 V 或 24 V 的蓄电池串联成 96～384 V 高压直流电池组，再通过 DC/DC 转换器（见图 7-5）供给所需的不同电压。

图 7-5 DC/DC 转换器

电力驱动主模块主要由中央控制单元、驱动控制器、电动机、机械传动装置等组成。中央控制单元根据加速踏板与制动踏板的输入信号，向驱动控制器发出相应的控制指令，对电动机进行启动、加速、降速、制动控制。驱动控制器的功能是按中央控制单元的指令和电动机的速度、电流反馈信号，对电动机的速度、驱动转矩和旋转方向进行控制。

辅助模块包括辅助动力源、动力转向单元、显示仪表和各种辅助装置等。该模块的功能与传统汽车上辅助模块的功能非常类似。

## 7.1.2 充电电源概述

**1. 充电电源发展概况**

目前，常用的充电电源主要有以下三种：相控电源、线性电源、开关电源。

(1) 相控电源是较传统的电源，以晶闸管作为功率开关器件，它将市电经过整流滤波后输出直流，通过改变晶闸管的导通相位角来控制整流器的输出电压。相控电源所使用的变压器为工频变压器，其体积庞大，因此造成相控电源本身体积庞大。相控电源的动态响应差，功率因数低，谐波污染严重。目前相控电源已经有逐步被淘汰的趋势。

(2) 线性电源是另一种常见的电源，它串联功率调整管，是可以连续控制的线性稳压电源。线性电源的功率调整管总是工作在放大区，通过的电流是连续的。由于调整管上的损耗功率较大，所以需要采用大功率调整管并需装配体积很大的散热器。

(3) 开关电源的发展历史比较短，但具有体积小、动态响应快、效率高等特点，近年来得到了广泛研究与关注，特别在通信、电力等领域中得到了较普遍的应用。开关电源采用功率半导体器件作为开关，通过控制开关管的占空比来调整输出电压。近年来，随着新的电子元器件、新电磁材料、新变换技术、新控制理论及新的软件不断出现并应用到开关电源,国内外开关电源技术已经有了长足的进展。综合起来,开关电源的技术进展可以概括为以下几个方面:

① 高频化。开关电源的体积、重量主要是由储能元件、磁性元件和电容决定的,因此开关电源的小型化实质上就是尽可能减小其中储能元件的体积。在一定范围内,开关频率的提高不仅能有效地减小电容、电感及变压器的尺寸,而且还能抑制干扰,改善系统的动态性能。因此,高频化是开关电源的主要发展方向。

② 软开关技术。为提高变换器的变换效率,各种软开关技术应运而生,具有代表性的是无源开关技术和有源开关技术,主要包括零电压开关/零电流开关(ZVS/ZCS)谐振、准谐振、零电压/零电流脉冲脉宽调制技术(ZVS/ZCS - PWM)、无源无损软开关技术、有源软开关技术等。采用软开关技术可以有效地降低开关损耗和开关应力,有助于变换器变换效率的提高,而效率的提高会降低整机的温升,增加开关电源的可靠性。

③ 功率因数校正技术(PFC)。目前 PFC 技术主要分为有源 PFC 技术和无源 PFC 技术两大类。采用 PFC 技术可提高 AC - DC 变换的输入功率因数,减少开关电源对电网的谐波污染。

④ 多模块并联均流技术。大功率产品出于提高可靠性与扩展功率的目的,一般采用多模块并联均流的措施。目前充电电源模块化、大容量化已经成为其发展方向,模块并联是其实现大容量化的一个主要方法,但也随之带来了并联后的均流问题。目前均流方法主要分为硬件均流与软件均流两种。

**2. 电动汽车充电电源研究现状**

电动汽车电池充电一般采用两种基本方法:接触式充电和感应耦合式充电。美国汽车工程协会根据系统要求,制定了相应的标准。其中,针对电动汽车的充电器,制定了 SAEJ - 1772 和 SAEJ - 1773 两种充电标准,分别对应于接触式充电方式和感应耦合式充电方式。2010 年 7 月南方电网也发布了自己的《电动汽车充电设施系列技术标准》。电动汽车充电系统制造商在设计、研制及生产电动汽车充电器时,必须符合这些标准。

1) 接触式充电

接触式充电方式也叫传导式充电。接触式充电方式采用传统的接触器,使用者把充电电源接头连接到汽车上。其典型示例如图 7 - 6 所示。这种方式的缺陷是:导体裸露在外面,不安全,而且会因多次插拔操作,引起机械磨损,导致接触松动,不能有效传输电能。

图 7 - 6 接触式充电示意图

电动汽车的充电电源属于一种大功率电力电子设备,研发人员多年来一直追求电力电子设备的高效率、高功率因数、小型化。软开关技术是实现高效率的有效措施,而高的功率因数的实现就要用到功率因数校正技术(PFC)。

2) 感应耦合式充电

感应耦合式充电是一种利用电磁感应原理通过非接触的耦合方式进行能量传递的新型充电方式。该方式具有安全性好、适应性强和操作方便等优点,易于实现自动充电。它的出现弥补了接触式充电方式的缺陷。感应耦合式充电方式目前主要用于电动汽车,且该方式在大型移动机电设备、无缆机器人等领域也有着广泛的应用前景。

感应耦合式充电就是将传统变压器的感应耦合磁路分成两部分,初、次级绕组分别绕在不同的磁性结构上,实现在电源和负载单元之间不需要物理连接的能量耦合。

图 7-7 给出的是电动汽车感应耦合式充电系统的简化图。图 7-7 中,输入电网交流电经过整流后,通过高频逆变环节,经电缆传输通过感应耦合器后,传送到电动汽车输入端,再经过整流滤波环节,给电动汽车车载蓄电池充电。充电过程中,电池的电压、电流以及温度等信息经过相应的传感器采集后以无线方式传输给耦合器初级的控制单元,从而实现反馈控制。

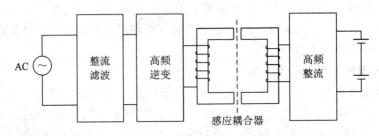

图 7-7 电动汽车感应耦合式充电系统的简化图

感应耦合式充电方式还可进一步设计成无需人员介入的全自动充电方式,即感应耦合器的磁耦合装置原、副边之间分开更大的距离,充电电源安装在某一固定地点,一旦汽车停靠在这一固定位置上,就可以无接触式地接受充电电源的能量,实现感应充电,从而无需汽车用户或充电站工作人员的介入,实现了全自动充电。但是感应耦合式充电方式存在一些难点,如感应耦合器是感应耦合式充电系统的关键部分,也是难点部分,反馈信号的传输需要用无线传输。

为实现电动汽车市场化,美国汽车工程协会根据系统要求,制定了 SAEJ-1773 标准。SAEJ-1773 标准给出了对美国境内电动汽车感应耦合器最小实际尺寸及电气性能的要求。充电耦合器由两部分组成:耦合器和汽车插座。其组合相当于工作在 80~300 kHz 频率之间的原、副边分离的变压器。

对于感应耦合式电动汽车充电,SAEJ-1773 推荐采用三种充电模式,如表 7-1 所示。

表 7-1 SAEJ-1773 推荐采用的三种充电模式

| 充电模式 | 充电方式 | 功率等级 | 电网输入 |
| --- | --- | --- | --- |
| 模式 1 | 应急充电 | 1.5 kW | AC120V-15A 单相 |
| 模式 2 | 家庭充电 | 6.6 kW | AC230V-40A 单相 |
| 模式 3 | 充电站充电 | 25~160 kW | AC208V-600A 三相 |

对于不同的充电方式，充电器的设计也会相应不同。其中，最常用的是家庭充电方式，充电器功率为 6.6 kW，更高功率级的充电器一般用于充电站等场合。

根据 SAEJ-1773 标准，感应耦合器可以用如图 7-8 所示的等效电路模型来表示。

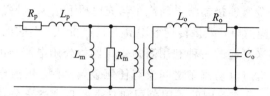

图 7-8 感应耦合器的等效电路模型

图 7-8 中，变压器原、副边分离，具有较大的气隙，属于松耦合磁件，磁化电感相对较小。在设计变换器时，必须充分考虑这一较小磁化电感对电路设计的影响。

## 7.1.3 电动汽车充电机

**1. 电动汽车充电机的定义及分类**

电动汽车是靠电力作为动力源来驱动电动汽车的，车上装备着电池，用以储蓄电能。因此，必须有相应的充电设备，为车上的电池补充电能。电动汽车充电机是一种专为电动汽车的车用电池充电的设备，是电池在充电时用到的有特定功能的电力转换装置。

电动汽车充电机有多种分类方式，有直流充电机和交流充电机、随车型和固定型、接触式和感应式、慢充和快充等不同制式、不同功率的机型，还有通用型和专用型之分。

按充电模式不同，充电机可以分为直流充电机和交流充电机。直流充电机指采用直流充电模式为电动汽车动力蓄电池进行充电的充电机。直流充电模式是以充电机输出的可控直流电源直接对动力蓄电池进行充电的模式。交流充电机指采用交流充电模式为电动汽车动力蓄电池进行充电的充电机。交流充电模式是以三相或单相交流电源向电动汽车提供充电电源的模式。交流充电模式的特征是：充电机为车载系统。

按是否安装在车上，充电机可分为车载型（即随车型）和固定型。固定型充电机（见图 7-9）一般为固定在充电站内的大型充电机，其性质如同燃油汽车的加油站，主要以大功率、快速充电为主。车载型充电机（见图 7-10）安装在车辆内部，可以在包括住宅、停车场、车库乃至路边等任何有电源供应的地方随时充电，但功率相对较小。目前国内使用较多的充电机为固定型充电机，其充电效果不好，主要问题是：充电时间长，充电效率低，充不满，充电控制系统的故障不少，多数充电机与电池不匹配。

图 7-9 固定型充电机

图 7-10 车载型充电机

随着电动汽车的发展,在电池能量有限的情况下,研制一种能快速为电池补充能量的充电设备,是延长行驶里程的最好方法。目前,国内外充电设备大体可以分为接触式和感应式两类。

接触式充电机通过金属连接器将电动汽车与充电机和公共电网连接,以达到传递能量的目的。这种充电机结构简单,能量传递效率高而且造价低,但它的安全性和通用性较差。

感应式充电是近年来兴起的一种利用高频变压器将公用电网与电动汽车相隔离的充电方法。由于感应式充电机与电动汽车之间没有任何金属接触,因此电动汽车的充电通用性好,而且更为安全可靠。目前美国的通用公司和日本的日产汽车公司研制的一种充电机是这种充电机,它的缺点是体积庞大。

充电机至少能为以下三种类型动力蓄电池中的一种充电:锂离子蓄电池、铅酸蓄电池、镍氢蓄电池。

**2. 电动汽车充电机的工作原理**

在没有与动力蓄电池建立连接时,充电机经过自检后自动初始化为常规控制充电方式(可选择手动、IC 卡或充电机监控系统操作方式)。充电机采用手动操作时,应具有明确的操作指导信息。

充电机与动力蓄电池建立连接后,通过通信获得动力蓄电池组的充电信息,自动初始化为动力蓄电池组自动控制方式(简称自动控制充电方式)。

交流输入隔离型 AC - DC 充电机的输出电压为额定电压的 $50\% \sim 100\%$,并且输出电流为额定电流时,功率因数应大于 0.85,效率应大于等于 $90\%$。直流输入非隔离型 DC - DC 充电机的效率待定。

**3. 电动汽车充电机的充电方式**

根据电动汽车动力电池组的技术和使用特性,电动汽车的充电方式存在一定的差别。目前存在常规充电、快速充电和更换电池充电三种充电方式。

1) 常规充电方式

(1) 常规充电方式的概念。蓄电池在放电终止后,应立即充电(在特殊情况下也不应超过 24 h),充电电流相当低,大小约为 15 A,这种充电方式叫作常规充电(普通充电)方式。常规蓄电池的充电方法都采用小电流的恒压或恒流充电,一般充电时间为 $5\sim 8$ 小时,甚至长达 10 至 20 多个小时。电动汽车家用充电设施(车载型充电机)和小型充电站多采用这种充电方式。车载型充电机是纯电动轿车的一种最基本的充电设备,充电机作为标准配置固定在车上或放在后备箱里。由于只需将车载型充电机的插头插到停车场或家中的电源插座上即可进行充电,因此充电过程一般由客户自己独立完成。图 7 - 11 所示为常规充电方式。

图 7 - 11  常规充电方式

(2) 常规充电方式的优缺点。常规充电方式的优点为：尽管充电时间较长，但因为所用功率和电流的额定值并不关键，因此充电机的成本和安装费用比较低；可充分利用电力低谷时段进行充电，降低充电成本；可提高充电效率，延长电池的使用寿命。常规充电方式的主要缺点为：充电时间过长，当车辆有紧急运行需求时难以满足。

(3) 常规充电方式的适用范围。这种充电方式通常适用于：① 设计电动汽车的续驶里程尽可能大，需满足车辆一天运营需要，仅仅利用晚间停运时间充电的情况；② 家里、停车场和公共充电站；③ 常规充电站。

2) 快速充电方式

(1) 快速充电方式的概念。常规蓄电池的充电方式所用时间较长，给实际使用带来了许多不便。快速充电机的出现为纯电动汽车的商业化提供了技术支持。快速充电又称应急充电，是指以较大电流短时间在电动汽车停车的 20 分钟至 2 小时内，为其提供短时充电服务，一般充电电流为 150～400 A。大型充电站多采用快速充电方式。图 7-12 所示为比亚迪电动汽车充电站，主要针对长距离旅行或需要快速补充电能的情况进行充电。快速充电机的功率很大，一般大于 30 kW，采用三相四线制 380 V 供电，其典型的充电时间是 10～30 min。

图 7-12 比亚迪电动汽车充电站

(2) 快速充电方式的优缺点。快速充电方式的优点为：充电时间短；没有记忆性，可以大容量充电及放电，在几分钟内就可充 70%～80% 的电量；由于在短时间内(10～15 分钟)就能使电池储电量达到 80%～90%，与加油时间相仿，因此，建设相应充电站时可不配备大面积停车场。相对于常规充电方式，快速充电方式也存在一定的缺点：充电机充电效率较低，且相应的工作和安装成本较高；由于采用快速充电方式，因此充电电流大，这就对充电技术以及充电的安全性提出了更高的要求，同时计量收费设计也需特别考虑。

(3) 快速充电方式适用范围。这种充电方式的适用范围为：① 电动汽车续驶里程适中，即在车辆运行的间隙进行快速补充电来满足运营需要的情况；② 专用充电站。

3) 更换电池(机械)充电方式

(1) 机械充电方式的概念。除了常规充电和快速充电方式外，还可以采用更换电池充电方式，即在蓄电池电量耗尽时，用充满电的电池组更换已经耗尽的电池组，通过直接更换电动汽车的电池组来达到为其充电的目的。对于更换下来的未充蓄电池，可以在服务站充电，也可以集中起来以后再充电。由于电池更换过程中包括机械更换和蓄电池充电，因此这种方式有时也称为机械充电。图 7-13 所示为北京奥运会电动客车充电站及电池箱自动快速更换系统。注意：电池组重量较大，更换电池的专业化要求较强，需配备专业人员并借助专业机械设备来快速完成电池的更换、充电和维护。

图 7-13　北京奥运会电动客车充电站及电池箱自动快速更换系统

（2）机械充电方式的优缺点。采用这种方式具有如下优点：电动汽车用户可租用充满电的蓄电池，更换已经耗尽的蓄电池，有利于提高车辆的使用效率，也提高了用户使用的方便性和快捷性；对更换下来的蓄电池，可以利用低谷时段进行充电，降低了充电成本，提高了车辆运行的经济性；解决了充电时间乃至蓄存电荷量、电池质量、续驶里程及价格等难题；可以及时发现电池组中单电池的问题，进行维修工作，对于电池的维护工作具有积极意义，电池组放电深度的降低也将有利于提高电池的寿命。这种方式面临的几个主要问题是：电池与电动汽车的标准化，电动汽车的设计与改进，充电站的建设和管理以及电池的管理等。

（3）机械充电方式的适用条件。这种方式适用条件为：车辆电池组设计标准化、易更换；车辆运营中需要及时更换电池来满足运行，充电站中电池充电和车辆可实现专业化快速分开；由于电池组快速更换需要专业化进行，因而电池组快速更换模式只适用于专用的充电站。

综上所述，以上三种充电方式各有自身的特点和适用范围。在应用中，可以将上述三种方式进行有机结合，以达到实际的行驶要求。

**4. 电动汽车充电机的发展趋势**

随着电动汽车的逐步推广和产业化以及电动汽车技术的日益发展，电动汽车对充电机的技术要求表现出了一致的趋势，要求充电机尽可能向以下目标靠近：

（1）充电快速化。相比发展前景良好的镍氢蓄电池和锂离子蓄电池而言，传统铅酸类蓄电池具有技术成熟、成本低、电池容量大、跟随负荷输出特性好和无记忆效应等优点，但同样存在着比能量低、一次充电续驶里程短等问题。因此，在目前动力电池不能直接提供更多续驶里程的情况下，如果能够实现电池充电快速化，则从某种意义上也就解决了电动汽车续驶里程短这个致命弱点。图 7-14 所示为 Shelby Aero EV，它只需 10 min 即可充满电，充一次可以跑 240 km，最高时速可达 330 km/h。

图 7-14　Shelby Aero EV

（2）充电通用化。在多种类型蓄电池、多种电压等级共存的市场背景下，用于公共场所的充电装置必须具有适应多种类型蓄电池系统和适应各种电压等级的能力，即充电系统需要具有充电广泛性，具备多种类型蓄电池的充电控制算法，可与各类电动汽车上的不同蓄电池系统实现充电特性匹配，能够针对不同的电池进行充电。因此，在电动汽车商业化的早期，就应该制定相关政策措施，规范公共场所用充电装置与电动汽车的充电接口、充电规范和接口协议等。如图 7-15 所示，日产 Leaf 在车头前方布置两组充电插槽，可分别对一般慢充和快速充电系统进行充电。

图 7-15　日产 Leaf 的两组充电插槽

（3）充电智能化。制约电动汽车发展及普及的关键问题之一是储能电池的性能和应用水平。充电智能化的目标是实现无损电池的充电，监控电池的放电状态，避免过放电现象，从而达到延长电池的使用寿命和节能的目的。充电智能化主要体现在以下方面：

① 优化的智能充电技术和充电机、充电站；

② 电池电量的计算、指导和智能化管理；

③ 电池故障的自动诊断和维护技术等。

（4）电能转换高效化。电动汽车的能耗指标与其运行能源费紧密相关。降低电动汽车的运行能耗，提高其经济性，是推动电动汽车产业化的关键因素之一。对于充电机，从电能转换效率和建造成本上考虑，应优先选择具有电能转换效率高、建造成本低等诸多优点的充电装置，如集中隔离型充电装置等。

（5）充电集成化。按照子系统小型化和多功能化的要求，随着电池可靠性和稳定性要求的提高，充电机将和电动汽车能量管理系统集成为一个整体，集成传输晶体管、电流检测和反向放电保护等功能，这样无需外部组件即可实现体积更小、集成化更高的充电解决方案，从而为电动汽车其余部件节约出布置空间，大大降低系统成本，并优化充电效果，延长电池寿命。

## 7.2 电动汽车直流快速充电机

### 7.2.1 车载动力电池

**1. 车载动力电池的研发历史**

根据动力电池的使用特点、要求、应用领域不同，国内外动力电池的研发历史大致如下：

第一代动力电池：铅蓄电池，主要是阀控式铅蓄电池（VRLB）。其优点是大电流放电性能良好，价格低廉，资源丰富，电池回收率高，在电动自行车、电动摩托车上广泛应用；缺点是质量比能量低，主要原材料铅有污染。新开发的双极耳卷绕式 VRLB 已经通过 HEV 试用，其能量密度比平板涂膏式铅蓄电池有明显提高。

第二代动力电池：碱性蓄电池，如 Cd-Ni 电池、MH-Ni 电池。Cd-Ni 电池由于镉的污染，欧盟各国已禁止用于动力电池；MH-Ni 电池价格明显高于铅蓄电池，目前是 HEV 的主要动力电池。日本松下能源公司已为 HEV 提供了 1000 万只以上的 MH-Ni 电池。

第三代动力电池：Li-ion 电池（LiB）和聚合物 Li-ion 电池（PLiB），其能量密度高于 VRLB 电池和 MH-Ni 电池，质量比能量达到 2000Wh/kg（PLiB），单体电池电压高（3.6 V），若解决安全问题，将是最具竞争力的动力电池。

第四代动力电池：质子交换膜燃料电池（PEMFC）和直接甲醇燃料电池（DMFC），其特点是无污染，以 $H_2$ 和 $O_2$ 或甲醇作为燃料，直接转化为电能作为车载动力。这类电池目前仍然要消耗由矿物燃料发出的电能。

**2. 电动汽车车载动力电池介绍**

目前，电动汽车开发和应用的关键技术主要有动力电池、电动机、电动机控制、车身设计和能量管理技术等，其中动力电池是电动汽车的关键技术之一。动力电池必须具备一定的条件。首先是安全性，只有安全性达到了一定的标准才能得到应用；再者是制造成本，那些制造成本低且寿命长的电池才有机会作为动力电池。动力电池还要具有高的能量密度和功率密度，这些是电动汽车是否具有高的续驶里程、加速性及爬坡度的一个衡量标准。动力电池还必须能够回收，尽量减小对环境的污染。动力电池经过长时期的研究及改进，性能已经得到大幅度的提高。当前在电动汽车上得到广泛应用的有铅酸电池、镍氢电池、锂电池以及燃料电池。以下对这几种电池进行介绍。

铅酸电池已有 100 多年的历史，其正极材料为氧化铅，负极为金属铅，电解液是硫酸。铅酸电池可靠性好，价格便宜，其比功率基本满足电动汽车的动力性能要求。但它也存在比能量低、使用寿命短的缺点。

镍氢电池是一种碱性电池，其正极是氢氧化镍，负极是储氢合金，电解质是氢氧化钾溶液。镍氢电池具有比能量高、能快速充放电、耐过充放电能力强、无污染等优点，是很有前途的一种动力电池。

锂离子电池是在二次锂电池技术的基础上发展而来的一种新型高容量蓄电池，其电极为锂金属氧化物和储锂碳材料，充放电时锂离子在正负电极之间漂移传递能量。锂离子电池具有比能量大、电动势高、无记忆效应、放电电压平稳、循环寿命长、安全性好等优点，但也存在工作电压变化大、内部阻抗高、不能与其他二次电池互换使用等缺点。

燃料电池(fuel cell)是一种化学电池,它是将物质发生化学反应时释放出的能量直转变为电能的一类电池。燃料电池具有零污染、能量转换效率高、高度可靠性、比能量或比功率高、适用能力强等优点。但是其成本太高,目前高成本瓶颈表现在需要使用贵金属铂作为催化剂,储存和运输氢成本高昂,加氢站等配套设施不够完善。

**3. 电动汽车车载电池特性分析及性能比较**

评价电动汽车动力电池的技术指标主要有以下几个:

(1) 比能量,又称为质量比能量,用(W·h)/kg 表示,它标志着一次充电能行驶多少里程,代表每公斤质量的电池能够提供多少能量。

(2) 能量密度,又称为体积比能量,用(W·h)/L 表示,它标志着蓄电池占据车内多少空间,代表每公升容积的电池能够提供多少能量。

(3) 比功率,又称为质量比功率,用 W/kg 表示,它标志着汽车的加速性能和最高车速,代表每公斤质量的电池能够提供多大的功率。

(4) 功率密度,又称为体积比功率,用 W/L 表示,它标志着提供一定功率的电池所占据的车内空间,代表每公升容积的电池能够提供多大的功率。

(5) 寿命,用工作时间或总行驶里程表示,它标志着使用的经济性、方便性。

(6) 快速充电性能,用充满 50%、80% 或 100% 能量所需的时间表示。

(7) 价格,用总计购入价格表示,它标志着使用经济性,代表按里程计算的使用成本因素。

目前,电动汽车采用的各类动力电池主要有:铅酸蓄电池(LAB)、镍基蓄电池(MH-Ni)、锂离子蓄电池(Li-ion)、锌空气蓄电池、铝空气蓄电池、质子交换膜燃料电池(PEMFC)、超容量电容器(SC)。各类动力电池的性能比较列于表 7-2 中。

表 7-2 各类动力电池性能比较

| 电池 | 电压/V | 质量比能量/[(W·h)/L] | 体积比能量/[(W·h)]/L | 记忆效应 | 循环寿命(80%DOD)/次 | 价格[美元/(kW·h)] |
|---|---|---|---|---|---|---|
| VRLA | 2.0 | 35 | 80 | 无 | 400 | 93~100 |
| Cd-Ni | 1.2 | 45 | 160 | 有 | 500~1000 | 1000 |
| MH-Ni | 1.2 | 70 | 240 | 有 | 500~800 | 1250 |
| LiB | 3.6 | 125 | 300 | 无 | 600~1000 | 2000 |
| PLiB | 3.6 | 200 | 300 | 无 | 600~1000 | 2500 |
| Zn-air | | 135 | 1000 | 无 | 可再生 | |

动力电池是各种电动车辆的主要能量载体和动力来源,也是电动车辆整车成本的主要组成部分,其寿命直接影响电动车辆的使用成本。电动汽车用动力电池主要应满足的要求包括:比能量和比功率高,循环寿命长,安全可靠等。USABC(美国先进电池联盟)制订的电动车用电池性能和发展时间表在各方面都有具体要求,如表 7-3 表示。

USABC 对动力电池的这些要求都很高,到目前并没有哪一种动力电池可以完全达到要求。到目前为止,还没有一种电池能在能量密度、功率密度、使用寿命、制造成本等方面同时满足电动汽车提出的要求,对其中任何一方面性能的改善必然导致其他方面性能的下降。在目前的实际应用中,最常用的动力电池为阀控铅酸电池、镍氢电池和锂离子电池。

表 7-3  USABC 中期和远期性能指标

| 主要性能指标 | 中 期 | 远 期 |
| --- | --- | --- |
| 比能量(3小时放电率)/[(W·h)/kg] | 80(100预期) | 200 |
| 能量密度(3小时放电率)/[(W·h)/l] | 135 | 300 |
| 比功率(80%放电深度/30 s)/(W/kg) | 150(200预期) | 400 |
| 功率密度/(W/l) | 250 | 600 |
| 寿命/年 | 5 | 10 |
| 循环使用寿命(80%放电深度)/次 | 600 | 1000 |
| 最终价格/[美元/(kW·h)] | <150 | <100 |
| 工作温度/℃ | −30~65 | −40~85 |
| 充电时间/h | <6 | 3 to 6 |
| 快速充电时间(40%~80%充电状态)/小时 | 0.25 | |
| 其余性能指标 | | |
| 效率(3小时放电率,6小时充电)/% | 75 | 80 |
| 自放电/% | <15(48小时) | <15(月) |
| 维护 | | 无需维护 |
| 热损耗(只对高温电池) | | 好 |
| 耐用性 | | 3.2 W/(kW·h) |

**4. 车载动力电池的应用现状与发展趋势**

1) 铅酸蓄电池

铅酸电池诞生于1860年,是应用历史最长,也是最成熟、成本售价最低廉的蓄电池,已实现大批量生产。但它比能量低,自放电率高,循环寿命低。当前存在的主要问题是其一次充电的行程短。近期开发的第三代圆柱形密封铅酸蓄电池和第四代 TMF(箔式卷状电极)密封铅酸蓄电池已经基本解决上述问题,现在已经应用于 EV 和 HEV 电动汽车上。目前正在开发的电动汽车所用的铅酸蓄电池主要有以下几种:

(1) 水平密封铅酸电池,由美国 Electrosour 公司开发。

(2) 双极型密封铅酸电池,由美国 PLriasReSearchAs-sociates 公司与加州喷气推进实验室开发。

(3) 卷式电极铅酸电池,由瑞典 OPTIMA 公司和美国 EXIDE 分别研制。

近年来,铅酸蓄电池的性能参数大大提高,容量为 1 A·h~20 kA·h,质量比能量为 30~45 (W·h)/kg,体积比能量为 80 (W·h)/L,循环使用寿命约为 250~1600 次,无记忆效应。

由于铅酸蓄电池的上述缺点,一些专家学者和相关企业已经开始把目光转向其他的动力电池研究,他们认为铅酸电池将逐步退出电动汽车市场。但事实表明,铅酸电池的生命力依然旺盛。铅酸蓄电池作为车载动力,仍占有主要的市场。目前全球密封铅酸动力蓄电池的年销售额大约在110亿美元,其中美国、日本、西欧各国等发达国家密封铅酸动力蓄电池的比例超出传统的富液式铅酸蓄电池。国内的 HEV 城市客车(如五洲龙汽车、安源客车、安凯汽车和厦门金旅)依然在使用铅酸蓄电池。在2008年,国内铅酸蓄电池厂商凭借价格和渠道优势，在市场上已经有了不错的业绩。最近美国总统奥巴马宣布拨款 24 亿美元支持美国 48 个项目发展"下一代电池和电动车"，其中用于电池及其材料生产的为 15 亿美元。"下一代电池"内的用铅量比现有铅酸电池大为减少，再有了政府的支持，铅酸蓄电池依然具有市场竞争力。

今后铅酸蓄电池应由少维护向免维护方向发展，向提高产品的综合性能、绿色环保方向发展，特别是提高密封铅酸蓄电池的可靠性，使其成为新型 12 V 和 36 V 实用化汽车动力电池。未来市场应对铅酸蓄电池的要求是高启动能力、大容量、高功率、免维护、长寿命、耐高温、高电压等。在某种程度上，铅酸电池时代可以称得上是电动汽车用电源的起步和过渡阶段。数据爆炸所带来的对数据中心设备以及对供电系统的压力都是今后铅酸电池发展中需要重点解决的问题，铅酸电池技术也会更多地向节能、绿色的方向发展。

2) 镍氢蓄电池

世界上出现 MH-Ni 蓄电池商品是在 20 世纪 90 年代初，其发展十分迅速。镍氢蓄电池于 1988 年进入实用化阶段，1990 年在日本开始规模生产，此后产量成倍增加。目前，在市场上销售的混合动力车绝大部分采用镍氢蓄电池作为辅助动力。就目前的二次电池材料和电池技术的发展阶段而言，在 HEV 汽车所用的动力电池中，镍氢蓄电池的技术仍是最为成熟、综合性能最好的。2008 年全世界用于 HEV 的镍氢蓄电池数量已经达到 1.18 亿支。随着新能源汽车时代的逐步到来，镍氢蓄电池的市场份额仍能保持一定增长。

中国的镍氢蓄电池研究处于世界前列，目前国家科委已将镍氢蓄电池作为重点项目，很多公司企业正在筹备生产镍氢蓄电池。美国和荷兰都对能吸储氢的合金 MH (Hydrogen Storing Alloy Metal) 开展了研究，并试图用于开发蓄电池。储氢合金是影响充放电性能和电池容量的关键材料，也是发展镍氢蓄电池的主要技术瓶颈。电动汽车上应用的 MH-Ni 电池则需要储氢合金必须具备长寿命、高比容量、良好的催化活性、高电压平台及低成本等性能，技术门槛也体现在储氢合金的纯度、粒度、配方、活性催化、表面处理、容量与寿命，以及温度控制、充放电控制等方面。目前已经用作商业化的 MH-Ni 电池负极材料有两种：AB2 型锆基储氢合金和 AB5 型混合稀土类。AB5 型由于其理论容量的限制，一般很难满足电动汽车用动力电池的要求，而 AB2 型合金电化学理论容量高，吸氢量大，与氢反应速度快，抗电解液的腐蚀氧化性强，活化容易，没有滞后反应，电化学循环稳定性高，是镍氢蓄电池最主要应用的新型储氢材料。

日本从事电动汽车用 MH-Ni 电池开发的代表性厂家为松下公司和丰田公司，美国的 Ovonic 公司和美国 USABC (美国先进电池联盟) 也正在积极开发研制 MH-Ni 电池。镍氢蓄电池具有耐过充放电能力强、可大电流快速充放电、低温性能好、比功率高等优点，是目前应用最为广泛、技术最为成熟的动力电池。同时，镍氢蓄电池也存在着以下不足：自放电率高，常温下 30 天不使用时，电池的放电容量只有额定容量的 65%～70%；比能量较小，极限值为 80 kW/kg，较小的比能量值使得镍氢蓄电池续航能力较低，只能用在混合动力汽车上。今后 MH-Ni 电池的研究方向是使其寿命进一步延长，改善其低温和高温性能。2009 年 1—10 月，碱性蓄电池累计产量同比下降 20.6%，比 1—9 月收窄 1.1 个百分点。

3) 锂离子蓄电池

近年来，随着电动汽车发展的需要，其动力核心蓄电池正受到越来越多的关注。锂离子蓄电池具有以下优势：单体电池工作电压高，这样组成电池组时一致性要求相对铅酸蓄电池和镍氢蓄电池就比较低，可以提高其使用寿命；重量轻，比能量大，使得整车质量减小且行驶里程增加；同等容量下体积更小，使得应用范围大大增加；循环寿命长，可达铅酸蓄电池的2～3倍；自放电率低，每月不到5%；允许的工作范围宽，低温特性好，无记忆效应，无污染。这些优点使得锂离子蓄电池在电动汽车上得到了广泛的应用。

20世纪90年代，日本索尼公司首先研制成功电动汽车用锂离子蓄电池，当时使用的是钴酸锂材料，存在着易燃易爆的缺点。现在索尼公司生产的锂离子蓄电池在性能上和品种上已经具备相当高的水平。该公司生产的圆柱形单体电池分为高能型和高功率型。其中高能型电池的比能量为 110 (W·h)/kg，80%DOD的比功率 300 W/kg，充放电次数 1200次。高功率型的圆柱电池 80%DOD 的比功率高达 800 W/kg。

截至2006年10月，全球已有20余家汽车公司进行锂离子蓄电池的研发。例如，富士重工与NEC合作开发廉价的单体（Cell）锰系锂离子蓄电池（即锰酸锂离子蓄电池），在车载环境下的寿命高达12年、10万公里，与纯电动汽车的整车寿命相当；东芝开发的可快速充电锂离子电池组，除了具有小型、大容量的特点之外，采用了能使纳米级微粒均一化固定技术，可使锂离子均匀地吸附在蓄电池负极上，能在一分钟之内充电至其容量的80%，再经6分钟便可充满电；美国的主要电池厂 Johnson Controls 针对电动汽车需求特性的锂离子蓄电池于2005年9月在威斯康星州 Milwaukee 设立研发地点，2006年1月另出资 50%与法国电池厂 Saft 共同成立 Johnson Controls-Saft Advanced Power Solution (JCS)，JCS于2006年8月承接了美国能源部（DOE）所主导的2年 USABC（United States Advanced Battery Consortium）纯电动车锂离子蓄电池研发计划合约，提供高功率锂离子电池。

我国在锂离子蓄电池方面的研究水平，有多项指标超过了USABC提出的2010年长期指标所规定的目标。从1997年开始产业化试验的苏州星恒作为国家锂离子动力电池产业化示范工程项目基地，其研发的动力电池组已通过美国UL和欧盟独立组织 Extra Energy 的测试认证，并在苏州建成第一条动力锂离子蓄电池的生产线并顺利试产，目前已实现批量生产。

2008年北京奥运会期间，有50辆长12米的锂离子电动客车在奥运中心区服务。这是国际上第一次大规模使用锂离子蓄电池电动客车。电动大客车充电时间长，是这样保证电动汽车运行不脱节的——电动汽车驶入充电站，两只机械手将汽车底盘里的电池组取出，放入待充通道，随即从已充通道取下充满电的电池组，将其换入电动汽车的底盘中，整个过程只需要8分钟左右。在2009年的上海车展上，国内不少厂家都推出了锂动力汽车，其中BYD的E6采用高安全性磷酸铁锂材料，已于2009年年底上市。

法国雪铁龙、雷诺、标致汽车公司采用锂离子动力电池的电动商用车已完成用户测试运行。波尔多是法国电动汽车示范应用城市之一，有各类电动汽车500辆，主要应用于市政用车和电动小巴，并建有20个拥有电动汽车配套充电设施的停车场，其中有16个配置了快速充电装置。法国电动汽车动力电池目前以铅酸蓄电池为主，第二代锂离子电动汽车已经投入测试运行。

锂离子动力电池技术还有待进一步发展。

(1) 目前各企业所公布的大部分纯电动汽车锂离子电池是实验室测试数据，如加速性能、充电时间、持续里程数等,还须在复杂的外部环境实际运行下,进一步验证其可靠性,以及生产批量化质量控制。

(2) 锂离子电池所需隔膜材料未能有实质性的突破,且价格昂贵,占到动力电池成本的30%以上,如果在这一材料上实现规模化生产技术,即可大幅度降低成本。

今后的研究重点如下:

(1) 开发高性能材料。

(2) 创造电极与电池制备的新工艺。

(3) 解决聚合物电解质和固体电解质电池的理论与技术难题。

(4) 将小型化电池过渡到电动车辆电池的开发中。

4) 燃料电池

所有的汽车主要大厂均在发展燃料电池车辆(Fuel Cell Vehicle),有的已进入试产阶段。本田(Honda)与丰田(Toyota)汽车均已在美国加州及日本当地开始经营出租 FCV 的业务。

20世纪90年代以来,燃料电池成为各个发达国家竞相开发的电动车电池。加拿大、美国、日本、德国等国家处于领先地位,其中以加拿大的巴德拉公司最为先进。由于汽车运行工况复杂,如果单独用燃料电池作动力源会导致燃料电池后备功率很大,引起重量增加,成本上升,氢气利用低的问题。所以,目前的燃料电池几乎全部采用燃料电池加辅助动力源的混合驱动方案。目前以氢为燃料的电动汽车在性能上已经基本赶上了燃油汽车。但是,高成本制约了其发展。目前,第一代兆瓦级磷酸盐型燃料电池技术相当成熟,已处于商业化生产阶段,一系列 0.05~11MW PAFC 电池已经通过或正式运行。第二代融熔碳酸盐型燃料电池(MCFC)正处于研制阶段,正由 10~20 kW 向兆瓦级发展。第三代燃料电池 SOFC 正处于积极的研制和开发中。燃料电池将是继水力、火力、核能之后的第4代发电装置及替代内燃机的动力装置。燃料电池作为能源利用的新技术,具备高效、洁净等优点,已成为当今世界能源领域的开发热点。美日在这方面处于世界领先水平,中国对燃料电池的研究还处于起步阶段。

燃料电池的商业化所面临的问题是制造成本高。此外,燃料电池的寿命和可靠性也是待解决的问题。从以上分析可以看出,燃料电池目前离产业化还有较长的距离要走,预计在2025年才会大规模商业化。

## 7.2.2 车载充电机的关键技术

### 1. 充电机主回路拓扑

目前,车载充电机的设计都采用开关电源。开关电源是利用现代电力电子技术控制开关晶体管开通和关断的时间比率,以维持稳定输出电压的一种电源。开关电源一般由脉冲宽度调制(PWM)控制 IC(集成电路)和 MOSFET(场效应管)构成。由于具有效率高、体积小,重量轻等优点,因此开关电源自 20 世纪 90 年代起得到了广泛的应用。一般来说,开关电源大致由输入电路、变换电路、控制电路、输出电路四个主要部分组成。

充电机主回路拓扑结构的设计是充电机研制工作中最重要的部分,主回路选取与设计的好坏会直接影响到整个充电机的性能。图 7-16 所示为开关电源的主回路拓扑结构示意图,其中变换器及高频变压器设计是重点内容。常用的开关电源中变换器的拓扑结构基本可分为两大类,即隔离式和非隔离式。非隔离式变换器拓扑结构包括 Buck、Boost、Buck-

Boost、Cuk、Sepic、Zeta 等。这些变换器拓扑结构都比较简单，一般用于中小功率场合。在非隔离式变换器拓扑结构的基础上引入变压器，则为隔离式变换器。引入变压器一般有两个目的：一是隔离，二是改变输入-输出电压比。隔离式变换器较非隔离式变换器结构要复杂，但能实现电气隔离，并能通过变压器实现输出电压的调节。常用的隔离式变换器拓扑结构包括正激式、反激式、推挽式、半桥式、全桥式等。

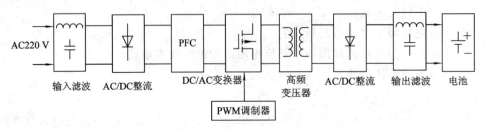

图 7-16　开关电源的主回路拓扑结构示意图

半桥电路中，两只数值相等、容量较大的高压电容器组成一个分压电路，通过控制一个桥臂上两个开关管交替导通和截止，可在变压器原边产生电压大小为直流侧一半的高压开关脉冲，从而在副边感应出交变的方波脉冲，实现功率转换。半桥电路可以广泛用于数百瓦至数千瓦的开关电源中，它具有抗不平衡能力，能有效防止偏磁现象。

全桥电路与半桥电路原理相似，只是用一个桥臂取代半桥电路中的分压电容。采用相同电压和电流容量的开关器件时，全桥电路可以达到最大的功率，因此该电路常用于中大功率的电源中。全桥电路以其高磁利用率得到了普遍的应用，其可靠性得到了时间的检验。

车载充电机一般都小于 3 kW，属于中大功率电器，其充电电路可以在半桥电路和全桥电路拓扑结构之间选择。

**2. 功率因数校正技术**

1) 功率因数校正(PFC)技术的提出

直接接入电网的开关电源已经非常普遍，一般来说，其前置级整流滤波变换部分都采用二极管整流桥加大容量电容的滤波电路，如图 7-17 所示。图 7-17 中，工频或中频交流电经整流桥转换为直流电。这种通用的整流方式仅当输入正弦电压的幅值高于电解电容 $C$ 两端电压与整流器正向压降之和时，才从电网取电流，故网侧输入电流的导通时间相当短。系统的输入阻抗很小，等于电解电容的等效串联电阻及整流桥的正向动态电阻，故网侧输入电流的瞬时值相当高(约为输入电流有效值的 2～3 倍)，呈现严重的非正弦性特征，在电容充电期间形成脉冲电流，其电流峰值高，谐波电流及波形失真大，使得功率因数低，

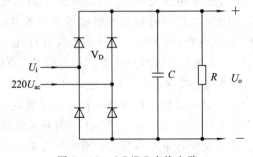

图 7-17　AC/DC 变换电路

一般仅为 0.5～0.76。另外,开关电源受浪涌电流和电流的瞬时峰值的冲击,系统可靠性受到了很大的影响,在设计中必须选用技术指标高的元器件,最基本的如增加功率管的容量,增大保险丝、断路器及传输线的规格等,这些都会提高开关电源整机的成本。随着用电设备日益增多,谐波问题引起了越来越广泛的关注,使用有效的校正技术把谐波控制在较小的范围已是当务之急。

2) PFC 技术的关键技术

根据电工学的基本理论,功率因数(PF, Power Factor)定义为有功功率($P$)与视在功率($W$)的比值,用公式表示为

$$\text{PF} = \frac{P}{W} = \frac{U_1 \cdot I_1 \cos\Phi}{U_1 \cdot I_R} = \frac{I_1 \cos\Phi}{I_R} = \gamma \cdot \cos\Phi \tag{7-1}$$

式中:$I_1$ 为输入电流基波有效值;$I_R$ 为电网电流有效值,$U_1$ 为输入电压基波有效值;$\gamma$ 为输入电流的波形畸变因数,$\cos\Phi$ 为基波电压和基波电流的位移因数。在线性负载条件下,交流电路中的电压和电流为同频率的正弦波,相位差为 $\Phi$,功率因数表示为 $\text{PF}=\cos\Phi$。功率因数的大小意味着视在功率相同的情况下所能提供给负载的有功功率大小。可见,提高功率因数能更充分地利用电源设备的容量,功率因数低,会使线路上的无功电流增大,损耗增加。

功率因数校正技术是指通过新的整流电路拓扑结构,采用一定的控制策略,使 AC/DC 变换电路的网侧不产生谐波电流,因而网侧功率因数接近于 1。

由功率因数的定义 $\text{PF}=\gamma\cos\Phi$ 可知,要提高功率因数,一般有两个途径:

(1) $\Phi=0$,也就是使输入电压、输入电流同相位,即相移因数 $\cos\Phi=1$。

(2) $I_R=I_1$(谐波为零),即使输入电流正弦化,从而使 $\frac{I_1}{I_R}=1$。

综合这两种方法,就可以实现功率因数为 1 的目标,即 $\text{PF}=\gamma\cos\Phi=1\times1=1$。功率因数校正的基本原理就是:通过校正电路使交流输入电流波形完全跟随交流输入电压波形,使输入电流波形为纯正弦波,并且和输入电压同相位,即使输入电流与输入电压同频同相。

3) PFC 技术的分类

PFC 技术有多种分类方法,按电网供电方式可分为单相 PFC 电路和三相 PFC 电路,按控制方法可分为脉宽调制(PWM)、频率调制(FM)、数字控制、单环电压反馈控制、双环电流模式控制等多种控制方法,按电路构成形式可分为无源 PFC(Passive PFC)技术和有源 PFC(Active PFC)技术。当今市场上较多地使用单相高频开关电源,针对这种情况,我们对单相 APFC 作一简单分类。APFC 主要分为两种:一种是变换器工作在不连续导电模式的"电压跟随器"型(Voltage Follower);另一种是变换器工作在连续导电模式的"乘法器"型(Multiplier)。另外,还有磁放大 PFC 技术、三电平(Three-Level)PFC 技术和不连续电容电压模式(DCVM)PFC 技术等。也可以从采用的软开关技术的角度对 APFC 加以分类。按软开关特性来划分,APFC 电路可分为两类:一类是零电流开关(Zero Current Switching, ZCS)PFC 技术,另一类是零电压开关(Zero Voltage Switching, ZVS)PFC 技术。按软开关的具体实现方法 APFC 还可进一步划分为并联谐振型(Parallel Resonant Converter)、串联谐振型(Serial Resonant Converter)、串并联谐振型(Serial Parallel Resonant Converter)以及准谐振型(Quasi-Resonant Converter)等。

4) PFC 技术的发展方向

近年来，PFC 技术研究的热点问题集中在以下几个方面：

(1) 新型拓扑结构的提出。基于已有的原理或新原理提出了新的拓扑结构。

(2) 把 DC/DC 变换器中的新技术（如软开关技术）应用于 PFC 电路中。

(3) 新的控制方法（基于已有拓扑结构的新控制方法）以及基于新拓扑的特殊控制方法的研究。

(4) 单级 PFC 变换器的研究。

总之，成本低，结构简单，容易实现，并且具有软开关性能、高响应速度、低输出纹波的单级、隔离、高功率因数变换器是研究人员追求的最终目标。

**3. 软开关技术**

PWM(Pulse Width Module)技术是指在开关频率恒定的情况下，通过调节功率开关管的驱动脉冲宽度获得不同的占空比，从而达到控制输出电压的目的。PWM 技术具有线性度高、动态性能好等优点，因此在各种电力电子装置中获得了广泛应用。目前 PWM 技术已在低频应用领域发展到了相当成熟的阶段。

随着电力电子技术的高速发展，要求开关电源体积小，重量轻，可靠性高，这便要求变换器具有高的工作频率。传统 PWM 变换器中开关器件工作在硬开关状态，开关的通断过程伴随着电压和电流的剧烈变化，其存在的主要问题是开关损耗和噪声大。图 7-18 给出了开关管开通和关断时的电压和电流波形及其开关损耗。由于开关管不是理想器件，因此在开通时开关管的电压不是立即下降到零，而是有一个下降时间，同时它的电流也不是立即上升到负载电流，也有一个上升时间。在这段时间内，电流和电压有一个交叠区，产生损耗，通常称之为开通损耗(Turn-on loss)。当开关管关断时，开关管的电压不是立即从零上升到电源电压，而是有一个上升时间。同时它的电流也不是立即下降到零，也有一个下降时间。在这段时间内，电流和电压也有一个交叠区，产生损耗，通常称之为关断损耗(Turn-off loss)。因此在开关管开通和关断时，会产生开通损耗和关断损耗，通常将其统称为开关损耗(Switching loss)。

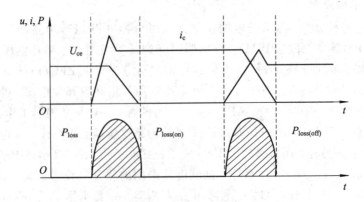

图 7-18 开关管开通和关断瞬时波形及损耗

开关损耗随着开关频率的提高而增加，会使电路效率下降，阻碍开关频率的进一步提高，而开关噪声会给电路带来严重的电磁干扰，影响周边电子设备的正常工作。解决上述问题的办法是采用软开关技术。软开关技术是指在电路中增加小电感 $L$、电容 $C$ 等谐振元件，在开关过程前后引入谐振，使开关条件得以改善。理想的软开关的开通过程是电压先下降到零后，电流再缓慢上升到通态值，所以开通时不会产生损耗和噪声。可见，软开关技术可以解决硬开关变换器的开关损耗问题，也可较好地解决由硬开关引起的 EMI 问题、容性开通问题、感性关断问题等。

图 7-19 所示为软开关的开通过程和关断过程。由于在原电路中增加了小电感、电容等谐振元件，在开关过程前后引入了谐振，因而消除了电压、电流的重叠并降低了开关损耗和开关噪声。

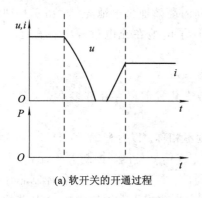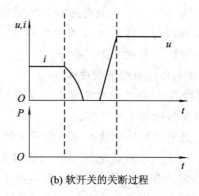

(a) 软开关的开通过程　　　　　　　　(b) 软开关的关断过程

图 7-19　软开关的开通过程和关断过程

使开关开通前其两端电压为零，则开关开通时就不会产生损耗和噪声，这种开通方式称为零电压开通；使开关关断前其电流为零，则开关关断时也不会产生损耗和噪声，这种关断方式称为零电流关断。零电压开通和零电流关断要靠电路中的谐振来实现。与开关并联的电容能使开关关断后电压上升缓慢，从而降低开关损耗，有时称这种关断过程为零电压关断。与开关相串联的电感能使开关开通后电流上升延缓，降低开通损耗，有时称之为零电流开通。简单地利用并联电容实现零电压关断和利用串联电感实现零电流开通一般会给电路造成总损耗增加、关断过电压增大等负面影响，是得不偿失的，因此常将零电压开通和零电流关断配合应用。

## 7.2.3　数字充电机

一直以来，业界对数字充电机的概念争论不一，对应的产品也是五花八门，有全数字控制芯片，也有披着"数字外衣"的模拟控制器，还有模拟和数字混合的电源控制器。时至今日，业界比较认同的是 TI 公司从功能上对数字电源进行的定义：数字电源就是数字化控制的电源产品，它能提供配置、监控和管理功能并延伸到对整个回路的控制。也就是说，数字电源包括两部分：PWM 反馈回路全数字控制与电源管理和通信。基于这一概念，自 2005 年下半年开始，以全数字控制回路为特征的数字电源控制芯片开始出现，TI、Silicon Labs、Zilker Labs、凌力尔特、艾默生等公司纷纷推出了产品，并开始进行高端 AC/DC 电源设计，标志着数字电源开始从热炒的概念走向实际应用。

**1. 数字充电机的特点**

数字充电机具有如下特点：

（1）集成化和高密度化。这包含了两层含义：一是构成功率器件的元件微型化、密集化；二是功率器件集成在单片 IC 中，从而使系统控制、驱动、保护、检测和末级功率放大集成为一体，功率等级越来越大。

(2) 高频化。特高主功率变换器件的开关速度可明显减少磁性变压器材料和大电解电容的体积、重量等。这也使得开关器件的研制从改进电压、电流的两维体系发展到了同时提高频率的三维体系。高频化的实现建立在高开关速度功率器件的基础上，电力电子技术的发展为其创造了条件。

(3) 智能化。智能化主要体现在对被充电电池的自适应性和对环境的自适应性两方面。智能化具体表现在能识别充电电池的类型，能检测到当前状态，并根据被充电电池的这些信息自动生成最佳充电曲线，保证在最短时间内高效地将电池充满。由于自动生成的最佳充电曲线与制造厂提供的曲线一致，因此保证了电池在充电过程中一直处于理想状态，从而延长了电池的使用寿命。

**2. 数字充电机的发展瓶颈**

目前数字充电机技术并非十分成熟，实现全数字化控制还存在许多难点，需要有大的突破，具体包括以下几个方面：

(1) 数字信号处理速度与高频开关的开关速度不相称。以普通的 50 kHz AC/DC 变换器为例，其开关周期仅为 20 $\mu$s。要在开关周期内完成信号检测、控制方程计算、PWM 驱动信号等复杂任务，同时还要实现与整个系统的通信，这就需要数字信号控制芯片有极高的运行速度。单片机在速度上无法达到这样的要求。目前用于电源控制的 DSP 芯片可以实现开关频率在 100 kHz 左右的 AC/DC 变换器控制，要满足更高频率或者更复杂的控制要求仍将是十分困难的。

(2) 变换器开关动作会对采样造成严重干扰。开关功率变换中模拟控制器的信号取样一般是连续进行的，而数字控制的采样是离散完成的，这就使得变换器的开关噪声对后者的影响更严重。高频功率变换器本身的开关噪声发生时刻与信号采样时刻往往不易错开，采集到的信号不能用来进行有效的控制。由于在一个开关周期内仅仅来得及采样一两次，因此对于那些需要快速反应的信号来说，模拟和数字滤波的方法均难以应用。因此，必须探索符合开关功率变换技术特点的新的有效采样方法及控制方法。

(3) 检测信号的量化误差导致输出响应极限环振荡，从而会大大降低控制精度。

(4) 高速运行下数字 PWM 的分辨率急剧下降。在数字化控制中，PWM 的脉宽时间分辨率取决于 DSP 的指令周期与开关周期的比值。仍以普通的 50 kHz AC/DC 变换器为例，若 DSP 速度为 20 MHz，则 PWM 调节的最高分辨率为 1/400。这一分辨率即使不考虑极限环的影响，往往也不能满足变换器的控制要求。如果分辨率要求达到 16 位，则 DSP 的频率将需要在 3.28 GHz 以上。因此，在不断提高 DSP 本身时钟频率外，必须探索新的提高 PWM 分辨率的方法。

# 7.3 电动汽车充电基础设施

## 7.3.1 概述

**1. 国外电动汽车充电设施的发展状况**

目前，美国、日本、法国、德国等国家都已开始建设各自的电动汽车充电设施，主要以充电桩为主。

1) 建设美好空间计划

美国建设美好空间(PBP,Project Better Place)公司提出的建设美好空间计划旨在建设一种新型交通基础设施,支持电动车推广,为消费者提供更清洁、可持续的交通选择。该计划被美国《连线》杂志评选为 2008 年人类在绿色科技领域取得的十项重大突破之一。公司宣称将在以色列、夏威夷等地部署电能充电网络,以国家为单位进行相关基础设施建设。根据该计划,PBP 公司将于 2012 年在上述国家和地区的有关城市的所有居民区、停车场和政府大楼安装充电站,以方便电动汽车驾驶者随时为汽车充电。该公司先后与以色列、丹麦和澳大利亚等国签署了有关在这些国家兴建电动汽车充电站的协议。2008 年 12 月初,建设美好空间计划首家充电站在以色列特拉维夫开始营业。PBP 公司拟建设的充电桩和电池更换站如图 7-20 和图 7-21 所示。

图 7-20 PBP 公司在停车场建设的充电桩

图 7-21 PBP 公司拟建设的电池更换站

2) 雷诺-日产联盟的零排放汽车推广计划

该计划的目标是在全球范围内建立起一个联合政府、地方城市及相关机构,促进电动汽车发展的创新性合作模式。目前雷诺-日产联盟已经在日本的神奈川县和横滨市,以及以色列、丹麦、葡萄牙、摩纳哥、英国、法国、瑞士和爱尔兰开展了零排放汽车的推广举措。在美国,雷诺-日产联盟更是积极探索零排放汽车的推广与电动汽车配套基础设施的建设,并通过与地方政府及社会组织的合作,使零排放汽车的推广在田纳西州、俄勒冈州、加州和亚利桑那州取得了进展。雷诺-日产联盟在全球范围内积极推动电动汽车的发展,并已经与全球 19 个政府、城市和相关组织建立了合作关系。2009 年 10 月 4 日,中国工业和信息化部（工信部）就在国内推广零排放汽车项目上与雷诺-日产联盟达成了合作伙伴关系并签署了相关协议。根据协议，日产汽车将为工信部提供电动汽车发展的相关信息，制订包括电池充电网络建立和维护、促进电动汽车大规模使用的综合规划。

3) 法国电力公司的举措

法国电力公司积极建设电动汽车充电设施，在3个地区投入97台充电设备，组建电池租赁公司。图7-22所示为法国建设的常规充电、快速充电与专用充电设施。图7-23所示为法国建设的电动垃圾车充电站。

(a) 常规充电标准，230 V，16 A，交流　　　(b) 快速充电，35 kW，直流

(c) 公交车专用充电，120 kW，直流

图7-22　法国建设的常规充电、快速充电与专用充电设施

图7-23　法国建设的电动垃圾车充电站

4) 德国电动汽车充电设施发展状况

2009年3月，驻扎在欧盟国家的约20多家汽车和能源企业宣布建立联盟，共同制定电动汽车统一使用的充电站和充电设备标准。牵头制定这个标准的是德国汽车制造商戴姆勒集团和能源供应企业RWE能源公司，参与联盟的汽车企业还包括宝马、大众、雷诺-日产、标志、富豪、福特、通用、丰田、三菱和菲亚特，参与联盟的能源企业有德国的E. ON、EnBW和Vattenfall，法国电力，比利时电力，意大利Enel，西班牙Endesa，葡萄牙电力和荷兰Essent。联盟成员将定期碰头，就电动汽车充电站的充电器、插座、电源线等制定统一标准。目前各方已确定了一种新的通用插座，这种插座既要满足安全和使用方便，又要满足电压的使用范围（230～400 V）。充电站建设由汽车制造企业和能源企业共同合作。目前，德国戴姆勒集团和RWE能源公司已决定联合建立500个电动汽车充电站，为德国电动汽车推向市场做前期准备。

**2. 国内电动汽车充电设施的发展状况**

目前国内电动汽车还处在示范推广应用阶段，充电站建设的数量还很少，而且各地建设的充电站都是服务于特定车型的充电站，虽然有一定的示范作用，但其建设标准及相关设备的技术标准并不统一。

国内一些相关企业为了推广自身具备的优势技术，在其企业内部建设了一些电动汽车充电站和充电桩，如深圳的比亚迪公司。

1）示范应用城市充电站建设

在我国各地政府的大力支持下，经过几年努力，电动汽车重大科技专项按照多路况、多气候条件、多种商务模式的原则在全国建立了武汉、北京、天津、威海、杭州、株洲、上海7个电动汽车商业化示范城市。其中，北京、杭州、株洲、上海等城市针对示范车型的特点，建设了各具特色的电动汽车充电服务设施。

2005年6月21日，北京市纯电动公共汽车示范运行项目暨国内首支电动公交车队——公交121线路正式开通，首批14辆装载铅酸电池、具备完全自主知识产权的纯电动公交车投入商业化运行。之后又开辟了密云电动汽车示范运行区，开通6辆纯电动客车作为公交车和班车使用。121示范线路西黄庄充电站共安装了28台充电机，密云示范区充电站安装了15台充电机。121示范线路西黄庄充电站如图7-24所示。

图7-24 北京121示范线路西黄庄充电站

2004年12月，万向电动汽车有限公司与杭州市公交总公司各出资150万元成立了杭州电动汽车运营有限公司。该公司在杭州建立了充换电站，采用设置换电站快速更换电池组的方式，可保证城市交通中纯电动公交车的能源供给。其中，公交车的充换电设在杭州公交一公司停车场内，室内50 m²，配有充电机3台，总功率为150 kW，可满足5辆电动公交车的运行，如图7-25所示。

图7-25 杭州纯电动公交车快速更换电池组

上海在浦东区磁悬浮列车交通站（龙阳路地铁站）到新国际博览中心全程3.2 km的定点班车上应用了3辆装载超级电容的纯电动公交客车。由于超级电容的比能量低，在纯电动汽车上应用续驶里程有限，因此必须频繁充电来维持车辆运行。在示范运行中，除可在终点站充电外，在候车点也设立了充电设施。车辆在进出站可利用乘客上下车的时间进行充电，即采用"随走随充"的能源供给方式，如图7-26所示。

图7-26 上海超级电容公交车充电设施

2）北京奥运电动公交车充电站建设

为保障奥运期间纯电动客车运行的能源供给，北京理工大学、北京交通大学、北京公交集团、北京市电力公司、中国电力科学研究院、南车时代电动汽车公司等单位综合多年电动客车和供电设施设计、研发、应用和管理经验，在奥运中心区建设了占地面积为5000 m²的电动汽车充电站。该充电站是国际最大、充电机数量最多的充电站，充分考虑了功能性、技术要求、经济性和社会效益等多方面因素。该充电站共配有2台快速更换机器人，30组电池充电架，240台9 kW充电机和4台75 kW充电机，可为50辆电动汽车提供全天24小时充电服务、动力电池更换服务以及相应的整车和电池维护保养服务。图7-27所示为该充电站的充电车间。

图 7-27　北京奥运电动公交车充电站的充电车间

3) 其他单位的充电设施建设

比亚迪是我国最大的锂离子电池制造商，该公司于 2006 年 1 月正式成立了电动汽车研究所。为了推动其所掌握的电动汽车动力电池的大规模应用及相关充电技术和设备的成熟，比亚迪建设了一些电动汽车充电柜和充电桩，如图 7-28 和 7-29 所示。

图 7-28　比亚迪电动汽车充电柜　　　　图 7-29　比亚迪充电桩

4) 充电设施发展规划

从 2010 年开始全国电动车基础设施建设规划开始出现了超快速发展，国家电网、南方电网、中石油、中石化、中海油等大型国企集团都纷纷发布电动汽车充电设施建设规划或建设意向。2010 年 1 月 27 日，国家电网公司发布的社会责任报告披露，将于 2010 年年底前在 27 个地区建设 75 座电动汽车充电站和 6029 个充电桩试点。南方电网公司则将深圳列为首批新能源试点城市。按照深圳市的规划，到 2012 年，深圳将建设各类新能源汽车充电站 12 750 个，其中公交快、慢速充电站各 25 个，公务车充电桩 2500 个，社会公共慢速充电桩 10 000 个，社会公共快速充电站 200 个。石油石化行业也不甘落后，纷纷加入充电站建设领域。中海油与中国普天的合资公司——普天海油新能源动力有限公司则与众泰汽车签订了战备合作协议，计划于 2010 年初在两个以上省会城市启动建设纯电动汽车充电站网络。中石化集团与北京市政府共同推进纯电动汽车充电站基础设施的建设工作，将主要利用中石化现在面积较大的加油、加气站改建成了加油充电综合服务站。这种加油充电综合服务站将首先扩展到北京全市范围，进而扩展到河北、天津甚至更大的范围内。

### 3. 电动汽车充电的商业模式比较

目前国内外电动汽车充电设施的建设、运营主要有三种商业模式：一是公用充电站模式，二是停车场（或路边）充电桩模式，三是电池更换站模式。

1) 公用充电站模式

公用充电站类似于加油站，通常建在城市道路或高速公路两旁。充电站由多台充电设施组成，可以采取快充、慢充和换电池等多种方式为各种电动汽车提供电能。规模较小的充电站一般可供 10 辆汽车同时充电，规模较大的充电站可供 40 辆汽车同时充电。

公用充电站的优点如下：充电站可以为社会汽车提供多种服务，既可以快充，也可以慢充，有些充电站还可以提供换电池服务；充电速度快，采用快充方式一般可在几十分钟内将电池基本充满；充电站由于具有公用性质，因此设备利用率高于停车场的充电桩。

公用充电站的缺点如下：充电站占地面积大，规模较大的充电站占地超过一般加油站，甚至可与停车场相比；由于需要配备多种充电设备，因此建设难度较大，一次性投入多，国网公司新建充电站投资平均在 300 万元左右。

公用充电站存在的主要问题有：由于占地面积大，因此在城市土地日益紧缺的情况下，充电站在大城市布点数量受限，网点密度低；充电站最大的优势在于快充，但目前快充技术还有待完善，以期进一步缩短充电时间，减小对电池寿命的损害。

2) 停车场（或路边）充电桩模式

充电桩通常建在公用停车场、住宅小区停车场、商场停车场内或建在公路边，也可以建在私人车库中。充电桩具有功率较小、布点灵活的特点，以慢充方式为主，具备人机操作界面和自助功能。

停车场（或路边）充电桩的优点如下：充电桩建在停车场或路边，占地面积小，建在车库和住宅小区内的充电桩完全不占公共用地；建设难度小，一次性投资少，单个充电桩的建设成本在 2～3 万元。

停车场（或路边）充电桩的缺点如下：充电速度慢，充电桩采用慢充方式，充电时间要 5～10 h；由于充电时间长，且部分充电桩具有专用性质，因此充电桩的设备利用率要低于充电站；不能满足应急、长距离行驶的充电需求。

停车场（或路边）充电桩存在的主要问题有：虽然建设单个充电桩很容易，但充电桩要形成网络才能满足电动汽车普及的需要，完善整个充电网络需要较长时间。

3) 电池更换站模式

电池更换站模式是指用户从电池租赁公司租用电池，更换站为用户提供更换电池和电池维护等服务，电池在充电中心集中充电。由于电池组重量较大，更换电池的专业化要求较强，因此需配备专业人员借助专业机械设备来快速完成电池的更换、充电和维护。

电池更换站的优点如下：对电池更换门店要求很低，只需要 2～3 个停车位，占地面积较充电站小；电池更换站的主要设备是电池拆卸及安装设备，电气设备少，建设难度小，一次性投资也比充电站要少；更换电池速度快，更换电池的时间一般为 5～10 min，未来随着技术的进步，更换电池需时将少于快充；对网络门店要求低，易于在城市大面积布点。

电池更换站的缺点如下：必须建设专业的电池配送体系。

电池更换站存在的主要问题有：要求国家建立统一的电池标准，电动汽车安装的动力电池必须可拆卸、可更换，对汽车工业标准化体系要求非常高。我国目前电动汽车标准体系还很不健全，各汽车生产厂家和电池生产厂家基本上各自为战，电池规格差别很大。另外，电池更换站模式涉及电池租赁、充电、配送、计量、更换等多个环节，由多家企业分工完成，运作复杂。

电池更换站模式理论上是一种较为理想的商业模式，国内有个别城市已开展了试点运营，但在短期内大规模推广这种模式存在一些困难，主要体现在以下三方面：

（1）管理方面。我国处于电动汽车产业发展初期，电池技术尚未成熟，各种电池的性能、质量差距很大，统一电池标准难度非常大，这不仅仅是电池标准化的问题，还涉及电动汽车的标准化，是一个庞大的系统工程，涉及汽车厂、电池制造商、更换站经营者等各方面的利益。

（2）技术方面。为了保证电池可更换，所有电池须具有良好的一致性。不仅要统一电池接口标准，还要统一电池的尺寸、规格、容量、性能等，在目前国内电池生产厂家各自为战的情形下，统一所有电池厂家所生产电池的一致性问题，在短期内很难实现。

（3）电池流通方面。电池更换过程中会存在电池新旧程度、残留能量的差异，将带来电池更换时如何计量、计费的难题。

总之，电池更换站模式要成为一种成熟的商业模式，还有很长的路要走。只有到我国电动汽车工业发展到较为成熟的阶段，才可能成为充电产业主流的商业模式。表7-4所示为三种充电模式比较。

表7-4 三种充电模式比较

| 比较内容 | 公用充电站模式 | 停车场（或路边）充电桩模式 | 电池更换站模式 |
| --- | --- | --- | --- |
| 主要特征 | 提供慢充、快充、更换电池等多种服务 | 提供慢充服务、自助式服务 | 提供更换电池服务，集中充电 |
| 优点 | 可以提供多种服务；充电速度快；设备利用率高 | 占地面积小，建设难度小，一次性投资少，网点密度大 | 占地面积小，建设难度小，更换电池速度快；网点密度较大，设备利用率低 |
| 缺点 | 占地面积大，建设难度较大；网点密度小；一次性投资大 | 充电速度慢，设备利用率低，不能满足应急、长距离行驶的充电要求 | 一次性投资较大，需要设置专业的传送体系 |
| 存在的问题 | 在大城市布点数量受限，快充技术有待完善 | 网络完善需要较长时间 | 要求电池标准统一，蓄电池必须可拆卸、可更换，对汽车工业标准化体系要求高 |
| 适用性 | 应急充电 | 常规充电 | 常规或应急更换电池 |

## 7.3.2 电动汽车充电站

**1. 电动汽车充电站简介**

电动汽车充电站是指为电动汽车充电的站点。充电站中可为电动汽车提供充电服务的基础设施包括独立设施和独立设备。独立设施是指拥有数目较多且位置相对集中的充电终端，是由专人专营的充电服务中心，类似于目前的汽车加油站。独立设备是充电终端位置相对分散，兼作泊车用途的充电服务点，如居民小区、社会停车场等处安装的充电设备。

随着低碳经济成为我国经济发展的主旋律,电动汽车作为新能源战略和智能电网的重要组成部分,以及国务院确定的战略性新兴产业之一,必将成为今后中国汽车工业和能源产业发展的重点。然而,电动汽车产业是一项系统工程,电动汽车充电站则是主要环节之一,必须与电动汽车其他领域实现共同协调发展。

**2. 电动汽车充电站的基本结构**

当电动汽车动力用蓄电池电量不足时,需要充电补充电能。电动汽车的充电可以由地面充电站(机)完成,也可以由车载充电机完成。地面充电站和车载充电机的主要功能是有效地完成电动汽车电池的电能补给。地面充电站的结构按功能可划分为四个子系统模块,如图7-30所示。

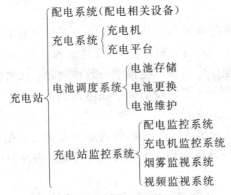

图7-30 地面充电站的结构划分图

充电站的功能决定充电站的总体结构。为此,一个完整的充电站需要配电室、中央监控室、充电区、更换电池区和电池维护间等五个基本组成部分。

(1) 配电室。配电室为充电站提供所需的电源,不仅给充电机提供电能,而且要满足照明、控制设备的用电需求,内部建有变配电设备、配电监控系统以及相关的控制和补偿设备。

(2) 中央监控室。中央监控室用于监控整个充电站的运行情况,并完成关于管理情况的报表的打印等,内部建有充电机监控系统主机、烟雾传感器监视系统主机、配电监控系统通信接口、视频监视终端等。

(3) 充电区。在充电区完成电能的补给,内部建设充电平台、充电机以及充电站监控系统网络接口,同时应配备整车充电机。

(4) 更换电池区。更换电池区是车辆更换电池的场所,需要配备电池更换设备,同时应建设用于存放备用电池的电池存储间。

(5) 电池维护间。电池重新配组、电池组均衡、电池组实际容量测试、电池故障的应急处理等工作都在电池维护间进行。其消防等级按化学危险品处理。

**3. 电动汽车充电站的智能化**

借助先进的计算机与网络技术,进行充电站通信网络的设计与建设,实现充电站运行与管理的智能化,也是一项有意义的工作。

(1) 通信网络的功能。智能型充电站包括监控中心、充电机、独立的电能计量仪表以及充电中的电动汽车。监控中心实现对充电机的远程控制和实时监控功能,记录充电机的运行及故障情况。管理人员可以在监控中心对充电机的运行参数进行查看和修改,启动和停止充电过程,在充电机运行过程中实时监控充电过程并记录。电动汽车接收充电机的充电申请，根据自身情况决定接受或拒绝充电申请，并将相关情况通知充电机，充电机再将此情况反映到监控中心。独立的电能计量仪表用于对充电机输入电量、输出电量、电动汽车充电量进行测量，以此进行用电计费、电费结算和成本核算等工作。电能计量仪表既可以由监控中心管理，也可以由充电机进行管理，再将相关数据传送回监控中心。这样，充电站中的各种环节通过通信网络进行数据交换，实现了充电站的智能化运行与管理。

（2）通信网络方案。最佳的电动汽车充电站主要由供电系统、储电系统、储能系统、若干台非隔离高频充电机和充电站监控系统构成。其中，供电系统主要完成将高压交流电压变为与充电装置相适应的低压直流电或 380 V（或 220 V）交流电源。储能系统连接在供电系统和每台高频充电机之间。在充电机不工作时，外部电源储存在储能介质中；在充电机需要为电动汽车充电时，可以在短时间内以足够大的功率将储能介质中储存的电能转移到电动汽车蓄电系统中。每台高频充电机通过数据总线与充电站监控系统相连。电动汽车充电站可实现对不同厂家生产的多辆不同类型电动汽车的充电。

在智能充电网络系统中，作为电能从电网传输到电动汽车的"中转站"，所采用的智能充电器（机）应具备以下特点：

（1）指示功能：包括指示动力源能量、正在充电和充电结束等充电状态以及输出过电压及欠电压、温度异常、主断路器断开等异常情况。

（2）记录功能：记录输入的电力、一次充电值和日累计值、温度（充电时动力源温度、充电机温度、环境温度）、输出过电压及欠电压以及温度异常（包括动力源与充电机）。

（3）自动计费功能：对充电机可以采用 IC 卡充电操作，充电机自动计费，并显示、打印计费结果或直接用 IC 卡结算。

（4）监测功能：监测动力源的温度等参数。

（5）故障保护和报警功能：对输入电源过压、缺相、充电机过流、过热、短路、开路、极性接反、超温等故障均能自动保护并发出声光报警信号，还具有断电时保护数据及电流、电压、时间等参数不超出所设定范围以及软件故障的提示等安全措施。

**4. 国家电网公司的充电站投资计划**

根据规划，国家电网将分三个阶段大力建设充电站和充电桩。第一阶段（2010 年），充电站主设备总投资规模将达到 3 亿元，在 27 个网省公司建设 75 座充电站和 6209 个充电桩，初步建成电动汽车充电设施网络架构；第二阶段（2011—2015 年），投资 140 亿元，电动汽车充电站规模达到 4000 座，同步大力推广建设充电桩，初步形成电动汽车充电网络；第三阶段（2016—2020 年），投资 180 亿元，电动汽车充电站达到 6000 座，同步全面开展充电桩配套建设，建成完整的电动汽车充电网络。到 2020 年充电站主设备总投资将达到 320 亿元。

2010 年充电站主设备中充电机、电能监控系统、有源滤波装置的投资规模分别达到 1.5 亿元、2000 万元、6300 万元，第二阶段的年均投资规模将迅速增长至 14.4 亿元、1.6 亿元、6.72 亿元。

2010 年充电桩投资规模为 1.6 亿元，2011—2015 年充电桩投资规模为 45 亿元，年均投资 9 亿元，是第一阶段年均投资规模的 5 倍。到 2020 年，充电桩总投资将达到 125 亿元。

图 7-31 所示为电动汽车充电站主设备投资占比。表 7-5 详细给出了国家电网 2010—2020 年充电站和充电桩投资规模。

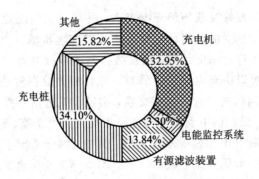

图 7-31 电动汽车充电站主设备投资占比

表 7-5 国家电网 2010—2020 年充电站和充电桩投资规模

| | | 第一阶段(2010 年) | 第二阶段(2011—2015 年) | 第三阶段(2016—2020 年) |
|---|---|---|---|---|
| | 充电站座数 | 75 | 4 000 | 6 000 |
| | 充电桩个数 | 6 209 | 180 000 | 320 000 |
| 充电站主设备 | 总投资规模/亿元 | 3 | 140 | 180 |
| | 年均投资规模/亿元 | 3 | 28 | 36 |
| 充电桩 | 总投资规模/亿元 | 1.6 | 45 | 80 |
| | 年均投资规模/亿元 | 1.6 | 9 | 16 |

**5. 北京奥运会充电站设计实例**

2008 年北京奥运会期间，计划投入 50 辆电动客车分别在奥运村内部环线、北部赛区内部环线以及媒体村内部环线三条线路上进行 24 小时不间断服务，最短发车间隔为 5 分钟。北京公共交通控股(集团)有限公司电车客运分公司是奥运会电动汽车的运营主体，在熊猫环岛新建了奥运会电动汽车充电站，充电站的总体布局见图 7-32。根据北京市电力公司高压供电方案 CY20070178，充电站新装电力设备(包括充电机、电梯、水泵等)容量为 2903 kW，电光设备(包括空调、照明等)容量为 100 kW，总用电容量为 30 003 kV·A，预计最大负荷约 2402 kW，批准变压器容量为 1600 kV·A×2、315 kV·A×1，共计 3515 kV·A，两路电缆进线，由黄寺变电站双路电缆供电。充电站配置 210 台 9 kW 的充电机，两路平均分配。图 7-33 是北京奥运会电动汽车充电站的平面结构图。

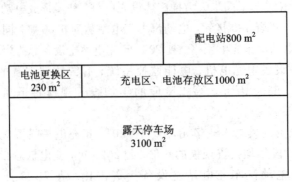

图 7-32 奥运会电动汽车充电站总体布局

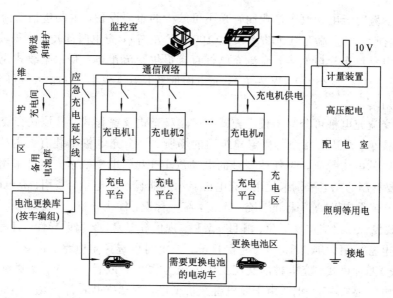

图 7-33 北京奥运会电动汽车充电站的平面结构图

充电站的运行模式是：需要更换电池的车辆进站后驶入更换电池区，进行故障诊断，出具故障诊断报告，然后更换上更换电池库的整组电池，最后回停车区；更换下来的电池按故障或无故障就地分离，故障电池送维护区，无故障电池送充电区；充电区充满电后就地编组，所缺电池箱到维护车间的备用电池库补齐后按车为单位送电池更换库；车上卸载下来的故障电池到达维护区后，进行筛选、维护、充电和装箱。北京奥运会电动汽车充电站系统图如图 7-34 所示。

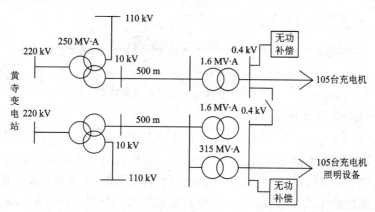

图 7-34 北京奥运会电动汽车充电站系统图

充电站的供电方式有独立交流供电和直流母线供电两种。目前应用比较多的是独立交流供电的充电站，即每个充电机都具有交直流变换装置。充电站也可以采用直流母线供电方式，即将交流电整流为直流后，在直流母线上并联各台充电机。

## 7.3.3 交流充电桩

**1. 交流充电桩简介**

电动汽车将成为当代汽车发展的主要方向，是 21 世纪最有潜力的交通工具。电动汽车的能源供给装置对于电动汽车产业而言是不可缺少的重要设备，主要包括直流充电机和交流充电桩两种形式。直流充电机功率较大(100 kW 左右)，充电时间短，体积较大，一般安装在专门的电动汽车充电站内；交流充电桩直接提供交流市电，利用车载式充电器为动力电池充电，一般功率较小(10 kW 左右)，充电时间较长，体积小，占地少，可广泛地布置在城市的各个角落。

常用的交流充电桩可分为一桩一充式、一桩双充式及壁挂式。壁挂式交流充电桩适用于地面空间狭小、周边有墙壁等固定建筑物的场所。每个充电桩都装有充电插头，充电桩可以根据不同的电压等级，为各种型号的电动汽车充电。电动汽车充电桩采用的是直流供电方式，需要特制的充电卡刷卡使用，充电桩显示屏能显示充电量、费用、充电时间等数据。交流充电桩的建设应以"统一标准，统一规范，统一标识，优化分布，安全可靠，适度超前"为原则，其外观设计风格应体现绿色、醒目、亲和、现代等要素，突出差异性，且易识别记忆。

交流充电桩采用大屏幕 LCD 彩色触摸屏，充电时可选择定电量、定时间、定金额、自动(充满为止)四种模式。充电桩的交流工作电压为 220 V 或者 380 V，普通纯电动轿车用充电桩充满电需要 4~5 小时。由于充电桩造价低廉，主要安装在停车场，因此适用于慢充动力电池。电动汽车的快速充电主要由充电站中的充电机来实现。

图 7-35 所示为交流充电桩的原理拓扑图。

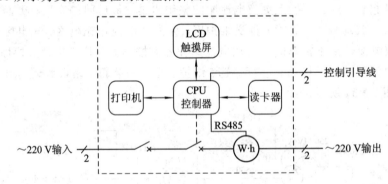

图 7-35　交流充电桩的原理拓扑图

**2. 交流充电桩的功能规范**

1) 人机交互功能

交流充电桩应具有人机交互功能，应能对应显示交流充电桩各状态下的相关信息，如显示当前充电模式、时间(已充电时间、剩余时间等)、电能(已充电电能、待充电电能)及计费管理系统输出的相关信息等。交流充电桩应具有实现外部手动控制的输入设备，以设定充电方式。交流充电桩应设有刷卡接口，支持常见的刷卡方式，可配置打印机，还提供有票据打印功能以及查询功能，管理员可通过查询卡在操作界面上查询相关信息。

2) 参数设置功能

(1) 可通过管理卡、红外通信或无线通信等方式设置相关参数。

(2) 配置由运营后台系统统一编制的唯一编号。

(3) 可校准内部时钟时间。

3) 完善的通信功能

(1) 传输。交流充电桩应预留数据传输接口，用于采集交流充电桩使用和收费信息数据以及故障数据。

(2) 存储。

① 交易数据应以记录形式保存在非易失性存储器内。

② 应保证存储数据的正确、连续、完整、有效。

③ 应保留不少于 1000 条记录空间,安全存储周期至少为 7 天,在存储交易记录时,交流充电桩应能及时提示进行数据采集。

④ 交易数据记录格式应符合如表 7-6 所示的规定。

表 7-6 交易数据记录格式

| 数据项名称 | 数据类型 | 长度/字节 |
| --- | --- | --- |
| 交易类型 | 无符字符型 | 1 |
| 交易流水号 | 无符整型 | 4 |
| 地区代码 | 无符短整型 | 2 |
| 卡号 | 无符整型 | 4 |
| 卡型 | 无符字符型 | 1 |
| 交易电量 | 无符短整型 | 2 |
| 交易电价 | 无符短整型 | 2 |
| 交易开始日期、时间 | 压缩 BCD 码 | 8 |
| 交易结束日期、时间 | 压缩 BCD 码 | 8 |
| 停车费 | 实型(单精度) | 4 |
| 交易前余额 | 实型(单精度) | 4 |
| 交易后余额 | 实型(单精度) | 4 |
| 交易计数器 | 无符整型 | 4 |
| 交流充电桩号 | 无符整型 | 4 |
| 卡版本号 | 无符整型 | 4 |
| POS 机号 | 无符整型 | 4 |
| 卡状态码 | 无符字符型 | 1 |

4) 自检功能

(1) 上电操作时,应先进行自检,检查内容应包括时钟、供电情况、费率配置情况、存储空间等。

(2) 应能通过状态指示灯或显示屏显示故障信息,同时形成故障情况信息记录。

5) 安全防护功能

交流充电桩应具备急停开关和输出侧的剩余电流动作保护功能、输出侧的过流保护功能。交流充电桩应能够判断充电连接器、充电电缆是否正确连接。当交流充电桩与电动汽车正确连接后,交流充电桩才允许启动充电进程;当交流充电桩检测到与电动汽车的连接不正常时,必须立即停止充电。另外,交流充电桩应具有阻燃功能。

**3. 充电桩与电动汽车的电气接线**

交流充电桩与电动汽车的电气接线示意图如图 7-36 所示。

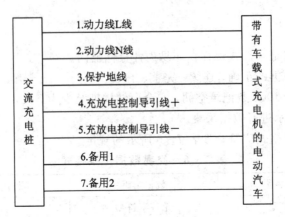

图 7-36 交流充电桩与带有车载式充电机的电动汽车的电气接线示意图

这些电气接线的电气额定值如下：动力线 L 线电压 220 V，电流最大 32 A；动力线 N 线电压 220 V，电流最大 32 A；保护地线以故障(用)规定值为标准；充放电控制导引线＋、充放电控制导引线－、备用1、备用2 的电压为 30 V，电流为 2 A。

**4. 交流充电桩的设计技术指标及设计产品实例**

1) 设计技术指标

(1) 环境条件。工作环境温度为 $-20\sim50$ ℃，相对湿度为 $5\%\sim95\%$，海拔高度为不大于 1000 m。

(2) 结构要求。交流充电桩壳体应坚固，结构上必须防止人体轻易触及导电部分。

(3) 电源要求。交流充电桩采用低压单相 220 V 供电方式，采用单路单相 220 V 电缆（沟体埋设）供电。交流充电桩每个充电接口提供 220 V、16 A/32 A、50 Hz 的交流供电能力。交流充电桩允许电压波动范围为 $\pm10\%$，允许频率波动范围为 $\pm1$ Hz。

(4) IP 防护等级。交流充电桩应达到 IP32(室内)或 IP54(室外)标准。在室外环境应用时，应设置必要的遮隔设施。

(5) "三防"保护。交流充电桩内印制电路板、接插件等应进行防潮湿、防霉变、防盐雾处理，保证充电机能在室外潮湿、含盐雾的环境下正常运行。

(6) 防氧化保护。交流充电桩的铁质外壳和暴露在外的铁质支架、零件均应采取双层防锈措施。非铁质的金属外壳也应具有防氧化保护膜或进行防氧化处理。

(7) 平均故障间隔时间(MTBF)应不少于 8760 h。

(8) 谐波治理。交流充电桩应结合现场监测实际开展谐波综合治理。

2) 设计产品实例

(1) 润邦双接口电动汽车交流充电桩（立式防触电）如图 7-37 所示。其主要功能见表 7-7。

图 7-37 润邦双接口电动汽车交流充电桩

表 7-7 润邦双接口电动汽车交流充电桩的主要功能

| 功能项 | 具 体 功 能 |
|---|---|
| 界面显示 | 显示提示信息、用户 IC 卡信息、充电相关信息等内容，是充电装置提供给用户和管理员的唯一可视内容 |
| 身份识别 | 读取 IC 卡内信息，识别用户身份及相关信息 |
| 充电操作 | 提供操作按钮，用于用户充电操作和管理员管理操作 |
| 控制输出接触器 | 管理输出接触器，实现对充电输出的控制 |
| 与充电机交互 | 向充电机发送控制指令、开关量信号，控制充电机启动与停止，获取充电机的工作状态信息 |
| 管理电能表 | 与电能表通信，获取充电电量信息 |
| 费用收取 | 收取充电费用，进行卡内余额信息的读/写操作 |
| 票据打印 | 打印用户充电费用的票据 |
| 数据管理 | 管理各项数据，保护数据的完整性、安全性，提供管理员查询、拷贝、删除等功能 |
| 系统配置 | 管理员进行系统配置，实现不同充电装置的相关设置 |
| 远程监控 | 接收远程监控主机的指令，传送相关数据信息，执行控制指令 |

（2）ZCJ10 系列交流充电桩安装于机场、码头、车站、商厦等公共停车场或街道公共停车位等场所，为具有车载式充电机的电动车提供交流电源，是中小型电动汽车的重要充电设施。图 7-38 所示为许继集团有限公司生产的 ZCJ10 系列交流充电桩，表 7-8 为其功能特点和技术指标。

(a) 落地式交流充电桩外形图　(b) 壁拴式交流充电桩外形图

图 7-38　ZCJ10 系列交流充电桩

表 7-8 ZCJ10 系列交流充电桩的功能特点与技术指标

| | | |
|---|---|---|
| 功能特点 | 人机交互界面 | 采用大屏幕 LCD 彩色触摸屏，充电可选择定电量、定时间、定金额、自动(充满为止)四种模式，可显示当前充电模式、时间(已充电时间、剩余充电时间)、电量(已充电电量、待充电电量)及当前计费信息 |
| | 强大的通信功能 | 读卡器用于身份识别和电量消费信息记录；打印机用于消费票据打印 |
| | 完备的安全防护措施 | 自动判断充电连接器、充电电缆是否正确连接。当交流充电桩与电动汽车正确连接后，充电桩允许启动充电过程；当交流充电桩检测到与电动汽车连接不正常时，立即停止充电。此外，还具有阻燃功能 |
| 技术指标 | 环境条件 | 工作温度：-20~+50 ℃ |
| | | 相对湿度：5%~95% |
| | | 海拔高度：≤2000 m |
| | 工作电源 | 交流工作电压：220×(1±15%) V |
| | | 交流工作频率：50 Hz±1 Hz |
| | | 额定输出功率：3.5 kW、7 kW |
| | 结构防护 | 充电桩壳体坚固，防护等级为 IP54 |
| | | 充电桩金属外壳和零件采用双层防锈处理，非金属外壳具有防氧化保护膜或进行防氧化处理 |
| | | 充电桩内部印制电路板、接插件进行防潮湿、防霉变、防盐雾处理，满足正常工作条件 |
| | 平均故障间隔时间 | MTBF≥50 000 h |

**5. 我国充电桩市场发展及预测**

发改委下发《关于电动汽车用电价格政策有关问题的通知》(以下简称《通知》)，确定对电动汽车充换电设施用电实行扶持性电价政策。《通知》中明确，居民家庭、住宅小区等充电设施用电执行居民电价；经营性集中式充换电设施用电执行大工业电价，同时 2020 年前免收基本电费；充换电设施用电执行峰谷分时电价政策；各地通过财政补贴、无偿划拨充换电设施建设场所等方式，积极降低运营成本，合理制订充换电服务费，增强电动汽车竞争力；充换电设施配套电网改造成本纳入电网企业输配电价，不再收取接网费用，减轻电动汽车用户负担。政策的发布有利于充电桩行业发展。《通知》的发布，通过实施扶持性电价政策，降低电动汽车用电成本、保障充换电设施经营方盈利空间，有助于推动充电网络建设加速及电动汽车行业发展。

相关统计数据显示，2014 年上半年，中国新能源汽车累计销售 20 692 辆，同比增长 130%，销量已超过 2013 年全年。其中，新能源乘用车上半年累计销售 1.6 万辆，占 77%。

有专业人士预测，对充电站、桩的投资将成为新能源汽车产业链上的"第一桶金"，其潜在价值必然在电动车市场启动之前爆发。有人预测，充电站10年内累计的基本投资将突破1000亿元。

众所周知，充电站等基础设施建设不到位是新能源汽车推广道路上最大的"拦路虎"。随着各地政府新小区配套充电桩的新思路出台，不仅可缓解新能源汽车使用者的"里程焦虑"问题，更将大幅地直接拉动充电桩生产企业的销量。2014年，充电桩作为新能源汽车产业链的重要下游支柱行业，其产销有望出现倍增效应。

有专业人士分析认为，目前美国电动汽车总保有量超过中国10倍，其缘由可能不仅是美国汽车生产厂商的相应生产技术更成熟，还可能是由于其充电设施建设远远走在我国之前。由此可见，随着新能源汽车的发展，2014年我国充电桩行业将迎来布建高峰，行业将进入爆发期。

新能源汽车充电桩的主要壁垒在于：

(1) 充电电流由10 A至100 A不等，对充电桩大功率充电模块要求较高。

(2) 电动车采用的锂离子电池对过充、过放要求严格，充电装置需要配备高精度监控系统。

表7-9所示为我国18城充电设施建设情况。

**表7-9　18城充电设施建设情况**　　　　　　　单位：个

| 城　　市 | 慢充 | 快充 | 2012年新能源汽车推广量 |
|---|---|---|---|
| 南网合计：<br>深圳、海口、三亚、广州、佛山、中山 | 3075 | 18 175 | 35 000 |
| 其他地区：<br>北京、郑州、芜湖、石家庄、南京、保定、上海、合肥、武汉、重庆、杭州、西安 | 4000 | 18 000 | 36 000 |
| 合计 | 7075 | 36 175 | 71 000 |

### 7.3.4　充电设施监控系统

**1. 国内外监控系统现状**

近年来国外的充电系统及充电站在多个方面都取得了长足的进展。一方面，采用先进的技术(如计算机技术、控制技术、人工智能技术等)使得充电产品从单一型充电机向多功能、安全型、智能型充电系列产品转化；另一方面，充电机的发展也促进了对快速充电理论、电池模型等理论问题的深入研究。

在英国，伦敦西敏寺会大街上推出了免费电动车充电站。

在浙江，杭州市电力局已建设完成了浙江电网第一个电动汽车充电站，位于天目山路庆丰变电站。目前，该充电站已经积累了一定的建设与运行管理的经验，为电动车充电站在浙江电网的逐步推广打下了初步基础。

在上海，比亚迪建造的电动汽车充电站已开始运行，4 台充电柜采用数字显示触摸屏控制充电，充电柜还拥有充电刷卡、收费打印等功能。此举旨在为其电动汽车产业化和充电站的商业化运作作铺垫。

在湖北武汉，118 辆电动车（20 辆混合动力公交车、3 辆混合动力轿车、95 辆电动小巴）组成了武汉市"一环、二区、多点"的示范运营格局，还利用场站资源建立了混合动力公交车的维修保养阵地，并在武汉市区内建立了 9 个纯电动车辆的充电站。

在北京，北京交通大学研发了单体大功率充电机，输出电压可调，具有多种充电模式，可三台并联使用，并在北京西黄庄公交总站建立了电动汽车充电站，具有较成熟的监控技术；清华大学研制了电动汽车自动充电系统。

此外，国内许多其他大学和研究机构也针对电动汽车的充电技术进行了大量的研究工作。

**2. 建设监控系统的必要性**

（1）保证动力电池充电安全的需要。目前纯电动汽车多使用锂离子蓄电池作为电能存储单元。锂离子蓄电池对充电要求较高，充电过程控制不好会造成电池永久损坏，甚至引起电池爆炸。充电站监控系统的充电监控功能可以监测电池和充电机的当前状态。采用智能充电机的充电保护措施可以有效保证动力蓄电池充电过程的安全。

（2）提高充电站运行和管理水平的需要。电动汽车充电站作为保障电动汽车正常使用的能源基础服务设施，因其构成设备数量多，用人工方式来管理这些设备很难实现，所以有必要利用先进的信息技术实现其运行和管理自动化，降低工作人员的劳动强度，提高充电站运行和管理水平。

**3. 监控系统的监控对象**

电动汽车充电站建设的有三种模式：模式一为在住宅小区或商业大厦的专用停车场安装一定数量的智能充电桩和少量的智能地面充电机；模式二为在专用停车场安装一定数量的智能地面充电机，直接连接电动汽车上的专用充电接口为车载电池充电；模式三为电池更换站模式。因此，可确定电动汽车充电站监控系统的监控对象。

（1）模式一充电站。模式一充电站的结构如图 7-39 所示。该系统的主要监控对象是大量具备交流输出接口的充电桩和少量智能地面充电机，它与电动汽车进行部分信息交互，并将相关数据上送给上级集中监控系统。

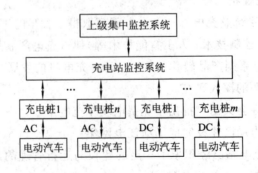

图 7-39　模式一充电站的结构

(2) 模式二充电站。模式二充电站的结构如图 7-40 所示。该系统的主要监控对象是大量的智能地面充电机和配电装置，它需要采集电动汽车和电池包的充电过程数据，与上级集中监控系统进行信息交互。

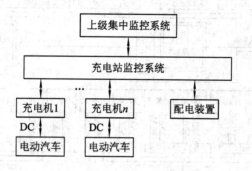

图 7-40 模式二充电站的结构

(3) 模式三充电站。模式三充电站的结构如图 7-41 所示。其主要监控对象是充电机及其连接的电池包、应急充电机及其连接的电动汽车、配电设备、烟感装置、电池维护设备及其连接的电池包和快速更换设备等。充电站监控系统要与上级集中监控系统进行信息交互。

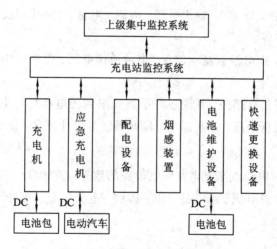

图 7-41 模式三充电站的结构

**4. 监控系统的功能**

充电监控功能是充电站监控系统的核心功能，主要实现对充电机和充电桩的监视与控制。

1) 计算机监控功能

如图 7-42 所示，每台充电监控计算机监控 6 个充电单元，可监控 9 辆车的电池充电情况，整个监控平台共需 4 个监控计算机。4 个监控计算机通过局域网与数据记录和统计服务器相连，用于记录和统计所有充电机和电池的数据。

(1) 对充电桩的监控：监视充电桩的交流输出接口的状态，如电流、电压、开关状态、保护状态等；采集与充电桩相连接的电动汽车的基本信息；控制充电桩交流输出接口的开断。

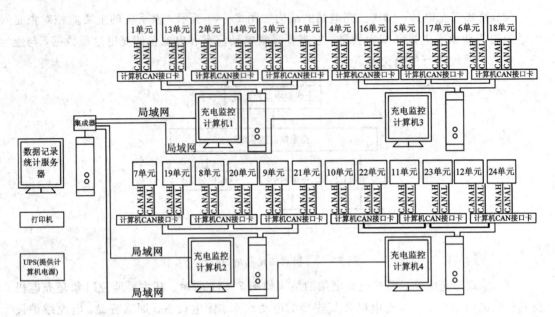

图 7-42 计算机监控网络结构图

(2) 对充电机的监控：传给监控系统的数据主要包含 2 类。

① 充电机状态信息，即输入/输出电压、电流、电量、功率因数、充电时间、当前充电模式、充电机故障状态等。

② 电池状态信息，即电池包基本信息、电池单体电压、电池单体温度、电池故障状态、电池管理系统设置信息等。

此外，在电池状态信息部分，系统还需根据采集到的电池单体电压、温度等计算出电池内单体最高电压、最低电压、最高温度、最低温度等统计信息，供告警系统使用。

2) 配电监控功能

监控系统可实现对电动汽车充电站配电设备的监控，方便统一管理和数据共享，还可实现对整站的总功率、总电流、总电量、功率因数、主变状态、开关状态、无功补偿及谐波治理设备的监视和控制。

3) 烟感监控功能

如图 7-43 所示，烟雾报警器的工作电源为直流，通过内部的烟雾传感器检测烟雾浓度，输出形式为继电器触点。当烟雾浓度未达到限量时，报警器内部电路控制继电器输出为开路；当烟雾浓度超过限量时，报警器内部电路控制继电器输出为短路。当有烟雾报警信号后，通过烟雾报警转接卡检测信号，并通过网络向监控计算机提供报警信号，由计算机显示和定位报警故障发生点，提供声光告警信号。

4) 电池维护监控功能

在大型充电站中，需要通过专门的电池维护设备对电池进行定期维护。在维护过程中，系统将采集到的维护数据存入充电站监控系统数据库，形成电池的完整数据档案，便于对电池进行整体评估。

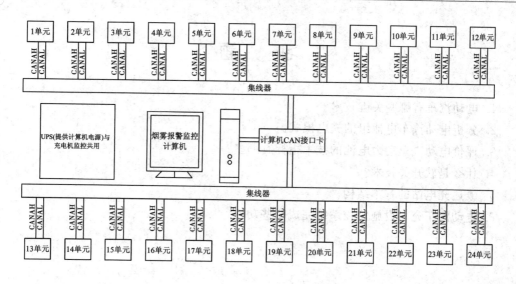

图 7-43 烟雾报警监控网络

5) 快速更换设备监控功能

在具备电池快速更换设备的充电站中,可通过充电站监控系统对电池快速更换设备下发具体电池更换命令,让快速更换设备在指定轨道位置更换电池架上指定位置的电池包。充电站监控系统可采集快速更换设备的当前轨道位置、设备状态等信息。

**5. 电动汽车发展对监控系统的要求**

(1) 研究和制订电动汽车充电站监控系统功能规范,研究和制订充电站监控系统与充电机、充电桩、电池维护设备等的通信协议。此外,随着具备电池更换功能的电动汽车充电站逐渐增多,特定区域内电动汽车充电站间的数据交换随之增多,规范电动汽车充电站监控系统之间数据交换的标准也需进行研究。

(2) 研究电动汽车充电站与波动性电源一体化集成控制技术,实现电动汽车充电站充电设备启、停和充电功率调节与充电站可用输入功率的自动化和智能化协调控制。

(3) 随着电动汽车商业化示范运行的增多,需要在现有的电动汽车充电站监控系统之上进一步开发支撑充电站商业化运营的充电站综合运营管理系统。

(4) 实现对电池充电、放电数据的一体化采集,结合已有的充电过程监控系统,实现对电动汽车运行过程中电池放电数据的采集。

# 本 章 小 结

本章主要阐述了电动汽车充电电源的工作原理,主要内容包括:电动汽车的发展概况,电动汽车充电电源的关键技术及其工作原理,直流快速充电机的关键技术,电动汽车充电站的结构及工作原理,电动汽车充电设施监控系统概述。

# 习 题

1. 电动汽车有哪些关键技术？
2. 分析电动汽车电池组的充电模式。
3. 评价电动汽车动力电池的技术指标有哪些？
4. 什么是软开关技术？
5. 概述充电站的基本结构。
6. 电动汽车充电设施监控系统完成哪些功能？

# 参 考 文 献

[1] 王鸿麟. 通信基础电源. 2版. 西安：西安电子科技大学出版社，2001.
[2] 张占松，蔡宣三. 开关电源的原理与设计. 北京：电子工业出版社，2007.
[3] 徐文龙，胡信国. 现代通信电源技术. 北京：科学出版社，2001.
[4] 冀常鹏. 现代通信电源. 北京：国防工业出版社，2010.
[5] 漆逢吉. 通信电源系统. 北京：人民邮电出版社，2008.
[6] 漆逢吉. 通信电源. 北京：北京邮电大学出版社，2005.
[7] 施锡林. 铅蓄电池. 北京：人民邮电出版社，1983.
[8] 周志敏，周纪海. UPS实用技术：应用与维修. 北京：人民邮电出版社，2003.
[9] 李正家. 通信电源技术手册. 北京：人民邮电出版社，2009.
[10] 王长贵，王斯成. 太阳能光伏发电实用技术. 北京：化学工业出版社，2010.
[11] 沈辉，曾祖勤. 太阳能光伏发电技术. 北京：化学工业出版社，2005.
[12] 赵争鸣，刘建政，孙晓瑛，等. 太阳能光伏发电及其应用. 北京：科学出版社，2005.
[13] ACKEMANN T，et al. 风力发电系统. 谢桦，王健强，姜久春，译. 北京：中国水利水电出版社，2010.
[14] 张志英，赵萍，李银风，等. 风能与风力发电技术. 北京：化学工业出版社，2010.
[15] 叶航治，等. 风力发电系统的设计、运行与维护. 北京：电子工业出版社，2010.
[16] 廖明夫，GASCH R，TWELE J. 风力发电技术. 西安：西北工业大学出版社，2009.
[17] 陈清泉. 现代电动汽车、电机驱动及电子电力技术. 北京：机械工业出版社，2005.
[18] 齐文炎，霍明霞，杨延超. 电动汽车交流充电桩浅释. 农村电工. 2010(9).
[19] FEMIA N，PETRONE G，SPAGNUOLOE G，et al. Optimization of Perturb and Observe Maximum Power Point Tracking Method. IEEE Trans. on Power Electronics，2005，20(4).